백두산 두만강 압록강

-지형·지층 및 토양에 관한 연구-

유충걸 저

백산출판사

❀ 58만 년 전 천지에서 분출한 지층

❀ 21만 년 전 천지에서 분출한 지층

❀ 현대지형 조사 장면

❀ 백두산폭포

❀ 백두산 천지

❀ 백두산 원경

❀ 장군봉

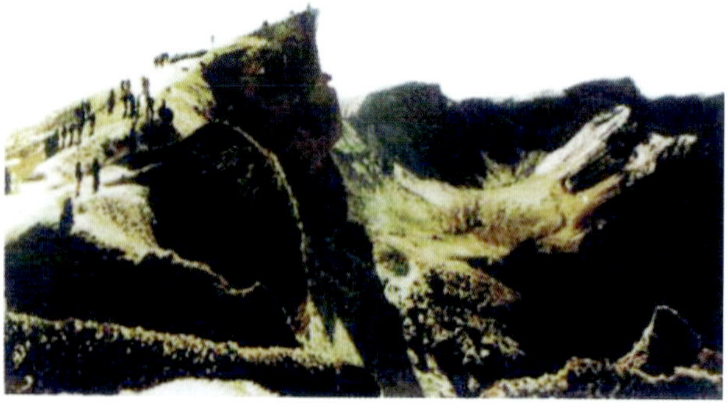

❀ 천문봉

❀ 백운봉, 옥주봉

❀ 선봉외성인(仙峰外星人)

❀ 선봉석원인(仙峰石猿人)

❀ 동엽활목림(洞葉活木林) 경관

❀ 암종양상연초장상(暗棕壤上煙草長相)

❀ 수도토(水稻土) 경관

❀ 원시림하의 지의식피(地衣植被)

❀ 백두고산화초(白頭高山花草)

❀ 고산관총(高山灌總) 경관

침엽림 경관

침활혼교림

백두산 미인송

원시산림

❀ 산지악화림(山地岳樺林) 경관

❀ **백두산 지질도**

화산회토 회화토 회종양 암종양 흑토 백장토

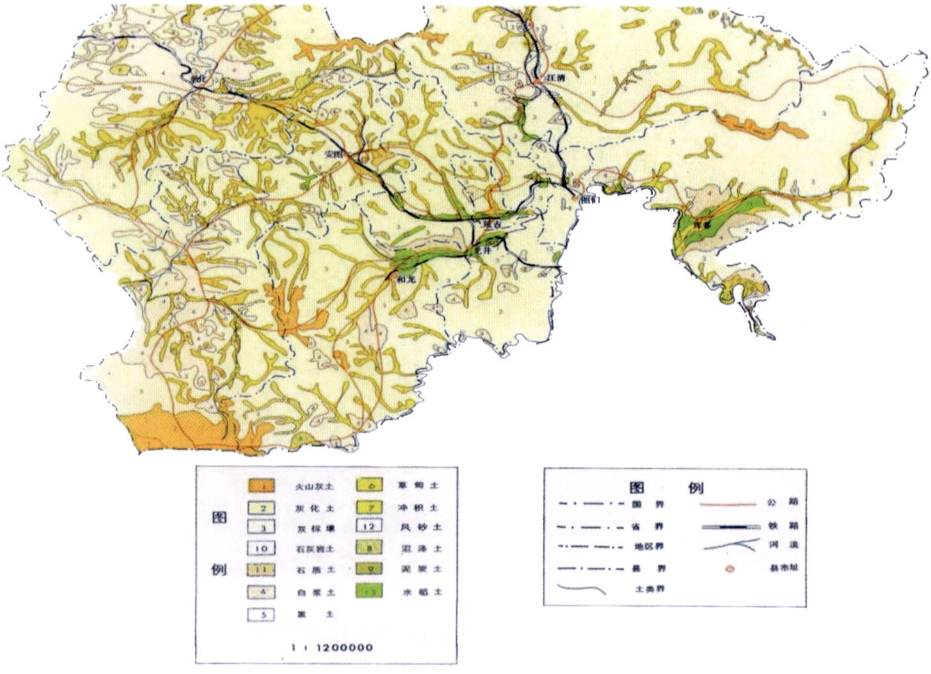

❀ 백두산 토양도

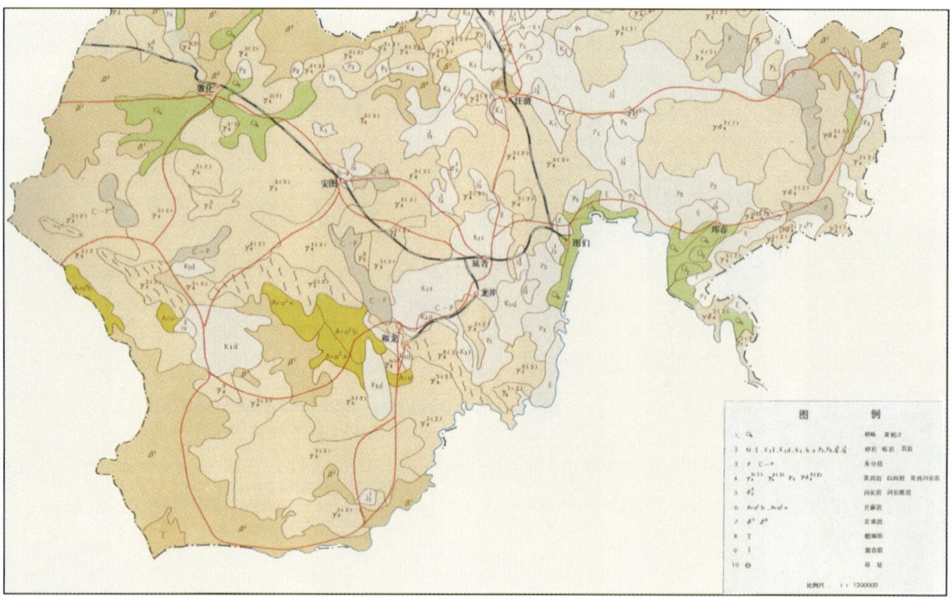

❀ 백두산 지질도

❀ 중국, 북한, 러시아 국경을 흐르는 두만강

❀ 압록강

머리말

백두산은 옛날부터 명산으로 유명하였다. 중국역사에서는 이 산을 불함산, 도태산, 태백산이라 불렀고 지금으로부터 약 970년 전부터는 장백산이라 불렀다. 먼 옛날 조선에서는 환하고 맑은 산이라 하여 한밝산이라 불렀으며 태백산, 장백산이라고도 부르다가 백두산이라 불렀다.

백두산은 한국의 성산, 종산이자 만족의 발상지이기도 하다. 그러나 20세기 들어 1950년대 이전까지는 미지의 신비로운 산으로 일반인들은 전혀 갈 수 없는 산으로 여겼다.

1894년 러시아 지질학자 ZZaHep의 지질조사를 시작으로 장백산에 대한 활발한 연구가 시작되었다. 1945년에는 일본 川崎太郎 등 5명의 학자가 지질조사를 하였고 1960~1980년대 사이에는 길림성지질국 산하의 지질대에서 백두산지구의 화산활동시기와 지질층서를 연구하여 값진 성과를 얻었다.

저자는 1950년대부터 백두산을 자연지리종합체로 인정하면서 여러 차례 백두산을 답사하고 논문을 쓰기 시작했는데 이를 간추리면 다음과 같다.

① 지질연구에서는 선인들의 연구성과를 참고하고 수차례의 야외조사를 거쳐 3개의 지질층서를 새롭게 발견하였다.

② 화산추체의 지형을 조사하여 13개로 분류하고 지형도를 회제하였고 북쪽 비탈의 지형을 성인형태에 따라 7대류로 나누고 서술하였다.

③ 토양을 발생학적 원칙에 따라 분류하였는데 그중 6개류를 새로 발견하여 길림성 토양분류의 공백을 메우고 처음으로 매개 토양의 이화분석을 진행하여 용토개토의 기초를 마련하였다.

④ 야외조사를 통하여 10여 가지 소택유형을 발견하였는데 그중 4가지는 저자가 새롭게 발견한 것이다.

⑤ 천지의 형성시기에 관하여 여러 논점이 있었는데 선인들의 성과와 야외조사를 통하여 만홍적세 중기임을 증명하였다.

⑥ 1970년대 말~1980년대 초 사이에는 시대발전의 수요에 따라 백두산 자연관광자원과 항일유적지를 수집하여 『연변의 관광자원과 리용』 등 네 편의 저작을 발표하였고 유관부문에 연계하여 연변의 관광산업을 기둥산업으로 정하는 데 결정적인 역할을 하였다.

저자는 1954년 대학생 야외실습지도를 계기로 백두산과 인연을 맺고 백두산을 여러 차례 답사하면서 50여 년간 지속적인 연구를 하여 수십 편의 논문을 발표하였다. 후에 석사연구생 주위홍을 지도하면서 함께 연구한 성과들도 함께 묶어서 이 책을 출간하게 되었다.

이 책의 출판과 저자의 여러 편의 유관 백두산 저작들을 출판하는 데 있어 20여 년간 물심양면으로 지속적인 배려를 해주신 한국의 백산출판사 진욱상 사장님께 깊은 사의를 표합니다.

본서에 미흡한 점들이 많으리라 여기면서 독자들의 많은 비평과 건의를 반갑게 받아들이겠습니다.

차 례

제 1 장

백두산 지역 신생대 화산활동과 지질층서

제1장 백두산 지역 신생대 화산활동과 지질층서

백두산을 중심으로 압록강 유역, 두만강 유역, 송화강 유역에 신생대의 분출암이 널리 분포되었고 그것들의 분출시기도 각이하다. 본문에서 백두산을 중심으로 동서직경 약 100km 정도의 지역에 분포된 신생대 지층의 분출시기와 지질층서에 대하여 선인들의 연구 성과를 인용 참고하고 야외조사에서 얻은 실제자료에 의거하여 백두산지구의 지질층서를 초보적으로 총결지었다. 그러나 수집된 자료가 적고 연구수준의 제한으로 착오를 피하기 어려우니 올바른 가르침을 바란다. 백두산지구의 화산분출활동은 상신세로부터 시작되었으나 그 주변은 마이오세부터 시작되었다.

1. 백두산 지역 주변의 화산암층

1) 신세3기 화산암

(1) 마안산기 현무암

본 현무암은 팔도구진(八道溝鎭) 북부에 있는 마안산(馬鞍山)신제삼기 침적분지에서 나타나기에 마안현무암이라고도 한다. 대표 단면의 주요한 층서를 늙은 층으로부터 새로운 층으로 나열하면 다음과 같다.

① 회녹색, 암회색, 사력층 : 두께 23.3m

② 사질규조점토 미층리가 발육되고 식물화석이 나타난다. 두께는 1.54m

③ 흑회색감람현무암 : 기성사장석반정이 있고 소량의 기공이 있다. 두께는 19.9m 중국과학원 지질연구소에서 측정한 K-Ar(탄소동위소 측정) 나이는 28.40Ma

④ 회백색 점토질분사암과 황색 중, 세사층 상부에 규조토가 협층으로 끼여 있다. 두께는 17.5m

⑤ 반상감람현무암 : 회흑색이고 반정은 사장석과 소량의 감람석으로 되고 기질은 암적색음정질이다. 두께 7~58m이고, K-Ar나이는 13.50Ma이다.

⑥ 사암 : 규조토 두께는 12m

본 층은 절대나이로 보아 만점신세로부터 조중신세에 해당된다.

(2) 증봉산기 현무암(甑峰山期玄武岩)

화룡시(和龍市) 서남부에서 해발 1,677m 되는 증봉산에 분포되었다. 하부지층은 신세3기의 土門子 지층이고 그 위에 현무집괴암, 괴사현무암, 휘석감람현무암, 치밀현무암, 치밀괴상함감람현무암이 퇴적되었다. 색깔은 흑색이고 총두께는 49m이다. K-Ar나이는 19.78±11.89, 20.38±0.36(중국과학원 지질연구소)이고 조중신세에 속한다.

(3) 장백기 현무암

본기 현무암에는 장백현무암과 내두산현무암이 포함된다.

長白현무암 장백현경 내에 널리 분포되었다. 상부는 모래자갈층이고 하부는 부정합으로서 유라기 신성용암과 접촉되고 있다. 암성은 흑색치밀상현무암, 흑갈색괴상감람현무암, 적색기공상현무암으로서 총두께는 370m이다. K-Ar나이는 16.40±11.49Ma로서 조중신세에 속한다.

내두산현무암 백두산 북쪽 상대고도 200m 높이를 가진 내두산과 황송포 長虹嶺, 長白嶺 일대에 분포되었다. 암성은 감람현무암으로서 치밀, 다층상을 이루고 두께는 90~400m이다. 본 현무암은 산정에서 평탄하게 분포되었는데 하천면과의 상대고도는 약 300m이다. K-Ar나이는 황송포알칼리성 감람현무암이 18.87Ma이고 내두산 채석장 현무암이 15.07±10.18Ma(중국과학원 지질연구소)지대는 조중신세다.

(4) 망천아(望天鵝)기 현무암

망천아봉과 그 주위에 분포되었다. 총두께는 약 330m이고 주요한 암석은 회색기공상현무암, 회색괴상현무암, 흑색치밀괴상조면현무암으로서 현무암용암대지를 이루었다. K-Ar나이는 撫松縣현무암을 예로 들면 깊이 104.73~117.12m의 현무암이 12.5Ma, 깊이 157.42~166.73m의 현무암이 13Ma(장귀희 등)이기에 중신세에 속한다.

(5) 紅頭山 안산조면암-流紋岩

망천아 화산구의 동쪽에 있는 홍두산 지역에 분포되었다. 19도구 상유에 있는 안산조면암은 편상을 이룬 것이 대부분인데 총두께는 170m에 달하고 K-Ar나이는 5.56±0.22Ma이다. 홍두산 산정에 분포된 유문암은 총두께가 약 300m이고 K-Ar나이는 3.11±10.53Ma(劉祥 등)이다.

(6) 平頂村期 현무암

본기 현무암에는 평정촌현무암과 泉陽현무암, 西大坡현무암이 포함된다.

① 平頂村현무암

주로 長山嶺, 南崗山脈과 두만강 북안 용정시 평정촌에 분포되었다. 본 현무암은 분출량이 많아 암층두께가 300~500m에 달한다. 지형상에서 보면 높은 산등성이에서 탁상을 이루었는데 해발고도는 900~1,600m이고 상대고도는 400~800m에 달한다. 암성은 심회색후층다층 치밀 함감람현무암으로서 주상절리가 잘 발달했다. K-Ar나이는 3.54±0.57Ma, 3.66±0.33Ma(유가기)이다. 압록강북안, 장백현에 있는 沿江村현무암(K-Ar나이가 3.75±10.85Ma)도 본 시기에 해당된다.

② 泉陽현무암

무송현 천양진, 신툰자 등지에 분포되었다. 하부는 현무암질 집괴암, 중부는 박층현무암, 상부는 후층층상현무암으로서 총두께는 약 200m이다. K-Ar나이는 4.0Ma(중국과학원 지질역학연구소), 4.5Ma(길림성 야금지질연구소)이다. 본 현무암을 누른 지층은 군함산현무암이다.

③ 西大坡현무암

본기 현무암은 四等房화구를 분출중심으로 한 순상화산의 중요부분이다. 분포지역은 압록강 연안으로부터 崗頭村 서북부 漫河로부터 송강에 이르는 넓은 지역으로 면적은 2,000여㎢이다. 단면 특징을 보면 누른암층이 제4기이적물이고 그 아래 심회색 현무암, 황회색

중세립사암, 사질점토이고 그 아래 부정합으로서 마안산촌조와 접촉한다. 마안산촌 부근에 있는 현무암노두에서 취양한 현무암 K-Ar나이는 4.43Ma로서 상신세에 속한다.

(7) 頭西기 안산조면암–유문암

무송현과 안도현 경계에 있는 두서자연보호구부터 동, 서 土頂子 사이에 분포되었다. 하부는 회자색안산조면암이고 상부는 유문암과 집괴암이고 총두께는 약 260m이다. 눌리운 암층은 천양기 현무암이고 K-Ar나이는 2.47±0.05Ma으로서 백두산 천지의 조면질 집괴암과 대비된다.

북한학자들의 연구에 의하면 상술한 현무암의 형성시기가 북한 북부에서 대비되는 것을 白岩統이라고 한다. 백암통은 白沿–都下洞 일대에서 노출되고 혜산, 대택, 북계수, 서계수, 박천수 일대에 널리 분포되었다. 백암층은 역암, 사암, 니암, 석탄층으로 되었는데 이런 쇠설물이 퇴적되는 시기에 세 차례의 현무암 분출이 있었다. 첫 번째 분출된 현무암은 무난리에 분포된 흑색치밀감람현무암, 용덕리와 대진평의 휘석감람현무암, 운홍군의 남쪽과 백암군에 분포된 감람현무암인데 중국의 마안산현무암에 대비되고 두 번째 분출한 것은 오천군 대신–보흥지구와 대평지구의 현무암으로서(K-Ar 13.00Ma) 증봉산 현무암에 대비되고 세 번째 분출된 것은 보천군 운흥군에서 분출한 현무암인데 내두산 현무암에 대비된다고 한다. 그러나 탄소동위원소법 측정자료에 의하면 두 번째 분출한 현무암(K-Ar 13.8Ma)은 장백현무암(K-Ar 16.4Ma, 13.6Ma)과 대비되고 세 번째 분출된 현무암은 장백현무암 후기의 현무암과 대비된다.

2) 제4기 화산암

백산기 현무암

본기 현무암에는 백산(白山)현무암, 영광탑(靈光塔)현무암, 광평(廣坪)현무암이 포함된다.

(1) 白山현무암

본 현무암은 백두산 천지 주위에 분포되었다. 노두가 전형적인 곳은 천지 남쪽 압록강 상류 서측에 있는 백산임장 부근인데 총두께가 150m이고 층서는 아래와 같다.

• 누른층 백두산기 조면성안암–조면암

① 회색현무질각력암, 두께는 약 50m

② 회흑색치밀괴상소면현무암 상부는 기공상현무암이고, 두께는 약 100m이다.

- 눌리운 층 군함산현무암

본 현무암은 백두산 천지의 중심식분출암이다. K-Ar나이는 1.59±10.06Ma(중국과학원지질연구소)로서 조갱신세에 속한다.

(2) 靈光塔 玄武岩(현무암)

장백진 서북, 압록강면에서 200m 높은 5급하천단구에 분포되었다. 단구표면에는 약 3m 두께의 자갈층이 있고 그 아래에 두께 20m 되는 알칼리성 감람현무암이 있다. 현무암의 K-Ar나이는 1.66만 년(지질역학연구소)이다. 본 현무암은 白山현무암, 유가기가 명명한 광평현무암, 두만강현무암(K-Ar나이가 1.60±0.06Ma, 1.54±0.16Ma, 1 : 31±0.30Ma)은 동일한 시기에 형성된 것이다.

(3) 廣坪현무암

본기 현무암은 두만강 상류의 광평대동툰, 하천평등지의 2급하천탄구 위에 분포되었다. 분출수량이 적고 분포위치가 낮다. 대부분은 하천면에서 2~10m 높으나 개별적 지역에서는 하천면 아래에 분포되었다. 대표적인 단면은 화룡시 숭선향 홍기하 교두 부근에 자리하고 있다. 그 층서는 아래와 같다.

① 회흑색 감람 현무암, 위로 올라가면서 기공상 현무암으로 과도된다. 5.0m

② 회흑색 감람 휘석현무암 5.0m

③ 회흑색 기공상 감람현무암 17.0m

④ 회흑색 치밀장 휘석현무암 10.2m

⑤ 흑회색 치밀장 감람휘석현무암 22.0m

하천평-고성리 일대에서는 5층의 암류로 조정되고 두께는 약 40m이다. 사천평에서의 단면층서는 아래와 같다.

① 흑색 괴상현무암 9m

② 흑색 다량반정괴상현무암 8m

③ 흑회색 다량반정괴상현무암 10m

④ 심회색 함소량반정현무암 8m

⑤ 흑회색 현무암 5m

• **눌리운 층, 2급단구, 사력층**

광평현무암의 K-Ar나이는 0.131±0.064Ma(중국과학원 지질연구소)이고 2급단구의 모래층에서 취한 열발광 양품의 나이는 0.096±0.0007Ma(중국사회과학원)이다. 분출시기는 만갱신세이다.

광평현무암과 대비되는 조선 지역의 지층으로는 大坪層과 無頭峰層이 있다. 대평층은 보천군대평리, 삼지연군포대노동자구, 백암군 덕림리에 분포되었는데 분포면적은 넓지 않고 백두산에서는 볼 수 없다. 본 층의 하부는 북포대 산층과 약한 부정합으로 접촉하고 상층은 무두봉층에 의하여 눌리었다. 대표단면은 보천군 대평리에 있다. 아래로부터 위로 다음과 같다.

① 조면암, 화강암, 현무암사역층 4m

② 암회색치밀 감람석사장석질현무암 5m

③ 회색다공상 현무질응회암 3m

④ 암회색 치밀현무암 6m

⑤ 현무질 응회암 6m

⑥ 암청색치밀 감람석사장석질현무암 3m

⑦ 갈색사장질현무암 3m

⑧ 암회색 사장석질 현무암 2m

⑨ 담회색 사장석질현무암 4m

단면의 총두께는 34m 정도이다.

2. 백두산구 화산암

1) 軍艦山기 현무암과 백산현무암

군함산기 현무암은 백두산 천지 주위와 두만강 및 그 지류인 홍기하하곡 등에 분포되어 장백용암대지를 이루었다. 상대고도는 30~160m이다. 일반적으로는 100m 정도이다. 백두산 천지 부근에서는 후기의 분출암에 깔려 있어 전형적인 단면은 찾기 어렵다. 아래에 화룡

시 숭선향 소재지 부근 두만강 북안에 있는 군함산 단면을 소개한다. 아래로부터 위로

① 청회색 치밀괴상 감람현무암

② 청회색 치밀괴상 유리질 감람현무암 7.0m

③ 회흑색 치밀괴상 현무암 5.5m

④ 청회색 기공상 감람현무암 32.8m

⑤ 회흑색 감람현무암 5.3m

⑥ 회색 감람현무암 6.3m

⑦ 회흑색 기공상 감람현무암 6.3m

⑧ 회색 치밀괴상 현무암 4.9m

⑨ 회색 감람현무암 8.4m

⑩ 하부는 감람현무암, 상부는 기공상현무암

⑪ 흑회색 치밀상 감람현무암 9.0m

⑫ 청회색 치밀상 감람현무암 98.0m

총두께는 188m이고 K-Ar나이는 2.77±0.03Ma(2.77±0, 12Ma유가기)이다. 백두산 천지 주위의 용암대지 위에도 수많은 화산추들이 있는데 그중 西馬鞍山火山錐의 K-Ar나이가 2,12Ma, 이도백하진 건재공장 부근 현무암의 K-Ar나이가 2.34±0.62Ma(유가기)이다. 용정시 백금 일대에도 본기 현무암과 대비되는 백금현무암이 있는데 2개층으로 두께가 19m이고 하부에 2m 두께의 사역층이 있고 그 밑에 화강암이 있다. 백금현무암의 K-Ar나이는 2.92Ma(손건중)이다. 백산현무암은 백두산 주변구에서 서술하였기에 생략한다.

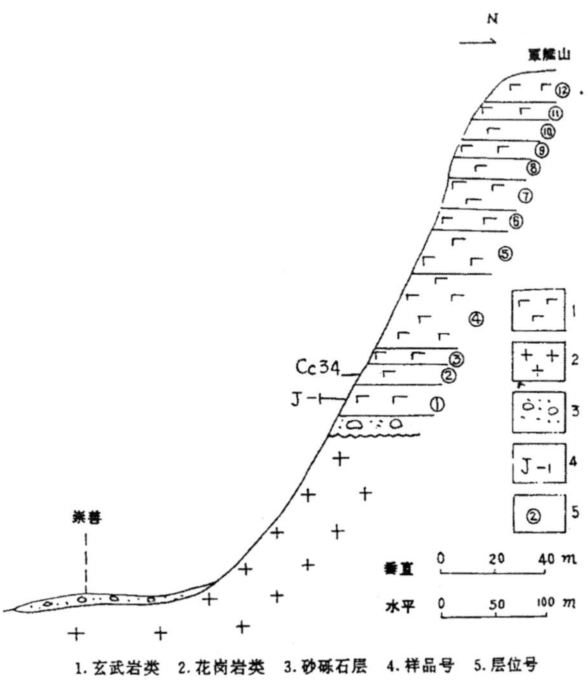

그림 1. 화룡숭선군함산현무암단면도(和龍崇善軍艦山玄武岩斷面圖)

북한에서 대비되는 지층은 보천통현무암이다. 본 현무암

의 북쪽은 두만강 서쪽은 서두수, 남쪽은 동점령, 서쪽은 압록강에 이르는 넓은 지역에 분포되었고 그 면적은 5.350㎢에 이른다. 보천군 대평리의 단면을 아래로부터 위로 적으면 눌리운 층 단천군 화강암은

① 적갈색, 황색사질 응회암 5m

② 흑색치밀 감람석질 현무암 40m

③ 흑요석질 현무암 15m

④ 회색 사장석질 현무암 30m

⑤ 흑색치밀 감람석질 현무암 50m

⑥ 회색 사장석현무암 15m

⑦ 흑색 치밀감람석질 현무암 30m

⑧ 암회색 다공성현무암 5m

⑨ 다공성현무암 8m

⑩ 흑색 치밀감람석질 현무암 12m

으로 단면의 총두께는 약 210m이다.

본 현무암 분화구의 해발고도는 백두산에서 1,900m, 포태산에서는 1,600m, 간장늪과 두류산에서는 1,700m이다. 암층의 두께는 백두산단열대에서는 400~600m이고 그곳에서 북동, 서남으로 나가면서 점차 넓어진다. 이를테면 백두산, 소백산, 포태산, 황봉, 간장늪에서는 600m, 서계수, 보천보에서 400m, 이명수에서 300~350m이다.

2) 백두산기 알칼리성 조면암

백두산 천지와 외륜산에 분출된 암석의 절대연령수치와 풍화층의 분포상황에 따라 네 차례의 분출단계로 나눌 수 있다.

첫 번째 단계 분출물 : 본 단계에 분출된 용암은 화산추체의 남쪽 서부층에 분포되고 천

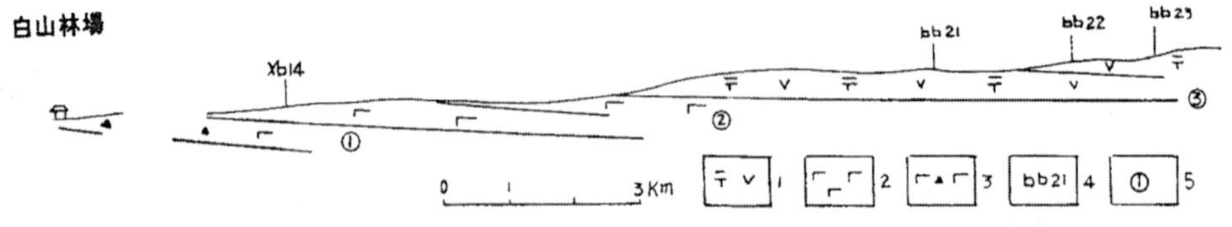

1. 白头山期第一阶段安粗岩 2. 白山期玄武岩 3. 白山期玄武质集块岩 4. 取样位置及样品号 5. 层序号

그림 2. 백산임장백두산기조면영안암 단면도(白山林場白頭山期組面英安岩斷面圖)

지의 북부에서도 나타나는데 해발고도는 1,700~2,000m이고 총두께는 300m이며 화산구는 여러 개가 분산되어 나타난다. 백산임장의 단면을 보면 최저부에 백산현무집괴암, 중간에 백산현무암, 상부에 조면영안암, 조면암으로 되어 있다. 상부조면암의 K-Ar나이는 1.00±0.03Ma이고 저부의 조면암은 1.49±0.03Ma(중국과학원 지질연구소)이다.

백산기 알칼리성 조면암의 첫 번째 분출단계가 북한 측에서 대비되는 지층은 청봉층이다. 본 층은 보천군 청림리의 靑峰(해발 1,446m), 삼지연군 보서리, 백사봉, 최가령, 북계수, 북포 태산산록에 분포하고 그 면적은 280㎢이다. 본 층의 하부는 보천통과 접촉되고 상부는 북설령층과 평행, 부정합을 이룬다. 청봉층 저부에 있는 사력층은 삼지연군 차가수와 오천군의 계림천 상류에서 나타나는데 이것은 보천통현무암이 분출된 후 청봉조면암이 분출되기 전의 분출중단기에 퇴적된 것인데 삼지연 부근에서는 두께가 1.6~2.0m이고 곽지봉 부근에서는 0.2~2.0m, 모천군 호산리에서는 0.1~0.3m이다. 역의 성분은 화강암과 현무암의 원력으로 크기는 5~10cm이고 그 외에 모래가 섞여 있다. 차가수의 왼쪽과 북포대구의 남쪽에서 나타나는 단면은 아래로부터 위로 다음과 같다.

① 역층 직경 18~25cm 0.4m

② 사, 역층 0.2m

③ 황갈색 사점토층 0.4m

④ 회백색 사층 0.3m

⑤ 사, 역층 0.1m

⑥ 황갈색 사점토층 0.3m

⑦ 역, 사층 0.35m

총두께가 2.05m이다.

사, 역층의 위에는 조면암층이 퇴적되었는데 두께는 100~450m이다.

청봉층의 단면은 아래로부터 위로 다음과 같다.

① 조면질 응회암 2~3m

② 암회색 치밀괴상 조면암 80~100m

③ 암회색 판장 조면암 50~60m

④ 암회색 다공질 조면암 200m

⑤ 회녹색 괴상조면암 40~50m

⑥ 적색다공질 조면암 6~7m

단면의 총두께는 380~420m이다.

보천군 백사봉지구의 단면은 아래로부터 위로 다음과 같다.

① 회갈색 조립질 괴상 조면암 50~60m

② 회색 제밀조면암 40~50m

③ 암회색 다공질 조면암 50~75m

④ 암회색 치밀조면암 100~200m

단면의 총두께는 389m이다. 청봉층의 K-Ar나이는 2.00Ma이고 X선 열형광나이도 2.00Ma이다.

백산기 알칼리성 조면암의 첫 번째 분출단계에 청봉층 외에 북설령층도 대비된다. 북설령층은 북포태산, 북설령, 장군봉(보서리), 곽지봉에서 나타난다. 본 층은 청봉층의 조면암과 사역층을 사이에 둔 약한 부정합으로 되고 상층은 북포태산층과 부정합을 이룬다. 본 층을 구성한 암석은 회녹색, 갈색, 회색을 띤 유상조면영안암집괴암 응회암이다. 본 층의 중간에는 응회암이 있는데 곽지봉 지역에서의 두께는 50~100m이다. 쇄설물은 조면영안암, 조면유문암인데 크기는 2~4mm이고 함유량은 70~80%이다.

백자봉 지역에서 본 층 단면은 아래부터 위로 이르면서 다음과 같다.

① 유상석리를 가진 부석질조면암 80~100m

② 유상석리를 가진 흑요석질 조면유문암 30~50m

③ 갈색 유상석리 조면영안암 10~20m

단면의 총두께는 120~170m이다. 북설령층 아래로 0.45~1.2m의 사암, 혈암, 이암이 있고 그 층내에 식물화석과 포분화석이 나타난다. 북설령 소면유문암의 K-Ar나이는 1.85Ma, X선 열형광 나이는 0.8Ma이므로 백두산기 알칼리성 조면암의 제1분출단계에 속한다.

두 번째 단계 분출은 백두산 천지의 외륜산에 분포되었다. 해발고도는 1,600~1,900m이고 총두께는 207m이다. 대표적 단면은 천문봉-스케이트장 도로인데 아래와 같다(신암층, 노암층, 눌리운 암층, 백산현무암 순서).

① 암회색조면암, 갈회색 조면영안암(첫 번째 단계의 분출암에 해당된다), 200m

② 갈회색 석영조면암 75.0m

③ 청회색 함각력조면질 용결응회암 9.7m

④ 갈회색 이지린 휘석석영조면암 6.5m

⑤ 청회색 휘석조면질용렬응회암 11.1m

⑥ 회녹색 이지린 휘석석영 알칼리조면암 18.8m

⑦ 회색기공상이지린 휘석석영조면암 0.53m

⑧ 청회색 휘석석영조면암 82.2m

⑨ 자홍색휘석조면암, 풍화각점토층 3.0m

본 층의 분출나이는 K-Ar 0.611±0.15~0.55±0.0024Ma(유가기)이므로 갱신세조기에 해당된다.

세 번째 단계 분출물은 백두산 천지화산추의 중부에서 노출된다. 해발고도는 1,700~2,200m이고 총두께 503~221m 사이이다. 대표적인 단면으로는 천문봉－스케이트장 단면, 천지～천문봉 단면, 천지마천우 단면들이다.

천지～천문봉 단면(노암층～새암층)

• 눌리운 암층 제2단계의 9층점토층

⑩ 청회색 이지린 휘석조면암 23.2m

⑪ 청회색 치밀괴상석영조면암 14.3m

⑫ 청회색 치밀괴상석영조면암 14.8m

⑬ 자홍색 기공상 이지린휘석석영조면암 10.9m

⑭ 청회색 감람석조면암 15.1m

⑮ 청회색 이지린 휘석석영조면암 10.3m

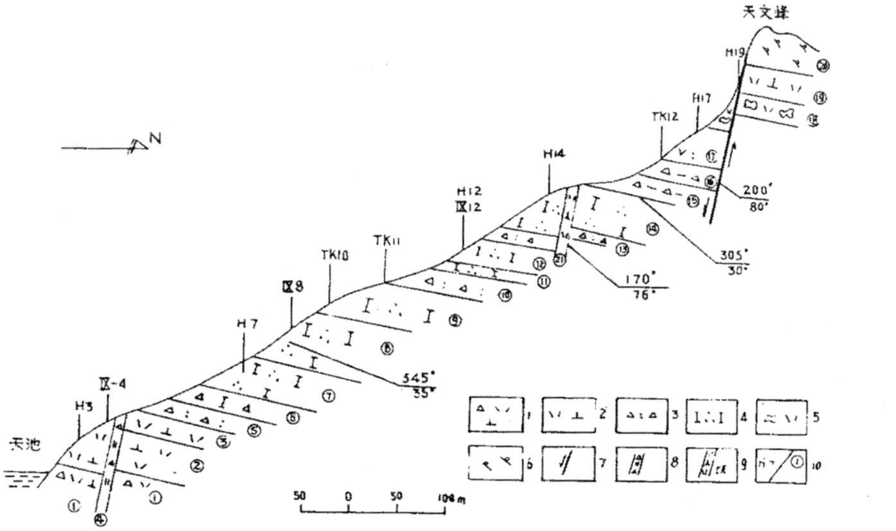

1.粗面质角砾岩 2.粗面岩 3.粗面质凝灰角砾岩 4.石英粗面岩 5.粗面质集块岩
6.粗面质浮岩 7.正断层 8.破碎蚀变带 9.粗面岩墙 10.取样位置及样品号/层序号

그림 3. 백두산 천지－천문봉백두산기조면암부면도(白頭山天地－天文奉白頭山期粗面岩剖面圖)

⑯ 자적색 이지린 휘석석영조면암, 정부에 갈황색점토층 2m

본 단면 중 폭포 단면과 풍구 동쪽에서 채양한 암층의 K-Ar나이는 0.44±0.15Ma, 0.329± 0.002Ma, 0.2756±0.038Ma, 0.2541±0.054Ma(유가기)이다. 본 지층은 천지천문봉 단면(그림 3 참고)에서도 전형적으로 나타나는데 측정한 K-Ar나이는 0.281±0.019, 0.281± 0.045Ma(유가기)이다.

네 번째 단계 분출물은 백두산 천지 주변의 화산추체 상부에 분포되었다. 해발고도는 2,200~2,600m이고 암층의 총두께는 214.1m이다. 대표 단면은 스케이트장 천문봉 단면이다. 층서를 늙은 층으로부터 새로운 층으로 보면 다음과 같다.

• 눌리운 층 제3단계 분출물

⑰ 청회색 석영알칼리조면암과 자홍색조면암 호층 26.8m

⑱ 황갈색 이지론휘석 석영조면암 18.4m

⑲ 청회색 이지론휘석 알칼리조면암 11.5m

⑳ 회흑색 조면질응회암 2.5m

㉑ 청회색 감람휘석조면암 27.9m

㉒ 청회색 이지론휘석 석영알칼리조면암 127.0m

본 층의 K-Ar나이는 폭포 단면 상층에서 0.201±0.04Ma, 풍구 북쪽에서 0.2191±0.002Ma (유가기)이다.

백두산기 지층은 빈관천문봉 단면에서도 전형적으로 나타나는데 늙은 층으로부터 새로운 층서는 다음과 같다(그림 4 참고).

• 하단

① 자색 함각력조면암

— 단층 —

② 진회색 이지린휘석 조면암 99.56m

③ 회색 이지린휘석 조면암 70.99m

④ 회록색 기공상조면암 17.55m

⑤ 암회색 이지린휘석 조면암 31.56m

⑥ 회색 조면암 107m

⑦ 짙은 회색 감람암, 휘석조면암 472.06m

⑧ ⑨ ⑩ 회색흑색조면암 16.46m

— 분출정지 —

● **중단**

⑪ 자회색 조면응회용암 33.00m

⑫ 회갈색 유문상유리질감람 휘석조면암 9.28m

⑬ 황갈색 함각력 유리질 감람휘석조면암 9.28m

⑭ ⑮ 짙은 회색, 회색감람 휘석조면암 37.32m

⑯ 흑회색 유리질 감람휘석조면암 5.94m

⑰ 흑회색 유리질 유문상 감람휘석조면암 13.60m

⑱ 회색 조면암 11.20m

— 부정합 —

● **상단**

⑲ 회백색 부석

⑳ 흑회색 유리질 감람, 이지린휘석조면암 196.39m

— 부정합 —

㉑ 흑회색 조면암질 부암

백두산지구에서 제2단계, 제3단계, 제4단계 분출암과 대비되고 북한 측의 지층은 북포태산층이다. 본 층은 북포태산(해발 2,288m), 군봉(보서리－해발 2,067m), 소백산(해발 2,171m), 간백산(해발 2,162m), 북설령(해발 1,772m), 곽지봉(해발 1,854m), 백사봉(해발 2,02m), 황봉(2,041m), 관두산(2,136m), 남설령(해발 1,836m), 대각봉(백암－2,112m), 두주

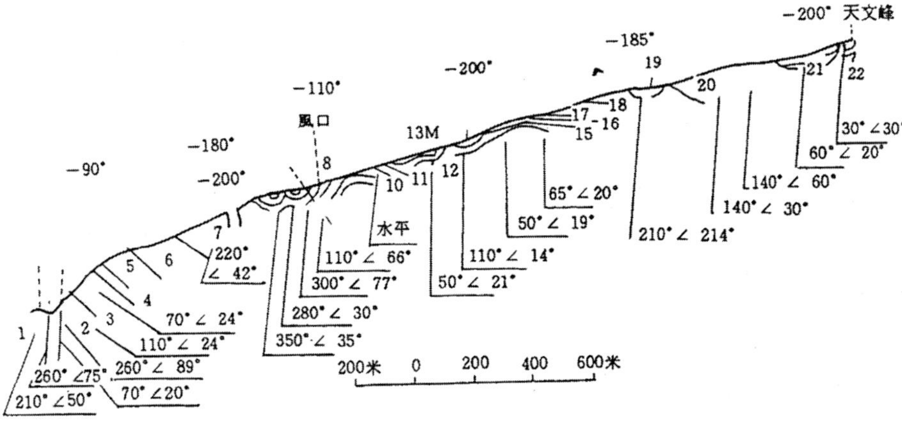

그림 4. 보관-천문봉지층 단면도(寶館一天文蜂地層斷面圖)

산(해발 2,309m) 등 백두산 지역에 분포되었다. 본 층의 하부도 북설령층의 상부와 약한 부정합을 이루고 상부는 대평층의 현무암 무두봉층의 다공질현무암과 부정합을 이루고 백두산에서는 천지층의 조면암에 의하여 눌리었다. 장군봉 북동사면에서의 본 층의 단면은 아래부터 위로 다음과 같다.

① 황갈색 조립응회질사암, 흑요석, 장석을 함유한 역 1.5m

② 회백색 세층과 황갈색세층호층응회암 7m

③ 회백색 응회질중립자암 5.5m

④ 황갈색 조립자암 3.5m

⑤ 회백색 중립자암 28m

⑥ 흑요석질 응회암 1m

⑦ 조면암 쇄설이 층상에 포함된 암회색 응회암 5.5m

⑧ 조립질조면영안암 8m

⑨ 회백색 황갈색 응회질사암 1.2m

⑩ 암회색 응회암 4m

⑪ 응회질역암 6m

⑫ 암회색 응회암 4.5m

⑬ 응회질사암과 응회질역암의 호층 14.7m

⑭ 조면암과 조면영안암 300m

백사봉에서의 북포태층의 단면은 아래로부터 위로 다음과 같다.

① 암회색 조면질 응회암 3~7m

② 조립괴상 조면암 50~60m

③ 조면질 응회암 10~20m

④ 암회색 조립괴상 조면암 20~80m

단면의 총두께는 160m이다.

북포태산층의 조면영안암의 K-Ar나이는 0.39Ma, X선열형광연대는 0.40Ma이다. 백두산 천지에서 이 시기에 분출된 조면영안암의 두께는 천지수면으로부터 400m이고 분출횟수는 4차례로 인정된다. 본 층은 천지수면 아래에 200~250m 연속되어 있고 K-Ar나이에 의하면 세 차례의 분출시기 즉 0.21~0.35Ma, 0.40~0.50Ma, 0.50~0.61Ma가 있었으며 분출횟수는 7회이고 총두께는 650m에 달한다.

3) 백두산기 현무암

본기 현무암에는 노호동현무암과 녹면동현무암이 포함된다.

(1) 老虎洞현무암

백두산 천지의 북쪽과 서쪽에 분포되고 청석봉 아래 2,235고지에서 전형적으로 나타난다. 단면층서는 다음과 같다(아래로부터 위로).

• 눌리운 층 백두산조 조면암

① 암자색 현무암질부석 2.83m

② 흑회색 감람현무암 2.36m

③ 적자색 현무암질부석 2.36m

④ 심회색 유문상감람현무암 2.36m

⑤ 적자색 현무암질부석, 암자색 현무암질부석 12.48m

⑥ 짙은 회색 감람현무암 0.29m

⑦ 암자색 현무암질부석, 적자색 현무암질부석 98.80m

상술한 단면으로 보아 부식이 위주이고 이들 사이에 세 층의 감람암이 끼어 있는데 총두께는 116.48m이다. 화산추하부용람의 K-Ar나이는 0.341±0.02Ma로서 백두산기의 제3분출단계와 제4분출단계 사이에 형성되었다.

(2) 녹면동현무암

백두산 외륜산 북쪽에 있는 해발 2,603m 되는 녹면봉 북쪽 비탈에 녹면동이 있다. 녹면동은 현무암으로 구성되었는데 길이 26m, 너비 8~11m, 높이 1~3.5m, 면적은 300㎡이다. 이런 용암동은 본 지구에서 현무암 분출이 있었음을 말한다. 본 현무암의 K-Ar나이는 0.161±0.08Ma(유충걸)이다. 그러므로 본 현무암은 광평현무암(K-Ar나이 0.1311±0.064Ma)과 대비되고 백두산 분출암 4단계 후임을 알 수 있다.

백산기 현무암과 대비되는 조선 지역의 지층은 무두봉층이다. 본 층은 백두산 지역의 대연지봉(해발 2,353m), 소연지봉(해발 2,114m), 대각봉(해발 2,164m), 무두봉(해발 1,929m), 청봉(해발 1,456m), 지루봉(해발 1,253m), 후계봉(해발 1,231m) 등 높지 않은 산의 등성이에서 나타나는데 적색, 적갈색을 띠고 아래로 내려갈수록 회색, 회흑색으로 변한다. 암성은 현무암질 광재암이고 절대적 나이는 0.13Ma이다. 본 화산암은 폭발형 분출물인데 그 면적은 대평층현무암에 비하여 아주 좁다.

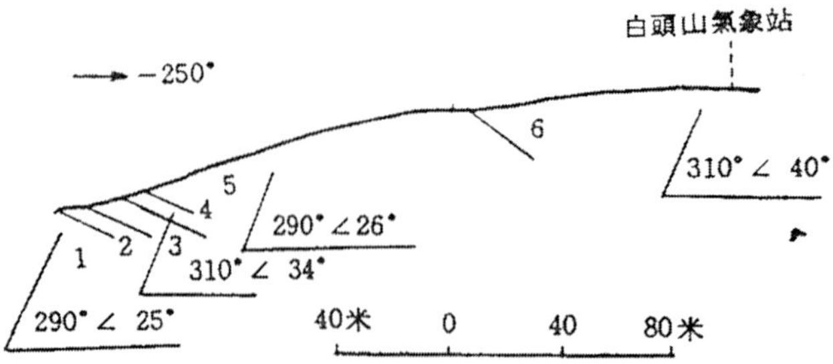

그림 5. 백두산기상참지층 단면도(白頭山氣象站地層斷面圖)

4) 기상잠기유문암

갱신세 말기에 백두산에서는 화산분출활동이 부활되었다. 본기의 화산분출 특점은 중심식 분출이 아니라 몇 개 주요한 산봉들인 장군봉, 향도봉산정이 화구로 되었고 북쪽 비탈에서는 천지기상잠 부근이다.

지형상에서 보면 기상잠 동쪽 비탈에서도 간헐적인 분출에 의하여 4개 계단으로 된 용암단구를 이루었는데 매 계단의 상대고도차는 20~80m이지만 장군봉 비탈에서는 급경사를 이루었다.

본기 화산활동 초기에 부석을 위주로 하는 화산분출물이 형성되었다. 이 단면은 기상대 동쪽 조선의 향도봉, 향도봉과 삿갓봉 사이에 분포하고 있다. 층서를 보면 하단부는 백두산조이고 그 상부에 부석층 혹은 부석 응회암이고 그 상부에 흑요석 혹은 각종 유문상 조면암이 있다.

• 상부

이 암층은 기상대로부터 풍구 일대에 부채모양으로 분포하며 대표적인 단면은 백두산기상잠 동쪽 하곡에 발달하고 있다.

— 분출정지 —

— 탄층 —

• 기상잠단

① 회색소면집괴암 2.8m ② 집괴각력암 5.6m

③ 집괴조면질각력암 7.0m ④ 집괴각력암 2.5m

⑤ 청회색조면암 51.67m ⑥ 청회색유동상조면암 48.05m

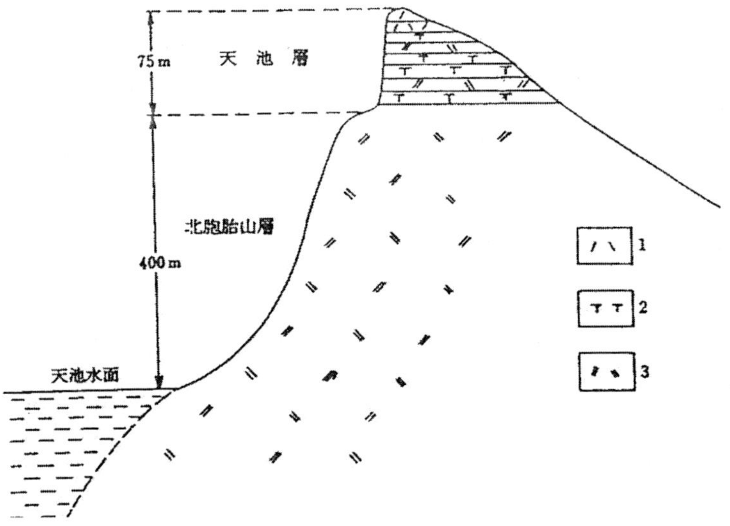

1. 조면유문암 2. 조면암 3. 조면영안암

그림 6. 향도봉지층 단면도(嚮導峰地層斷面圖)

— 분출정지 —

상술한바 주요 암석은 청회색 유동조면암, 청회색 조면암, 집괴 각혁암, 조면 집괴암 등이고 총두께는 117.62m다. 각력(角礫)의 성분은 대부분이 백두산조를 구성한 암석으로 이루어져 있기 때문에 필연적으로 백두산조 후에 분출활동이 있었음을 알 수 있다. 하부암층과 단층으로 접촉되었다. K-Ar나이는 0.08041±0.0041Ma~0.8761±0.15Ma이다. 조선에서는 본 층을 천지층이라 한다. 천지층의 단면은 각 봉마다 다르고 한 개 봉인 경우에도 동쪽과 서쪽이 다르다. 분출시간과 분출량도 달라 현재의 지형고도도 다르나 향도봉에서 천지수면으로부터 천지층 저부의 고도차는 400m이고 천지층의 두께는 75m이다(그림 6 참고).

장군봉 동쪽의 천지층 층서는 다음과 같다.

① 갈색 조면암 30~35m

② 갈색, 황갈색 경석질 조면암질 응회암 10~15m

③ 회흑색 조면 유문암 15~20m

④ 갈색조면암 30~40m

⑤ 갈색조면영안암

⑥ 흑요석질 유문암 10~15m

⑦ 소량의 부석

총두께는 120~153m이다.

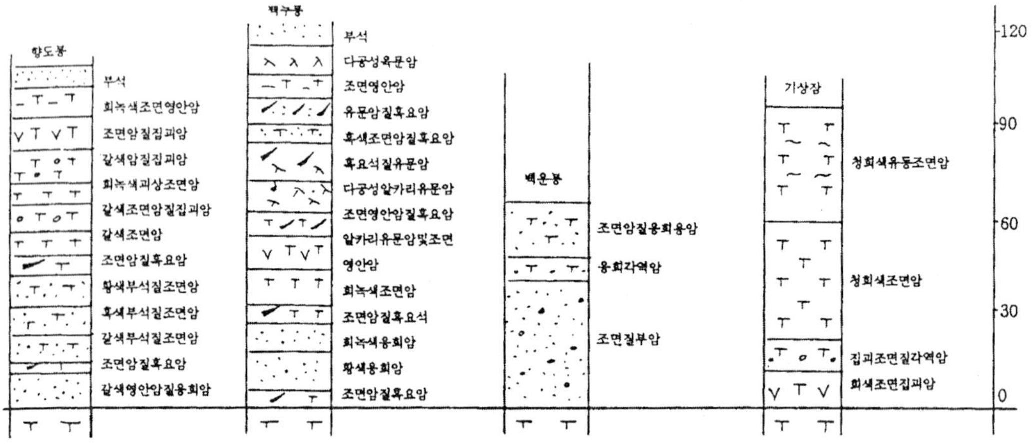

그림 7. 백두산 주요 산봉 지층 단면도(白頭山主要山峰地層斷面圖)

장군봉 서쪽의 천지층 층서는 다음과 같다.

① 흑색화산회응회암 15~20m

② 황색화산회응회암 30~40m

③ 부석질응회암 12~15m

④ 흑요암, 진주암 3~5m

⑤ 준 알칼리유문암 50~60m

천지층 상부에 퇴적된 준 알칼리유문암층을 장군봉층이라고 한다. 천지층의 K-Ar나이는 0.05Ma, 0.13만 년(조선과학원 지리연구소)이다.

5) 二道白河冰磧層

본 지층은 우리가 새로 건립한 층서다. 주로 백두산 스키장 동쪽 해발 1,670m 지구에서 나타난다. 상, 중, 하단으로 나누고 층서는 다음과 같다(그림 8 참고).

① 청회색 현무암

② 역석층 8.8m

③ 황색사층 6.4m

④ 흑색응회용암 65.8m

⑤ 연회색 함각력응회용암

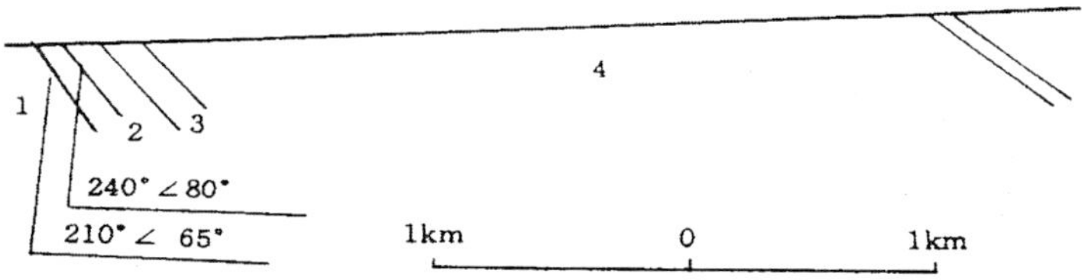

그림 8. 이도백하조지층 단면도(二道白河組地層斷面圖)

(1) 청회색 현무암

◉ 하단

주로 역, 사, 점토로 된 역사층과 적자색 각력 응회용암으로 되어 있고 역 표면에는 찰흔, 마식면이 뚜렷하게 나타난다. 암석의 특징으로 보아 당시에 화산활동이 있었던 것은 물론이고 빙하활동도 있었음을 증명해 주고 있다. 특히 백두산 속에서 처음으로 발견한 이 빙적층은 백두산 빙하기와 당지의 설선고도를 밝히는 데 중요한 과학적 근거가 된다.

◉ 중단

주로 흑색 소면질 각력암과 회갈색 잡색 조면질 응회암 위주로 구성되어 있다. 전자는 주로 조면암과 백색부석각력, 화산회가 집적된 것이고, 후자는 각력함량이 50% 이상이고 각력의 직경은 20cm 내외이다. 역시 성분은 조면암이고 교결물질은 응회암인데 비교적 연한 편이다. 그 두께는 15m이다.

◉ 상단

흑회색 혹은 암자색 조면질 응회각력암, 각력응회암, 응회암 등으로 이루어져 있다. 각력의 함량은 30~50%이고 성분은 조면암, 화산회, 용암으로 되어 있으며 총두께는 65.8m이다. 상술한 암층은 모두 화산체의 사면에 분포하며, 하단부는 현무암과 부정합으로 접촉하고 있다. 하단부는 단층으로서 팔괘묘조와 접촉하고 암층 중의 각력 중에 백두산조의 소면암질력(礫)이 있을 뿐 팔괘묘조의 역(礫)이 없는 것에 근거하여 후기 플라이스토세 말기에 형성된 지층으로 추정된다.

중국 측에서의 빙하퇴적물에 대한 조사는 아직 완정하지 못하지만 북한 측에서 실시한 빙식지형과 빙적지형에 관한 조사는 비교적 상세하게 진행되었다. 자료에 의하면 해발 1,800m 이상에서 빙성퇴적 시 빙회석언덕, 빙회석언덕열이 분포되고 해발 2,000m~2,200m 사이에는 집중적으로 나타나는데 동쪽 비탈만 해도 이곳에 빙퇴적 언덕이 약 13개 나타나고 빙퇴석언덕열 다섯 곳이 나타난다.

(2) 전신세, 응회암, 부석, 화산회

① **빙장기 용결응회암과 화산회**

본 층은 천지 북쪽 스케이트장과 백산교 부근에서 설상으로 길게 분포되었다. 각력의 함량은 30~50%이고 입경은 0.5~2cm이며 두께는 약 15m이다. 대표적인 층서를 보면 아래와 같다.

- **눌리운 지층, 백두산기 조면암**

— 부정합 —

① 갈색 잡색 조면질 집괴암 8m

② 화산회로 교결린 흑색조면질역암 7m

③ 회흑색 조면질각역암, 용결응회암 8m

- **상층 암자색 흑회색 부식 및 화산회**

본 암층의 퇴적물이라고 인정되는 백산교 부근에서 깊이 1.6~1.8m의 화산회 C^{14}나이를 측정한 데 의하면 78541±180년(송해원)이라고 하나 믿음성이 적다.

② **화평영자기 부암과 화산회**

본기는 지금부터 6440~1050년 사이에 백두산에서 분출한 네 차례의 부식과 화산회가 포괄되어 있어 4개 단으로 나눈다.

① 동방홍단 동방홍임장 시멘트다리 부근, 적봉동쪽 1km 지역, 황송포임장 등지에서 두께 4~32m인 부석과 화산회층을 이루면서 나타난다.
동방홍림장 부석층의 탄화목 e^{14}나이는 64401±110년이다. 적봉 동쪽 1km 되는 곳의 이탄 C^{14}나이는 5568년, 황송포임장부식층 중의 이탄나이는 5568년이다. 그러므로 지금으로부터 약 5000~6000년 전에 화산폭발이 있었다고 인정된다.

② 광편탄 본 단은 광평에서 적봉으로 가는 5km 되는 길 옆에 있는데 부석층에 끼어 있는 고토양 C^{14}나이는 1915년이다.

③ 화평영자단 본 지층은 화평영자와 무송현 송원하 부근에서 부석과 화산회의 퇴적층으로 나타나는데 C^{14}나이는 전자가 1489년이고 후자는 1410±80년이다.

④ 내두산촌단 본 지층은 소내두산촌 동남쪽 하천단구에서 나타나는데 화산사와 부적의 혼합층이고 그 층내에 많은 탄화목이 섞여 있다. 본 지층 중의 탄화목 C^{14} 측정나이는 1153±70년, 1120±70년, 1150±80년, 1050±70년인데 그중에서 이탄으로 측정된 1050년이 정확하다.

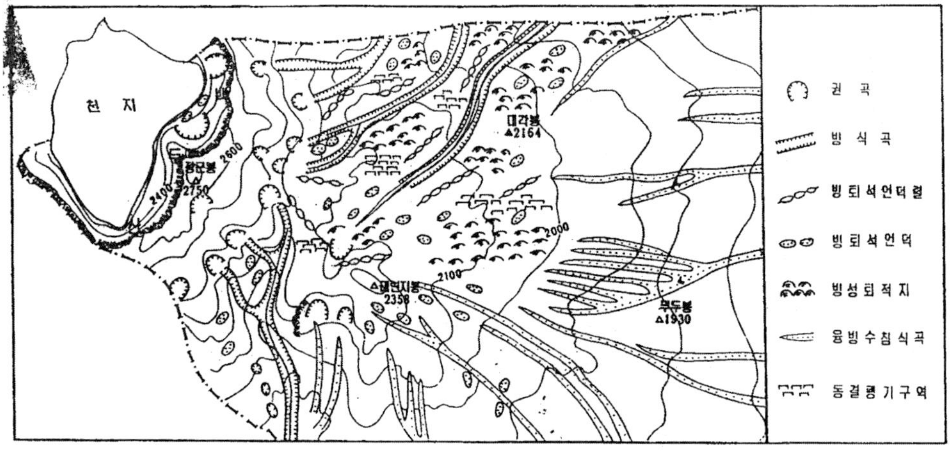

그림 9. 빙하지형분포도

③ 팔괘묘기 용결 응회암과 화산회

팔괘묘기는 분출물의 특징에 따라 적지단과 팔괘묘단으로 나눈다. 적지단은 적지에 퇴적된 화산회하부의 이탄으로서 C14나이를 측정하였는데 880±90이고 다른 지역에서 화산회에 매몰된 탄화목의 C14나이는 895±70, 875, 845, 825(조선지리연구소)이다. 본 시기에 형성된 부석과 화산회의 분출량이 많아 조선에 분포된 면적이 1 000~1,350㎢(한창남의 자료에 의하면 16,000㎢)에 달하고 심지어 일본 아오모리 북부와 홋카이도에서도 당지의 화산회 퇴적물을 볼 수 있다. 부식퇴적층의 두께는 천문봉에서 72m, 조선 신무성에서 8~9m, 삼지연에서 2~7m, 보천에서 0.2~0.6m이다.

팔괘묘단 저부에 용결집괴암이 있고 그 위에 암자색, 회녹색 조면용결 응회암, 용결각역암이 있다. 천지 주변과 골짜기에서는 순상화산추를 이룬다. 대표적인 것은 북쪽의 팔괘순장화산추와 서남쪽에 있는 남구화산추체이다. 산등성과 산비탈에도 널리 분포되었으나 두께가 얇다. 본 층의 총두께는 120m이다. 누른 암층은 화평영자소이고 용결각역암 중에 조면암, 흑요석, 부석이 있고 상층은 부석과 화산회가 없는 것으로 보아 백두산에서의 가장 새로운 분출물로 인정된다.

팔괘묘기후기의 백두산은 비교적 안정한 상태에 들어갔으나 작은 규모의 화산폭발은 기원 1702년, 1903년에도 있었다.

제2장

홀라세 백두산 화산활동 시기에 관한 연구

제2장

홀라세 백두산 화산활동 시기에 관한 연구

1. 연구목적

홀라세의 백두산 화산활동과 분출시기를 체계적으로 연구하는 것으로써 본 지구의 화산활동법칙을 장악하여 자연경관과 인류에게 크게 위해를 끼치는 화산분출예측에 도움을 주려는 데 있다.

2. 연구방법

① 야외답사와 실내분석을 결합하고 참고자료와 조사자료를 대비분석하여 종합추리했다.

② 시양채집에서 층서를 상세히 조사하면서 부석층 아래의 니탄, 고토양을 취양하여 동위소 C^{14}연령을 측정하였다.

③ 참고자료를 인용할 때 반드시 실제조사를 진행하는 것으로서 과학성을 보증하였다.

④ 시양지점 선정에서 대표성을 고려하면서 정지형에서 표본을 추출하였다.

3. 백두산지구 화산활동

백두산지구의 화산활동법칙을 탐구하려면 화산분출상황을 역사적으로 고찰해야 한다.

1) 홀라세 이전의 화산분출활동

백두산지구에 관한 지질탐사와 연구를 거쳐 많은 학자들이 화산 폭발시기와 화사암층 층서를 제기했는데 귀납하면 표 1과 같다.

표 1에서 볼 수 있는바 백두산지구에서는 하플라이스토세 로부터 상플라이스토세에 이르는 약 251만 년 사이에 6차례의 큰 화산활동시기가 있었다. 하플라이스토세에서는 군함산현무암이었는데 백두산을 중심으로 널리 퍼져 그 면적이 1.4만㎢에 달하고 중심의 암층 두께는 300m에 달한다. 중플라이스토세에 이르러서는 알칼리성 조면암이 분출되었는데 주로 백두산 화산추체를 이루었고 그 두께는 1,204m에 달한다. 상플라이스토세에 이르러서 백두산체를 구성한 몇 개의 봉우리가 화구로 되어 부석, 응회암, 흑요석, 유문상조면암이 형

| 표 1 | 백두산 및 그 주위 화산암층 대비표

연구자 시대 단조	연변대학 지리학부 유충걸(1991)	북한 경내 리돈(1991)	Ma	단계
홀라통 (전신통) Q_4	현대 홍적, 충적, 호적 중력 퇴적물 팔괘묘조 하, 상단 화평영자조 하, 중, 상단 홍토산조 하, 중, 상단 0.01 Ma	부석분출 C^{14}기원 1120, 1150, 1170, 1310	Q_4 0.01	9
상플라이스토통 상갱신통 Q_3	상단 이도백하조 중단 하단			
	상단 기상잠조 0.0876±0.015 Ma 하단	천지층 0.05~0.101 Ma 열형광	Q_3 0.10	8 7
	0.096±0.007 Ma 광평 현무암 열석광 0.2 Ma	내평층 현무암 0.65 Ma×선형광	Q_2 0.69	6
중플라이스토통 중갱신통 Q_2	백두산조, 알칼리성 조면암 상단 0.210±0.004 Ma 중단 0.442±0.15 Ma 하단 0.551±0.024 Ma	북포태산층 1.62 Ma 조면암 고자기	Q_1	5
		복설령층		4
		푸른봉층 1.98 Ma K-Ar		3
하플라이스토통 하갱신통 Q_1	군함산 현무암 2.60±0.18 Ma 3~3.4 Ma	보천통 현무암 2.43 Ma	N_2 5.1	2

성되었는데 산비탈에 부채모양으로 분포되었고 그 면적은 넓지 않다. 상술한 사실로 보아 백두산 중심분출화산활동은 주기가 길고 분출량이 점차 감소되는 추세를 보였다.

2) 홀라세 화산분출활동

홀라세에 들어와서 백두산에서의 화산분출활동은 여러 차례 있었고 분출물은 플라이스토세와 달리 화산회, 부석분출이 위주로 되었다. 조선 측의 부석 분포면적은 1만 6천여 평방킬로미터에 달하고 중국 측에 분포된 면적은 1,500평방킬로미터에 달한다(그림 1 참고).

부석의 분포특징은 백두산을 중심으로 편심타원상을 이루고 백두산에 가까울수록 부석층이 집중분포를 이루고 부석층 두께가 두껍다. 부석 알갱이는 백두산에 가까울수록 크고 멀수록 작다. 이런 사실로 보아 부석과 화산회의 분출구는 백두산 천지임을 알 수 있고 부석의 퇴적시기를 감정하는 것으로서 백두산 화산활동시기를 정할 수 있다.

백두산 천지에서 분출한 화산회와 부석에 관하여 일본, 북한, 중국의 많은 학자들이 다년간 연구하였고 그 성과도 매우 크나 아직도 야외조사와 동위소 C^{14}연대 측정 및 부석성분

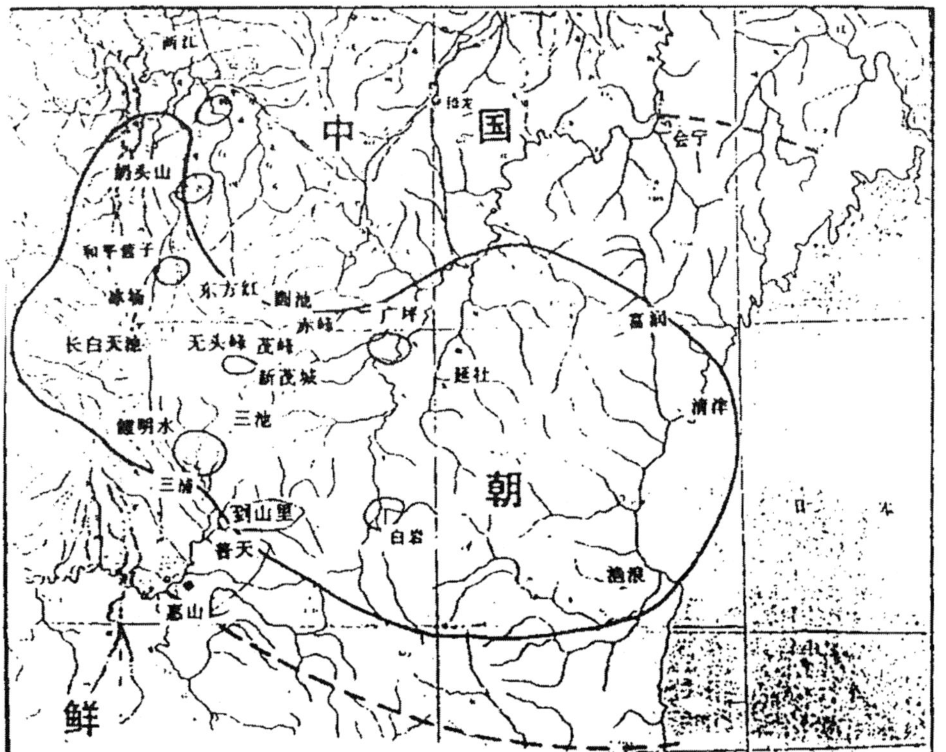

그림 1. 백두산구 부석분포도(白頭山區浮石分布圖)

| 표 2 | 백두산 화산분출시기 획분비교표(白頭山火山噴出時期劃分比較表) (단위 : Y.B.P)

<table>
<tr><th colspan="2">楊永興, 宋海遠</th><th colspan="2">崔鐘燮等</th><th colspan="2">金伯录等</th><th colspan="3">劉忠杰</th></tr>
<tr><th>分期</th><th>時代</th><th>分期(火山活動)</th><th>時代</th><th>分期</th><th>時代</th><th colspan="2">分期</th><th>時代</th></tr>
<tr><td>1期</td><td>10000~7000和</td><td>冰場期</td><td>7800以前</td><td>冰場期</td><td>7854-7822</td><td rowspan="6">平營子期</td><td></td><td></td></tr>
<tr><td>2期</td><td>7000~6000</td><td>園池期</td><td>6440以前</td><td>白雲峰期下段</td><td>6440±110
5220±210</td><td>東方紅段</td><td>6440±110
5200±210
5100±210</td></tr>
<tr><td>3期</td><td>5000~5200</td><td></td><td></td><td></td><td>5100±210</td><td></td><td></td></tr>
<tr><td>4期</td><td>3200~3600</td><td>二道白河期</td><td>3450以前</td><td>白云峰期中段</td><td>3450±200</td><td>广坪段</td><td>1915±93</td></tr>
<tr><td>5期</td><td>1300~1400</td><td>小沙河期</td><td>1400以前</td><td>白云峰期上段</td><td>1489±70
1410±80</td><td>和平營子段</td><td>1489±70
1410±90</td></tr>
<tr><td>6期</td><td>1250~1000</td><td>奶頭山期</td><td>1000以前</td><td>白云峰期上段</td><td>1153±90
1120±70
1050±70</td><td>奶頭山段</td><td>1156±90
1120±70
1150±80
1050±70</td></tr>
<tr><td rowspan="2">7期</td><td rowspan="2">900~現在</td><td>天池期</td><td>200~300以前</td><td>八卦廟期</td><td>1000±90
895±70
820±870</td><td rowspan="2">八卦廟期</td><td>赤池段</td><td>895±70
880±90
875, 845, 825</td></tr>
<tr><td>歷史時期</td><td>1597, 1702, 1903</td><td></td><td></td><td>八卦廟段</td><td>紀元
1702,1903</td></tr>
</table>

에 관한 분석자료가 부족하기에 형성시기를 획분하는 데 일정한 애로가 있다.

본문에서는 선인들의 연구성과를 응용하면서 야외조사, 동위소 C^{14} 측정, 종합분석 등의 방법을 이용하여 백두산 천지에서의 부석 및 화산회의 분출시기를 나누었다(표 2 참고).

(1) 화평영자기

본 기에 형성된 부석층의 C^{14}나이는 1050~6440년 이전이다. 본 층은 화평영자를 중심으로 넓게 분포되었고 화평영자 남쪽 4km 되는 곳에 전형적으로 발육되어 화평영자기로 명명하였다. 본 기는 부석과 화산회층에 매몰된 탄화목의 동위소 C^{14}나이에 따라 동방홍단, 광평단, 화평영자단, 내두촌단으로 나누었다.

① 동방홍단

본 지층은 동방홍임장 시멘트다리 부근에 전형적으로 발육되었기에 동방홍단이라고 명명하였다. 본 단은 크게 두 개의 지층으로 나눈다.

한 개 지층은 동방홍림장 시멘트다리 부근에 있는데 지층층서는 그림 2와 같다.

부석층에 매몰된 탄화목의 동위소 C^{14}나이는 6440±110 Y.B.P이다.

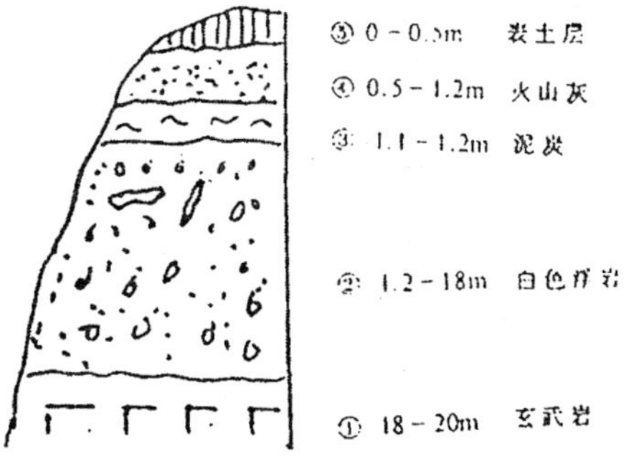

그림 2. 동방홍단 단면도(東方紅段斷面圖)

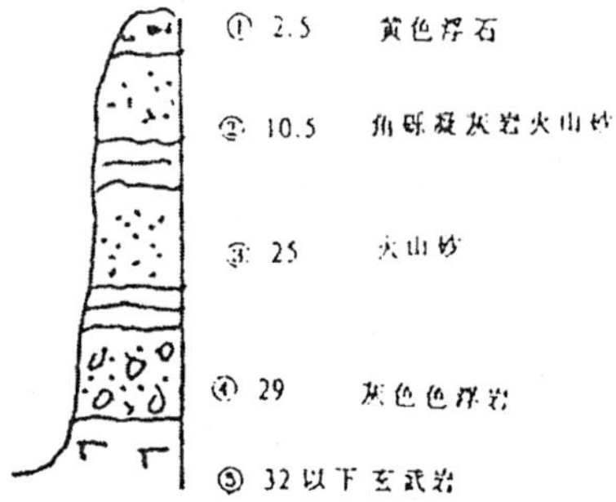

그림 3. 화평영자 단면도(和平營子斷面圖)

다른 한 개 지층은 화평영자 남쪽 5km, 빙장초대소 북쪽 6.5km, 적봉동쪽 1km 되는 곳에 있다. 대표적인 단면은 그림 3과 같다.

매몰된 초탄과 화산회의 동위소 C^{14}측정에 따르면 본 지층이 퇴적된 시기는 5100~5200년 전이다. 송해원 등이 채집측정한 동위소 C^{14} 7850±110으로 되어 있는 측정보고에는 화산회층에 탄소의 함량이 적어 인위적으로 탄소화물을 가하여 간접적으로 측정하였으니 참고하라고 했기에 측정치는 사용하지 않는다. 그리고 동위소 C^{14}연령 7822±210 Y.B.P는 측정자가 측정치를 규정하여 5568년이라고 했기에 화평영자기에 넣고 빙장기를 취소하였다.

② 광평단

광평단은 광평에서 적봉으로 가는 5km 되는 길 옆에 있다. 단면을 보면

A_{00} 0~6 A_0 6~10 A_1 10~20

화산모래 20~38 고 A_1 38~47

고 A_2 47~60 B 60~73 C 73cm 이하

본 지층의 토양 단면은 발육이 좋고 고토양층 상부에 부석이 있다. 색깔은 분홍색이고

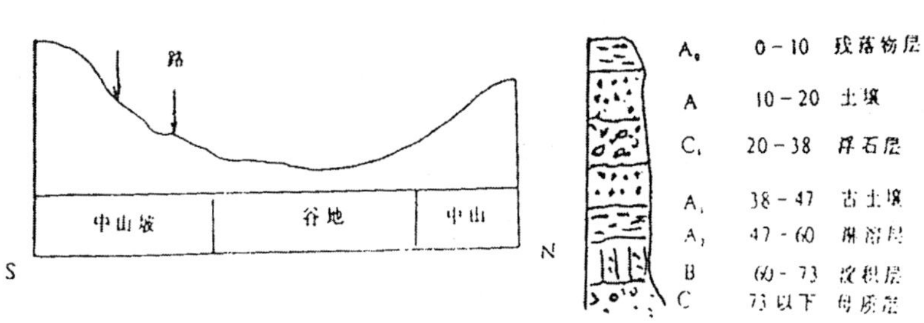

그림 4. 광평 단면도(廣坪斷面圖)

크기는 1~1.5cm이며 알갱이의 크기가 비슷하다. 부석에 깔린 고토양을 취양하여 동위소 C14를 측정한 결과 1915년 Y.B.P이다. 이 측정치에 의하여 광평단을 건립하였다(그림 4 참고).

③ 화평영자단

본 지층은 화평영자와 무송현 송원하 부근에 분포되었다. 동위소 C14측정자료에 의하면 전자의 분출퇴적 시기는 지금부터 1489±70 Y.B.P이고 후자는 1410±80 Y.B.P이다. 상술한 두 곳 지층의 형성시기는 기본상 상사하기에 가능하게 동일한 시기에 형성된 부석층이라고 인정된다.

동위소 C14측정치 3450±200에 의하여 제정된 "이도백하기" 백운봉 중단층은 취소하였다. 취소한 원인이라면 C14측정보고서에서 본 측정치는 오차가 크기에 참고하라고 기재되어 있고 송해원 등이 분기할 때에는 화산회 광물암석 성분 중 부석이 없다는 특징에 근거하여 단독적인 화산활동기로 정하였다. 조사에 의하면 본 층은 하성층으로서 분선작용이 잘 되어 화산회 중에 부석이 없는 것이지 화산분출 시에 부석이 없다는 것은 사실과 어긋난다. 상술한 의거에 의하여 3450년 전의 화산활동시기를 취소하였다.

④ 내두촌단

본 지층은 소내두산촌 단구에 전형적으로 발육되었기에 내두촌단이라고 명명하였다. 분포상황을 보면 북쪽에 있는 내두산촌으로부터 시작하여 천지-상목봉, 동쪽으로 원지와 동남부의 신무성지구이다. 전형적인 단면은 소내두산촌 남부에 있는데 그 단면은 그림 5와 같다.

본 지층은 동위소 C14나이는 1000~1153년 전 사이지만 실제 분출 퇴적된 시간은 지금으로부터 약 1050년 혹은 1150년 전쯤으로 인정된다. 그 까닭은 측정치 1150년 정도 된 곳의 지층층서가 전형적이고 측정양품이 초탄으로 되었기 때문이다.

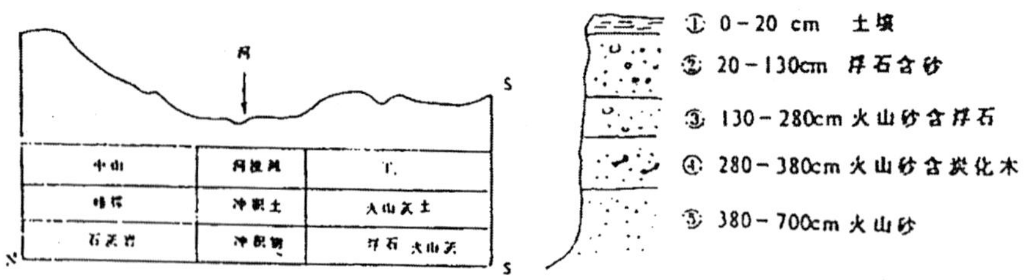

그림 5. 소내두촌단 단면도(小奶頭村段斷面圖)

(2) 팔괘묘기

팔괘묘기는 적지단과 팔괘묘단으로 나눈다.

① 적지단

본 단에 형성된 부석과 화산회의 수량은 대단히 많고 분포면적도 넓다. 분포구역으로는 해발 2,000m 되는 백두산 북쪽 비탈인 적지 부근, 조선의 신무성 부근이다. 대표적인 단면은 적지 단면이다. 본 지층에 매몰된 탄화목의 C^{14}나이는 895±70 Y.B.P, 825Y.B.P로 되었고 부석 위의 니탄 동위소 C^{14} 나이는 880±90이다. 상술한 동위소 C^{14} 측정치 중에서 측정 양품이 니탄으로 되어 있는 것은 과학적 의거가 충분하므로 본 기의 화산활동은 지금으로부터 880년 이전에 있었다고 인정한다.

② 팔괘묘단

적지단 후기에 들어와서 용결응회암의 분출이 있었다. 암성은 암회색, 회녹색 조면질용결응회암, 집괴암 등으로 조성되었는데 천지 주변과 골짜기에서 나타난다. 분포된 곳은 주로 천지 북쪽과 서남쪽인데 총두께는 40~120m에 도달한다. 용결응회암과 집괴암 가운데는 부석덩어리를 볼 수 있으나 암층의 상부에서는 부석층을 볼 수 없다. 그러므로 본 층의 형성시기는 부석이 분출한 후에 형성된 새로운 지층으로 본다.

㉠ 흑회색 조면질 함각력화산회 1.65m

㉡ 흑회색 용결각력암, 응회암 12m

㉢ 황갈색 쇄설층 40m

㉣ 회갈색 조면질쇄설층과 황갈색 조면질용 결각력암호층 70m

㉤ 회흑색 조면질용 결각력암 20m

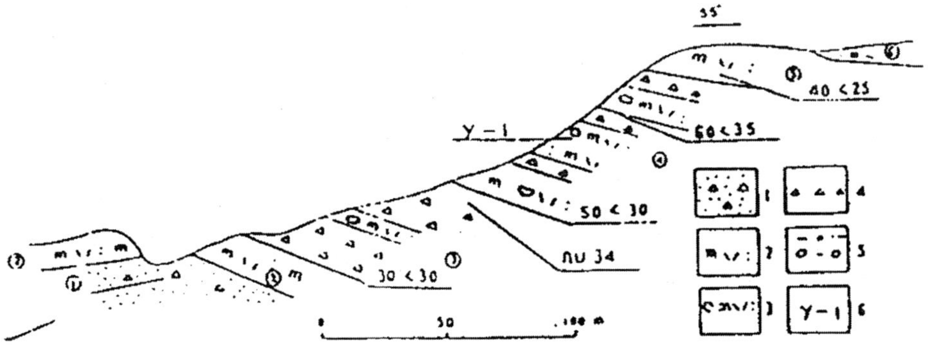

그림 6. 팔괘묘단 단면도(八卦廟段斷面圖)

ⓗ 아점토, 사력서, 화산회 2~10m

백두산지구의 화산활동에 관하여 역사기재가 있고 또 많은 학자들이 역사기재에 근거하여 화산활동연대를 밝혔는데 귀납하면 기원 1413①, 1597②, 1668③, 1702④, 1898⑤, 1900⑥, 1903⑦년 등 7차로 되어 있다. 역사기재가 된 곳은 백두산 천지에서 가장 먼 곳이 160km이고 가장 가까운 곳이 천지이다. 역사자료를 분석한 데 의하면 분화구가 천지로 확인되는 것이 기원 1702년과 1903년이다. 분출물은 기체와 화산회다. 역사자료로 보아 본 시기에 백두산지구에서의 화산활동은 약 200여 년을 주기로 발생되었으나 화산활동 규모는 작고 화산 분출물은 수량이 적은 화산회와 기체이다.

4. 화산활동 후기현상

백두산지구에서의 화산활동 후기현상도 비교적 뚜렷하다. 대표적인 것으로는 온천, 열기분출, 지진 등이 있다.

1) 온천

백두산지구의 온천은 모두 해발 1,756m 이상에 분포되었는데 금강온천군, 대영온천군 18구 온천군 등에 30여 개의 온천이 있고 장백폭포 북쪽 900m 되는 곳에 장백온천군이 있는데 분수구가 13개 곳이고 최고온도는 82℃이다. 천지 안에 천지호반온천군이 있는데 분수구는 수온이 약 35~78℃이고 천문봉 아래 천지호면의 온천은 수온이 약 40℃이다. 이외에 백운봉 아래에도 온천분수구가 있다. 본 지구의 온천수온은 점차 상승하는 추세이다. 이를테면 취룡천 북쪽 100m에 있는 5호분수구는 해마다 0.3℃ 상승하고 다른 분수구도 평균 0.1℃ 상승하며 주위에 새로운 온천분수구도 산생되었다.

2) 열기분출

백운봉 남쪽 암석틈 사이에서는 3분쯤에 한 차례씩 간헐적으로 열기가 나오는데 열기높이는 10m에 달한다. 제자하의 동쪽 언덕에서도 암석열극에서 많은 기체를 함유한 샘이 나와 지표로 하여금 적황색을 띠게 하였다.

3) 지형수직운동이 심하다

조선에서 관측한 기록에 따르면 1928년부터 1981년에 이르는 53년 사이에 천지수변은 70m 하강되고 백두봉은 5m 상승하였다.

4) 지진이 빈번하다

천지 온천 부근에서 해마다 6~9월 사이에 지진관측을 하였다. 1985년 이래 100여 차례의 기록이 있는데 일반적으로 0.7급 정도이다. 가장 큰 것은 2.5급에 달한다. 해마다 4개월간의 활동차수는 1986~1990년 사이에 10~14차였으나 1991년에 30차 정도, 1992년에는 20일 사이에 13차의 지진기록이 있었다.

5. 결론

본 지구의 화산활동은 플라이스토세에 6차, 홀라세에 6차, 역사기재에 있는 것이 2~3차 있었고 지금은 화산활동 후기현상이 있다.

① 화산활동의 주기는 길데로부터 점차 짧아진다.

② 분출물은 초기에는 분출암이었으나 후기에는 부석, 화산회가 위주로 되었고 나중에는 기체와 화산재였다.

③ 화산활동의 세기는 큰 데로부터 점차 작아지는 추세를 보인다.

④ 온천과 온천수의 증온, 지진의 존재, 지형의 승강운동 등은 본지구 심처에 있는 암장방의 움직임을 말한다.

상술한 모든 것을 귀납하면 백두산 화산활동은 완전히 정지된 것이 아니라 또다시 작은 규모의 폭발도 가능하므로 화산예보사업을 잘하여 화산재해를 피면해야 한다.

제**3**장

백두산 화산구에서 분출한 부석의 분포특징과 형성시기

제3장

백두산 화산구에서 분출한 부석의 분포특징과 형성시기(상플라이스토세)

1. 부석층 연구의 지역적 범위

본 장에서는 중국과 북한을 포괄한 백두산 화산구에서 분출한 부석(浮石)의 분포특징과 형성시기에 대한 연구성과를 다루었다.

2. 연구목적과 의의

백두산에서 분출한 부석의 분포와 형성시기에 관한 연구는 학술방면과 생산방면에서 매우 큰 의의를 가진다.

① 백두산 화산활동의 세기와 분출법칙을 탐지할 수 있다.

② 토양유형의 분포와 물리 및 화학성질을 추단할 수 있고 토양의 경작성능, 생산성능을 장악할 수 있다.

③ 부석의 분포는 삼림유형을 결정해 준다. 일반적으로 화산회거나 갈색침엽림토인 경우에도 적송, 삼나무 등 목본식물을 육성할 수 있으나 부석층이 발육된 토층에서는 낙엽송만이 자랄 수 있고 생장속도도 대단히 늦다. 그러므로 부석의 분포를 장악하는 것은 삼림구획과 생산계획을 세우는 데 있어 과학적 의거를 마련해 준다.

④ 부석층은 토양의 발생, 발전에 매우 큰 작용을 하고 토양의 물리·화학적 성질에 영

향을 준다.

3. 부석층의 자연적 분포특징과 면적

1) 부석층의 분포범위와 면적

백두산에서의 부석분출은 규모가 크고 여러 차례 있었기에 분포면적은 대단히 넓다. 북한 측의 부석 분포면적은 1,000~1,350㎢(최근 한창남의 연구자료에 의하면 1만 6천여㎢)에 달하고 중국 측에 분포된 부석면적은 1,500㎢에 도달한다. 부석분포의 수평적 형태를 보면 백두산 천지를 중심으로 편심타원상을 이루었다. 북한 측에서의 부석분포는 남쪽계선이 혜산-길주를 연결한 선이고 동쪽계선은 동해바다이며 북쪽계선은 회령-은덕군을 연결한 선이다. 부석이 비교적 뚜렷하게 분포된 계선은 보천, 어랑, 청진, 어진, 광명 일대인데 부석 두께는 0.1~0.2m 정도이다(표 1 참고).

북한의 백두산-청진방향에서 보면 천지와 12.6km 떨어져 있는 무두봉에서의 부석층 두께는 10~15m, 천지에서 113.7km 떨어져 있는 연사에서의 부석층 두께는 0.4~0.7m이다(표 2 참고). 북한 측의 백두산-혜산방향에서 보면 천지에서 30.5km 떨어져 있는 삼지연에서 부석의 두께는 2~7m이지만 천지에서 66.8km 떨어져 있는 혜산시 검산동에서의 부석층 두께는 0.1~0.05m 정도이다(표 3 참고).

| 표 1 | 천지화산공강추적부석입도, 후도화거리변화수(天池火山空降推積浮石粒度, 厚度和距離變化數)

地點 / 特征要素	天文峰	双目峰	園池	赤峰	广坪
距天池距離(km)	1	17	29	31	60
浮石厚度(m)	72	0.77	0.66~0.8	0.78	0.1~0.2
浮石粒度(cm)	5~60	8	2~4	3.5~1.5	0.2~0.3

* 天文峰, 白云峰火山渣錐体.

| 표 2 | 백두산—청진방향부석후도변화(白頭山—淸津方向浮石厚度變化)

地 點	无頭峰	新茂城	茂 浦	延 社	富 潤
距天池距離	12.6	22.7	40.9	113.7	159.3
浮石厚度(m)	10~15	8~9	1.0~2.5	0.4~0.7	0.1~0.4

| 표 3 | 백두산—혜산방향부석후도변화표(白頭山—惠山方向浮石厚度變化表)

地 點	新茂城	三池淵	金星明水	普 天	劍山洞
距天池距離	22.7	30.5	31.5	28.8	66.8
浮石厚度(m)	8~9	2~7	0.5~1.5	0.2~0.6	0.1~0.05

2) 부석층의 두께 변화

부석층의 두께는 남북방향에서도 일정한 변화법칙을 갖고 있는바 천지-청진을 맺은 선을 중심으로 남, 북으로 나가면서 점차적으로 엷은 추세를 보인다. 이를테면 천지에서 대체상 동일한 거리를 갖고 있는 남북방향에서의 부석층의 두께는 삼지연에서 2~7m이지만 북쪽에 있는 원지의 부석층 두께는 0.6~0.8m이고 남쪽에 있는 혜산 검산동에서의 부석층의 두께는 0.1~0.05m밖에 안된다(표 4 참고).

| 표 4 | 부석적남북방향후도변화(浮石的南北方向厚度變化)

地 點	圓 池	茂 峰	三池淵	普 天	劍山洞
浮石厚度(m)	0.66~0.8	1.0~2.5	2~7	0.2~0.6	0.1~0.05

3) 부석층알갱이의 변화

천지에서 가까울수록 알갱이가 크고 멀수록 작다. 이를테면 쌍목봉 부근에서 부석의 알갱이 직경은 평균 8cm 정도이고 원지에서는 4cm, 광평 일대에서는 0.2~0.3cm이다. 서북, 동남 방향에서도 부석 알갱이의 크기가 부동하다. 동남쪽에 있는 적봉, 원지 부근에서의 부석직경은 2~4cm이지만 서북 부근에 있는 이도백하 서부의 부석직경은 2cm 정도이다.

4) 부석층의 수평적 분포특징

부석층의 수평적 분포에 영향을 준 인자로는 부석분출구와의 거리, 지모유형과 지형부위, 하천의 운반작용과 퇴적작용 및 인위적 영향 등이 있다. 이런 요소의 종합적인 작용하에 부석층의 수평적 분포는 일정한 특징을 갖고 있다.

(1) 편상분포구

부석층이 연속 편상으로 분포된 곳은 주로 천지 주변이다. 전형적인 지구로서는 북한의 보천-백암-연사를 연결한 타원호선의 서부지구이고 중국 측에서는 백두산 천지의 동부지구인데 원지, 적봉지구를 지나 광평 서쪽 4km 지구와 백두산 천지, 화평영자 내두산에 이르는 선의 동남지구이다.

(2) 부석이 집중되고 부석층이 두꺼운 지구

본 유형은 일반적으로 백두산 천지에서 가까운 곳에 분포되었다. 본 층의 주요한 특점은 부석이 위주이거나 심지어 순 부석으로 이루어진 지층인데 비교적 두껍다. 주요한 분포지구로서는 조선의 연사 서부, 백암, 삼포, 신무성 남쪽과 백두산 주변이다. 중국 측에서 보면 백두산 동쪽 비탈, 원지동남, 동방홍림장 남부, 화평영자 남쪽, 내두산 남쪽이다. 본 지층이 형성된 원인은 주로 지면경유에 의한 운반, 퇴적과 하천에 의한 운반, 퇴적의 결과이다. 이를테면 북한 측에서 신우성 남부, 백두산 동쪽 비탈의 부석층은 주로 지면경유에 의한 부석퇴적층이고 백암지구의 부석층은 서두수 상류의 네 갈래 지류의 운반퇴적 결과이며 연사 서부의 부석층은 서두수와 대홍단수의 운반퇴적에 의한 결과이고 삼포의 퇴적층은 압록강 상류와 이명수 지류에 의해 운반 퇴적된 결과이다. 중국 측의 내두산부석층은 주로 삼도하의 두 개 지류, 원지 동남은 약류하와 계절하천의 운반 퇴적된 결과이다.

화산분출 전의 지형유형 중에서 부지형으로 된 곳에서는 지면경유의 운반영역에 의하여 매우 두꺼운 부석층을 이루는데 그 두께는 몇m~몇 십m에 달하고 대지에 분포된 부석층은 두께가 비교적 고르다.

(3) 반상분포구

본 구역은 백두산 천지에서 약 30km 떨어진 곳에 분포되었다. 본 구역의 형성은 주로 지형유형의 영향을 받아 이루어졌다. 즉 부석분출 시에는 지면에 고루 분포되었으나 바람, 지면경유의 침식, 운반퇴적작용에 의하여 정지형의 부석은 침식 · 운반되어 부지형에 퇴적되어 부석층을 이루었으나 정지형부분에는 부석층이 없다.

본 지구에서 부석층은 주로 산비탈, 산기슭, 골짜기에 분포되었다.

(4) 부석층이 수지상으로 분포된 지구

이곳 정지형 표층에는 부석이 없거나 약간 있지만 하천에 의한 운반작용에 의하여 상유지구의 부석이 하천양안에 퇴적되어 대체상 하계의 형태특점과 비슷하여 수지상을 이룬다.

4. 부석의 형성시기(상플라이스토세)

부석의 형성시대에 관한 연구목적은 백두산 화산활동시기를 확인하려는 데 있다. 그러나 매차례의 화산활동이 모두 부석이거나 화산회를 분출하지는 않는다. 이를테면 어떤 화산활동시기에는 지하의 마그마만이 지표에 분출되고 어떤 시기에는 화산활동 시 다만 약간의 화산회와 기체가 분출될 뿐이다. 그러므로 본 제목의 연구에서는 화산회와 부석의 형성시대를 밝히는 것으로써 백두산 천지에서 일어난 일부의 화산활동시기를 확인하여 백두산 화산활동의 부분적 역사를 해명하고 홀라세 이후의 화산활동법칙을 연구하는 데 도움을 주려는 데 있다.

1) 국내외의 연구개황

백두산 천지에서 분출한 화산회와 부석에 관하여 일본, 조선, 중국의 많은 학자들이 다년간 연구하였고 그 성과도 매우 크다. 우선 부석층과 화산회에 매몰된 탄화목, 초탄, 고토양과 화산회를 양품으로 채취하여 동위소 C^{14}의 측정방법을 이용하여 부석과 화산회의 형성시대를 밝혔다(제2장 표 1 참고). 그리고 화산회와 부석의 형성시대를 측정한 토대 위에서 화산활동시기를 획분하였는데 제2장 표 2와 같다.

2) 화산회와 부석의 분출시기

백두산 천지에서의 부석 및 화산회의 분출시기에 관한 저자의 연구성과를 기타 학자들의 성과와 대조하여 제2장 표 2에 열거하였다.

• 상플라이스토세 의 부석 분출

백두산 천지에서의 화산활동은 상플라이스토세에도 여전히 격렬하였고 분출암 외에 부석이 형성되었다.

조선과학원지질연구소 이돈의 연구에 따르면 삿갓봉과 향도봉 사이의 단면에서 갈색, 황색, 흑색의 부석질조면암이 10m의 두께로 놓여 있음을 발견하였고 그 옆의 봉우리에서도 흑요석에 덮인 부석들을 발견하였는데(그림 1 참고) 분출나이는 약 5만 년(고자기법)이다.

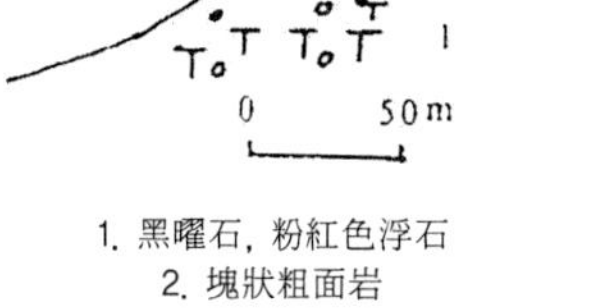

1. 黑曜石, 粉紅色浮石
2. 塊狀粗面岩

그림 1. 향도봉-입봉지질 단면도
(餉道峰-笠峰地質斷面圖)

중국 안도현 양강하곡의 하천 2급단구의 조성물질 중에는 많은 부석이 있다. 안도현 명월진 부르하통하 2급단구의 동굴 속에 있는 맘모스－모피서동물군의 C^{14}측정 결과에 의하면 지금부터 25.560±550~35.37만 년 전이다. 그러므로 지금으로부터 2.5~3.5만 년 전에도 부석이 분출되었다는 것을 알 수 있다(그림 2 참고).

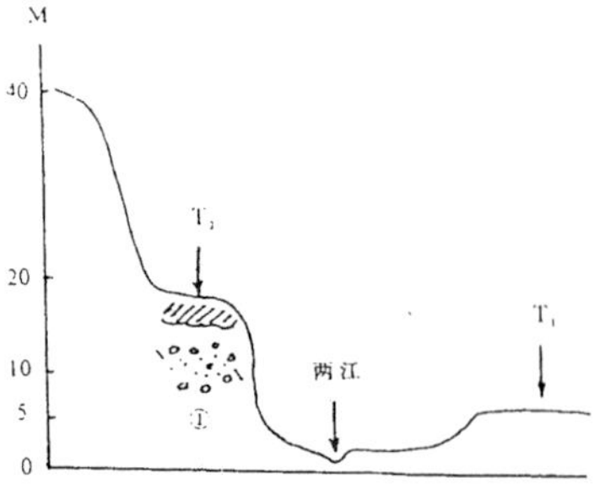

① 浮岩, 砂

그림 2. 양강 단면도(兩江斷面圖)

홀라세의 부석과 화산회의 형성시기

홀라세의 부석과 화산회 형성시기는 화평영자기와 팔괘묘기로 나눈다. 구체적인 내용은 제2장 (1)과 (2)를 보라.

제4장

백두산 자연경관대

제4장

백두산 자연경관대 (생태관광자원과 분구)

아시아 동부에서 가장 전형적이고 유일한 수직경관대이다. 송강으로부터 백두산에 이르기까지 수평거리는 60여km이지만 수직고도차이가 2,170m나 되므로 온대, 한대의 모든 경관들이 규칙적으로 분포되었다. 그러므로 약 2시간 동안에 온대로부터 한대에 이르는 다양한 경관들을 볼 수 있다(표 1 참고).

침활혼성림경관대는 송강으로부터 백산검사장 서쪽 1.5km까지의 구간으로서 해발고도는 550~1,100m이다. 기후는 중온대 습윤대륙성 계절풍기후로 적산온도는 1,700~2,400℃이다. 무상기는 100~120일이고 연평균기온은 3℃이다. 주요한 토양종류로는 암갈색삼림토, 백장토이다. 식물상은 침엽, 활엽 혼합림으로 되어 있고 군락구조는 교목, 관목, 초본 등 세 개층으로 되어 있다.

교목층은 상층을 차지하는데 침엽수인 잣나무, 이깔나무, 장백미인송, 전나무와 활엽수인 사시나무, 봇나무, 가래나무, 신갈나무, 들메나무가 자라고 있다. 관목층은 중간층을 차지하고 있는데 개암나무, 생열귀나무, 접골목으로 되어 있다. 초본 층은 삼림하층지면에 분

| 표 1 | 백두산 자연경관대

해발고도(m)	기후수직대	식물수직대	토양수직대
550 이하	중온대	2차림 낙엽활엽림대	암갈색삼림토
550~1,150	중온대	혼성활엽혼합림대	암갈색삼림토
1,150~1,700	한온대	가문비나무침엽림대	산지갈색침엽토 산지회화토
1,700~2,000	과도대	산지사스림대	산지생초삼림토 산지습초원토
2,000 이상	한대	산지태원대(산지툰드라대)	화산회토

포되어 있다. 주로 사초, 갈(갈대), 세신, 용담, 고사리 속새, 인삼 등이 있다. 그 외에도 검정귀버섯, 기와버섯, 넉시리, 개암버섯, 영지 등 진균류와 머루, 오미자, 목롱 등 등본식물도 있다.

침엽림경관대는 해발 1,100~1,800m 사이의 현무암경사고원에 분포되었다. 기후는 산지한온대 대륙성계절풍 기후이다. 평균기온은 1℃이고 강수량은 1,000mm에 달하는데 남사면이 많고 북사면이 적다. 주요한 토양종류는 갈색침엽토와 화산토이고 식물상은 침엽림대로 되어 있는데 식물종속성분에 따라 2개의 식물아대로 나눈다.

명침엽림대는 해발 1,100~1,600m 사이에 분포되었다. 주요한 침엽수로는 가문비나무와 전나무, 잣나무 등이 있다. 활엽수는 침엽수 사이에서 드문드문 자라는데 주요한 수종은 사시나무, 자작나무 등이다. 암침엽림대는 해발 1,600~2,020m 사이에 분포되어 있다. 주요한 수종은 가문비나무와 전나무이다. 활엽수종은 극히 적다.

악화림경관대는 해발 1,700~2,000m 사이의 화산추 아래 사면에 자리 잡고 있다. 연평균기온은 35℃이고 연강수량은 1,057mm이며 8급 이상의 바람이 부는 시간이 200일 이상이다. 주요한 토양은 생초삼림토이고 주요한 식생은 사스레나무인데 거센 강풍으로 인하여 나무는 기울어지고 나뭇가지는 구부러져 특수한 형태를 이뤘다. 그 외에 소량의 가문비나무, 이깔나무, 전나무가 자라고 지면에는 초본식물이 무성하다.

툰드라경관대는 해발 2,000m 이상 되는 화산추체의 중상부에 분포되어 있다. 기후는 한대에 속한다. 연평균기온은 5℃이고 9월 초의 밤기온은 영하로 내려간다. 강수량은 1,100~1,400mm이고 안개 끼는 날은 약 260일가량 된다. 이곳에는 영구동토층이 있는데 그 깊이는 0.6m이다. 토양은 한대지방에서 볼 수 있는 툰드라토이다. 식생은 키 작은 포복상관목, 다년생초본식물, 지의류, 이끼류이다. 주요한 식생으로는 들쭉나무, 만병초, 가설송, 참돌꽃 등이 있다. 해발 2,400m 이상은 석질황막으로서 선녀목, 담자리꽃들이 드문드문 자라고 있다.

자연경관대 내의 식물은 2,424종에 달하고 동물은 500여 종에 달한다.

1. 백두산 기후 관광자원

백두산 기후 관광자원의 뚜렷한 특점은 해발고도의 차이에 따라 나타나는 기후의 수직성이다. 해발 600~1,100m는 중온대 침활혼합림기후로서 백두산 기후 중 가장 따뜻하고 강수량과 안개일수가 제일 적은 지대이다. 해발 1,100~1,700m는 한온대 침엽림대기후로서 서늘하고 습윤한 것이 특징이다. 1,700~2,000m는 아한대 사스레림대기후로서 기온이 낮고 강한 바람이 많다. 해발 2,000~2,500m 사이는 한대 태원기후로서 날씨가 춥고 큰바람이 많다. 2,500m 이상은 춥고 강수가 많으며 풍속이 빠른 특징으로 한대 황막기후를 이룬다.

| 표 2 | 중국에서 제일가는 기후요소

번호	항목	측정치
1	연평균기온	−7.3℃
2	적설일수	258일
3	연강수일수	209일
4	연강설량	320mm
5	적설심도	1~2m
6	강설일수	145일
7	안개일수	267.1일
8	폭풍일수(≥8급)	272일

자료 : 유충걸, 『백두산과 연변조선족』, 백산출판사, 1993, p. 316.

백두산은 전체적으로 보면 겨울이 길고 기온이 낮으며 강수와 안개가 많고 바람이 많은 것이 특징이다(표 2 참고).

기온 : 천지 기상대에서 측정한 자료에 의하면 연평균기온은 -7.3℃로서 중국에서 제일 추운 곳으로 불리는 흑룡강성막하의 연평균기온보다 2.4℃ 낮다.

강수 : 백두산 천지는 강수량이 1,340mm로서 중국 동북 지역에서 강수량이 제일 많은 곳으로 되어 있다. 또한 강수일수가 209일이고 7~8월에 비가 가장 많이 온다.

안개 : 백두산 천지 주변은 매년 평균 267일은 안개가 끼여 백두산의 신비로움을 더한층 돋우어준다.

바람 : 백두산은 해발고도가 높고 서풍이 강한 곳에 위치했기 때문에 큰바람이 많다. 일년 중 8급 이상의 폭풍일수는 278.8일이고 연평균풍속은 11.7m/s인데 풍속이 가장 늦은 8월에도 6.9m/s에 달하여 산기슭 지역의 2배나 된다.

백두산에는 관광자원이 풍부하여 사계절마다 색다른 경치를 자랑하고 있다(표 3 참고). 그중 기후관광자원 중에서 관광객의 인기를 모으는 것은 빙설, 안개, 해돋이와 일몰이다.

빙설 : 백두산에서 첫눈과 마지막 눈이 내리는 기록은 각각 8월 30일과 6월 24일이다. 강설일수는 145일이고 강설량은 320mm이며 적설심도는 곳에 따라 약간의 차이는 있지만 대체적으로 1~2m인데 산골짜기에는 바람에 날려온 적설이 쌓여 수십 미터의 두꺼운 적설층을 이룬다. 망망한 장백림해의 겨울풍경은 중국 남부 지역

| 표 3 | 관광시기와 대상

월 순	내 용
11월~이듬해 4월	설경, 스키, 스케이트
7월~8월 말	여름경치, 식물수직대, 천지, 산
9월 초~9월 중순	백두산 단풍, 천지, 산

자료 : 유충걸, 『백두산과 연변조선족』, 백산출판사, 1993, p. 316.

에서 오는 관광객들의 인기를 모은다. 현재 백두산 겨울철관광이 이미 개발되어 스키, 스케이트 등 겨울철운동으로 휴가의 한때를 즐길 수 있을뿐더러 눈 속에서 온천욕도 할 수 있고 여러 가지 눈조각, 얼음조각도 구경할 수 있다. 특히 흰 눈을 떠이고 빙설 속에 서 있는 설송(雪松)은 백두산 겨울풍경의 대표적인 상징이다.

구름과 안개 : 백두산은 안개일수가 많아 정상에서 내려다보면 구름인지 안개인지 구분할 수 없을 정도이다. 맑은 날에는 기묘한 각종 모양의 구름이 발 아래에서 흘러가는 모습을 볼 수 있고 흐린 날에는 가시거리가 몇 미터밖에 되지 않는 안개 속에서 백두산의 신비로움을 체험할 수 있다.

해돋이와 저녁노을 : 백두산은 태양고도각도가 작고 태양광선이 통과하는 대기층이 상대적으로 얇기 때문에 푸른색과 자색 광선이 적고 붉은색 부분이 많아 해돋이와 저녁노을은 붉은색을 많이 띤다.

또한 아침에 떠오르는 붉은 해는 평지에서 보는 것보다 많이 커 보이는데 전설에 의하면 백두산의 해돋이를 보면 건강에 이롭고 장수한다고 하여 많은 관광객들이 찾아온다. 특히 해마다 신정날 새벽이 되면 백설이 덮인 임해 위로 서서히 떠오르는 새해의 아침해를 정상에서 바라보노라면 마음도 한결 깨끗해지고 넓어지는 느낌을 찾을 수 있어 겨울철 혹독한 추위에도 많은 관광객들이 백두산을 찾아온다.

2. 백두산관광구

백두산관광구는 구체적으로 천지관광구, 폭포관광구, 지하삼림관광구 등으로 나눌 수 있다.

1) 천지관광구

(1) 만족(滿族)의 발상지

중국 측 기록에 의하면 송나라 조정에서는 백두산을 발적지(發跡地)로 삼았는바 김대정(金大定) 12년(1172년)에 백두산을 여국응왕(興國應王)으로 대했고 명창(金明昌) 4년(1193년)에는 다시 개천굉성제(開天宏聖帝)로 봉했다.

청나라시기에 들어와서는 백두산을 만족의 발상지라 하였다. 『청사사고, 반조반기(清史史稿, 半組半記)』에 기재된 전설에 의하면 청나라 태조(太祖)인 누르하치의 어머니는 선녀였는데 부르후리 천녀욕궁처(天女浴躬處)에 내려와 목욕하다가 붉은 과실 하나를 먹고 임신한 후 누르하치를 낳았다고 한다.

강희(康熙) 16년(1677년)에 청나라에서는 백두산을 만족의 발상지로 삼고 봉금(封禁)을 실행했으며 몽골인과 한족(漢族)은 들어가지 못하게 하고 다만 청나라 관리만이 들어가서 진주를 채집하고 인삼을 캐며 사냥하게 하였다.

같은 해 8월엔 강희황제가 친히 만족의 발상지에서 제사를 지내라는 영을 내리고 11월에는 청나라 예부(禮部)에서 길림시교의 소소백산(小白山)에 제전을 만들고 장백신(長白神)을 모셨으며 매년 봄과 가을에 제사를 지내기로 했다.

(2) 한국민족의 성산

한국의 신화전설에서는 다음과 같이 전해지고 있다. 한국민족의 선조인 단군은 하늘나라 환인임금님의 아드님으로 태어났는데 환웅이라 불렀다. 환웅은 아버님의 분부에 따라 땅에 있는 사람들을 다스려 잘살게 하기 위하여 신하들을 거느리고 구름을 타고 땅에 내려왔는데 그곳이 바로 태백산(지금의 백두산)의 신단수나무 아래였다 한다.

환웅은 웅녀와 결혼하였고 웅녀는 환웅이 하늘로 다시 올라간 후 아들을 낳았는데 이름을 단군이라 지었다. 단군은 후에 임금이 되었고 국호를 조선이라 하였다. 때문에 후세의 사람들은 백두산을 성산이라 부르며 신성하게 보고 있다고 한다.

(3) 천지 주변의 산봉우리들

백두산의 여러 봉우리들은 여러 차례의 화산폭발과 분출에 의하여 형성되었다. 그리하여 백두산의 산체는 색깔이 다양하고 봉우리마다 형체가 독특하다. 여기 산봉우리들은 유난히 높이 솟아 마치 하늘가에 닿은 듯하다. 천문봉에서 다른 봉우리들을 바라보노라면 흰 구름이 발밑으로 흘러 지나가서 관광객들은 마치 창공에 우뚝 서 있는 듯한 느낌을 갖게 된다(표 4 참고).

백두산의 봉우리들은 저마다 기이하고 웅장하면서도 장관인 것이 특징적이다. 외국의 한 여행가는 40여 개 나라를 돌아다니면서 많은 명산들을 보았지만 백두산처럼 웅장하고 아름다운 산은 보지 못했다고 했다. 백두산에는 해발 2,500m 이상 되는 봉이 20여 개나 된다. 천문봉에서 시작하여 동남서북쪽 방향으로 나가면서 주요한 봉우리들을 소개하면 다음과 같다.

천문봉은 천지기상대 서남쪽 300m 되는 곳에 있는데 기상대가 설립되면서부터 천문봉

| 표 4 | 백두산 산봉우리의 명칭과 위치 및 해발고도

산봉우리 명칭	별칭	위치	해발고도(m)	소재 국가
천문봉	부리봉	천지기상대 서남쪽 300m	2,670	중국
천활봉		장백폭포 동남쪽 700m	2,620	중국
철벽봉		천활봉 남동쪽 350m	2,560	중국
화개봉	백암봉	화개봉 동쪽 370m	2,640	중국
자하봉		지하봉 동남쪽 700m	2,618	중국
자암봉		향도봉 동북쪽	2,521	중국, 북한
쌍무지개봉		천지 동남쪽 800m	2,626	북한
향도봉	고준봉	천지 동남쪽 750m	2,711	북한
장군봉	백두봉·병사봉	장군봉 동북쪽 경사면	2,749	북한
비루봉		장군봉 남서쪽 1,400m	2,580	북한
해발봉		천지 남동쪽 650m	2,719	북한
단결봉		천지 남동쪽 650m	2,661	북한
제비봉		천지 남쪽 700m	2,549	북한
관면봉		천지 남쪽 371m	2,528	북한
와호봉		천지 남쪽 400m	2,566	북한
낙원봉		와호봉 북서쪽 700m	2,603	북한
제운봉		와호봉 북서쪽 1,000m	2,543	북한
옥주봉	청석봉	천지 서쪽 500m	2,664	중국
백운봉		옥주봉 동북쪽 1,270m	2,691	중국
지반봉	녹명봉	천지 북서쪽 409m	2,603	중국
용문봉	차일봉	천지 서북쪽 401m	2,595	중국
금병봉		지반봉 북동쪽 800m	2,590	중국
관일봉		금병봉 동북쪽	2,510	중국
직녀봉		천활봉과 철벽봉 사이	2,558	

이라 이름 지었다. 마치 독수리부리와 비슷하다 하여 부리봉이라고도 부른다. 산체표층은 미황색, 백색을 띤 부석이고 부석 속에는 흑색, 흑녹색을 띤 조면암의 화산각력석이 끼어 있는데 큰 것은 몇 t이나 된다. 그 모양은 마치 독수리가 구슬을 물고 있는 듯하다. 산체는 부석으로 되어 있어 발로 구르면 텅텅 빈 소리가 난다. 산체의 형태는 북쪽 비탈이 완만하여 등산하기 쉽고 남쪽은 절벽으로서 천지와 접해 있다. 그리고 앞이 확 틔어 있어서 관광객들이 천문봉 산정에서 천지와 천지 주변의 아름다운 전경도 볼 수 있고 망망한 임해도 볼 수 있다. 마치 자기 몸이 하늘가에 닿아있는 듯한 기분이다.

천활봉(天豁峰)은 승사하의 동쪽에서 용문봉과 마주하는, 장백폭포의 동남 700m 되는 곳에 있다. 해발고도는 2,620m이다. 이 산봉우리의 양옆은 뾰족한 봉우리로 되었고 중간은 훤히 트여 있어 천활봉이라고 명명하였다. 등산할 경우 보천석으로부터 우랑도에서 승사하를 건너 종덕사 옛터를 지난 후 북쪽의 돌무지를 따라 올라가면 이 봉우리에 이른다. 봉우리에서는 여러 산봉우리의 음영이 천지에 비치는 아름다운 풍경을 관상할 수 있고 봉우리 뒤의 풍경구와 작은 산들이 둘러싸인 산경도 볼 수 있다. 그리고 산 아래 천지호반에 있는 낙타봉과 검은 곰이 하늘을 쳐다보는 듯한 바위들의 조합풍경도 볼 수 있다.

철벽봉(鐵壁峰)은 천지의 북쪽, 천활봉 남동쪽 350m 되는 곳에 있다. 동쪽은 천문봉, 서쪽은 직녀봉을 사이에 두고 천활봉과 마주하고 있으며 해발고도는 2,560m이다. 산체를 구성한 암석이 적흑색으로 되어 있어 마치 철벽과 비슷하다 하여 철벽봉이라 하였다. 이 봉은 주상절리가 발달하여 괴상한 돌이 많으며 산정에는 관경대 등 경관이 있다. 이 관경대는 천지를 바라볼 수 있는 두 번째 봉우리이다. 관광객들은 철벽봉 서쪽에 있는 돌무지를 따라 천지로 내려간다.

화개봉(華盖峰)은 천문봉에서 동쪽으로 약 350m 걸어가면 화개봉산정에 이른다. 화개란 옛날 왕이 타고 다니는 수레에 씌우는 양산을 일컫는 말이다. 천문봉과 화개봉 사이에는 예로부터 바람과 구름이 통할 수 있는 길이 있다. 이곳에 구름과 안개가 끼면 삽시간에 온 천지가 구름바다로 뒤덮인다. 이러한 기상현상을 형용하여 화개봉과 천문봉 사이는 그야말로 가장 매력적인 관광지이다. 바람과 구름을 타고 천지를 관람하고 여기에서 천지를 배경으로 백두의 기상을 담고 사진을 찍으면 두고두고 기념이 된다. 화개봉의 동쪽에는 바람을 피할 수 있는 바위가 있고 서쪽 산허리에는 기이한 기둥모양의 바위인 천지일주(天地一柱)가 있으며 산밑 천지가에는 여진제대(청나라 때 제사 지내는 대)가 있다.

젊은 사람들은 화개봉 동쪽에 있는 비탈돌무지를 따라 천지로 내려갈 수 있다. 거리는 약 600m 정도로서 도보시간은 짧지만 돌무지가 많으므로 걸을 때 상당히 주의해야 한다.

화개봉에 대해서는 다음과 같은 시구가 있다.

세상에 둘도 없는 화개봉인데
뭉실대는 구름 안개 만고의 시름인가.
부채로 단번에 다 날려버리니
물에 잠긴 너의 모습 남실남실 춤추누나.

자하봉(紫霞峰)은 화개봉 동쪽 370m 되는 곳에 자리 잡고 있다 해발고도는 2,618m이다. 산정은 낙타등과 비슷하고 산체는 자석암석으로 이루어졌다. 매일 석양이 비끼면 천지의 흰 구름이 자색을 띤 산봉우리를 휘감아 도는데 마치 붉은 노을처럼 아름답다 하여 자하봉이라 명명하였다.

자하봉에 대해서는 다음의 시구가 있다.

외로와 애태우는 상아
령악을 훔친 일 후회하네.
토한 피 자주빛 안개되고
흘린 눈물 돌되어 쌓였구나.

자암봉(紫岩峰)은 자하봉에서 동남쪽으로 약 700m 되는 곳에 자리 잡고 있다. 해발고도는 2,521m이며 산체를 구성한 암석이 자색이므로 자암봉이라 부른다. 자암봉정상에는 중국과 북한의 국경선을 표시하는 6호국경비가 있다. 관광객들 중에는 천문봉과 화개봉을 관광한 다음 도보로 자암봉까지 와서 경계비와 북한땅을 바라보는 이들이 많다.

쌍무지개봉은 향도봉의 동북쪽에 있는 해발고도가 2,626m인 봉우리로서 북한행정구역에 속한다. 이 봉우리에서는 늘 아름다운 쌍무지개가 나타나는데 그야말로 장관을 이룬다.

향도봉은 천지 동남, 백두봉 북동쪽에 위치해 있다. 이 봉은 북한에 속해 있으며 해발고도는 2,711m이다. 산정은 뾰족하게 깎은 듯한 암석이 기세 높게 서쪽을 향하고 있어 백두산 여러 봉우리 중에서도 기이한 형태를 나타내고 있다. 산체의 모양이 한 마리의 새 매와 같다 하여 향도봉이라 부르게 되었다.

장군봉(백두봉)은 천지의 남동쪽에서 750m 떨어진 곳에 자리 잡고 있다. 백두산의 주봉으로서 해발고도는 2,749m이고 북한행정구역에 속한다. 장군봉은 카르가 후퇴되면서 형성된 것으로 천지 쪽은 경사가 심한 톱모양의 등성이를 이루었다. 장군봉의 북쪽 산허리는 천지 쪽을 향해 뻗어나왔는데 이것은 남쪽과 북쪽에 있는 카르가 확대되면서 형성된 것이다. 백두산 관광객 중에는 유감스럽게도 장군봉이 어느 곳에 있는지 보지도 못하고 돌아오는 사람들이 적지 않다. 천문봉에서 장군봉을 보려면 남동방향을 바라보아야 하는데 두 가지 특점을 주의해서 관찰해야 한다. 하나는 산허리와 산록이 천지 쪽을 향해 뻗어나온 것이 있는데 그 동남쪽의 고봉이 장군봉이다. 다른 하나는 천지 남동쪽에 천지 쪽 산정이 깎은 듯한 절벽고봉 두 개가 보이는데 얼핏 보면 북산봉이 더 높아 보여 흔히 장군봉으로 착각하고 있지만 이 봉이 향도봉이고 남쪽에 좀 낮아 보이는 봉이 장군봉이다.

장군봉 남사면은 경사가 완만하여 산정에 이르는 자동차길을 닦았는데 이것이 북한 측에서 차를 타고 백두산으로 올라오는 유일한 길이다. 백두산 산정은 고도가 높고 기온이 낮아 일 년 내내 녹지 않는 흰 눈을 볼 수 있다.

비루봉은 백두봉 동북쪽 경사면에 위치해 있다. 그 해발고도는 2,580m이다.

해발봉은 천지의 남동쪽에서 800m, 장군봉 남서쪽에서 1,400m 떨어진 곳에 자리 잡고 있다. 해발고도는 2,719m로 백두산에서 두 번째로 높은 봉우리이다.

단결봉은 천지의 남동쪽에서 650m, 해발봉에서 남서쪽으로 500m 떨어진 곳에 있다. 단결봉의 해발고도는 2,661m이다.

제비봉은 천지 남쪽에서 700m, 단결봉 남서쪽에서 680m 되는 곳에 자리하고 있다. 해발고도는 2,549m이다.

상술한 해발봉, 단결봉, 제비봉은 모두 조선에 속한다.

관면봉(冠冕峰)은 제비봉 북서쪽, 천지 정남 371m 되는 곳에 자리한 해발 2,528m인 봉우리이다. 산 모양이 관면(옛날 귀족들이 쓰던 예모)과 비슷하여 붙여진 이름이다. 관면봉은 중국과 북한의 국경을 이루는 봉우리이다.

관면봉의 산체는 백색을 띤 부석으로 되어 있다. 이 부석은 일 년 내내 흰색을 띠어 마치 흰 눈이 쌓인 듯하다. 관면봉 내측은 일 년 내내 흰 눈에 뒤덮여 설봉의 영상을 비추어 준다. 이리하여 관면봉을 일명 옥설봉이라고도 부른다.

관명봉에 대해서는 다음의 시구가 있다.

눈으로 만든 관을 머리에 쓰니
기상이 장엄하고 존엄하여라.
산 아래 신선이 선단 굽던 곳
천년두고 푸른 연기 감도는구나.

와호봉(臥虎峰)은 천지의 남쪽에서 400m, 관면봉 북서쪽에서 500m 되는 곳에 자리 잡고 있는 해발고도가 2,566m 되는 봉우리이다. 산체의 모양은 마치 호랑이가 누워 있는 듯하다고 하여 와호봉이라 부르게 되었다. 이 봉도 관면봉과 마찬가지로 중국과 북한의 국경을 이룬다. 와호봉 동쪽은 북한에 속하고 서쪽은 중국에 속한다.

낙원봉은 북한에서 명명한 산명으로 해발고도는 2,603m이다. 천지 남서, 와호봉 북서쪽 700m 되는 곳에 있다. 역시 중국, 북한의 국경을 이룬다.

제운봉(梯雲峰)은 천지 남서쪽 388m, 와호봉 북서쪽에서 1,000m 되는 곳에 있다. 봉우리의 형태가 사다리모양으로 되었고 수시로 구름이 밀려들고 감돈다고 하여 제운봉이라 하였다. 해발고도는 2,543m인 이 봉 역시 중국, 북한의 국경선에 위치해 있다.

제운봉에 대해서는 다음의 시구가 있다.

흰 구름 겹쌓인 사닥다리
날 끌어 태허에 오르도다.
머리 돌려 친구들을 부르는데
사다리는 온데간데 없구나.

옥주봉(玉柱峰)은 천지 서쪽에서 500m, 제운봉 북쪽에서 1,300m 되는 곳에 자리 잡은 해발 2,664m인 봉우리이다. 산정에는 다섯 개의 봉우리가 밀접하여 솟아 있는데 마치 구슬 기둥과 같다 하여 옥주봉이라 부르게 되었다. 옥주봉을 구성한 암석이 청색을 띠므로 청석봉이라고도 부른다. 이 봉우리는 중국에 속한다.

백운봉(白雲峰)은 천지의 북서, 옥주봉 동북쪽에서 1,270m 떨어진 곳에 자리 잡고 있다. 해발 2,691m로서 중국 북동 지역에서는 가장 높은 봉이다. 백운봉의 산체는 여러 차례의 화산분출에 의해 형성되었으므로 서로 다른 색깔의 암층들이 층상을 이루면서 자기 형태를 뚜렷하게 드러낸다. 산등성이는 후기에 형성된 연한 황색, 유백색을 띤 부석이 퇴적되어 푸른 하늘과는 선명하게 대조를 이룬다. 이 봉은 해발고도가 높아 맑은 날씨에도 흰 구름이 온종일 산정을 감돌므로 백운봉이라 명명하였다. 옛날에는 마천우라고도 불렀다.

이 봉우리는 산정에 오르면 약간 완만한데 그곳에서는 동쪽으론 적봉, 남쪽으로는 대연지봉과 소연지봉, 서쪽으로는 천아봉, 북쪽으로는 내두산을 볼 수 있다.

백운봉에 대해서는 다음과 같은 전설이 있다.

옛날 백두산 기슭 한 마을에 어머니를 모시고 살아가는 효자가 있었다. 헌데 어머니가 불치의 병으로 몸져눕게 되었다. 아들이 동네 좌상노인을 찾아가 물으니 좌상노인은 "백두산 높은 봉에 눈처럼 희고 얼음처럼 찬 약이 있는데 전하는 말에 의하면 이 약은 효자의 눈에만 보인다던데 네가 효자라면 얻어올 것이다."라고 말하였다.

아들은 어머니의 만류를 듣지 않고 어머니를 이웃사람들에게 부탁하고 백두산을 향해 길을 떠났다. 강을 건너고 산을 넘으면서 백두산을 향해 가는데 호랑이가 앞을 막아섰다. 힘으로는 당할 수 없는 호랑이지만 효자는 호랑이를 보고 어머니의 약을 구하러 가는 길이니 제발 비켜달라고 사정했다. 그러자 호랑이는 숲속으로 사라졌다. 효자는 길을 다그쳐

마침내 백두산 밑에 이르렀다.

산봉우리들이 허리에 구름을 끼고 장엄히 서 있었다. 효자는 노인의 말대로 흰 얼음산에 올라가 명약을 찾았다. 뾰족이 솟아 있는 한 바위 밑에 가보니 눈처럼 희고 얼음처럼 맑고 찬 것이 있었는데 약냄새를 풍기고 있었다. 효자는 그것을 뜯어가지고 마을로 돌아왔다. 마을로 돌아온 효자는 노인에게 약을 보여 확인을 받은 후 달여서 어머니에게 대접했다. 며칠이 지나지 않아 어머니의 병은 씻은 듯이 나았다.

이 소문이 퍼지자 한마을에 사는 욕심 사나운 부자가 오래 살며 부귀영화를 누려보려고 그날로 건장한 청년 일곱 명을 뽑아 백운봉에 가서 그 약을 캐오라고 길을 떠나보냈다. 헌데 한 달이 지나서야 일곱 명 가운데 두 사람이 겨우 살아 돌아왔는데 경과를 이야기했다. 가다가 호랑이와 구렁이무리를 만나 싸움을 벌였는데 싸우고 나면 두 사람씩 없어져 남은 세 사람이 산봉우리에 올랐다. 하지만 구름이 짙게 끼어 옆에서 귀뺨을 때려도 알 수 없을 정도로 보이지 않아서 약을 찾지 못하고 내려왔다고 했다.

부자는 기가 막혀서 고래고래 소리를 질렀다. 부자는 행여나 해서 이듬해에 또 장정들을 보냈는데 그때도 그 산봉우리는 여전히 구름에 덮여 있었다.

그때로부터 사람들은 이 산봉우리를 백운봉이라 불렀다 한다.

지반봉(芝盤峰)은 천지의 북서쪽에서 409m, 백운봉 북쪽에서 1,260m 떨어진 곳에 자리잡은 해발 2,603m인 봉우리이다. 산정에는 습초원이 있고 귀한 약재 영지가 많다 하여 지반봉이라 명명하였다. 산봉 뒷면은 경사가 완만하고 그 면적이 넓어 서대파(西大波)라고 한다. 산허리에는 구불구불한 골짜기가 많고 하천이 흐르며 화초가 만발하였다. 여름과 가을에는 사슴무리들이 나타나는데 사슴들의 울음소리가 들려온다. 이 봉우리를 일명 녹명봉이라 부르는 것은 이 때문이다. 산정에는 화산활동에 의한 열기분출구가 있어 겨울철에는 온누리가 백설로 덮여 있지만 이곳만은 황색을 띤 풀이 자라고 있어 가을철의 풍경을 나타내고 있다.

지반봉에 대해서는 다음의 시구가 있다.

하늘을 우러러 령지를 바라보니
어엿이 선 모습 우산 같구나.
선녀가 고스란히 지키는 뜻은
남몰래 따가는걸 막기 위함이로세.

용문봉(龍門峰)은 천지 서북쪽, 관일봉 남쪽에 자리 잡고 있는데 해발고도는 2,595m이다. 용문봉은 승사하를 사이에 두고 동쪽에 있는 천활봉과 대치하여 천지 북쪽을 막아서고 있으며 북쪽은 옥벽봉, 서쪽은 관일봉과 잇닿아 있다. 용문봉의 두 봉우리가 큰 문과도 같다 하여 용문봉이라 이름 지었다. 용문봉은 주상절리가 발달하여 경사가 심하고 산체는 여러 차례의 용암분출퇴적으로 층상용암체가 뚜렷이 보인다. 봉 아래에는 용문봉의 풍화물질인 암석이 퇴적되어 돌무지를 이루었고 골짜기 아래에는 커다란 산(일시적 유수에 의해 퇴적된 선상지성지형)을 이루었는데 그 위에 고산식물이 자라고 있다. 산정에는 올챙이모양을 한 석주가 있고 산허리에 있는 적설은 8월에야 녹는다.

용문봉 북쪽에는 낙차가 20m나 되는 음류폭포가 옥벽을 사이 두고 있어 마치 자연이 만든 아름다운 공예품과도 같다.

금병봉(錦屛峰)은 천지의 북서, 지반봉의 북동 800m 되는 곳에 위치한 해발 2,590m인 봉우리이다. 산정의 남북에 봉우리가 각각 하나씩 있고 중간은 평탄하다. 봉 앞벽을 칼로 자른 듯 경사가 심하고 뒷벽 역시 그러하다. 그 모습이 마치 수놓은 병풍 같아 금병봉이라 하였다. 산정에는 비취석(옥의 일종)과 같은 것이 끼워져 있어 '백산절승지의 병풍 중에 비취가 빛난다'고 절찬하고 있다.

관일봉(觀日峰)은 천지 북쪽, 금병봉 동북쪽에 위치한 해발 2,510m 되는 봉우리이다. 산등성이는 동서주향으로 되었고 봉우리는 높게 돌출되어 천연적인 전망대로 되어 있다. 여기에서 백두산의 해돋이와 저녁노을을 볼 수 있고 천지와 천산만상을 볼 수 있다. 이곳으로 오르려면 이도백하 서쪽에 있는 사스레나무림대를 거쳐 용문봉 뒤쪽에서 북으로 가면 된다.

관일봉에 대해서는 다음의 시구가 있다.

태산의 해돋이구경 자랑말아라
예 올라 보는 해돋이 더더욱 좋다.
아침이면 불항아리 동해에 솟고
저녁이면 락조가 산에 잔다.
산제비들 나와서 벽공 가르고
푸른 매는 눈 쌓인 바위에 든다.
아름다운 봄치고 빼여난 것은
깊숙한 골짜기에 불같이 타는 꽃들.

직녀봉(織女峰) 천활봉과 철벽봉 사이에 있는데 산정에는 전망대가 있다. 전설에 따르면 음력 7월 7일 견우와 직녀가 만나 전망대 위에서 천지의 풍광을 보았다고 하여 직녀봉이라고 이름 지었다. 직녀성은 천금자리 중에서 가장 밝은 별로서 은하를 사이에 두고 견우성과 마주하고 있다. 직녀봉도 백두산 뭇 봉우리 가운데서 가장 수려한 봉우리인데 승사하를 사이에 두고 견우도와 마주하고 있다. 전망대에서 서쪽을 바라보면 이 모든 것이 한눈에 들어온다.

우랑도(牛郎渡)는 큰 바위가 승사하의 강바닥에 깔려 있는데 강물은 그 바위 위로 흐르고 관광객들은 바위를 딛고 승사하를 건너 직녀봉에 이른다.

굴지암은 백두산 주차장에서 온천 서쪽 산을 바라보면 구슬 같은 절벽이 보이는데 이것을 옥벽이라고 한다. 옥벽 정상의 바위가 마치 엄지손가락을 구부린 듯하여 이것을 굴지암이라고 한다. 굴지암은 바람의 침식에 의하여 형성되었는바 관광객들에게 백두산 풍경이 세상에서 제일 아름답다는 것을 알려준다.

풍구(風口)는 흑풍구라고도 한다. 불로봉 동쪽 말단과 관경대(觀景台) 사이에 있다. 양측 암벽은 깎은 듯이 경사가 심하고 험준한데 너비는 약 20m이다. 풍구의 서쪽은 협곡으로서 그 중간에서 이도백하가 북쪽으로 흐른다. 협곡 바닥과 풍구의 상대고도차는 약 500m인데 산이 높고 큰바람이 부는 것이 특징이다. 풍구의 평균풍속은 초속 11.7m로서 철판도 날릴 때가 있다. 대풍일수는 270일 정도로서 세계에서 으뜸가는 강풍구역이다. 이 풍구는 천지를 관광하는 관광객들이 처음으로 보게 되는 관광대이다. 이 풍구의 관광대에서 서쪽을 바라보면 장백폭포와 그 주위의 아름다운 경치가 한눈에 들어온다. 삽시간에 휘몰아치는 강풍구에서 한 장의 기념사진을 찍는 것도 즐거운 일이다. 특히 날씨가 좋은 날에 이곳에서 기념사진을 찍으면 배경이 훌륭하다.

(4) 빙하지형

빙하지형에는 빙식지형과 빙적지형이 있다.

빙식지형은 마치 조각한 공예품과도 같은데 이는 빙하가 흐르면서 지표를 깎아 독특한 빙하지형을 형성한 것이다. 현재 빙하지형이 형성되는 곳은 북극, 남극 또는 설선보다 더 높은 산이다. 지금으로부터 약 1~2만 년 전 백두산의 기후는 한랭하여 빙하가 있었고 빙하의 흐름에 의하여 많은 카르(권곡), 각봉(角峰), 'U'형곡과 빙적지형 등이 형성되었다.

카르는 천지로부터 산봉우리 비탈 사이에 있는데 그 모양은 안락의자와 비슷하다. 주요한 카르는 다음과 같다.

첫째, 백운봉카르는 백운봉 북쪽, 지반봉 남동쪽에 안락의자 모양을 한 지형을 말한다. 카르의 너비는 1,000m 정도이고 깊이는 300m이다. 카르의 뒷벽 높이는 약 200m이고 경사도는 70° 정도 된다. 카르의 중간은 약간 완만하고 앞부분은 경사가 더욱 완만하여 6~10° 정도 된다.

둘째, 옥주봉카르는 옥주봉 남쪽에 있고 동쪽방향으로 열려 있다. 카르의 폭은 1,500m이고 길이는 1,000m이며 깊이는 400m이다.

셋째, 관면봉카르는 관면봉 북쪽에 있는데 천문봉에서 보면 남쪽대안에 안락의자 모양을 한 것이다. 카르의 규모는 작아 길이가 500m이고 너비가 1,000m이며 깊이가 300m 정도이다.

넷째, 향도봉카르는 백두산에서 가장 큰 규모로 되었다. 향도봉 서쪽, 장군봉 북쪽에 있다. 카르의 너비와 길이는 모두 1,500m이고 깊이는 500m, 뒷벽의 높이는 300m 이상이며 경사도는 70~80°에 달한다. 카르가 열린 방향은 북서방향이고 카르의 밑부분은 경사가 완만하다.

각봉은 지형의 양쪽면을 빙하가 침식한 데서 뾰족한 봉우리가 형성된 것을 말한다. 이를테면 천지 주변의 많은 봉우리는 빙하에 의하여 형성된 각봉들이다.

'U'형곡은 빙하가 흐를 때 물과 달리 곧추 서서히 흐르면서 암석을 깎아서 형성한 'U'자형을 띤 골짜기를 말한다. 전형적인 것은 천지 북쪽에 있는 이도백하골짜기이다.

(5) 세계 화산호의 왕－천지

천지는 화산활동에 의하여 이루어진 것으로서 세계에서도 해발고도가 가장 높고 호수면의 면적이 가장 큰 칼데라호이다. 천지는 숭엄하면서도 그 풍경이 아름답고 기이하다. 맑디맑은 천지물은 푸른 하늘을 한품에 안은 듯한데 그 수려함은 마치 한 폭의 수채화를 방불케 한다.

천지는 불규칙적인 원모양으로 되었다. 해발고도는 2,189m로서 세계 화산호 중에서 제일 높고 수심은 384m로서 세계에서 가장 깊은 화산호이다. 호수면의 면적은 9.15㎢로서 역

| 표 5 | 천지의 크기

내 용	크 기	내 용	크 기
동서길이	3.58km	남북길이	4.50km
둘레길이	14km	면적	9.15㎢
최대수심	384m	평균수심	213.3m

| 표 6 | 천지물의 기원과 유출량

유 별		수 량	비율(%)	유 별		수 량	비율(%)
원천	대기강수	0.126억m^3	30.76	유출량	연간 수면증발	0.028억m^3	6.84
	집수구지면수	0.035억m^3	7.73		승사하 유출량	0.387억m^3	93.16
	지하수	0.252억m^3	61.51		합계	0.415억m^3	100
	합계	0.413억m^3	100				

| 표 7 | 천지물 중 음료수표준을 초과하는 원소와 그 함량

대비 \ 원소	F	Be	Se	Sb
허용농도	1.0	0.002	0.01	0.05
천지물	1.8	〈0.015	〈0.015	〈0.2

시 세계에서 가장 큰 화산호의 하나이다(표 5~7 참고).

백두산 천지의 물은 세 가지 원천을 가지고 있다. 하나는 천지 호수면에 떨어지는 강수이고 다른 하나는 천지 주변 능선과 내측사면을 따라 흘러드는 경유수이며 다음으로는 천지호수 밑에서 솟아나는 지하수이다. 천지에 모여든 물은 일 년 내내 유출되는데 주로 천지수면에서 증발되는 것과 승사하를 거쳐 폭포로 내려가는 물이 대부분이다.

일부 관광객들은 천지물을 마시면 만병이 치료된다는 민간에서 떠도는 말을 믿고 천지물을 마실 뿐만 아니라 심지어 병에 넣어서 집까지 가져다 백두산관광의 선물로 삼고 있는데 이는 삼가야 한다. 8월의 천지표층수온은 8~10℃이고 수심 20m에 이르면 4℃에 달한다. 천지물은 매우 차므로 쉽게 배탈이 나고 약간의 유독물질도 함유되어 있어 마시는 것을 삼가야 한다.

천지 안에는 온천이 세 곳 있는데 이를 천지호반온천군이라 한다.

첫째, 천문봉 아래 천지호면온천은 수온이 42℃로서 겨울에는 길이 200m, 너비 200m의 천지호면은 얼지 않는다. 색은 무색이지만 유화수소 냄새가 난다. 물의 pH농도는 5.8, 광물함유량은 0.91mg/L, 편규산함량은 187mg/L이고 물화학유형은 H-Na형이다.

둘째, 장군봉 서쪽 천지호면온천은 장군봉 서쪽 천지호면이 동쪽 깊숙이 들어간 절벽 사이에 있다. 이곳에는 온천분수구가 두 개 있는데 수온은 비교적 낮아 약 18℃에 달한다. 기체도 나와 천지호면에서 기포가 올라오는 것을 볼 수 있다. 이곳 호면은 겨울철에도 얼지 않는다.

셋째, 백운봉 동쪽사면 천지호면온천은 여름철이면 호면에서 간헐적으로 기포가 나타나는데 평시에도 온수가 나올 것으로 짐작된다. 그리고 몇 분에 한 번씩 기체가 분출된다.

이외에도 천지는 무궁한 자연의 매력을 보유하고 있다. 저자가 처음으로 백두산 천지를 고찰한 것은 1954년 8월이었다. 당시 연변대학 지리학부의 학생들을 인솔하여 백두산 야외답사를 하였는데 천지물에서 약간의 부유생물을 보았지만 물고기는 발견하지 못하였다. 1960년대와 1970년대에도 고찰을 진행했지만 역시 물고기를 발견하지 못했다. 1990년대에 들어와서 산천어를 발견했는데 무게가 50~100g 정도였다. 특히 폭포 아래에서도 죽은 물고기를 건져낼 수 있었고 낚시질을 해서도 반나절이면 여러 마리를 잡을 수 있었다. 물고기의 기원을 조사한 결과 북한 측에서 몇 백 마리의 산천어를 천지물에 넣었다는 것이 밝혀졌다.

천지에 관해서는 다음과 같은 전설이 전해지고 있다.

옛날 백두산 천지물 속에 쇠사슬의 한끝이 잠겨 있었고 다른 한끝은 큰 바윗돌 밑에 끼워 있었는데 쇠사슬을 당기고 당겨도 끝을 볼 수 없었다. 물이 깊어서인지 쇠사슬이 길어서인지는 모르지만 이 수수께끼 같은 전설이 천지에 깃들어 있었다.

심술바위 독각룡의 장난에 의해 소낙비가 연속해서 내리퍼붓더니 동네가 온통 물바다에 잠겨버렸다. 이때 마음씨 착하고 힘센 수주란 젊은 사나이가 물줄기를 찾아 걷고 또 걷다가 그만 피곤해서 잠이 들었다. 꿈에 어떤 백발노인이 나타나서 이야기하기를 물길을 막으려면 자기가 주는 방망이와 가방으로 천지상공에 있는 독각룡과 싸워 이겨야 한다는 것이었다. 잠에서 깨어나 보니 과연 수주의 앞에 방망이와 가방이 놓여 있었다. 천지에 높이 오른 수주는 독각룡과 용감히 싸웠으나 힘에 겨웠다. 마침 방망이를 휘두르니 금룡으로 변하였고 독각룡과 치열한 싸움이 벌어졌다. 가방을 물에 띄우니 배가 되었고 천지에 파묻힌 쇠사슬을 찾아 독각룡을 묶어 천지 속에 처넣고 다른 한 쇠사슬 끝은 배에 매어놓았다. 이때 노인이 준 가방은 들 수 없는 큰 바위로 변하여 독각룡을 짓눌러버렸고 백두산 천지물은 맑게 개여 백성들은 평안하게 살게 되었다고 한다.

(6) 백두산 화산활동과 천지의 형성시대

본 구에서는 홍적세 이래 여러 차례 화산분출이 있어 광활한 현무암(2.60백만 년 전)과 대지를 형성하고 천지 주위의 알칼리성 화산암은 본 현무암의 토대 위에 형성되었다. 접촉한 암석은 조홍적세의 군함산현무암과 알칼리성화산암(중홍적세 이후, 2.09백만 년 전)이다. 중홍적세시기가 화산분출활동의 고봉시기이고 그 이후 만홍적세부터는 점차 쇠약단계에 들어가 지금은 휴면상태에 있다. 야외관찰에 따르면 천지의 화산구는 조기 분출구를 따라 분출하였는데 알칼리성 조면암의 SiO_2(이산화규소)함량이 많다. 유동성이 적고 점착성이 강하여 천지내벽에 퇴적하여 화산추체는 부단히 확대되고 깊어졌다가 만홍적세에 대량의 조면암이 분출된 이후 천지의 환상단열이 생기면서 화산구의 내벽이 엄중하게 함몰되어 기본상 현재의 파화산구를 형성하였다. 만홍적세 중기에는 대량의 부석과 화산회의 분출이 있어 화산구의 내벽을 따라 함몰되면서 커라커휘식 파호산구를 형성하였다.

천지의 형성시대를 만홍적세 중기라고 하는 중요한 이유는 다음과 같다.

① 백두산 화산은 동서 복잡한 구조대와 신화하계 복잡한 구조대 부위에 있고 조홍적세 군함산현무암이 분출된 이후 중, 만홍적세시기 대량의 알칼리성 조면암과 알칼리성암의 분출이 있어 지면에는 타원형의 분지가 생기고 여두상을 이루었다. 주위에는 알칼리성 조면암의 절벽이 형성되었다.

② 화산구의 주위에는 용암각력암, 조면암, 알칼리성암석이 많다. 특히 화산구 주위에는 알칼리성 조면암이 대량 분포되어 있다.

③ 천문봉 부근에는 만홍적홍암석에서 장성구조형을 볼 수 있고 단층의 상판이 천지 밑으로 내려가고 경사가 급한 천지내벽을 형성하였다.

④ 팔괘묘 부근에서 끊어진 호형점단층을 볼 수 있는데 그것은 백두산조면암을 가르고 천지변에 접촉했다. 그리하여 부근에서는 온천과 기포가 나타난다.

⑤ 천지 주위에는 방사성 단열의 일부가 전신세 팔괘묘의 암층을 끊었다.

⑥ 천지 주위에서 카르, 인척, 'U'형곡 등 빙하지역을 볼 수 있다.

⑦ 물리탐광자료에 의하면 백두산 일대가 가장 높고 그것을 중심으로 세 개 방향의 방사성의 상대가 있는데 그중 하나는 백두산－안도 북동향의 상대이고 두 번째는 백두산－정우의 상대, 북서향으로 뻗었는데 길이가 대략 150km이다. 세 번째는 백두산으로부터 장백현을 경과하여 북한 경내로 들어갔다. 상술한 의상치는 지표화산암과는 관계가 없고 심부의 지만과 연계된다. 천지가 형성된 후 백두산지구는 빙하기에 들어서서 각봉도 형성되고 여러 갈래의 빙식곡도 형성되었으며 천지 주위에는 여러 개의 카르도 형성되었다. 천지에는 얼음이 차 있었으나 점차 녹아서 천지를 형성하였다.

(7) 백두산 종덕사

종덕사는 존덕사(尊德寺)라고도 부르며 법당의 평면이 팔각형으로 되어 있어 팔괘묘(八卦廟)라고도 부른다. 법당은 천지출수구의 북동쪽에 있는 응회암대지 위에 자리 잡고 있다. 동쪽에는 천활봉이 있는데 산기슭과의 거리는 약 200m 정도이고 남쪽 천지와의 거리는 100m이며 서쪽 보천석과의 거리는 150m가량 된다. 종덕사는 평탄한 대지 위에 있고 서쪽, 남쪽, 북쪽의 끝은 깊이 40~50m 되는 수직절벽으로 되어 있다. 천지 통천하 우측 대지 위에 종덕사가 있었다. 종덕사는 나무로 축조된 8각모양으로 되었다 하여 팔괘묘라고도 한다. 1954년 8월까지만 해도 법당의 형체와 법당 내에 붙여놓은 여러 가지 글귀 및 축조자명단 등이 있었고 다만 지붕의 널판자가 몇 개 떨어졌을 뿐이었다. 그 후 자연과 인위적인 영향으로 완전히 파괴되고 지금은 그 터만 남아 있을 뿐이다. 원 법당은 삼중벽으로 되어 있는데 바깥벽은 팔각형이고 동서, 남북 너비는 14.60m이다. 내측에 있는 법당 역시 팔각형이고 너비는 6.30m이다. 『안도현문물지』에서 고증한 데 의하면 이 법당은 1928년(어떤 자료에는 1929년, 1931년으로 되었음)에 최시현(崔时玄)이 세웠다고 한다. 하지만 아래의 실화에서 나오는 노인이 과연 최시현이 옳을까 하는 것은 아직까지도 미지수이다.

때는 1943년 8월이었다. 일본인들이 백두산에 요양소를 세우려고 생물학자, 의학자, 지리학자, 지질학자들을 모아 대형 탐사대를 조직하였다. 원 연변대학 박규찬 총장님은 당시 용정중학 지리교사였는데 다른 조선족교사와 함께 이 답사에 참가하게 되었다. 대오는 방대하여 트럭 7대에 천막, 먹을 것, 대원들을 나누어 싣고 길을 떠났다. 대오는 산길부터 도보로 백두산을 향했는데 이도백하, 내두산을 지나 노랑포(지금의 황성포인데 승냥이가 많다 하여 지은 지명임)란 작은 산간마을에 이르렀을 때 한 장수 같은 노인이 배낭을 메고 지팡이를 짚고 거인처럼 걸어 나오는 것을 보았다 한다. 그 노인이 백두산 천지에 있는 종덕사로 향한다 하기에 대오는 그의 뒤를 따랐다. 그날 저녁 그들은 백두산기슭에서 천막을 치고 밤을 지내게 되었다. 8월의 밝은 달밤에 박 총장은 노인과 함께 이야기를 나누었다. 노인의 말에 의하면, 젊은 일행과 함께 3년이란 시간을 이용하여 사람이 살 수 있는 자그마한 온돌방이 달린 종덕사를 짓게 되었는데 낙성식을 한 그날 저녁 그만 화재가 나서 모두 타버렸고 다시 1년이란 시간을 이용하여 지금의 목재구조로 된 팔괘묘를 지었다고 한다. 여름철에 생식을 하면서, 종덕사에서 염불을 하면서 속죄하고 있다고 하였다. 과연 이 조선족 노인이 최시현인지는 확인할 수 없으나 해방 전 오랫동안 종덕사를 지켜온 노인인 것만은 틀림없고 종덕사 창건자의 중요한 인물임에도 틀림없다.

(8) 하늘과 통하는 승사하

천지물은 보천석, 우랑도를 지나 장백폭포에 이르기까지 그 길이가 약 1,250m에 달한다. 이 강을 먼 곳에서 보면 마치 하늘에서 떨어지는 은하와도 같다고 하여 통천하라 불렀고 또 옛 전설에서 쪽배를 타고 하늘로 올라갔다고 하여 승사하라 부르게 되었다.

승사하는 용문봉과 철벽봉 사이의 'V'형곡을 따라 북으로 흐른다. 강바닥에는 산에서 굴러내려온 큰 낙석들이 깔려 있는데 급류가 돌에 부딪치며 세찬 물보라를 일으켜 그야말로 장관이다. 천지로 오를 때 이 강을 내려다보면 강안의 경사가 급하고 상대고도가 높아 정신이 아찔할 정도이지만 강물이 강바닥에 박힌 돌에 부딪치면서 급속히 흐르는 광경은 보는 사람들로 하여금 또 다른 즐거움을 느끼게 한다.

(9) 녹제동(鹿蹄洞)

녹명봉 북쪽사면에 있어 녹명동이라고도 부른다(표 8 참고). 녹제동은 해발 1,900m 되는 고산태원대에 있는데 녹명봉과의 거리는 약 3km 정도이다. 동굴 어구에는 타원형으로 된 저지가 있는데 동서길이가 4m이고 남북길이가 3m이다. 이곳으로부터 2.2m 아래에 동굴로 들어갈 수 있는 통로가 있는데 길이는 1.2m이고 높이는 0.7m이다. 통로로부터 동굴바닥까지는 약 1.3m이다.

| 표 8 | 녹제동의 위치표

명 칭	내 용
위치	녹명봉 북 3km
해발고도	1,900m
동굴입구의 크기	동서 4m, 남북 3m
동굴통로의 크기	길이 1.2m, 높이 0.7m
동굴크기	높이 1~3.5m, 남북 36m
동굴면적	300여㎡

동굴의 형성원인을 보면 용암이 흐를 때 지표부분은 냉각되어 응고되었지만 내부용암은 동력작용에 의하여 계속 아래로 흘렀다. 이때 용암분출이 정지되어 냉각, 응고된 하부의 용암은 계속 중력작용에 의하여 아래로 이동하고 원 용암구역에는 용암동이 형성된다.

(10) 호반온천

백두호반온천 : 장군봉에서 서쪽으로 천지변에 이르면 길이가 930m이고 너비가 10~15m 되는 온천군이 있다. 수온은 가장 높은 것이 73℃이고 여름철에 수도관으로 물을 끌어와도 53℃가 된다. 주성분은 중탄산칼슘이다.

천문호반온천 : 천문봉 남쪽 천지에 온천이 있는데 길이와 너비가 각각 200m에 달하는 구간은 겨울에도 얼지 않는다. 색은 무색이지만 유화수소 냄새가 난다.

백운봉호면온천군 : 백운봉 동쪽 수면에서는 물 밑에서 기체기둥이 형성되는 것을 볼 수 있는데 이것은 온천이면서도 간헐적으로 기체가 나오는 것을 말한다.

백두산 지층 : 백두산은 여러 차례의 화산활동으로 인해 발육된 지층도 많다.

군함산현무암 : 백두산은 중심분출과 열극분출이 동반되었다. 암석은 함감람현무암, 기공사현무암, 치밀현무암으로서 백두산을 중심으로 사방 1.4만㎢ 지역에 분포되고 두께는 50~100m가량 된다. 형성시기는 지금으로부터 약 300~100만 년 전이다.

백두산기알칼리성 조면암 : 본 기에는 알칼리성 조면암이 네 차례 분출되었다.

제1분출단계 : 본 지층은 주로 천지남쪽의 밑부분에 분포되었는데 두께는 약 300m이고 암석은 알칼리성 조면암이다. 형성시기는 지금으로부터 100~149만 년 전이다.

제2분출단계 : 회색조면암, 감람암-휘석조면암이 위주인데 총두께는 207m 남짓하다. 형성시기는 지금으로부터 55~61만 년 전이다.

제3분출단계 : 흑회색유리질감람암이 이지린휘석조면암으로 되었는데 두께는 약 221m 이다. 분포지구는 천문봉 스케이트장 단면이다.

상술한 세 개 지층에 의하여 백두산화산추체가 형성되었다.

제4분출단계 : 갱신세 말기에 기상잠, 장군봉, 향도봉 부근에서 화산활동이 있어 부석, 조면암, 흑요석 등을 형성하였다. 두께는 약 200여m 정도이고 형성시기는 약 10만 년 전이다.

이도백하조 : 본 지층은 백두산스키장 동쪽 해발 1,670m 되는 곳에서 나타난다. 주로 역석, 자갈, 모래, 진흙이 혼합되어 나타나는데 이것은 빙적물로 인정된다. 형성시기는 1만 년 전이다. 본 빙하기에 장백폭포 북쪽, 이도백하 하곡에서는 원단층곡을 따라 빙하가 유동(流動)하면서 좌우를 침식하여 단면이 'U'형이고 비교적 곧은 골짜기를 형성하였는데 이것을 빙식 'U'형곡이라 한다.

기상잠조감류암 : 천문봉기상잠 화산구 북쪽에서 설상으로 나타난다. 회녹색 조면암, 흑요암이 함께 끼워 나오고 밑부분은 부석으로 되었다. 암층의 두께는 약 260m이고 형성시기는 8만 년 전이다.

병장기응회암 및 화산회 : 천지 북쪽 스케이트장과 백산교 부근에 분포되었다. 암석은 암자색, 흑회색 부석과 화산회이다. 형성시기는 지금으로부터 약 7800년 전이다.

백운봉기부석과 화산회 : 세 개 층으로 나눈다. 하부층은 희백색부암인데 화평영자와 원지 부근에서 나타나며 두께는 1~5m이고 형성시기는 지금으로부터 약 5100~6400년 전이다. 중부층은 암갈색화산회인데 이도백하진 부근에만 분포되었다. 두께는 1.5m이고 형성시기는 약 3450년 전이다. 상부는 회색부석과 담황색 화산회인데 천지 주변에서는 지층두께가 40~60m이고 내두산에서는 7m, 광평과 승선에서는 0.1~0.2m이다. 형성시기는 지금으로부터 1153~1489년 전이다.

팔괘묘조응회암과 화산회 : 천지 주변에 분포되었다. 그중 팔괘묘순상화산체가 대표적이다. 총두께는 약 120m이고 형성시기는 지금으로부터 800~900년 전이다.

(11) 천지괴물

천지에서 괴물이 나타났다는 것으로 하여 백두산 천지는 더욱 신비로움에 싸이게 되었다.

현재 괴물의 존재에 대해서는 여러 가지 견해가 있다. 어떤 사람들은 부석이라고 하며 어떤 사람들은 곰이 천지를 헤엄친 것이라고 하며 또 어떤 사람들은 1903년에 천지에서 화산폭발이 있었으므로 괴물이 있을 수 없다고도 한다.

그러나 역사자료와 증인들에 의하면 천지에 괴물이 있을 가능성이 많다. 1908년에 출판된 『장백산지략(長白山志略)』, 1928년에 출판된 『무송사지(撫松史志)』, 1990년에 출판된 『안도사지(安圖史志)』에는 천지에서 괴물을 보았다는 사실이 기록되어 있다. 괴물을 직접 본 사람들도 적지 않다.

첫째, 1962년 8월 중순에 주봉영(周鳳瀛)이 천문봉에서 6배 크기의 망원경으로 천지 동북쪽 천지수면에 있는 괴물을 보았다고 하는데 몸체는 흑갈색이고 머리는 개와 비슷하다고 하였다.

둘째, 1976년 9월에 천문봉에서 휴식하고 있던 36명 관광객들은 천지 가운데로 헤엄쳐 가는 괴물을 보았는데 크기는 소와 비슷하다고 하였다.

셋째, 1980년 8월에 기상대에서 사업하는 박용식 외 많은 사람들이 사흘 동안 세 차례나 괴물을 보았는데 머리는 사람머리만 하고 눈은 밤알만 하다고 했다.

넷째, 1981년 6월에 백두산자연보호구의 6명 일꾼들이 괴물을 보았는데 길이는 2m 정도이고 머리는 표범머리와 비슷하다고 하였다.

다섯째, 1981년 9월 리소빙 기자가 천지괴물의 사진을 찍었다.

여섯째, 1962년부터 1993년까지 30여 년 동안에 수백 명이 수십 차례 천지의 괴물을 본 것으로 알려졌다.

괴물을 본 사람들의 말에 의하면 괴물은 소만큼 크고 희색이며 반지르르하다. 머리는 개머리와 비슷하고 눈은 밤알만 하며 주둥이는 앞으로 나왔다. 목의 직경은 약 10cm이고 길이는 1.5~2m이며 몸체 쪽에는 흰 무늬가 있다.

리장우 외에 몇 사람의 증언에 따르면 몸의 크기는 2m 정도이고 머리는 표범과 비슷하고 머리 윗부분과 앞턱은 흰색이고 다른 부위는 달걀노른자 색으로 되었다고 한다.

괴물을 본 사람들의 시간을 종합해 보면 6월 중순, 8월 중순, 9월 중순인데 그중에서도 8월 중순에 가장 많이 나타났다. 그러므로 백두산관광객들은 이 시기를 잘 선택하면 괴물을 볼 수 있는 가능성이 많다. 천지의 괴물은 길상의 상징으로서 순간적으로 보기만 해도 그들에게는 행운이 따르는 것으로 전해지고 있다.

(12) 천지어류

천지에는 현재 일부 어류들이 서식하고 있어 흥미로움을 더해준다. 본 지구에서는 지질시기에 여러 차례 화산분출이 있었고 심지어 역사시기에 들어와서도 규모가 큰 화산폭발이 있어 어류가 생존하지 못했다. 천지와 통하는 이도백하 상류에는 높이가 68m 되는 장백폭포가 있어 하류의 물고기가 천지로 들어올 수 없었다. 그리하여 천지에는 물고기가 있을 수 없었다. 1960년 조선과학원 동물연구소의 학자들이 물고기이식실험을 시작하였는데 그 정황은 다음 표 9와 같다.

| 표 9 | 천지어류 이식상황표

횟수	옮긴 날짜	어종별	마리수	길이(mm)
1차	1960.07.30	붕어, 산천어	5	130
2차	1984.06.14	산천어	100	
3차	1989.09.10	참붕어	120	70
4차	1991.07.16	버들치 종개	116 100	90 120

상술한 어종 가운데 폭포 아래에서 잡은 고기는 주로 산천어인데 길이가 50cm가량 되는 것도 있다.

2) 폭포관광구

여기에서는 백두산 북쪽과 동쪽, 서쪽에서 발육된 폭포와 관광점을 서술한다. 백두산은 지형이 높고 복잡하여 지상에 폭포가 있는가 하면 지하에도 폭포가 있다(표 10 참고).

(1) 망폭파(望瀑坡)

관광객들이 백두산에 거의 도착할 무렵 높은 언덕에 이르게 되는데 이 언덕을 망폭파라고 한다. 이곳에서 폭포의 원경을 바라보면 마치 하늘에서 내리는 비단인 듯하다.

| 표 10 | 주요 폭포

폭포명	폭포의 위치	하천명	낙차
장백폭포	이도백하 상원	승사하	68m
금강폭포	관면봉 남쪽 10km	제하	1급 50m 2급 20m
악화폭포	삼도백하 산지떨기나무림대 상부계선	삼도백하	20여m
은류폭포	용문봉 북쪽 5km 떨어진 협곡	산 아래에서 나오는 복류	20m

(2) 장백폭포

폭포는 통천하의 말단절벽에서 떨어지는데 높이는 68m이다. 폭포 아래에는 쏟아져 내리는 폭포수의 침식에 의해 20m 깊이로 패인 호박모양의 하상이 형성되었다. 세차게 쏟아져 내리는 폭포수는 자욱한 물안개를 뿜어내기에 맑은 날에는 늘 찬란한 일곱빛깔 무지개를 볼 수 있다.

장백폭포에 대해서는 다음의 시구가 있다.

웬이가 흰 비단필을
노을에 걸었느뇨?
멀리 보니 룡 두마리
천길벼랑 내리는듯
다가서니 우뢰 터져
산천을 진동하네.
천만 구슬 흩어져
인간에 뿌리우도다.

그리고 장백폭포에 대해서는 다음과 같은 전설도 전해지고 있다.

백두산 심산 속에 3대를 내려오며 포수질하는 명포수 룡암이라는 총각이 살고 있었다.

한 번은 룡암이가 심산에 가 사냥을 하다가 범에게 물려 죽게 된 백두총장의 딸 백화를 구해주었다.

다음날 백두총장은 큰 잔치를 벌이고 룡암의 활재주와 칼재주를 보자고 하였다. 이때 마침 수리개 한 마리가 하늘에서 선회하고 있었다. 룡암이가 화살을 날리자 씽하는 소리가 나기 바쁘게 화살에 맞은 수리개는 돌덩이처럼 땅에 뚝 떨어졌다. 이어서 룡암은 은장도를 휘둘렀는데 칼재주도 비범했다. 이에 백두총장은 룡암이를 부마로 삼았다.

룡암이와 백화가 결혼잔치를 며칠 앞둔 어느 날 변경에서 적들이 쳐들어와 사세가 위급하다는 급보가 연속 들어왔다. 이에 룡암이는 수하의 군사를 통솔하여 싸움터로 나갔다.

싸움이 붙자 룡암이는 외적들을 백두산으로 끌고 갔다. 룡암이네는 활도 쏘고 돌도 그을리면서 적들에게 여지없는 타격을 주었다. 하지만 며칠 동안 싸움이 지속되다 보니 룡암이네는 화살과 식량이 다 떨어지게 되었다. 이때 백화가 화살 한 짐을 이고 진지에 나타났는데 룡암이가 백화를 맞으러 달려가다가 그만 화살에 가슴을 맞았다. 백화가 손가락을 깨

물어 룡암의 입에 핏방울을 넣어주며 그를 구해주고 있을 때 "놈을 잡아라!" 하는 적들의 고함소리가 들려왔다. 룡암이는 벌떡 일어났다. 그 자신도 무슨 힘이 났는지 알 수 없었다. 적들은 한 걸음 한 걸음 다가왔다. 이제 스무남은 발자국 거리밖에 남지 않았다.

룡암이와 백화는 용감하게 벼랑가에 다가섰다. 원수들이 그들을 잡으려고 달려들 찰나 룡암과 백화는 "원수들에게 생벼락을!" 하고 고함치면서 천길 벼랑으로 뛰어내렸다. 그들의 외침소리에 절벽이 갈라지면서 적들의 앞으로 돌사태가 나서 적들은 찍소리도 못하고 몰살되었다. 그들의 외침소리에 천지도 사납게 노호하더니 허물어진 바위 사이로 사품치며 흘러내렸다. 룡암과 백화가 떨어진 곳까지 흘러온 물은 두 줄기 폭포가 되어 쏟아지면서 도망치는 원수들을 삼켜버렸다. 그리하여 장백폭포가 형성되었다고 한다.

악화폭포 : 이 폭포는 삼도백하에 있는데 낙차는 20m이다.

은류폭포 : 이 폭포는 용문봉 북쪽에 있고 총 낙차는 20m이다.

(3) 취룡온천군

백두산 주차장에서 남쪽으로 50m쯤 나가면 이도백하 하안단구에 자리 잡은 장백온천군을 볼 수 있다. 해발고도는 1,976m이고 면적은 1,000㎡이다. 온천분수구는 13개인데 이도백하 동쪽에 주로 집중되고 있다. 그중 비교적 큰 분수구만 해도 7개나 된다. 온천의 수온은 40~78℃이고 최고수온은 83℃에 달하여 분수구에 계란을 넣으면 저절로 익는다. 온천에서 나오는 수량은 한 시간에 1.8~3.6t이지만 최대로 5.96t까지 나오는 경우도 있다(표 11 참고).

| 표 11 | 취룡온천의 수질

항 목	내 용
면적	1,000㎡
온천수	강서 쪽에 1개, 강동 쪽에 12개
용수량	1.8~3.6t/시
최대용수량	5.96t/시
최저온도	37℃
최고온도	82℃
치료병	관절염, 피부염, 혈액순환증진

온천수의 색깔은 담녹색이고 유화수소 냄새가 풍긴다. 온천수 가운데는 중탄산이온이 가장 많고 다음으로는 탄산나트륨($NaCO_3$)이 많으며 소량의 방사성원소인 라듐(Ra)도 나온다. 이 온천은 수량이 많고 온도가 높아 관광객들의 온천욕과 호텔의 난방용으로 이용될뿐만 아니라 화학성분이 약물작용과 방사성원소의 종합작용으로 관절염, 피부병, 신경통 등 질병치료에도 효과가 높다. 특히 겨울철에는 온누리가 백설로 뒤덮여 있지만 이곳만은 온수가 솟아나와 동수욕을 할 수 있다.

금강온천 : 백두산 서쪽 비탈 북금강 상류의 양안에 있어 금강온천이라 하였다. 금강은 제운봉에서 발원하기에 제운온천이라고도 한다. 면적은 약 10㎡이고 온천구멍은 일곱 곳이다. 일명 진주온천이라고도 한다.

(4) 쌍둥이화산호

두견산장 북쪽에서 이도백하를 건너 서쪽으로 올라가면 동호와 서호가 있다. 산등성이에서 내려다보면 마치 한 쌍의 은환처럼 보이기에 은환호라 하고 또 서로 가지런히 있다고 하여 대환호라고도 부른다. 동호는 소천지를 말한다. 둘레는 260m에 달하고 깊이는 20m에 달한다. 소천지는 작은 화산호인데 호안은 평탄하고 사스레나무가 우거져 있어 천지와는 달리 아주 조용하면서도 아름다운 풍경을 이루고 있다. 소천지에는 발로 움직이는 배(족탑선)가 있어 관광객들이 소천지 안을 자유롭게 돌아볼 수 있다. 소천지의 서쪽으로 들어오는 물줄기를 따라 130m가량 가면 서호가 있다. 서호도 화산호인데 둘레가 약 220m에 달한다. 수심은 얕아 동쪽에만 물이 있고 서쪽은 저습지로 되어 있다. 이곳을 적지라고도 부른다.

(5) 'U'형곡

'U'형곡은 백두산 북쪽 비탈에 몇 개가 있는데 그중에서 가장 큰 것이 폭포로부터 스케이트장에 이르는 골짜기이다. 지금으로부터 약 1만여 년 전 백두산지구는 빙하시기였다. 이때 이도백하 양안의 산비탈에 있던 빙하가 천천히 내려와서 이도백하 하곡에 집중되고 이것이 경사를 따라 북쪽 방향으로 이동하면서 빙하 밑과 빙하 옆의 암석들을 깎아내어 단면이 'U'형을 이룬 곧은 골짜기를 형성하였다. 그러므로 'U'형곡은 백두산 일대의 빙하존재를 증명하는 중요한 근거가 된다.

(6) 1만 년 전의 빙하퇴적물

고산스케이트장 북동쪽 100m 되는 길 양옆에 자그마한 언덕이 있다. 이것은 지금으로부터 약 1~2만 년 전에 있었던 백두산 빙하시기에 백두산에서 흐르던 빙하가 운반, 퇴적한 돌, 자갈, 점토들이다. 이런 빙하퇴적물은 한반도나 중국 동북동 지역에서 볼 수 없는 유일한 경관이다. 빙하퇴적물 속의 돌은 직경이 50~150㎝ 정도인데 표면에는 평탄하고 매끄러운 마광면이 있다.

이것은 빙하에 끼어 있던 돌이 빙하가 흐를 때 지면암석과 마찰되어 이루어진 것이다.

마광면에는 지표면의 암석에 긁히고 패인 길다란 흠도 있는데 이것을 찰흔이라고 한다. 빙하퇴적물은 백두산 빙하기와 고기후를 연구하는 데 매우 중요한 의의를 가진다. 백두산 동쪽 비탈인 북한 측에서는 많은 곳에서 빙하퇴적물을 발견하였다.

3) 지하삼림관광구

(1) 원시림

이 부근에는 두 곳에 전형적인 원시림이 있다. 그중 하나는 스케이트장 서북쪽에 있는 삼림인데 지면은 지의류와 선태류가 있어 푹신푹신하고 삼림 밑에는 고목들이 가로세로로 넘어져서 걷기가 힘들다. 고목은 이미 부식되어 표면에 지의류와 선태류가 자라고 있다. 원시림은 소나무로 이루어졌는데 키가 30여m 되고 직경은 50㎝ 정도 된다. 지하삼림에 들어가면 소나무냄새가 가득 차 있고 공기가 신선하여 삼림욕에 좋은 조건을 마련해 준다.

지하삼림으로 들어가는 입구로부터 지하삼림에 이르기까지 지상은 지의류와 선태류로 인하여 푹신푹신하며 마치 융단 위를 걷는 듯하다. 지상에는 소나무가 빼곡하게 서 있는데 높이가 20~30m 정도이고 직경은 50㎝ 정도이다. 이곳은 경치가 특이할 뿐만 아니라 산소도 충분하여 관광객들에게 매우 유리한 조건을 제공해 준다.

(2) 협곡

고산스케이트장에서 길을 따라 동쪽으로 약 2km 내려와서 다시 북쪽으로 약 30분 정도 원시림을 지나가면 이도백하가 나타난다. 이도백하를 따라 다시 동쪽으로 내려가면 하천이 응회암열극을 따라 흐르는데 수면과 지표면의 깊이는 3~4m이다. 강폭은 대개 1m 정도이지만 좁은 곳은 심지어 30㎝밖에 안되어 하천은 지하에서 흐르는 복류처럼 보인다. 이곳에 폭포가 있는데 폭포의 길이는 약 15m가량 되고 폭포 아래로는 하천이 동혈을 따라 복류한다. 동혈의 모양이 원동상으로 되어 동천폭포라고 명명하였다. 폭포 주위는 비교적 평탄한 현무암대지로서 하천과 폭포는 보이지 않으나 폭포소리는 요란스럽다. 이처럼 양안이 하상보다 더 좁고 지하에 폭포가 있는 것은 세계에서도 보기 드문 경관이다.

여기에는 원시림, 수화석, 동천폭포, 지하삼림 등이 포함된다.

(3) 동천폭포

지하에는 폭포가 있는데 이것이 이름난 동천폭포이다. 이 폭포는 이도백하로부터 지하삼림으로 들어가는 입구에 있다. 폭포의 낙차는 약 15m이다. 이곳의 하천은 강폭이 좁고 하상이 깊은 것이 특징이다. 폭포 부근은 양안이 거의 연접되고 그 밑에 폭포가 있다. 룡금정에 서 있노라면 발밑에서 바위가 굴러 내려가는 듯한 세찬 물소리가 산골짜기에 진동한다. 폭포 부근에서는 물줄기를 볼 수 없으나 머리를 수그려 굴 속을 내려다보면 폭포의 형체가 나타나는데 보는 사람마다 그 모습에 감탄을 금치 못한다.

(4) 수화석

지하삼림으로 가는 길에서 이도백하를 따라 내려가면 땅 위에서 흐르던 강이 길이가 13m 정도 되는 석굴 백수동으로 들어간다. 석굴이 끝나면 강 좌측의 절벽에서 규칙적으로 배열된 6개의 나무화석유적을 볼 수 있다. 절벽의 길이는 약 7~8m이고 깊이는 6m이다. 유적에 의해 원나무의 직경을 계산하면 큰 것은 60~70cm이고 작은 것은 40~50cm 정도이다. 이곳의 나무화석은 강물의 침식에 의하여 화석은 없어지고 흔적만 남아 있으나 북동쪽과 지하삼림곡벽에서는 여러 개의 나무화석을 볼 수 있다. 나무화석은 오늘날 백두산 화산활동을 연구하는 데 과학적 근거를 마련해 준다.

• 지하삼림

본 구는 이도백하의 상류, 고산스케이트장 북동쪽에서 4~5km 떨어진 원시림 속에 있다. 여기에는 지하삼림, 나무화석, 지하폭포가 있다.

망망한 임해를 내려다볼 수 있는 지하삼림으로 가려면 백두산스케이트장에서 차를 타고 백두산장 방향으로 4~5분 내려오다가 길 북쪽에 있는 지하삼림표지판이 있는 곳에서 내린다. 이곳으로부터 도보로 전형적인 원시림 속의 오솔길을 따라 서쪽 방향으로 간다. 오솔길에는 이끼와 태(苔)류가 많아 폭신폭신하여 마치 융단 위를 걷는 것 같다. 약 1.5km 걸어가노라면 천지에서 내려오는 이도백하와 마주친다. 여기에서 이도백하를 따라 100여m 더 내려가면 지하삼림에 이른다. 골짜기의 깊이는 50~60m이고 너비는 250~300m이며 동서길이는 비교적 길어 장백림해와 연결된다. 나무는 침엽수림이 주를 이루는데 키는 골짜기 깊이보다 작다. 골짜기의 중간에는 이도백하가 흐르고 수종은 활엽수가 주를 이룬다. 이곳의 풍경은 그야말로 아름답다. 일반적으로 원시림 중의 소나무는 키가 커서 쳐다보지만 오직 이곳에서만은 소나무가 발 아래 있어 망망한 임해를 내려다볼 수 있다. 곡벽은 칼로 자른듯하고 우기에 들어서기만 하면 낙차가 몇 십 미터 되는 몇 갈래의 폭포가 사방에서 나타나는데 그야말로 장관이다.

- 호유견석(護幽犬石)

백두산 산문을 지나서 폭포와 멀리 떨어지지 않은 도로 옆에 '지하삼림입구'라는 도로표지판이 보인다. 표지판을 따라 몇 리 정도 가다 보면 '지하삼림'이라는 곳에 이르게 된다. 소위 지하삼림이라는 것은 하나의 대협곡을 가리키는 것이다. 협곡 중에 원시삼림이 무성하여 절벽 위에서 협곡을 굽어보면 삼림이 층을 이루면서 분포되어 있는데 정말로 가관이다. 협곡바닥 삼림입구에 높이가 몇 장에 달하는 거대한 돌이 보이는데 마치 개 한 마리가 협곡을 지키면서 앉아 있는 듯하다. 이것이 바로 호유견석이다.

호유견석에 대해서는 다음과 같은 전설이 전해지고 있다.

> 전하는 데 의하면 애신각라, 부구리용순의 후대들이 집정할 때 반란이 자주 발생하였다. 복만이라는 후세가 집정할 때에도 반란이 발생하였다. 반군들이 수도를 점령하자 복만은 사랑하는 애견과 함께 그들의 추격을 피하여 도망치다 보니 백두산 지하삼림 부근의 절벽 끝에 이르렀다. 앞쪽은 아찔한 협곡이고 뒤쪽은 반군들이 쫓아오다 보니 막다른 골목에 이르게 된 것이다. 복만은 하늘에 대고 "조상님들이여! 그대들이 이루어놓은 위업이 나의 세대에 와서 끝을 보게 되었으니 살아서 무엇하리오!" 하고 외치면서 협곡 아래로 뛰어내렸다. 이때 그의 애견도 함께 뛰어내렸다. 그러나 복만과 애견은 모두 나뭇가지에 걸려 목숨을 부지하고 까무러치게 되었다. 먼저 깨어난 애견은 복만을 깨우려고 앞발로 흔들어보았으나 동정이 없자 멀리서 들려오는 폭포소리를 듣고 그곳으로 뛰어가 폭포수를 입에 머금고 달려와 복만의 입에 넣었다. 복만이가 정신을 차렸을 때는 애견이 이미 지쳐서 죽은 뒤였다. 그리하여 복만은 슬픔을 머금고 애견을 수초로 덮어놓고 애견이 달려온 흔적을 따라 협곡을 벗어나게 되었다. 그가 절벽 위에 올라가 애견이 숨진 곳을 바라보니 애견의 모양과 똑같은 거대한 돌이 마치 지하삼림의 입구를 지키는 듯 솟아 있었다.

이것이 바로 호유견석에 관한 전설이다.

4) 화평영자관광구

본 구에는 화평영자산장과 그 남쪽에 있는 부석림, 원지, 두만강발원지 21호국경비와 부석퇴적층, 장백낙엽송림대가 있다.

(1) 적봉

적봉은 안도현과 화룡시의 경계에 위치해 있다. 적봉의 남쪽은 두만강 발원지이고 동쪽에는 21호국경비가 있으며 북쪽에는 원지가 있다. 적봉은 백두산지구에 있는 수많은 화산 중 하나로 형태는 초모자모양이고 해발 1,321.3m이다. 화산 위에 발육된 화산토양은 토층이 얇고 나무가 자라기는 하나 바람에 도복된 것이 많다. 적봉의 상대고도는 낮고 경사도가 완만하다. 그리고 북쪽에서 산정으로 올라가는 작은 오솔길이 있어 쉽게 산정에 올라가 주위를 살펴볼 수 있고 화산의 정체도 관찰할 수 있다.

(2) 원지

원지는 백두산 동쪽에서 60리 떨어진 곳에 위치한 적봉산 서북쪽에 위치해 있고 동남쪽으로 얼마 안 가 중조 21호국경비가 있다. 해발 1,270m인 호수면은 원형이며 직경이 180m, 면적은 4.1ha이다. 원지는 또 천녀욕궁지(千女浴躬池) 혹은 부러후리(만족어)라고도 불린다. 원지는 백두산의 명주로서 사람들은 천지의 자매호로 부른다. 호수 주위는 삼림이 울창하고 풀숲에는 작은 꽃들이 소담스럽게 피어 있다.

원지는 만족의 발상지로 일컫는바 전설에 의하면 만족의 선조는 천녀욕궁지에서 태어났다고 한다. 조선족들이 '옥녀늪'이라 부르는 늪이 바로 이 원지이다.

원지는 작은 화산구에 물이 고여 이루어진 것으로서 호수물이 깨끗하고 수초가 무성하며 물고기가 자라고 있다. 원지의 수원은 소천지와 부동한바 주위에는 흘러드는 물이 보이지 않는다. 호수 중간 심연은 겨울에도 얼지 않고 여름에는 부평초도 없는바 이곳에서 샘물이 솟아나온다.

원지에 대해서는 다음과 같은 전설이 전해지고 있다.

옛날 하늘의 옥황상제에게는 딸 셋이 있었다. 맏딸은 언구룬(恩古倫), 둘째 딸은 정구룬(正古倫), 셋째 딸은 부구룬(佛古論)인데 셋째 딸이 옥황상제의 총애를 받았다.

어느 화창한 봄날 옥황상제의 세 딸은 부러후리에 내려와 목욕하였다. 선녀들이 늪에서 목욕하며 놀고 있을 때 까치 한 마리가 날아와서 부구룬의 옷 위에 빨간 열매를 한 알 토해놓고 날아갔다.

목욕을 마치고 옷 옆으로 온 부구룬은 그 빨간 열매를 삼켰다. 그러자 배 안에서 태아가 꿈틀거렸다. 그리하여 그는 언니들을 따라 하늘에 올라가지 못하고 지상에 남아 귀동자를 낳았다.

귀동자는 세상에 태어나자마자 말할 줄 알았고 며칠 지나지 않아서 성년이 되었다. 그러자 부구룬은 아들에게 이야기하였다. "너의 성은 아이신죠뤄이고 너의 이름은 부구리융순이다. 옥황상제께서 너를 세상에 태어나게 한 것은 너더러 혼란에 빠진 이 지방을 평정하고 새로운 나라를 세우게 하기 위해서였단다."

부구리융순은 뗏목을 타고 수림 속의 강물을 따라 어미후이란 곳에 이르러 서로 싸우고 있는 악, 모, 휘라는 세 추장을 더는 싸우지 않게 하고 어더리성의 국왕이 되었다. 부구리융순은 이곳에서 제일 고운 색시를 골라 왕비로 삼았다.

부구리융순은 여진족의 시조였다고 한다. 그리하여 청조 때 안도현 제1임지사류건봉은 여기에다 '천녀욕궁처(千女浴躬處)'라는 글을 새긴 비석을 세웠다고 한다.

(3) 두만강 발원지

두만강 발원지는 남쪽과 북쪽에 위치해 있다. 남쪽 발원지는 북한의 무두봉에서 내려오는 홍토수이고 북쪽 발원지는 백두산 동쪽에 있는 무수림하이다. 북쪽 발원지를 보려면 백두산장에서 남쪽 방향으로 가다가 다시 동쪽 방향으로 나가는데 길이 곧고 완만하며 표면이 화산회로 되어 평탄하고 비가 내려도 바로 스며들며 포장도로 못지않게 좋다. 길 양옆은 높이가 20여m 되는 원시림이 우거져 원시림관광도 할 수 있다. 이 길을 따라 동쪽으로 약 10km 나가면 동방홍림장 옛터에 이른다. 여기에서 차에서 내려 남쪽으로 50여m 걸어 나가면 강폭이 1m 되는 상류물줄기가 흐르는데 이 물줄기를 따라 서쪽으로 50여m가량 가면 화산회와 부석층 밑에서 나오는 샘물을 볼 수 있다. 샘물터에서 다시 서쪽을 향해 올라가면 저습지가 있는데 여름철이면 저습지의 중간에서 너비 0.5m, 깊이 0.1m 되는 물이 흐른다. 이 물과 샘터에서 나오는 물이 합류하여 너비 1m, 깊이 0.3m 되는 작은 도랑을 이루는데 이것이 두만강 상류 무수림하의 발원지이다.

(4) 21호국경비

적봉을 지나 한참 동쪽으로 내려가면 화룡삼림공업국림업소가 있고 그곳에서 남쪽으로 20m가량 나가면 21호국경비가 있다. 이것은 1962년에 중국과 북한 두 나라가 협상하여 설정한 국경선이다. 이 비석에서 약 20m가량 남쪽으로 나가면 좁은 습지가 나타나고 습지 중간에 두만강이 서서히 흐른다. 수심은 약 60㎝ 정도이고 강폭은 약 0.5~1m 정도이다. 그러므로 한쪽 발은 중국땅에, 한쪽 발은 북한땅에 놓을 수 있을 정도이다.

(5) 부석림

백두산장에서 남쪽으로 약 4km 가면 길 동쪽에 부석림이 있다. 이곳을 천태만상의 지하금강이라고도 한다. 지하금강은 길고 깊은 협곡에서 퇴적된 화산회가 차별침식을 받아 형성되었다. 지면과 지하금강 밑바닥의 상대고도 차이는 약 40m 정도이다. 지하금강 내는 천태만상의 부석봉으로 되었는데 기둥모양, 토성모양, 동물모양 등 각종 모양들이 있어 금강산을 방불케 한다. 봉우리의 최고고도는 모두가 지표수평선 아래에 있다. 부석림의 바닥은 군함산현무암이고 그 위에 부석과 화산회가 퇴적되었는데 총두께는 약 34m이다. 화산회와 부석의 성질이 달라 그것을 상세히 조사하고 연령을 측정하였는데 그 나이는 약 1400년으로 알려졌다. 부석림은 그 풍경이 독특하여 풍부한 관광가치를 가질 뿐 아니라 백두산 화산활동과 그 시기를 판단하는 훌륭한 과학연구기지이기도 하다.

5) 이도백하관광구

(1) 장백산자연박물관

장백산자연박물관은 이도백하진 백두산자연보호구 내에 위치하고 있다. 본 박물관에서는 백두산의 자연자원과 과학연구성과를 종합적으로 전시하였다. 박물관에는 유명한 동물인 호랑이, 표범, 곰, 돈피 등 박제표본도 있고 백두산의 풍부한 야생식물자원과 표본도 있다. 백두산에 분포된 토양유형에 관한 자료와 표본도 전시되었고 백두산 지형 형성과정에 관해서도 요약하여 알기 쉽게 설명하였다. 특히 관내에 전시된 각종 진귀동물과 조류 박제표본은 그 공예기술이 뛰어나 마치 살아 있는 것을 보는 듯하다. 본 박물관에서는 백두산과 관련된 서적과 각종 관광기념품도 판매한다.

(2) 내두산항일유격근거지 유적

내두산항일유격근거지는 이도백하진에서 동남쪽으로 25km 떨어진 곳에 있는 내두산촌에 위치해 있다. 이 마을은 '하늘 아래 첫 동네'로 불리고 있다.

주요한 항일유적지로는 동북인민군 군부의 유적지가 있다. 이곳은 왕덕산 남쪽기슭 500m 되는 곳에 있다. 길이와 너비는 각각 15m와 6m로서 남쪽을 향한 골짜기인데 지금은 홍수에 의해 작은 골짜기로 변했다. 여기에는 또 제2군 제2단단부의 유적지도 있고 내두산촌 농민위원회, 아동단실, 부녀회, 병기공장, 피복공장, 병원 등도 이 부근에 산재해 있었는데 너비가 약 400m이고 남북길이가 약 300m이다.

왕덕산정상에는 보초망유적지도 있다.

내두산항일유격근거지는 1935년 겨울에 창건되었다. 이곳은 적들의 통치중심과 멀리 떨어져 있었고 남만 일대와 가까워서 우리 군의 유격활동에 유리했다.

(3) 내두산부석장

백두산에서 화산이 폭발할 때 점성이 강한 알칼리성 용암이 지상과 상공으로 분출되는 과정에 용암 중에 있던 수많은 기체가 외부로 방출되어 용암에는 크고 작은 구멍이 많이 생기면서 아주 가벼운 부석을 형성한다. 이러한 부석의 분포상황을 보면 상대적으로 백두산 동쪽에 많이 분포되어 있고 화산추체와 가까울수록 부석퇴적층의 두께가 두껍다. 지면에서 퇴적된 부석은 빗물과 강물에 의하여 운반되고 사력은 저지 및 강가에서 퇴적된다. 소내두산 동남쪽에는 강물에 의하여 운반된 부석이 많이 퇴적되어 있는데 지금은 그것을 채취하여 해외로 수출하고 있다. 형태가 타원형을 이루어 계란과 비슷하므로 관광객들이 기념품으로 간직한다.

(4) 내두산탄화목

이도백하에서 백두산장으로 가는 길 남쪽에 크기와 모양이 비슷한 두 개의 산이 나란히 자리하고 있는데 여성의 젖가슴과 비슷하다 하여 내두산이라고 부른다. 내두산에서 동남방향으로 약 3km가량 가면 '하늘 아래 첫 동네'(해발고도가 높다는 뜻)인 내두촌에 이른다. 내두촌에서 동남쪽으로 100m 되는 곳은 부석채석장으로서 그곳의 화산모래 가운데는 많은 목탄이 있고 하천의 가장자리 부근에는 세 그루의 탄화목이 서 있다. 탄화목의 직경은 0.7~1m이고 수령은 약 140년 정도이다(표 12 참고). 탄화목은 백두산 화산분출에 의해 큰 삼림화재가 일어나 형성되었는데 C^{14}로 연대를 측정한 결과 지금으로부터 약 1000~1200년 전에 형성된 것으로 추정된다. 즉 탄화목은 백두산 화산이 1000여 년 전에 폭발되었음을 증명한다. 그리고 이곳에는 부석도 많아 기념품을 마련하기도 좋다.

| 표 12 | 탄화목개황

항 목	측정 수치
탄화목과 지표고도차	3~4m
탄화목의 직경	0.7~1m
탄화목의 높이	1~1.2m
탄화목의 수령	약 140년가량
탄화목의 형성시기	지금으로부터 1000~1200년 전
탄화목의 수종	소나무, 활엽수

(5) 화산의 내부구조를 볼 수 있는 홍토산

이도백하에서 통화로 가는 길을 따라 10km가량 가면 길 북쪽에 홍토산이 나타난다. 홍토산은 역사시기에 분출된 화산이다. 일반적으로 화산체의 내부구조를 볼 수 없으나 이 화산만은 도로건설용 재료로 채취되어 지금은 종상화산의 절반이 남아 화산체 내부를 볼 수 있다. 화산체의 조성물질은 주로 검은색 부석이고 산화된 것은 붉은색을 띠고 있다. 화산체는 종상인데 높이는 60m이고 직경은 약 150m가량 된다. 화산구노두에서는 화산폭발 시의 화도(火道)를 볼 수 있고 마그마에 포함된 가스에 의해 형성된 공동도 여러 개 볼 수 있다. 홍토산은 백두산내에 있는 소화산의 전형적인 모델로서 화산추체의 내부구조를 볼 수 있는 유명한 화산이다.

(6) 두도백하약수

이도백하 소재지에서 평탄한 현무암 대지 위에 건설된 도로를 따라 북서쪽으로 약 10km 가면 두도백하 하곡에 이른다. 하곡의 양안은 현무암절벽으로 되어 있다. 강물을 건너 서쪽 곡벽에 이르면 분수처럼 쏟아져 나오는 약수를 볼 수 있다. 약수에는 탄산염과 이산화탄소 및 여러 가지 화학원소들이 함유되었고 수온은 약 8℃가량 된다(표 13 참고).

물은 맑고 투명하며 차고 시원한데 설탕을 넣으면 더욱 마시기 좋다. 시간이 지나면 침전현상이 있다. 약수효과를 실험한 자료에 따르면 피로회복, 건강증진, 심장병, 고혈압, 신경쇠약 치료에 효과가 좋다.

| 표 13 | 두도백하약수 개황

항 목		내 용
화학성분	HCO_3	1,400mg/L
	CO^2	1,500mg/L
	K^+	1.14ml/L
	Na^+	24.62ml/L
	Ca^{2+}	21.01ml/L
	Mg^{2+}	53.22ml/L
	가용성 Sio_2	70mg/L
	미량원소	중국광산부 약수표준에 도달
채수가능수	중탄산수	869㎥/일
	규산약수	1,239㎥/일
약수용출량		4,000㎥/일
색		무색투명, 시간이 지나면 침전형성
냄새		없음
맛		차고 시원하나 약맛이 있어 설탕을 넣어야 마시기 좋음
효과		피로회복, 건강증진, 위병, 심장병, 고혈압, 신경쇠약 치료에 효과가 좋다.

(7) 미인송

미인송은 백두산에서만 자라는 특이한 소나무로서 줄기는 귤황색빛을 낼 정도로 매끄럽고 침상잎은 한 떨기 구름 같다. 미인송의 높이는 약 20~30m에 달하며 줄기는 매우 곧다. 미인송의 가지들은 모두 줄기의 윗부분에 집중되어 아름다운 우산모양을 형성한다. 옆으로 뻗은 가지들은 강인함 속에 부드러움도 감추고 있다. 이는 참으로 대자연의 조화라 하겠다. 숲을 이룬 미인송은 마치 선녀가 너울너울 춤을 추면서 사면팔방의 손님들을 맞아주는 것 같다.

미인송은 생장조건에 대한 조건이 까다롭지 않아 대부분 건조하고 척박한 화산회토양에서 생장한다. 미인송이 자라는 곳에는 다른 수목이 생장하는 경우가 매우 드물다. 미인송은 추호의 애교도 없는 나무이다. 외관은 마치 규중숙녀와도 같지만 그의 내면에는 어떠한 악조건과도 싸워 이길 수 있는 완강한 의력이 숨어 있다. 우리들은 미인송이 생장하는 환경에 대한 관찰을 통하여 미인송의 인내력을 상상할 수 있음과 동시에 척박함과 싸우는 불요불굴의 정신도 상상할 수 있다.

미인송에 대해서는 다음과 같은 전설이 전해지고 있다.

옛날 이도백하 마을에는 송풍이라 부르는 총각과 낙월이라 부르는 처녀가 살고 있었다. 어려서부터 가까이 지내던 그들은 백하강 기슭에서 백년가약을 맺었다. 그런데 이 마을 부락장이 낙월에게 눈독을 들였다. 부락장은 송풍이와 낙월이 백년가약 맺은 것을 알고 송풍이를 민부로 뽑아 보내고 낙월이를 잡아채려 했다. 하지만 낙월이는 부락장의 말을 듣지 않았다. 이에 부락장은 송풍이가 성을 쌓다가 돌에 치여 죽었다는 소문까지 냈다. 일 년이 지나 다른 민부들은 모두 돌아왔지만 송풍이만은 돌아오지 않았다.

중매꾼은 하루에도 두세 번씩 낙월이를 찾아와서 부락장의 첩으로 들어가라고 그녀를 구슬렸다. 하지만 낙월이는 말을 듣지 않았다. 그러자 부락장은 한 무리의 졸개들을 낙월에게 보내 애첩이 되겠거든 가마에 앉혀 가고 종이 되겠거든 묶어 가겠다고 으박질렀다. 그러자 낙월이는 "오늘밤 송풍의 제를 지내고 내일 아침에 떠나겠사오니 꽃가마를 가지고 와주세요." 하였다. 그러자 나졸들은 돌아갔다.

달빛이 교교한 그날 밤 낙월이는 새 옷을 갈아입고 송풍이와 언약을 맺었던 강변으로 나와 바윗돌 위에 물 한 사발을 떠놓고 절하고는 달을 바라보다 백하수에 몸을 던졌다.

3년 후 민부로 뽑혀 갔던 송풍이가 돌아왔다. 돌아와 보니 어머니도 돌아가셨고 낙월이도 영원히 그의 곁을 떠나갔다. 그는 백하수 강변으로 걸어갔다. 마을사람들이 알려주던 대로 송풍이는 낙월이를 찾아갔다. 낙월의 무덤 위에는 미인송 한 대가 자라고 있었다. 연

두색 잎들이 피어난 미인송은 송풍에게 고통과 추억을 안겨주었다. 송풍은 미인송을 안고 쓰다듬으며 통곡하다가 부락장네 집에 들어가 불을 지른 후 낙월의 묘지에 돌아와 붉은 피를 왈칵 토하며 그 자리에 쓰러졌다. 그의 시체에서 뽀얀 안개가 일더니 미인송을 감싸고 빙빙 돌다가 구중천으로 피어올랐다.

그 후부터 미인송은 우썩우썩 자라고 열매를 맺어 수림을 이루었다. 그 후 이 고장 사람들은 송풍과 낙월이를 기념하여 미인송숲을 송풍낙월이라 불렀다.

6) 백두산 동기풍광

(1) 백두산의 겨울풍경

신비롭고 웅대한 백두산은 길림성 동남부, 중국과 북한 두 나라 국경선에 위치해 있다. 총면적은 8,000여㎢이고 해발고도는 2,749m이며 아시아대륙 동부의 최고봉이다. 산봉우리, 임해, 온천, 폭포와 계곡이 일체로 된 백두산은 세계적 의미를 지닌 전형적인 자연종합체일 뿐더러 동일 위도상에서 원시경관상태가 가장 잘 보존되어 있고 생물종류가 가장 많으며 먹이사슬이 가장 완벽한 자연생물권과 종(species)의 유전자보물고이다. 1980년에 백두산은 'UNESCO'에 의하여 '사람과 생물권' 보호망과 일급환경보호구로 지정되었고 중국 국가관광국에서는 백두산을 AAAA급 관광유람구로 지정하고 국가 35개 주요 관광구와 16개 중점관광코스에 포함시켰다.

여름의 백두산이 산수가 조화를 이루어 아름다운 경치를 자랑하고 있다면 겨울의 백두산은 끝없이 펼쳐진 은백세계로 그 위풍을 떨치고 있다.

백두산은 강설기가 길고 강설량이 많은데 연강설량은 320~700mm에 달하고 적설깊이는 1~2m이며 적설일은 190일이다. 결빙기는 9월 하순이고 해빙기는 6월 초이다. 겨울의 백두산은 망망한 임해와 눈부신 백설 속에 웅장한 22개 산봉우리가 우뚝 솟아 있어 그 광경이 야말로 장관이다.

낙차가 68m에 달하는 장백폭포는 빙설에 싸여 형형색색의 얼음조각을 형성하고 있어 대자연의 정교한 세공을 자랑하고 폭포줄기는 의연히 거센 힘을 뽐내며 아래로 힘차게 떨어지고 있다.

백두산에는 많은 온천이 분포되어 있는데 그중 수십 개 온천에는 지열수가 끊임없이 흘러나오고 있는데 그 면적이 1,000㎡에 달한다. 백두산의 겨울 최저기온은 영하 30℃ 정도에 달하지만 온천의 온도는 일반적으로 영상 20~30℃이고 최고온도는 82℃에 달하여 계란도 익힐 수 있다. 온천에 의하여 형성된 빙설무송(雪松)은 투명하고 밝으며 반짝반짝 빛나고 있고 소나무 가지로 이어져 형성된 무송장랑 또한 선경을 방불케 한다. 대지가 꽁꽁 얼어든 한겨울에 온천욕을 하는 기분 또한 대자연의 따뜻함을 피부로 느낄 수 있는 절호의 기회이다.

백두산에는 지형과 경사도가 적절한 다양한 산지들이 분포되어 있다. 매년 9월 하순이 되면 눈꽃이 날리기 시작하여 백두산은 은빛세계로 분장되고 스키운동과 빙설오락활동을 전개함에 있어서 양호한 천연장소가 되고 있다. 그리하여 국가고원빙설훈련기지가 이곳에 설치되어 있다. 겨울이 닥쳐오면 다양한 스키경기들이 이곳에서 진행되는데 관광객들에게 새로운 경험을 할 수 있는 기회를 제공해 준다. 원시삼림 속을 오가는 스키코스는 관광스키어들이 가장 즐겨 찾는 곳일뿐더러 백두산스키장이 가지고 있는 특색이기도 하다.

2001년 12월 22일에는 '제3기연변백두산빙설관광절'이 성황리에 개최되었다. 백두산을 찾는 관광객들은 천지에 오를 수 있고 빙설에 뒤덮인 폭포, 무송장랑, 협곡, 부석림을 관상할 수 있을뿐더러 온천계란도 맛볼 수 있다. 한편 산내호텔에서는 노천온천욕을 할 수 있고 눈조각, 캠프파이어, 겨울훈련캠프 등을 조직할 수 있다. 빙설기지운동장에서는 스키, 눈썰매, 눈속자전거 및 눈속오토바이 경주가 관광객들의 장기를 기다리고 있다. 2002년에는 연변주정부에서 투자하여 빙설훈련기지운동장에 길이 150m에 넓이 30m에 달하는 초급관광스키코스를 확장, 건설하여 관광객들에게 보다 안전하고 즐거운 스키오락장소를 제공하고 있다.

연길에서 백두산으로 가는 도중에 위치한 선봉림장에는 중국에서 제일 큰 규모를 갖춘 면적이 10㎢에 달하는 설송경관구가 장관을 이루고 있다. 해발 약 1,400m에 달하는 설송경관구는 삼림밀도가 높고 소규모의 호수들이 여기저기 분포되어 있기 때문에 지하함수량이 높은 특성을 가지고 있다. 매년 10월 말부터 삼림설송이 나타나는데 설송의 두께가 때론 10~15mm에 달한다. 설송은 나뭇가지에 걸려 형형색색의 아름다운 조형을 나타내어 사람들의 눈을 부시게 한다.

(2) 백두산스케이트장

백두산 화산체의 기슭 천문봉으로 올라가는 포장도로와 온천으로 가는 갈림길 북쪽 평탄한 곳에 중국 국가고산스케이트훈련기지가 있다. 그 주위에는 높이가 수십 미터 되는 소나무가 빼곡이 우거져 있어 선수들에게 장백의 기백을 돋구어준다. 스케이트장에서 사용하는 물은 천지에서 내려오는 맑은 물로서 부유물질이 없어 얼음의 질이 매우 좋다. 본 스케이트장의 기온은 평지에 비해 매우 낮아 10월 초면 스케이트훈련을 시작할 수 있다. 그리고 고산에 자리 잡고 있어 이곳에서 훈련받은 선수들은 해발고도가 낮은 보통 경기장에 가서 좋은 성적을 따낼 수 있다.

(3) 백두산스키훈련장

백두산스키훈련장은 백두산 입구에서 천문봉으로 올라가는 도로의 서쪽에 자리 잡고 있다. 이곳은 8월 30일에 첫눈이 내리고 이듬해 6월 24일에 마지막 눈이 내린다. 강설량은 320mm이고 적설량은 곳에 따라 다르기는 하나 대체로 1~2m 정도이다. 본 스키장은 자연조건이 좋다. 강설기간이 길고 강설량이 많아 훈련할 수 있는 시간이 길며 기압이 낮아 체력을 증강하는 데도 유리하다.

스키훈련장은 세 곳에 있다. 남쪽 산에 있는 것은 올라갈 때 삭도를 타고 올라가고 내려올 때는 경사를 따라 스키를 타게 하였다. 다른 한 곳은 운동촌 북쪽에 길이 약 120m 되는 시멘트활주로를 만들어 스키연습을 하는 데 유리하고 또 다른 한 곳은 프로운동선수들이 연습하는 곳으로 평지에 있는 길이다.

(4) 황송포의 얼음조각

황송포는 백두산장 입구도로를 들어가기 전 길 동쪽에 있는데 식당, 호텔이 있는가 하면 가을철이면 백두산에서 나는 오염되지 않은 깨끗한 버섯을 채집하여 팔기도 한다. 겨울철이면 얼음을 조각하여 각양각색의 건축물과 조형물들을 만드는데 마치 수정궁에 들어간 것과 같은 기분을 느끼게 해준다. 그리고 얼음으로 여러 가지 형태의 동물도 조각하였는데 공예수준이 대단히 높다. 이런 경관들은 중국에서는 흑룡강성의 하얼빈, 길림성의 길림과 이곳에서만 볼 수 있다. 그리고 하얼빈, 길림에 비하여 독특한 점이라면 이곳에는 야생동물, 이를테면 노루, 꿩 등이 많아 이것을 사냥하여 장작불에 구워 먹는데 그 맛이 천하별미이다.

(5) 선봉국가삼림공원

현재 중국에서 계획 중인 선봉국가삼림공원은 화룡시 팔가자진에 위치해 있는데 화룡시에서 서쪽으로 약 20km 떨어져 있다.

선봉국가삼림공원은 선봉림장(약 97㎢)을 중심으로 주변의 고동하림장, 삼도림장 등의 일부(약 23㎢)가 포함된다. 부지면적은 약 120㎢에 달하고 공원 내의 최고점은 해발 1,571m, 최저점은 750m에 달한다. 그중 계획 중에 있는 스키장의 면적은 300만㎡에 달하고 골프장의 면적은 120만㎡에 달하며 기암괴석관광구의 면적은 1,442만㎡, 설송과 상고대 관광구의 면적은 9,671만㎡에 달한다. 공원 내에는 휴양지, 음식거리, 별장구역, 고산생태원, 삼림욕장, 상업구, 원시삼림관광구, 임산박물관, 오락경기장, 동식물전람관, 호텔 및 부속시설들이 포함된다.

최근에 각급 정부와 북경대학 삼림관광학부 고찰소조 및 미국, 캐나다, 한국 등 국가의 전문가들이 이 지역에 대한 고찰을 마친 후 이 관광구에 대해 매우 높게 평가하였다.

이 관광구를 건설하는 데 수요되는 자금은 대략 1억 4백만 달러에 달하는데 이 관광구가 건설되면 해마다 약 9,000만 원의 수입을 올릴 수 있고 이윤이 3,600만 원에 달하며 해마다 10%씩 증가할 것으로 기대된다.

앞으로 이 공원이 건설되면 연변 지역에서 가장 큰 스키장과 골프장이 있게 되어 연변의 관광업에 큰 기여를 할 것이다.

7) 화룡관광구

• 선경대국가풍경명승지

선경대국가풍경명승지는 길림성 연변조선족자치주 화룡시 경내에 위치하고 있다. 화룡시 중심과의 거리는 30km이고 연길시와의 거리는 100km인 본 명승지는 두만강 상류에 위치하여 북한과 마주하고 있으며 남평, 숭선해관과 백두산 관광코스로 가려면 반드시 거쳐야 할 지점이다.

선경대관광구는 1995년 7월에 길림성정부에 의하여 성급 풍경명승지로 지정되었고 1997년 10월에 국무원에 의하여 국가중점풍경명승지로 지정되었다.

본 관광구는 총면적이 32㎢에 달하고 지금까지 알려진 풍경지는 300여 곳이나 된다. 선경대 산봉우리는 수천 년 동안 두만강 상류의 지리적 작용으로 '가로 보면 산마루요, 옆으로 보면 봉우리를 연상케 하여 거리와 위치에 따라 변화하는' 화강암지형 경관이 형성되었다. 여기에는 낙타 모양, 거북이 모양 등을 비롯하여 코끼리코 모양, 대형부채 모양 등 형형색색의 봉우리들이 집결되어 있어 그 요염한 자태를 자랑하고 있다. 이곳의 소나무들은 대부분 특이한 형태와 자세를 취하고 있는데 그중에서도 벼랑 끝에 매달려 있는 소나무가 가관이고 소나무 사이사이에 피어 있는 진달래는 한결 아름다워 보인다. 정상에 올라서서 아래를 굽어보면 안개 속에 싸여 있는 선경대는 마치 신화 속의 신선들이 한곳으로 모여온 듯 서로의 위풍을 자랑하고 있다. 구름을 뚫고 솟아오르는 아침 해돋이는 '천하제일은 선경'이라는 별칭에 손색이 없게 하며 관광객으로 하여금 천국이 따로 없다는 절찬이 저절로 나오게 한다.

현재 선경대관광구의 명성은 중국 국내외에 널리 알려졌으며 해마다 수많은 관광객들이 이곳을 찾아와 대자연의 신비로움과 아름다움을 한껏 만끽한다. 선경대로 가는 버스시간표는 표 14, 15와 같다.

| 표 14 | 연길－화룡시외버스 배차시간표(1시간 운행)

승차지점	차종류	시발－도착	가 격	출발시간
연길역 앞	고급승합차	연길－화룡	13.50/인	20분 간격
연길역 앞	승용차	연길－화룡	20.00/인	20분 간격

| 표 15 | 화룡－선경대시외버스 배차시간표(30분 운행)

승차지점	차종류	시발－도착	가 격	출발시간
버스터미널(신축)	고급승합차	화룡－선경대	미정	자률
버스터미널(신축)	고급승합차	화룡－선경대	미정	자률

선경대 숙소: 선경대에는 초대소가 두 개 있는데 도합 82개의 침대가 배치되어 있다.

지도상의 거리 : 연길－70km－화룡시－30km－선경대 총 100km

화룡－30km－선경대－23km－남평－10km－호암 총 63km

화룡－선경대－원지－백두산천지 총 183km

8) 백두산 동남쪽 관광구

(1) 백두산 북한 측에 있는 폭포

형제폭포 : 두 개의 폭포가 바위벼랑을 따라 가지런히 내려 형제폭포라 하였다. 두 폭포 중 우측 폭포가 낙차도 크고 물량도 많아 형폭포라는 인상을 준다.

백두폭포 : 형제폭포에서 1km 오르면 백두폭포가 있다. 이 폭포는 해발 2,200m에 있고 낙차는 16.3m인데 두 번 꺾어져 내려온다.

사기문폭포 : 백두폭포에서 오른쪽으로 돌아가면 사기문폭포가 있다. 이 폭포는 세 번 꺾어 내리기에 삼단폭포라고도 한다. 폭포낙차는 약 18m이다.

(2) 백두다리

사기문폭포에서 동쪽으로 4.4km 가면 백두다리가 있다. 이 다리는 백두산정으로 오르는 관문에 놓여 있어 삼지연에서 무두봉으로 오는 노정도 이 다리를 경과하게 된다.

이곳에서 궤도식 삭도를 타고 2km 가면 산정에 오르게 된다.

장군봉 : 백두산의 주봉으로서 해발 2,750m이다. 백두산은 화산구로서 여러 차례의 화산 분출활동에 의하여 퇴적된 알칼리성 조면암, 유문암, 유문암질흑요암 등으로 이루어졌다. 백두빙하시기 빙하가 퇴적되고 유동하면서 장군봉 산체를 깎아 각봉을 이루었다.

(3) 삼지연

약 100만 년 전 화산용암에 의해 막혀서 형성된 화산 언색호이다. 세 개의 호수가 가지런히 있다 하여 삼지연으로 명명하였는데 흘러 들어오는 물이거나 흘러 나가는 물도 보이지 않는다. 지하수로 들어오고 지하수로 빠져나가는 호수이다. 삼지연의 풍경은 매우 아름답다. 머리에 흰 눈을 이고 하늘 높이 솟아 있는 백두산을 배경으로 사시장철 푸르싱싱한 밀림 속의 호수는 고산지대에서만 볼 수 있는 아름다운 자연경관이다.

그리고 아침풍경, 낮풍경, 달밤의 호수 풍경은 깊은 정서를 자아낸다. 호수 주변에는 삼지연 혁명사적관, 근로자각, 대학생각, 소년단각, 답사자회관이 있고 겨울의 삼지연은 가장 좋은 스키 및 스케이트장이 되고 있다.

(4) 이명수

건창에서 청봉밀영을 거치지 않고 직접 가면 2km, 청봉을 거쳐서 가도 2km 좀 더 될 뿐이다. 이명수는 삼지연군에 소속되었는데 유명한 풍경은 폭포이다. 이명수폭포는 역에서 800m 되는 지점에 있다. 본 폭포는 현무암바위벼랑에서 지하수가 바위의 틈을 따라 떨어지는 독특한 폭포인데 평균 높이는 6m이고 너비는 약 4m 된다. 폭포는 모두 5개로 되었는데 기본 폭포는 겨울에도 얼지 않고 쏟아지는데 아래로부터 자라오르는 헤아릴 수 없는 얼음 기둥들은 형용하기 어려운 신비한 절경을 이루었다.

이명수폭포는 정각에서 내려와 보아도 장관이고 아래에서 올려보아도 장관이다. 폭포앞에는 언제가 있어 늪으로 되어 있는데 여기에서는 보트놀이도 할 수 있다. 겨울의 이명수폭포는 천태만상의 얼음기둥과 서리꽃으로 이채로운 관광대상이 되고 있다.

3. 백두산 인문관광자원

1) 숭선

숭선은 화룡시 남부에 있는 변경마을이다. 숭선으로 가는 노선은 몇 갈래이지만 그중에서도 화룡시 남평 로과(늪골)를 경유하여 숭선에 이르는 노선이 가장 좋다. 이 노선에서는 북한의 무산군을 두만강 건너편으로 볼 수 있고 무산시의 전경과 산천을 한눈에 볼 수 있다. 남평으로부터 숭선에 이르는 사이는 두만강 상류를 따라 올라가므로 맑고 푸른 두만강도 볼 수 있다. 중국 측에서는 중도에서 많은 조선족 마을들을 볼 수 있으며 조선족의 옛 풍속, 옛 습관들도 경험할 수 있다. 숭선은 백두산으로 가는 한 개 노선이기도 하다. 총 노정은 288.2km로서 제2노선에 비해 약 50km 더 멀다.

숭선은 두만강 상류의 협곡에 자리하고 있고 칼로 자른 듯한 곡벽에 암층의 절리가 잘 발달되어 마치 돌기둥을 쌓아놓은 듯하며 기괴한 지형과 아름다운 산천경개로 하여 사람들에게 매력적인 인상을 안겨준다. 게다가 숭선의 북동쪽에는 산체의 모양이 군함과 같다 하여 군함산이라 부르는 산이 우뚝 서 있다. 서쪽은 홍기하가 두만강으로 흘러들고 강 좌측에는 놀이터가 있다. 놀이터 북쪽은 현무암절벽으로 되어 있는데 여기에는 한 가닥의 폭포가 쏟아져 내려 아름다운 풍경화를 상상케 한다. 홍기하의 남쪽은 또 현무암절벽을 이루고 있는데 나무도 무성하고 화초도 만발하여 아름다운 경치를 자랑한다. 놀이터는 홍기하 강변과 조화를 이루며 북소리, 노랫소리 끊임없고 맑은 강가에서 낚시질도 할 수 있다. 그리고 조, 중 상인들이 서로 만나서 교역하는 변경시장도 있다. 숭선은 이처럼 아름다워 해마다 중국의 미술대학생들이 모여들어 소재를 구하고 무용가, 음악가들도 이곳을 찾아와 작품구상을 한다.

2) 내두산항일유격근거지 유적

내두산항일유격근거지는 이도백하진에서 동남쪽으로 25km 떨어진 곳에 있는 내두산촌에 위치해 있다. 이 마을은 '하늘 아래 첫 동네'로 불리고 있다.

주요한 항일유적지로는 동북인민군 군부의 유적지가 있다. 이곳은 왕덕산 남쪽기슭 500m 되는 곳에 있다. 길이와 너비는 각각 15m와 6m로서 남쪽을 향한 골짜기인데 지금은 홍수에 의해 작은 골짜기로 변했다. 여기에는 또 제2군 제2단 단부의 유적지도 있고 내두산촌 농민위원회, 아동단실, 부녀회, 병기공장, 피복공장, 병원 등도 이 부근에 산재해 있었는데 너비가 약 400m이고 남북길이가 약 300m이다.

왕덕산정상에는 보초망유적지도 있다.

내두산항일유격근거지는 1935년 겨울에 창건되었다. 이곳은 적들의 통치중심과 멀리 떨어져 있었고 남만 일대와 가까워서 중국 군의 유격활동에 유리했다.

3) 청산리전적지

1920년 10월에 일제침략자들이 연변 각지에서 대토벌을 감행하자 연변의 반일부대는 화룡현 삼도구와 와룡 지역으로 옮겼다. 이 소식을 들은 일제침략자들은 일본군 19사단 37여단을 주력으로 독립군을 포위, 공격하였다. 청산리전투란 독립군이 세 갈래로 나누어 들어오는 일본군을 타격한 백운평, 천수동, 완루구, 어랑촌 등 전투의 총칭이다.

화룡에서 백두산으로 가는 길을 따라 약 30km 가면 청산리마을이 있고 마을 서쪽 골짜기 입구에 기념비가 세워져 있다. 1920년 10월 21일 청산리 첫 전투가 청산리 본촌에서 약 5km 떨어진 서쪽 골짜기에 있는 백운평에서 벌어졌다. 당시 김좌진이 인솔한 1,000여 명의 독립군은 매복전을 하면서 쳐들어오는 일본군에게 결정적인 타격을 주었다. 그 후 천수동에서 일본군 기병 1개 소대를 복멸시켰고 어랑촌에 주둔한 일본군 지원병에게도 심한 타격을 주었다.

홍범도가 인솔한 연합부대는 와룡 완루구에서 안개가 자욱하고 삼림이 무성한 조건을 이하여 적들이 서로 싸우게 하는 전술로 수많은 사상자를 내게 하였다. 완루구에서 철수한 홍범도부대는 874고지 부근에서 더 치열한 전투를 벌여 많은 일본군을 살상하였다. 당시 보도에 의하면 청산리전투에서 일본군 2,000여 명이 숨졌다고 한다.

4) 홍기하전적지

홍기하(紅旗河)전적지는 화룡림업국 장홍(長興)림산작업소 소재지에서 서쪽으로 6km 떨어진 곳에 있다.

홍기하전투는 1940년 3월 25일 동북항일련군 제1로군 제2방면군 주력군들이 마에다 중대장을 포함한 토벌대 100여 명을 매복전으로 복멸시킨 유명한 전투이다. 홍기하전투는 동북항일무장투쟁이 저조기에 들어선 때에 거둔 승리로 하여 가장 영향력 있는 전투로 기록되어 있다.

5) 약수동소비에트유적지

약수동소비에트정부의 옛터는 화룡시 두도진 룡문향 약수동상촌의 마을 한가운데 위치해 있다. 옛터는 약 70㎡ 되는 조선족 초가집이었고 동북 경내에서 제일 먼저 건립된 소비에트정부로 기록되어 있다.

1930년에 연변을 휩쓸었던 '붉은 5월 투쟁'이 있었는데 일부 농촌 지역에서 5월에 시작한 토지혁명을 일컫는 말이다. 5월 27일에 약수동의 천여 명 농민들은 집회를 가지고 약수동소비에트정부 창립의식을 진행하였다. 다음날, 약수동농민적위대는 적들의 전화선을 차단하고 일제의 두도구형사분관과 친일조직인 '조선인민회'를 습격하였다. 얼마 후 일본경찰에 의해 100여 명 군중들이 체포되었고 소비에트정부도 지하로 들어갔다.

이곳에는 지금도 박상화(중공화룡현위 서기)열사의 기념비와 그가 심은 비술나무가 자라고 있다.

6) 처창즈항일유격근거지

화룡시 와룡향 화안촌(和安村)이 바로 옛날의 처창즈(車場子)이다. 1935년 1월부터 연길과 화룡의각 근거지 군민들이 모여들어 새롭게 유격근거지를 건설하였는데 이는 동만지구에서 규모와 영향력이 제일 컸던 항일유격근거지이다. 이곳에는 동북인민혁명군 제2군 군부, 연길현 각 구 기관, 중공화룡현위 등이 있었다. 그 옛터들은 처창즈마을 동남에서 1km 떨어진 곳에 있고 동남차병기공장과 피복공장 옛터는 서남에서 6km 되는 곳에 있다. 이 근거지는 그해 8월에 안도현 내두산으로 옮겨 갔다.

1981년 4월 길림성정부에서는 이곳을 성급문물보호단위로 결정했다.

7) 어랑촌13용사기념비

1931년 12월 공화룡현위는 지금의 화룡시 와룡향 어랑촌에 20여 명의 유격대성원들을 집결시키고 화룡현 유격중대로 개편하였다. 유격중대는 두도구, 이도구, 삼도구 일본경찰분서를 습격하였다. 이에 당황한 일제는 어랑촌유격근거지에 대한 토벌을 시작하였다.

1932년 2월 12일 아침, 토벌대가 마을을 포위하였다. 현위서기 최상동, 대장 김세 등이 지휘한 유격대는 적들과 6시간에 달하는 혈전을 벌였으나 13명의 간부와 전사들이 모두 희생되었다. 그들은 자신의 생명으로 천여 명 어랑촌 항일군민들의 안전한 이동을 보장하였다.

화룡현에서는 1957년에 어랑촌에 '13용사기념비'를 세웠고 1981년 8월 정부의 결정에 의해 기념비를 화룡시가지 동북쪽 체육장 옆 산등성이에 세웠다. 지금 어랑촌 북산고지 산정에는 '어랑촌전적지' 기념비와 유격대 대장 김세의 묘소가 있는데 성급문물보호단위로 되어 있다.

8) 일송정

비암산 일송정은 독립운동과 항일선구자들의 상징으로 국내외 겨레의 사랑을 받고 있다.

용정에서 서남쪽으로 4km쯤 떨어진 곳에 높은 산이 있는데 이 산을 비암산이라 부른다.

50여 년 전만 해도 비암산의 깎아지른 듯한 벼랑 끝에 두 그루의 아름드리 소나무가 바위에 뿌리를 박고 억세게 자라고 있었다. 그 소나무의 모양이 흡사 돌기둥에 청기와를 얹은 정자와 비슷하다 하여 사람들은 일송정(一松亭)이라 불렀다.

용정지구에 거주하던 조선이민들은 대를 이어오면서 일송정을 성스러운 길상물로 여겼다. 여인들은 생남하기 위해 일송정의 바위를 기자석(祈子石)으로 이용했고 농부들은 왕가물이 들어 기우제를 지낼 때 일송정바위를 명암으로 이용했으며 독립운동가와 항일선구자들은 비밀집회장소로 이용했다.

용정사람들이 일송정을 사랑하게 된 또 하나의 원인이라면 용주사에서 일송정을 바라보면 그 모양이 마치 바위 위에 호랑이가 버티고 앉아 있는 것 같기 때문이다. 용정사람들은 그 호랑이(一松亭)가 밤낮으로 용정을 굽어보면서 가난한 사람들의 생활을 헤아려준다고 여기면서 일송정을 더욱 사랑하고 아꼈다.

그때 용정에는 27개소의 중소학교가 있었는데 동흥, 대성, 은진, 광명 등 6개 중학교의 애국인사와 열혈청년들이 늘 일송정에 올라와 뜻을 키우고 지혜를 닦았다.

반대로 일제의 총영사는 일송정(호랑이)이 영사관을 호시탐탐 노리기 때문에 영사관이 불에 타고 영사들이 병에 걸렸다며 일송정을 없애라고 명령했다. 총영사와 헌병대장은 공모하여 일송정을 군사들이 실탄연습을 하는 과녁으로 삼게 하여 매일같이 보총과 박격포를 쏘았다. 우박처럼 퍼붓는 포탄은 산을 넘어가서 떨어지지 않으면 절벽 아래로 떨어졌다. 악에 받친 그들은 한밤중에 졸병들을 파견하여 일송정에 있던 소나무 껍질을 벗겨내고 구멍을 뚫고 후추씨를 넣고는 벗겨냈던 껍질을 도로 붙이고 대못을 박아 흔적을 없애버렸다. 이리하여 우리 민족이 그토록 숭상하고 찬송하던 일송정은 그때부터 시들기 시작하더니 1938년에는 모두 말라죽고 말았다.

용정시인민정부와 각계 인사들은 이 유서 깊은 유물을 보전하고 후대들에게 향토애를 교양시키기 위하여 1990년에 작은 소나무 한 그루를 일송정 본래의 자리에 심고 '일송정'이란 정자를 새로 건설하였으며 기념비를 세워 후손만대에 일송정의 이야기를 길이 전하게 되었다. 지금 일송정에는 일송정기념비, 정자, 선구자노래비, 강경애문학비, 텔레비전 중계탑이 있다.

9) 대성중학교유적지

대성중학교유적지는 용정시의 서쪽에 있는 용정시 제1중학교 운동장에 위치해 있다. 이 학교는 1921년 10월 8일 유교를 신앙하는 조선민족주의자인 강훈(姜勛) 등이 세웠다. 유적지는 동서의 길이가 36.5m이고 남북너비가 8m 되는 회색벽돌로 된 2층 건물이다. 1920년대와 그 후에 용정에는 영신중학교, 동흥중학교, 은진중학교, 명신여고, 광명여고가 연이어 세워졌고 1939년에는 모두 합병되어 용정중학교라 개칭하고 교사는 대성중학교와 새로 지은 교사를 사용했다. 1920년대와 1930년대에 대성중학교 등 6개 학교는 유교와 봉건제도를 반대하고 일제를 반대하는 애국적인 교원과 학생들이 활동하는 애국학생운동의 요람이 되었다. 바로 이 학교에서 이일평(李一平), 이민환(李敏煥), 김정길(金正吉) 등과 같은 항일열사가 배출되었으며 전임 북한의 내각부수상 김책, 연변대학 초대지도자들인 임민호, 박규찬, 김유훈 외에 수많은 교수, 기업가, 공무원들이 배출되었다. 한국의 국회의장과 총리를 역임했던 정일권 씨도 이 학교의 졸업생이다.

10) 이상설과 '서전서숙' 유적기념비

이상설은 1870년 12월 7일, 한국 충청북도 진천고을 덕산에서 태어났다. 이상설은 25세 때 과거에 급제하여 벼슬길에 올랐으며 1905년 '을사조약'이 강제로 체결될 때에는 조선 의정부의 참찬이었다.

'을사조약'이 반포되자 일제침략을 반대하는 민족항쟁이 일어났다.

1906년 4월 18일, 국권회복을 결심한 이상설은 이동녕, 정순만 등과 같이 망명의 길을 떠났는데 그해 8월에 당시 북간도의 문화, 경제 중심지인 용정에 도착했다.

이상설은 자기 돈으로 그때 용정에서 제일 큰 집인 천주교 회장 최병익의 집을 사서 학교로 고치고 '서전서숙'을 꾸렸다.

이상설이 숙장을 담임했고 이동녕과 정순만이 운영을 맡았으며 교원의 월급, 교재, 학생용품 등 모든 경비를 이상설이 부담하여 무상교육을 실시하였다.

서전서숙의 건물은 약 270㎡에 달했고 처음 강의를 시작할 때는 청소년들이 22명이었는데 점차 학생 수가 늘어나 폐숙할 때에는 70여 명에 이르렀다.

이상설을 비롯하여 서숙 창설에 참여한 사람들은 역사, 지리, 수학, 헌법, 국제법 등의 근대교육을 직접 실시했고 항일민족교육도 진행하였다. 하여 서전서숙은 북간도 근대 항일 민족교육의 요람이 되었고 독립군의 양성소이기도 했다.

이듬해인 1907년 4월 3일, 이상설이 헤이그로 떠나자 재정난에 시달리기 시작했다. 엎친 데 덮친 격으로 용정에 일제통감부 간도파출소가 세워지면서 감시와 방해가 심해졌다. 하여 그해 8~9월경에 폐숙되었다.

서전서숙은 1년 미만의 짧은 역사로 끝났지만 민족주의 교양으로 근대적 민족운동을 선도할 인재양성을 목적으로 한 이념이 가까이로는 명동학교와 신흥학교로 이어지고 멀리로는 국내외 각 지방마다 조선인이 있는 곳이면 어디에서나 서전서숙과 같은 민족주의 교양이 확대되었다.

서전서숙이 폐숙되자 박무점 등은 장재촌에 가서 김약연과 상의한 후 1908년 4월 27일에 규암재서당을 사립명동서숙으로 고치고 신학교육을 실시하면서 명동학교로 발전시켰다.

이상설은 1907년 6월, 헤이그에서 열린 만국평화회의에 참석하여 일제의 폭행을 성토하고 국권회복을 주장하다 실패하자 그 길로 프랑스, 독일, 영국, 미국 등 각국을 방문했고 다시 블라디보스토크로 돌아가 혁명정부를 세우려고 애썼다.

1910년 8월에 이상설은 '권업회'를 설립하여 산업진흥을 위해 애썼고 하바롭스크로 가서 군정부와 사관학교를 세워 무력항쟁을 시도했으나 모두 실패했다. 하여 사무쳐오르는 통분으로 침식을 잊고 지친 끝에 병든 몸을 니콜리스크로 옮겨 신음하다가 1917년 음력 2월 9일에 천추의 원혼이 되고 말았다.

용정실험소학교 교정에는 '서전서숙' 유적기념비가 있고 '소련홍군동북해방기념탑'도 있다. 그리고 용정중학교 한 모퉁이에는 이상설기념관이 설립되었다.

11) '3.13' 반일의사릉

용정시교인 광신향 합성리 '만세묘지'에 '3.13' 반일의사릉이 있다.

1919년 3월 13일, 용정촌에서 3만여 명이 참가한 반일 대시위가 화산처럼 폭발했다.

1910년 일제가 조선을 강점한 후 수많은 애국지사와 독립운동가들이 용정으로 모여들었다. 그들은 '서전서숙' 등 학교와 교회를 이용하여 인재를 육성하는 한편 반일사상도 선전하였다. 1918년 겨울부터 본격적으로 반일운동을 밀고 나가기 위하여 서울에 사람을 파견하여 보냈고 1919년 2월에는 러시아 우수리스크에서 열린 국민회 창립과 선언대회에도 4명의 대표를 파견하였다. 이런 준비사업을 거친 후 3월 13일에 반일집회를 가졌다. 김영학 회장이 '독립선언서'를 낭독하고 뒤이어 애국인사들인 유례균, 배형식, 황지영 여사가 일제의 죄행을 성토하였다. 대회가 끝나자 명동학교 '충렬대'를 선두로 성세호대한 시위행진을 거행했다. 시위대오가 일본 총영사관으로 몰려갔을 때 중국 군벌부대와 사복한 일본 경찰들이 총을 쐈다.

'독립신문' 1920년 1월호에는 1919년 3월 13일에 일어난 반일 대시위정황을 이렇게 보도하였다. "〈3.13〉 반일사건 중 48명이 부상을 입고 94명이 체포되었으며 19명이 순난하였다. 3월 17일, 합성리공동묘지에서 순난자 장례식을 성대히 거행하였다. 용정 〈3.13〉 반일 대시위는 일본제국주의자들에 의해 실패되었지만 그 후 항일투쟁을 새로운 단계로 추진시키는 데 마멸할 수 없는 역할을 했다."

그렇다. 용정 '3.13' 반일 대시위는 연변인민들의 반일독립운동의 영광스러운 역사의 한 페이지를 엮어놓았으며 피의 교훈은 무장투쟁의 서막으로서 '15만원탈취사건'을 낳았고 '봉오동전투'와 '청산리대첩'의 승리를 거두게 하였다.

'3.13' 반일 대시위는 조선족들이 거주하는 지역에서 일어난 규모나 지속된 시일 및 참가한 범위와 인원 수에서 모두 전례가 없었던 반제운동이었다. 이번 투쟁은 일제침략자들의 침략기염을 꺾어놓았고 조선족인민들의 반일애국투쟁을 힘 있게 성원하였으며 조선족인민들의 반제운동의 발전을 힘 있게 추동하였다.

12) '15만원탈취사건' 유적지

1919년 12월 4일 '국민회' 산하의 '철혈광복단' 성원인 윤준희, 김준, 박웅세, 최이봉, 한상호, 감국정 등 6명은 회령은행으로부터 용정은행으로 15만 엔을 수송한다는 정보를 입수하였다. 그들은 그것을 탈취하여 반일투쟁에 필요한 무기를 구매하려고 1920년 1월 4일 은행 현금수송인원들이 용정으로 가는 길목인 동량어구(지금의 광신향 승리촌 남쪽 120m 되는 곳)에 매복하였다가 돌연 습격하여 엔화 15만 엔을 탈취하였다. 그들은 탈취한 금액으로 무기를 구매하려고 러시아의 블라디보스토크로 떠나려 했다. 23일 목적지인 신한촌에 도착하여 그곳의 요원들과 연계를 취하면서 비밀리에 대기하고 있었다. 하지만 반역자 엄인섭의 밀고로 전체 일행이 체포되는 비극이 초래되었고 무기구입 또한 수포로 돌아갔다. 그 후 신한촌에서 요행히 살아남은 최이봉은 적기단 단장으로 있으면서 구소련과 연변 지역에서 계속하여 반일투쟁활동을 진행하였고 윤준희, 한상호, 김국정 등은 감옥에서 잔혹하게 살해되었다.

13) 명동학교와 교회당 옛터

김약연 선생은 1868년에 북한 회령에서 태어났으며 1899년 2월 18일에 22세대주 142명을 이끌고 두만강을 건너 명동과 장재촌에 정착하였다.

구국일념의 뜻을 가슴 깊이 새긴 김약연은 나라를 구하려면 겨레에게 문화가 있어야 한다고 생각하여 1901년 4월 용암동(지금의 명동)에 규암재라는 서당을 꾸리고 조선학교육을 실시하였다.

1908년 4월 27일 규암재서당을 사립명동서숙으로 고치고 신학교육을 실시하면서 명동학교로 발전시켰으며 용암동을 정식으로 명동촌이라 불렀다.

1910년에 중학부를 증설하고 김약연이 교장으로 취임하였으며 1911년 3월에는 여학부까지 증설하였다. 김약연은 국민회 회장 등의 직무를 역임하였고 명동학교는 반일독립운동의 본거지가 되었다.

명동촌 기독교회당 옆에 김약연 선생의 비석이 있고 장재촌에 묘소가 있다.

14) 윤동주와 송몽규의 묘소

민족시인 윤동주는 1917년 12월 30일 용정시 지신진 명동촌에서 부친 윤영석과 모친 김용 사이에 8남 1녀 중 장손으로 태어났다.

윤동주는 명동소학교를 졸업한 후 1932년 4월 용정 은진중학에 입학했으며 1938년 2월에는 광명학원을 졸업하였다.

1941년 12월에 연희전문학교를 졸업하고 1942년 4월에 일본 도쿄 릿쿄대학 영문과에 입학하였으며 그해 9월에 도시샤대학 영문과에 전학했다.

1943년 7월 14일에 조선독립운동의 혐의자로 일본 경찰에 체포되었다. 1944년 3월 31일 징역 2년이 언도되어 일본 후쿠오카형무소에 이송되어 옥살이를 하다가 1945년 2월 16일에 옥사하였으며 1945년 3월 3일에 고향인 용정 동산에 있는 공동묘지에 안장되었다. 1945년 6월 14일, 유가족들은 '시인 윤동주지묘'라는 글을 새긴 비석을 세웠다.

원 대성중학교(현재 용정시중학교) 사생들은 저명한 민족시인 윤동주의 업적을 후손만대에 길이 전하기 위하여 교정에 '윤동주시비'를 세웠으며 동산에 있는 윤동주묘소를 수선하고 봄, 가을마다 참배활동을 하고 있다.

윤동주묘소에서 몇 미터 떨어진 곳에 송몽규묘소가 있다.

청년문사 송몽규는 윤동주와 일생을 거의 함께 보내면서 민족문화를 깊이 연구했으며 민족의 위업에 이바지하려는 큰 뜻을 품고 투쟁을 설계하다가 일본 경찰에 체포되어 옥중에서 처참하게 요절했다.

15) 안중근 의사 훈련유적지

안중근 의사는 1905년 가을에 블라디보스토크로 가는 길에 장골에 들렀다. 그는 국민회 책임자 마영호를 만나보고 땅거미가 질 무렵에야 장골을 떠나 영동막치기 상우동 황씨네 집에서 하룻밤 주숙하고 이튿날 새벽에 길을 떠났다. 그 후 안중근은 지신 성교촌 일대에 와서 반일활동을 벌이기도 했다.

1909년 용정에 온 안중근은 명동에 자리 잡고 선바위골 덕신사 만진기에서 땀을 흘리며 무예를 익혔다. 안중근은 근 두 달간 문암동에 기거하면서 문암골 바위를 이토 히로부미로 삼고 사격연습을 하였다.

16) 왕우구 소비에트정부 유적지

본 유적지는 연길시에서 북쪽으로 연길-왕청도로 30km 되는 곳에 위치한 의란진 왕우구 중촌에 있다.

1932년 초 왕우구에 당조직이 세워지고 유격구로 발전되었다. 같은 해 가을 중공동만특위와 중공연길현위 기관이 이곳으로 이동해 왔다. 1932년 11월 2일 왕우구에서 제1차 소비에트대표대회가 열리고 이상묵을 회장으로 하는 왕우구 소비에트정부가 성립되었다. 1933년 6월에 이 정부는 노농민주정권-왕우구인민혁명정부로 개칭하였다. 1935년 초에 근거지가 해산되고 군민들은 화룡현 처창즈유격근거지로 옮겨 갔다.

현재 왕우구 유격근거지는 성급문물보호단위로 지정되었고 의란진 구룡평촌 입구에 기념비가 세워져 있다.

17) 봉오동전적지

일제는 연변의 조선족반일무장역량을 눈엣가시처럼 미워하고 무서워하였다.

1920년 6월 4일 새벽 5시에 반일연합부대의 박승길 등 30여 명의 전사들은 두만강을 건너 조선 강양동으로 가서 후쿠가와헌병군조가 인솔하는 한 거점을 들이친 다음 신속히 강을 건너 마패촌(삼툰자)으로 돌아왔다. 그 정황을 보고받은 남양일본군 수비대 대장 아라요시 중위는 보복토벌을 하기 위하여 6월 6일 오전 10시에 한 개 소대를 거느리고 두만강을 건너와 마패촌을 돌연 습격하였다. 하지만 허탕을 친 왜놈들은 300여 명의 병력을 동원하여 재차 토벌을 감행했다.

6월 7일 홍범도의 지휘하에 반일부대는 봉오동의 유리한 고지에 매복하였다가 놈들이 매복권 안에 들어오자 맹렬한 총벼락을 안겼다. 일본군은 당장에서 150여 명이 죽고 수십 명이 부상당했으며 살아남은 놈들은 모두 강을 건너 도망쳤다.

반일부대는 7명이 전사하고 7명이 부상을 입었으며 촌민 4명이 희생되었다. 봉오동전투는 반일부대가 일본군대와 싸운 첫 번째로 큰 전투이자 첫 승리였으며 360여 자루의 보총, 3정의 기관총을 노획하였다.

지금 봉오동저수지에 유적기념비가 세워져 있다.

18) '훈춘사건' 유적지

'훈춘사건'의 발생지는 지금의 훈춘시공안국 울 안에 있는 원 훈춘주재 일본영사분관 자리이다.

1920년 가을, 일제는 연변에 대한 침략과 연변의 조선민족독립군부대를 소멸하기 위한 출병 구실을 찾으려고 동년현 로흑산 일대에 둥지를 틀고 있던 토비들을 매수하여 9월과 10월 두 차례에 걸쳐 일본인을 포함한 유혈사건을 일으켰다. 10월 6일 일본 내각에서는 사건을 날조한 공보를 발표하여 이 사건은 불령선인(不逞鮮人)과 소련 과격파들이 의식적으로 조작한 것이라고 떠벌리면서 재만일본인의 생명재산을 보호한다는 구실로 이미 대기하고 있던 2만여 명의 병력을 투입시켜 경신년대토벌을 감행했다.

대토벌은 이듬해 5월까지 지속되었는데 연길, 화룡, 훈춘, 왕청 등 동만 4개 현의 3,500여 명 조선족과 한족 군중들이 학살되었고 5,050여 명이 체포되었다. 게다가 2,500여 호의 가옥이 불에 탔고 30여 채의 사립학교와 45,000여 석의 식량이 소각되었다. 그리하여 당시 동만 지역의 민족주의 무장운동은 큰 타격을 받았으며 근거지를 북만으로 옮기지 않을 수 없게 되었다.

19) 팔련성유적

기원 755년 발해 제3대왕 대흠무는 중경현덕부에서 상경용천부로 수도를 옮긴 지 얼마 안되어 수산업을 발전시켜 나라의 경제력을 한층 높일 목적으로 남쪽 바닷가로 그 세력을 확장하게 되었다. 그리하여 784년경에 대흠무는 다시 바다와 이웃하고 있는 훈춘벌에 천도하여 성을 쌓아 수도로 정하고 그 이름을 동현덕부라 하였다. 이곳이 바로 훈춘시 국영량종농장 부근에 있는 팔련성터이다.

팔련성은 일명 반랍성이라고도 하는데 훈춘하와 두만강의 삼각충적평원 서북부에 위치하였다. 이곳은 동해와 가까이 있어 발해 상경에서 일본으로 통하는 '일본교통로'는 반드시 여기를 거쳐야만 한다.

팔련성 역시 우리나라 사방설건축사상의 지도 아래에서 건설된 봉폐식성새이다. 성은 내성, 외성과 북성으로 이루어졌는데 성벽은 모두 흙을 다져 쌓았다.

외성은 방형에 가까운바 둘레길이는 2,894m이고 성벽 바깥둘레에는 해자를 팠다. 북성은 외성의 제일 북쪽에 치우쳐 있는데 동서로 긴 장방형모양으로 되었다. 내성은 외성의 중앙에 위치해 있는데 남북일렬로 가지런히 배열된 3개의 작은 성으로 구성되었다. 이 성을 북쪽으로부터 차례로 북성, 중성, 남성이라 부른다. 그중 북성은 궁성이다. 궁성 안에는 높이가 2m이고 면적이 1,300㎡ 되는 흙을 다져 쌓은 대가 있는데 궁전은 이 위에 세웠다. 건물은 이미 무너져 형체가 없지만 두리에 기초돌과 더불어 많은 록유기와, 기와박새 등 건축재료가 남아 있다.

팔련성은 10년 동안 발해의 도읍으로 존재해 왔으며 이 지구의 경제, 정치, 문화 등 여러 영역도 크게 발전되었다.

793년에 대흠무가 팔련성에서 죽은 후 그의 배다른 동생이 성왕으로 올라앉게 되었다. 성왕은 집정한 그 이듬해(794년)에 동경 팔련성을 버리고 다시 수도를 상경 용천부로 옮겼다. 926년 1월에 요나라가 발해를 멸망시킨 후 팔련성은 점차 폐허화되고 말았다.

1961년에 길림성인민정부에서는 이 성을 길림성중점문물보호단위로 명명하였다.

20) 옥천동월옥지

옥천동월옥지는 훈춘시 경신진 소재지에서 남쪽으로 약 3리 되는 옥천동촌에 위치해 있다. 1930년대에 훈춘주재 일본영사분관은 이곳에 옥천동경찰분주소를 설치하였다. 1932년 2월 옥천동분주소에서는 박지영 등 12명의 항일군중들을 체포하였는데 일본침략자들은 그들에게 가혹한 형벌을 가하였다. 체포된 지 15일이 되는 날 밤에 박지영과 김양업 두 사람은 탈옥을 결심하고 여러 사람들과 탈옥할 방법을 상의하였다. 이튿날 아침 성이 허씨인 순찰자가 그들을 경찰실로 불러들여 벽에 기대선 채로 밥을 먹게 하였다. 다른 한 명의 순찰자인 고도유는 밖에서 세수하고 있었다. 박지영은 시기가 왔다고 판단하여 한 발로 화롯불을 차 엎어 방 안에 먼지와 연기가 꽉 찬 틈을 타서 밥통으로 허씨의 머리를 친 후 군도로 힘껏 찔렀다. 박창현은 문밖으로 뛰어나가 고도유를 엎어뜨리고 박투하였는데 고도유가 권총으로 쏘는 바람에 그는 희생되었다. 박지영은 여러 사람들을 이끌고 밖으로 뛰쳐나가 산을 향해 뛰었다. 이때 강재명은 철조망에 걸려 넘어져서 다시 체포되었다. 군경들이 들이닥

쳤을 때 이들은 이미 10여 리 밖으로 뛰어간 후였다.

이 탈옥전투에서 1명이 희생되고 1명이 다시 체포되었으며 2명은 발에 족쇄가 채워져 있어 탈옥에 참여하지 못하였다. 결국 7명이 탈옥에 성공하여 모두 항일유격대에 가담하였으며 나머지 1명은 혐의가 없어 풀려나왔다.

현재 월옥지는 농가의 채소밭이 되었다. 그러나 당시의 시멘트 계단은 완전하게 보존되어 있으며 서남쪽에는 시멘트구조의 지하탄약창고가 있다.

21) 안중근과 단지동맹

안중근 의사는 일본침략자의 우두머리인 이등방문과 매국적을 없애기 위해 1908년 봄 훈춘현 연동라자에 와서 본 현의 유명한 애국지사 황병길과 만나 협상했다. 애국지사 7인은 훈춘현 연동라자에 있는 박선달의 집에 모여 7인결맹의식을 거행하였다. 맹지는 자기 생명을 바쳐서라도 꼭 이등방문을 죽여 나라의 국치를 없애버리겠다는 결심을 하고 7인은 도끼로 자기의 왼손 무명지를 자르고 피를 뿌려 붓으로 길이 3m, 너비 2m 되는 흰 천에 태극기를 그리고 그 아래에서 선서하였다.

단지동맹에 참가한 7인은 안중근, 우덕순, 임인섭, 오명묵, 황병길, 강갑순과 허문걸이다.

1909년 10월, '해삼위원동보'와 '대동공보' 등 신문에 "이등방문이 조선을 침략한 후 하얼빈에 와서 만주문제를 회담한다"는 소식이 실렸다. 이 소식을 들은 안중근 의사는 하얼빈으로 향했다. 1909년 10월 26일 아침 9시, 하얼빈역에 이등방문이 앉은 기차가 들어서자 안중근 의사는 권총으로 이등방문을 쏴 죽이고 '조선독립만세'를 높이 외친 뒤 체포되었다.

제 5 장

백두산 제4기빙하에 관한 연구

제5장

백두산 제4기빙하에 관한 연구

1. 백두산지구의 빙하기, 간빙하기의 획분개황

제4기에 세계적으로 기후가 한랭해지고 차고 더운 기후가 교체됨에 따라 여러 차례의 빙하기와 간빙하기가 생겼다. 이런 기후영향으로 하여 백두산지구에서도 세계적 빙하기와 간빙하기에 상응되는 빙하기와 간빙하기가 있었다. 그러나 후기의 빙하와 간빙하기에 있은 각종 지질작용과 침식작용 그리고 여러 차례 되는 백두산 천지와 그 주변에서의 화산분출작용에 의하여 원래의 빙식지형이 파괴되거나 매몰되었고 빙적물도 침식 혹은 화산재와 부석에 덮였기에 잔존된 지층과 지형이 구전하지 못한다. 많은 학자들은 잔존하고 있는 지형과 빙적물에 근거하여 여러모로 연구하여 백두산지구의 빙기, 간빙기특징과 분포들을 기본상 체계화하였는데 귀납하면 표 1, 2, 3과 같다.

2. 백두산 빙하기

지난날 백두산빙하활동에 대하여 일정한 의견분기가 있었다. 특히 빙하활동의 주요한 증거인 빙하퇴적물이 발견되지 않아 빙식지형과 가능한 조건만으로서 백두빙하기의 존재를 인정하였다. 우리는 근년의 야외작업과 문헌을 참고하여 백두빙하기가 있었다는 것을 확인한다(표 1 참고).

| 표 1 | 백두산 제4기빙기획분 및 대비간표(白頭山第四紀冰期劃分及對比簡表)

地質時代		氣候期		年代(萬年)	長白山區 冰期劃分	遼宁 冰期一般劃分	中國 冰期一般劃分	歐洲 期一般劃分	歐洲 年代
第四紀	全新世		冰后期	1	冰后期	冰后期	冰后期	冰后期	1
	更新世	晚更新世	第六冰期		白頭山		大理	玉木	7-9
			第五間冰期		二道崗~白頭山		廬山~大理	里斯~玉木	
			第五冰期	30.0	二道崗	下派頭營子	廬山	里斯	21
		中更新世	第四間冰期		干溝子~二道崗	大西營子~下派頭營子	大姑~廬山	民德爾~里斯	25
			第四冰期		干溝子	大西營子	大姑	民德爾	
			第三間冰期		不老克~干溝子	三道溝門~大西營子	鄱陽~大姑	昆智~民德爾	
			第三冰期	120.0	不老克	三道溝門	鄱陽	昆智	85
		早更新世	第二間冰期		腰岭~不老克	老府~三道溝門	元謀~鄱陽	多腦~昆智	
			第二冰期		腰岭	老府	元謀	多腦	120
			第一間冰期		四等房~腰岭		龍川~元謀	拜伯~多腦	200
			第一冰期	300.0	四等房		龍川	拜伯	

| 표 2 | 백두산간빙기침적물유형 및 분포(白頭山間冰期沉積物類型及分布)

주요 암석의 성질 및 분포특징
천지 주변 및 기타 호반에 침적 현대하상충적물 골짜기, 비탈 위 홍적물 및 잔적물. 미고결된 낙, 사, 점토 및 그 혼잡유형
담황색, 토황색 황토, 대공극 및 수직절리 발육, 2급 단구 위에 복개, 장백현 용천진 및 화룡 등지에서 볼 수 있고, 왕청, 훈춘 등지에 넓게 분포
종홍색 황토 흑회색 좁쌀입상 망간질결핵을 함유한 층갈색, 흑갈색 토양층이다. 산지 3급 이상 단구와 구릉지 비탈에 넓게 분포되었다. 장백현 간구자와 안도현 적봉 일대에 넓게 분포
갈홍색황토 두립상맹질결핵을 함유. 압록강, 두만강 4, 5급 단구 위나 현무암고원 위에 복개되어 있다.
황갈색, 종황색사매석층 낙석 마원도가 높고 분선이 비교적 좋다. 층리가 뚜렷하고 직접 요랭빙적층 위에 침적되어 있다.
상부는 갈홍색중립사이고, 소낙석을 약간 포함. 중부는 종황색함낙조사이며, 하부는 황색사락층이다. 낙석은 화강암쇄설이고, 낙석 마원도는 높고, 낙경은 5~10mm이고 조사는 고결되어 있다. 수평층리가 뚜렷하고, 사등방빙적층 위에 직접 침적되어 있다.

| 표 3 | 백두산빙적물 및 분포(白頭山冰磧物及分布)

冰 期	級 數	高度(m)	分 布 地 點	冰 磧 物
白頭山			長白山H1 700m 以上	粗面岩礫、泥、砂
二道崗	II	40~60	長白縣附近H1 240m	棕黃色冰磧泥礫
干溝子	III	60~80	長白縣干溝子	紅色冰磧泥礫、礫石
不老克	VI	150	長白鎭東北 1km	褐色、紅色泥礫
腰 岭	V	200	長白縣腰岭	褐紅色泥沙礫
四等房	IV	250~270	長白縣四等房 H1 450~1,500m	暗紅色冰磧泥礫

1) 백두빙하기가 존재했다는 증거

(1) 빙하침식지형

지표면에서 일어나는 외력작용은 영력의 부동성에 의하여 형성되는 지형형태가 부동하게 되고 일정한 특점을 가진다. 그러므로 빙하를 영역으로 하는 포식작용에 의해서도 독특한 지형이 나타난다. 백두산 화산추체에서 주요한 빙식지형은 아래와 같다.

카르 : 주로 백두산 내벽 천지 주위에서 나타난다. 학자마다 인정하는 수량은 다르나 최저로 4개 이상은 된다. 그중에서 대표적인 것은 천지동남(북한 측) 쪽에 있는데 단축이 1km, 장축이 1.5km 되는 카르이다(그림 1 참고).

인척 : 카르와 카르 사이도 뾰족한 산등만루릅을 이루었는데 인척과 인척 거리도 약 600~700m 정도 된다.

각봉 : 백두산은 화산 추체이나 중심부가 함락되어 전지로 되었기에 내, 외벽을 갖고 있다. 그러므로 빙하활동이 있었을 때 내벽에 카르를 형성하고 외벽도 가까워서 나중에는 정부에 각봉을 이루었다. 현재 백두산 화산추체 분수령 중 높은 산들은 대부분 각봉으로 인정된다.

'U'형곡 : 전형적인 곳은 백두산 북쪽 이도백하하곡, 금벽산 동부에 있는 골짜기와 철벽봉 동쪽 골짜기이다. 형태는 단면이 'U'형으로 되었고 비교적 곧은 것이 특점이다. 이런 형태의 골짜기는 빙하의 포식작용의 결과라고 본다.

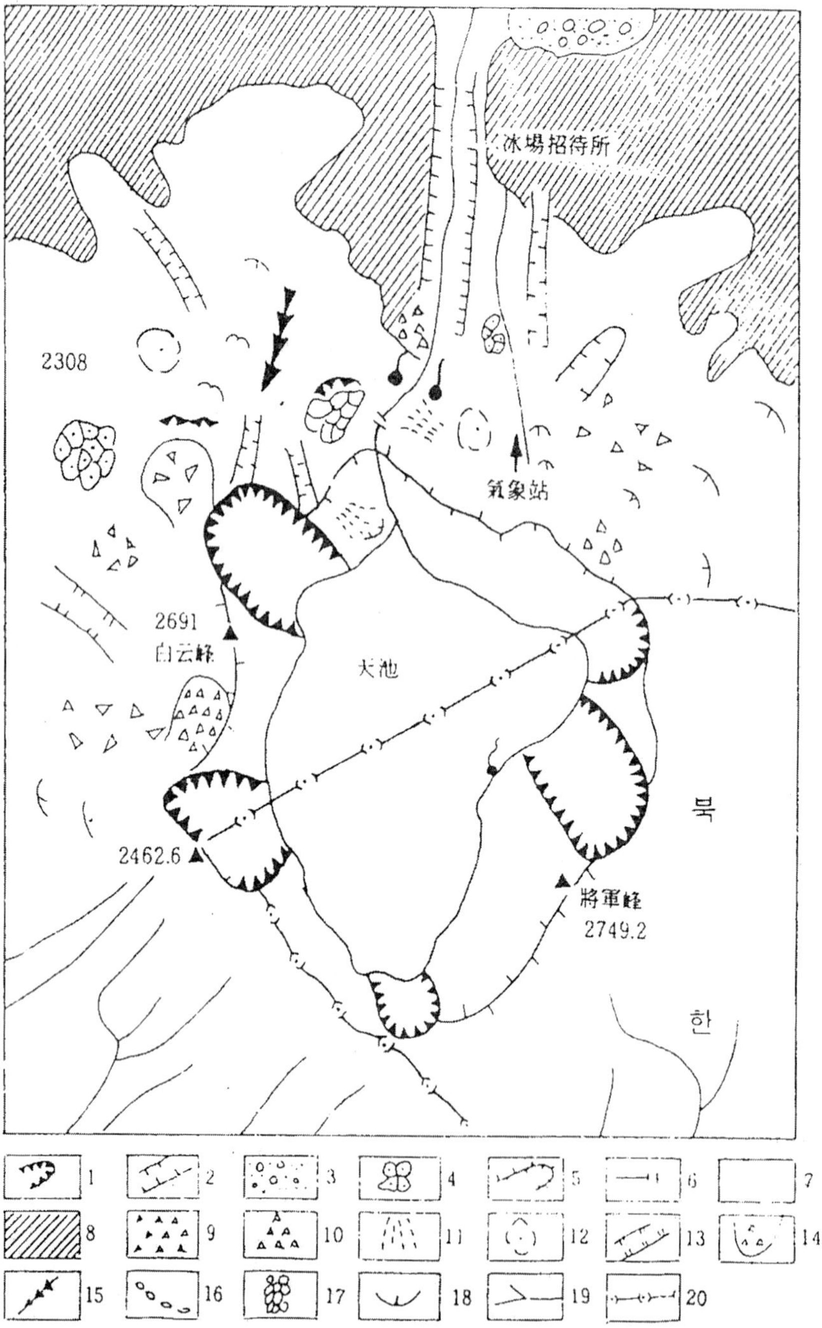

1. 카르(권곡) 2. 빙하곡 3. 빙퇴적지형(終淸龍) 4. 유상구토 5. 환상산척 6. 장백폭포
7. 한랭풍화가 지배 적인 지역 8 . 한랭풍화 지역 및 융빙에 의한 이류작용 지역 9. 岩唇사면
10. 도석되 11. 이석류 12. 설식 13. 설식곡 14. 암해 15. 암괴류 16. 암괴원 17. 석환
18. 草度動 19. 두만강 20. 국경계선

그림 1. 백두산 빙하 및 빙하지형 유형도

(2) 고동물과 고식물

주빙하 기후조건에서 살 수 있는 맘모스, 피모서 동물화석들이 동북 각지의 플라이스토통 지층에서 나타난다. 이를테면 연변의 왕청, 안도, 부르하통하 2급단구, 용정시와 지신향, 요녕성 대련 등 지구이다. 가문비나무는 백두산에서 해발 1,400~1,800m 사이에 나타나는데 이것은 주빙하지구에서 자라나는 수목이다. 이런 나무들의 포분(包粉)이 중국 동북지구와 심지어 북경호텔 저부층에 상당되는 만플라이스토세의 지층에서 나타난다. 이런 점에 의해 추리한다면 동북과 화북의 많은 지구는 상플라이스토세에 기온이 낮아 주빙하 지역으로 되었음을 알 수 있고 또 이런 지구보다 2,000여m 높은 백두산에서는 빙하가 있었음을 짐작할 수 있다.

(3) 설선고도 연구

대리빙하시기의 중국 동부와 조선 북부, 일본지구의 설선고도에 대하여 여러 학자들이 연구하였는데 귀납하면 중국 진령(秦嶺) 3,500m, 산서오대산(山西五台山) 3,000m, 하북무이산(河北武夷山) 1,800m, 대만옥산(台湾玉山) 3,750m, 강서여산(江西廬山) 2,600m인데 대체상 500~2,300m이다. 백두산 인근 나라에서 보면 일본의 홋카이도(北海道)가 1,400~1,600m, 혼슈(本州)가 2,500~2,800m이고 북산의 포태산과 관모봉이 1,900~2,150m이다. 상술한 의거로 보아 해발 1,800~2,700m 되는 백두산 화산추체 내에 긍정적으로 설선이 있었음을 짐작할 수 있다.

(4) 빙적물

본 지층은 백두산 북쪽 스키장 동쪽 해발 1,700m 지구에 분포되어 있다. 지층의 성질에 따라 상, 중, 하단으로 나눈다(그림 2 참고).

본 지층은 우리가 새로 건립한 층서이다. 주로 백두산 스키장 동쪽 해발 1,700m 지구에서 나타난다.

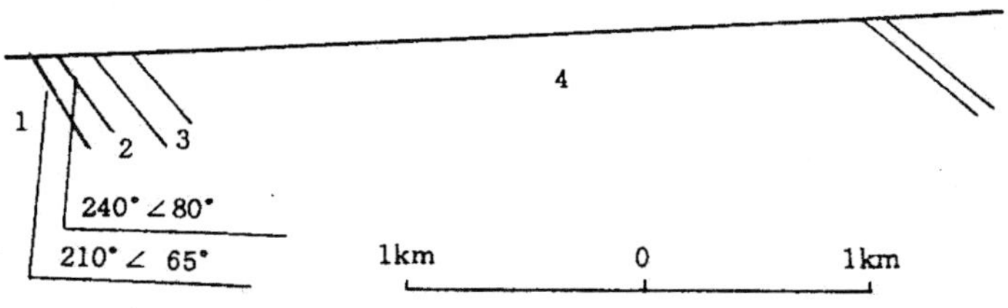

그림 2. 이도백하조지층 단면도

⑤ 연회색 함각력 응회용암

— 부정합 —

④ 흑색 응회용암 두께 65.8m

③ 황색사층 두께 6.4m

② 역석층(礫石层) 두께 8.8m

— 부정합 —

① 청회색 현무암

본 지층은 크게 하, 중, 상단으로 나눌 수 있다.

• 하단

역, 사, 아점토의 혼합층이다. 사력의 성분은 조면암이고 크기의 차이는 크다. 작은 것은 2~3mm 되나 큰 것은 1.2m에 달한다. 층내에서의 분선작용 자취는 전혀 보이지 않는다. 역석의 특점을 보면 각의 원마도가 낮아 일반적으로 아각력으로 나타난다. 각력층에도 마광면이 나타나는데 비교적 평탄하고 약간 광활하다. 평탄한 면에는 찰흔이 있는데 평행으로 된 것도 있고 서로 일정한 각도를 가진 것도 있다. 모래도 일부 있는데 주요한 형태 특점은 아릉각을 가진 것이다. 점토의 입자도 비교적 커서 아점토유형에 해당된다. 본 층의 두께는 8.8m이다.

• 중단

주로 조면암과 백색부석각력화산회가 집결된 흑색조면질 각력암 및 회갈색 잡색 조면질 응회암으로 되어 있다. 후자는 각력함량이 50% 이상이고 각력의 직경은 20cm 정도이다. 역시 성분은 조면암이고 교결물은 응회암인데 비교적 연하다. 두께는 6.4m이다.

• 상단

여러 가지 암석들의 혼합체로 되었다. 주된 것은 흑회색, 암자색 조면질 응회각렬암, 각력응회암, 응회암 등으로 이루어졌다. 각력의 함량은 30~50%이고 암석성분은 조면암이 위주이며 그 외 화산회용암도 있다. 총두께는 65.8m이다. 상술한 암층들은 모두 화산추체 기슭에 분포되어 있고 하단은 현무암과 부정합으로 접촉하고 있다.

상술한 역석층 단면 특징으로 보아 빙적물로 인정하고 역석층이 조면암으로 된 것으로 보아 백두산조 이후에 형성된 것이고 팔괘묘조의 암석 부석이 없는 것으로 보아 팔괘묘조 이전에 형성되었음을 알 수 있다. 분포 부위를 보면 백두산 동쪽 비탈 곡지 말단에 있으므로 백두산 동쪽 비탈에 있는 빙하곡의 퇴적물로 인정되고 그 결정도가 차한 것으로 보아 백두산지구의 마지막 빙기인 백두빙기의 퇴적물로 인정한다.

상술한 4개 방면의 의거에 근거하여 백두산지구에 빙하가 있었음을 긍정한다.

2) 백두빙하기의 설선고도

빙하기의 설선고도는 기후의 변화에 의하여 일정한 변화가 있다. 빙하기에 들어설 때는 설선고도가 높지만 기온이 점차 낮아짐에 따라 설선고도가 낮아지고 빙하기의 말기에는 기온이 높아지기에 설선고도는 높아진다. 그리고 설선고도의 상대적인 온정성도 있는바 기후조건이 온정된 시기가 길수록 설선이 고정된 시간이 길고 빙식지형과 빙적지형도 전형적으로 발육된다.

백두산에서의 설선고도 역시 변화가 있었기에 빙식지형과 빙적물의 분포고도가 일정한 한계를 띠고 있다.

빙식지형 중의 카르는 해발 2,300m 정도에 분포되고 'U'형곡은 해발 1,800~2,000m에 분포되었으며 빙적물은 해발 1,700m에 분포되었다. 상술한 의거들을 귀납하면 백두빙하시기의 설선고도는 해발 1,700~2,300m로 인정된다. 이 설선고도는 인접된 지구에서 인정되는 설선고도와도 상사하다. 이를테면 북한 포태산 관모봉에서의 설선고도가 1,900~2,150m, 일본 북해도에서의 설선고도를 위도로 교정하면 1,600~1,800m 되는데 이런 것들은 백두산에서의 설선고도와 비슷하다.

제6장

백두산 화산추체의 형성원인 및 형태학적 지형분류와 지형발육사

제6장

백두산 화산추체의 형성원인 및 형태학적 지형분류와 지형발육사

1. 연구목적과 범위

백두산은 세계에서도 이름난 명산이고 과학연구의 요람이며 대자연의 훌륭한 박물관이다. 백두산의 자연요소는 매우 많으나 각종 요소를 제약하고 부동한 생태경관을 형성하는 데 있어 지형인자는 중요한 작용을 한다. 뿐만 아니라 지형은 자연계에서 물질과 에너지를 재분배하기에 부동한 지형조건하에서 기후, 식물, 토양 등이 각이하게 형성되므로 지형연구는 백두산의 각종 경관을 연구하는 데 있어 핵심적인 역할을 한다.

전인(前人)들도 백두산 지형을 연구하였는데 주로 지형 형태에 따른 정태적인 간단한 방법을 사용하였기에 편면성을 피면할 수 없었다. 하여 저자는 장기간에 걸쳐 20여 차의 야외조사를 진행하여 얻은 실제자료와 수집한 통계자료에 의해 형태, 성인을 바탕으로 한 분류를 하였다. 동시에 지형은 유구한 지질시대에 내영역의 주도적인 작용하에서 형성되었기에 지질발달사를 첨부하였다.

연구범위는 백두산 화산추체로서 북위 41°50′~42°10′, 동경 128°00′~128°10′ 사이이다. 백두산의 최고봉은 북한 측에 있는 장군봉으로서 해발 2,750m이고 다음으로 높은 봉은 중국 측에 있는 백운봉인데 해발 2,691m이다. 백두산 화산추체는 중·북한 변계(邊界)에 우뚝 솟은 봉우리들이고 압록강, 두만강, 송화강의 하원구이다.

백두산은 역사상 여러 차례 화산활동이 있었던 화산추체이고 추체의 아래는 지질역사상 여러 차례 분출된 용암대지로 구성되었고 그 아래에는 백악기 혈암, 사암 등과 연산운동에 의하여 형성된 화강암으로 되어 있다. 또 구체적으로 말하면 용암대지 위에는 100여 개의 작은 화산과 석영암, 대리암, 운모편암으로 조성된 높은 산들도 있다.

백두산의 지형 윤곽은 용암고원과 화산추체 등 2개 지형단원으로 나눌 수 있고 이런 지형들은 화산추체를 중심으로 동심환상 분포를 이루고 있다. 본 장에서는 화산추체내의 지형분류와 그 특징 및 영역작용을 취급하면서 지질발전사를 밝힌다.

2. 연구방법

① 백두산 지형연구 자료가 극히 적기에 반복적인 야외 조사연구를 위주로 하였다.

② 지질조사와 지형조사를 동반했다.

③ 교통이 불편한 곳은 1 : 14000 항공사진과 1 : 50000의 지형도를 참조하여 연구하였다.

3. 화산추체 내의 지형유형

화산추체는 용암고원의 중심부에서 약간 남쪽에 있다. 길이는 약 15km 된다. 해발고도는 대체로 1,700m이고 1,700~2,000m 사이는 비교적 완만한 경사로서 그 경사도는 10~15° 사이이다. 해발 2,000m 이상은 점차 급한 경사지로 나타나는데 경사도는 15° 이상이다.

백두산은 환태평양 화산대의 서쪽 대륙변연에 있는 화산으로서 그 특점은 화산활동 시간이 길고 분출 차수가 많으며 활동규모가 크고 신구조운동의 영향과 외영역작용의 영향으로 비교적 복잡한 지형유형을 이루었다(그림 1 참고).

본 화산추체는 지형유형 형성특점에 따라 내영역성인 지형과 외영역지형으로 나눌 수 있다.

1) 내영역작용에 의하여 형성된 지형유형

(1) 화산지형

백두산 화산추체 : 본 화산추체는 복합추상으로 구성된 정부가 끊어진 화산추체이다. 해발고도는 1,700~2,750m인데 먼 곳에서 바라보면 정부가 끊어진 듯한 원추체이다. 원추체의

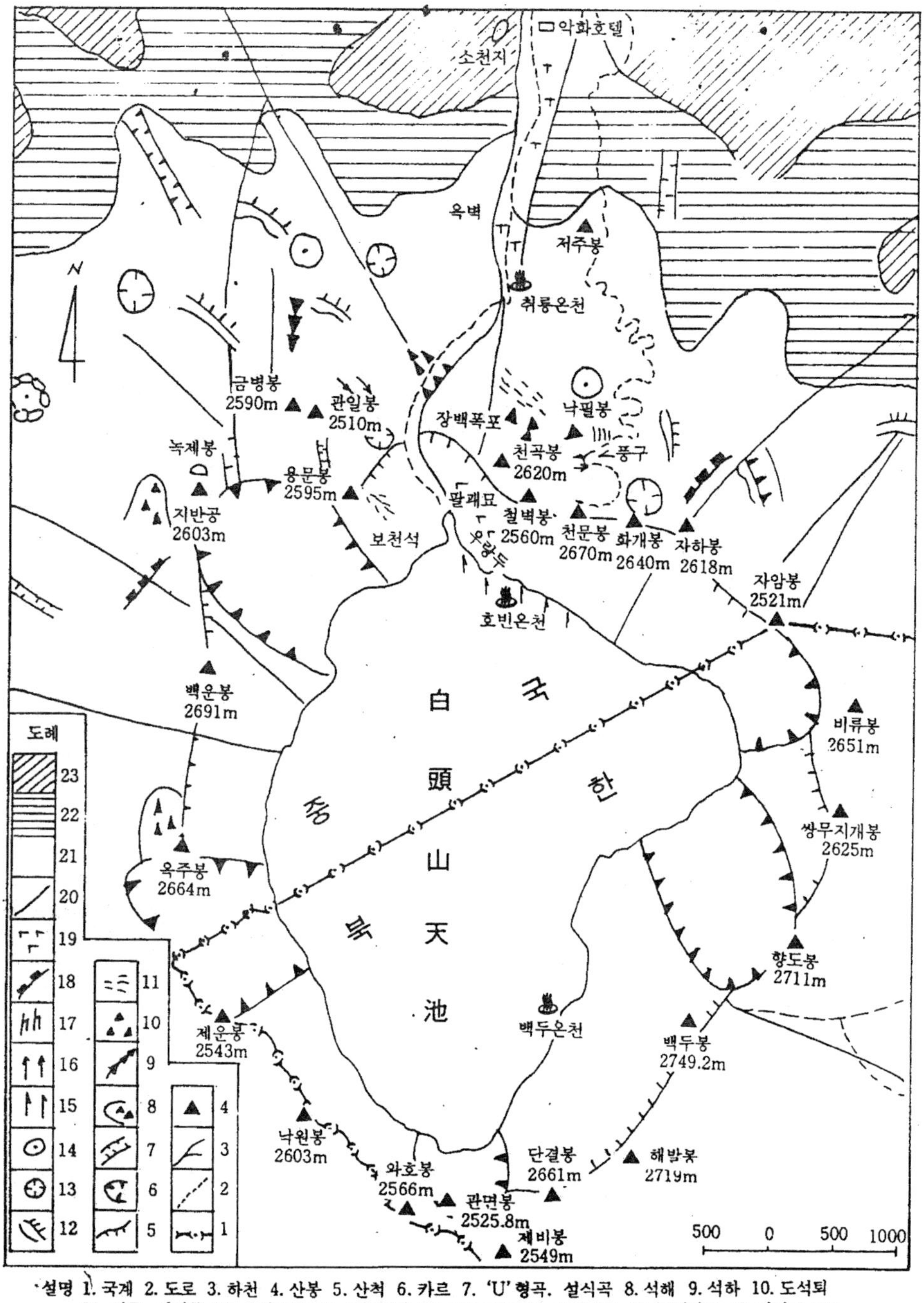

설명 1. 국계 2. 도로 3. 하천 4. 산봉 5. 산척 6. 카르 7. 'U'형곡. 설식곡 8. 석해 9. 석하 10. 도석퇴 11. 석룡. 니석류 12. 초피운동 13. 설식저지 14. 초근토환 15. 호식지모 16. 풍식지모 17. 가카르스트 18. 용암단구 19. 용암대지 20. 구조지모 21. 강렬한 동풍화설식구 22. 파도대 23. 용동니류구

그림 1. 백두산 지형 유형도

저부는 달걀모양의 원추체를 이루었다.

긴 축은 북서-남동방향으로 연결되고 그 길이는 약 27km이다. 짧은 축은 동-서방향이고 골짜기가 분포되었는데 모두 추체의 경사지를 따라 방사형으로 분포되어 있다. 비탈면은 미지형을 이루고 있다. 승상으로 된 괴상한 암체들로 추체를 구성한 암석은 중, 상플라이스토세에 형성된 알칼리 조면암, 조면질집괴암, 각력암과 응회암 및 화산회로 되어 있다. 이 암석들은 이도백하, 두도백하, 삼도백하의 단구와 범람지의 주요한 퇴적물 내원으로 되어 있다. 특히 백두산 북면비탈이 더욱 명확하다.

화산추체는 여러 개의 화산구에서 여러 차례 분출된 화산암장과 분출물이 쌓여 형성되었다. 특히 용암이 분출 퇴적될 때 산성 용암이어서 점성이 크고 유동성이 작아 멀리 유동되지 못하고 화산구 가까운 곳에 많이 퇴적되고 먼 곳에는 비교적 적게 퇴적되어 급한 경사를 이룬 원추형으로 되어 있다.

(2) 산봉우리

화산추체에는 산봉우리들이 집결되어 있다. 유건봉의 조사에 따르면 16개 봉우리라고 했는데 지금도 적지 않은 서적에 16개 봉우리로 적혀 있다. 저자가 1 : 5만 지형도와 위성사진을 대비하여 보면 천지 주변에 있는 해발고도 2,500m 이상의 산봉우리가 도합 24개가 있는데 이는 아래와 같다.

천문봉(天文峰)은 천지기상대 서남쪽 300m 되는 곳에 있는데 기상대가 설립되면서부터 천문봉이라 부른다. 그전에는 마치 독수리 부리와 비슷하다 하여 부리봉이라고도 했다. 산체의 표층은 미황색, 백색을 띤 부석이고 부석 속에는 흑색, 흑녹색을 띤 조면암의 화산 각력석이 끼어 있는데 큰 것은 몇 톤이나 된다. 그 모양은 마치 독수리가 구슬을 물고 있는 듯하다. 산의 해발고도는 2,670m이다.

천활봉(天豁峰)은 승사하의 동쪽에서 용문봉과 마주하는 장백폭포의 동남쪽 700m 되는 곳에 있다. 해발고도는 2,620m이다. 이 산봉우리의 양옆은 뾰족한 봉우리로 에워싸여 있고 중간은 훤히 틔어 있어 천활봉이라고 명명하였다.

철벽봉(鐵壁峰)은 천지의 북쪽, 천활봉 남쪽 350m 되는 곳에 있다. 동쪽은 천문봉, 서쪽은 직녀봉을 사이에 두고 천활봉과 마주하고 있다. 해발고도는 2,560m이다. 산체를 구성한 암석이 적흑색으로 되어 있어 마치 철벽과 비슷하다 하여 철벽봉이라고 했다.

화개봉(華盖峰)은 천문봉에서 동쪽으로 약 350m 걸어가면 화개봉 산정에 이른다. 화개란 옛날 왕이 타고 다니는 가마에 씌우는 양산을 일컫는 말이다. 천문봉과 화개봉 사이에는 예로부터 바람과 구름이 통할 수 있는 길이 없다. 이곳에 구름과 안개가 끼면 삽시간에 온 천지는 구름바다로 뒤덮인다. 이러한 기상현상을 형용하여 화개봉이라고 했다.

자하봉(紫霞峰)은 화개봉 동쪽 370m 되는 곳에 자리하고 있다. 해발고도는 2,618m이다. 산정은 낙타등과 비슷하고 자색 암석으로 이루어졌다. 매일 석양이 비끼면 천지의 흰 구름이 자색을 띤 산봉우리를 휘감아 도는데 마치 붉은 노을처럼 아름답다 하여 자하봉이라고 한다.

자암봉(紫岩峰)은 자하봉에서 동남쪽으로 약 700m 되는 곳에 자리하고 있다. 해발고도는 2,521m이며 산체를 구성한 암석이 자색이므로 자암봉이라 부른다. 자암봉 정상에는 중국과 북한의 국경선을 표시하는 6호 국경경계비가 있다.

쌍무지개봉은 향도봉의 동북쪽에 있는 해발고도가 2,626m인 봉우리로서 북한에 속한다. 이 봉우리에서는 늘 아름다운 쌍무지개가 나타나는데 그야말로 장관이다.

향도봉은 천지 동남, 백두봉 북동쪽에 위치하고 있다. 이 봉우리는 북한에 속해 있으며 해발고도는 2,711m이다. 산정은 뾰족하게 깎은 듯한 암석이 기세 높게 서쪽을 향하고 있어 백두산 여러 봉우리 중에서도 기이한 형태를 자랑하고 있다. 산체의 모양이 한 마리의 새매와 같다 해서 향도봉이라 부른다.

장군봉(백두봉)은 천지의 남동쪽에서 750m 떨어진 곳에 자리하고 있다. 백두산의 주봉으로서 해발고도는 2,749m이고 북한에 속한다. 장군봉은 화산구와 비탈에 퇴적되었던 빙하가 동쪽과 서쪽으로 흐르면서 침식하여 중간에 봉우리를 형성한 것이다. 천지 쪽은 경사가 심한 톱니모양의 등성이를 이루었다. 장군봉의 북쪽 산허리는 천지 쪽을 향해 뻗어 나왔는데 이것은 남쪽과 북쪽에 있는 카르가 확대되면서 형성된 것이다.

장군봉 남사면은 경사가 완만하여 산정에 이르는 자동차 길을 닦았는데 이것이 북한 측에서 차를 타고 백두산으로 오르는 유일한 길이다. 백두산 산정은 고도가 높고 기온이 낮아 일 년 사시절 녹지 않는 흰 눈을 볼 수 있다.

비루봉은 백두봉 동북쪽 경사면에 위치해 있다. 그 해발고도는 2,580m이다.

해발봉은 천지 남동쪽에서 800m, 장군봉 남서쪽에서 1,400m 떨어진 곳에 자리하고 있다. 해발고도는 2,719m 되는 봉우리이다.

단결봉은 천지의 남동쪽에서 650m, 해발봉에서 남서쪽으로 500m 떨어진 곳에 있다. 단결봉의 해발고도는 2,661m이다.

제비봉은 천지 남쪽에서 700m, 단결봉에서 680m 되는 곳에 자리하고 있다. 해발고도는 2,549m이다.

상술한 해발봉, 단결봉, 제비봉은 모두 북한 측에 속한다.

관면봉(冠免峰)은 제비봉 북서쪽, 천지 정남 371m 되는 곳에 자리한 해발 2,528m인 봉우리이다. 산모양이 관면(옛날 귀족들이 쓰던 예모)과 비슷하다 하여 지은 이름이다. 관면봉은 중국 · 북한 두 나라의 국경을 이루는 봉우리이다. 관면봉의 산체는 백색을 띤 부석으로 되어 있다. 이 부석은 일 년 내내 흰색을 띠어 마치 흰 눈이 쌓인 듯하다. 또 관면봉 내측은 일 년 내내 흰 눈에 뒤덮여 천지 내에 설봉의 영상을 비춰준다. 이리하여 관면봉을 일명 옥설봉이라고도 부른다.

와호봉(臥虎峰)은 천지의 남쪽에서 400m, 관면봉 북서쪽에서 500m 되는 곳에 자리하고 있다. 해발고도는 2,566m이다. 산체는 마치 호랑이가 누워 있는 듯하다 해서 와호봉이라 부른다.

낙원봉은 북한에서 명명한 산명으로 해발고도는 2,603m이다. 천지남서, 와호봉 북서쪽 700m 되는 곳에 있다. 역시 중국 · 북한 두 나라의 국경을 이룬다.

제운봉(梯雲峰)은 천지 남서쪽 388m, 와호봉 북서쪽에서 1,000m 되는 곳에 있다. 봉우리의 형태가 사다리 모양으로 되었고 수시로 구름이 밀려들고 감돈다고 하여 제운봉이라고 부른다. 해발고도가 2,543m인 이 봉우리 역시 중국 · 북한 두 나라의 국경선에 위치해 있다.

옥주봉(玉柱峰)은 천지 서쪽에서 500m, 제운봉 북쪽에서 1,300m 되는 곳에 있다. 해발 2,664m이다. 산정에는 다섯 개의 봉우리가 밀집하여 솟아 있는데 마치 구슬기둥과 같다 하여 옥주봉이라고 한다. 옥주봉을 구성한 암석이 청색을 띠므로 청석봉이라고도 한다. 이 봉우리는 중국 쪽에 속한다.

백운봉(白雲峰)은 천지의 북서쪽, 옥주봉 동북쪽에서 1,270m 떨어진 곳에 자리하고 있다. 해발 2,691m로서 중국 동북 지역에서 가장 높은 봉우리이다. 백운봉의 산체는 여러 차례의 화산 분출에 의하여 형성되었으므로 서로 다른 색깔암층들이 층상을 이루면서 자기 형태를 뚜렷하게 드러낸다. 산등성이는 후기에 형성된 연한 황색, 유백색을 띤 부석이 퇴적되어 푸른 하늘과는 선명한 대조를 이룬다. 이 산봉은 해발고도가 높아 맑은 날씨에도 온종일 흰 구름이 산정을 감돌아 백운봉이라 명명하였다. 옛날에는 마천우라고도 불렀다.

지반봉(芝盤峰)은 천지의 북서쪽에서 409m, 백운봉 북쪽에서 1,260m 떨어진 곳에 자리하고 있다. 해발고도는 2,603m이다. 산정에는 습초원이 있고 귀한 약재 영지도 서식하고 있다 하여 지반봉이라 명명하였다. 산봉 뒷면은 경사가 완만하고 그 면적이 넓어 서대파(西大坡)라고 한다. 산허리에는 구불구불한 골짜기가 많고 그 속으로 강물이 흐르고 화초가 만

발한다.

여름과 가을에는 사슴무리들이 나타나는데 9월 중순 후에는 도처에서 사슴의 발자국을 볼 수 있고 산기슭에서는 사슴들의 울음소리가 들려온다 하여 이 봉우리를 일명 녹명봉이라고도 한다. 산정에는 화산활동에 의한 열기 분출구가 있어 겨울철에는 온 누리가 백사지이지만 이곳만은 황색을 띤 풀들이 자라고 있어 가을철 풍경을 방불케 한다.

용문봉(龍門峰)은 천지 서북쪽, 관일봉 남쪽에 자리하고 있는데 해발고도는 2,595m이다. 용문봉은 승사하를 사이에 두고 동쪽에 있는 천활봉과 대치하여 천지 북쪽을 막아서고 있으며 북쪽은 옥벽봉, 서쪽은 관일봉과 잇닿아 있다. 용문봉의 두 봉우리가 큰 문과도 같다 하여 용문봉이라고 한다.

금병봉(錦屛峰)은 천지의 북서쪽, 지반봉의 북동쪽 800m 되는 곳에 있는 해발 2,590m의 봉우리이다. 산정의 남, 북에 봉우리가 각각 하나씩 있고 중간은 평탄하다. 봉 앞벽은 칼로 자른 듯 경사가 심하고 뒷벽 역시 그러하다. 그 모습이 마치 수를 놓은 병풍 같다 하여 금병봉이라 일컫는다. 산정에는 비취석(옥의 일종)과 같은 것이 끼워져 있어 '백두산 절승지의 병풍 중에 비취가 빛난다'고 절찬한다.

관일봉(觀日峰)은 천지의 북쪽, 금병봉의 동북쪽에 위치한 해발 2,510m 되는 봉우리이다. 산등성이는 동서주향이고 봉우리는 높게 우뚝 솟아 천연적인 전망대로 되어 있다. 여기에서 백두산의 해돋이와 저녁노을을 볼 수 있고 벽파천지와 천상만상을 볼 수 있다. 이곳에 오르려면 이도백하 서쪽에 있는 사스레나무 수림대를 거쳐 용문봉 뒤쪽에서 북쪽으로 가면 된다.

직녀봉(織女峰)은 천활봉과 철벽봉 사이에 있는데 산정에는 전망대가 있다. 전설에 따르면 음력 7월 7일 견우와 직녀가 만나 전망대 위에서 천지의 풍광을 보았다고 하여 직녀봉이라 하였다 한다. 직녀성은 천금자리 중에서 가장 밝은 별로서 은하를 사이에 두고 견우성과 마주하고 있다. 직녀봉도 백두산 봉우리 가운데서 가장 수려한 봉우리인데 승사하를 사이에 두고 견우봉와 마주하고 있다. 전망대에서 서쪽을 바라보면 이 모든 것이 한눈에 들어온다.

상술한 고봉 외에 여러 개의 봉우리가 있는데 산의 형태에 따라 명명한 도끼봉, 장기봉 등이 있고 백두산 동남쪽 조선 삼지연군에는 많은 기생화산이 있다. 이를테면 남포태산(2,433m), 대연지봉(2,358m), 북포태산(2,228m), 소백산(2,171m), 대각봉(2,164m), 간백봉(2,162m), 사장봉(2,149m), 소연지봉(2,114m), 정일봉(1,798m), 청봉(1,456m) 등이 있다.

(3) 용암단구

백두산은 지질시기로부터 지금에 이르기까지 여러 차례 화산활동이 있어 매우 두꺼운 암층을 이루어 그 두께가 무려 200m에 달한다. 화산활동의 말기인 백두산기 이외에도 여러 차례 용암이 분출되고 유동되어 퇴적되었는데 처음 것은 비교적 먼 곳까지 운반되어 퇴적되었고 그 다음 것은 처음 퇴적된 용암층까지 이르지 못하고 퇴적된 데서 용암 계단상을 이루었다. 이처럼 형성된 계단은 곳에 따라 다르고 상대적 높이도 차이가 크다. 이를테면 산록에서 천문봉으로 올라가는 길 동쪽에서는 4~5개의 계단을 볼 수 있고 상대높이는 3~4m 정도 되지만 폭포 서쪽의 계단은 3개인데 상대높이가 10여m에 이른다. 이러한 용암 계단은 추체의 표면에서 크고 작은 것을 도처에서 볼 수 있다.

작은 화산구 백두산 화산활동이 비교적 빈번한 지역이어서 백두산기 알칼리성 조면암이 분출된 후에도 천지 주변의 추체상부에서 작은 분출이 여러 곳에서 있었다. 이를테면 풍구에서 기상대로 가는 사이에 작은 화산에 의해 퇴적된 검붉은 회색으로 된 부석무지들을 여러 개 볼 수 있다. 이런 것들이 열을 지여 분포된 것을 소화산련이라고 한다.

(4) 화구호(천지)

화산구 함몰과 여러 차례의 폭발에 의하여 형성된 화구호로서 지형상에서 부지형을 이루고 있다. 천지수면의 해발고도는 2,189m로서 세계에서 해발고도가 가장 높고, 호수면적이 가장 큰 칼데라호이다. 천지는 숭엄하면서도 그 풍경이 아름답고 기이하다. 맑디맑은 천지물은 푸른 하늘을 한품에 안은 듯한데 그 수려함은 마치 한 폭의 수채화를 방불케 한다.

천지는 불규칙적인 타원형으로 되었는데 동서 길이는 3.58km, 남북길이는 4.50km, 둘레의 길이는 14km, 면적은 9.15㎢이다. 화산구의 형태는 깔때기 모양이고 평면형태는 타원형이며 내벽은 가팔라서 마치 수직으로 함몰된 듯하다.

천지 안에는 온천이 여러 곳에 있다. 알려진 것만 해도 3곳이다. 그중 하나는 천문봉 아래 천지호면에 있다. 겨울철에도 이 부근 천지수면이 얼지 않는다. 무색으로서 유화수소 냄새(마치 달걀 썩은 냄새)가 나고 온천 온도는 약 40℃ 정도이다. 분포범위는 길이가 약 200m, 너비도 약 200m이다. 온천의 수화학 유형은 H-Na형이다. 장군봉 서쪽 호면에도 온천이 있는데 백두봉 서쪽 천지 호면이 동쪽으로 깊숙이 들어간 절벽 사이에 있다. 이곳에는 온천 분수구가 두 개 있고 수온은 비교적 낮아 18℃이다. 온천수와 함께 기포도 나와 천지 호면이 겨울철에도 얼지 않는다.

천지호면 서쪽, 백운봉 동쪽 사면 아래 천지가에 있고 온천은 여름철에 간헐적으로 기포가 나오고 평시에는 온수가 나오는 것으로 짐작된다.

그리고 저자가 1954년부터 1960년대, 1970년대에 천지 안 어류를 고찰하였으나 당시에는 어류가 없었다. 1980년대에 물고기를 발견하였는데 산천어들이 떼지어 살고 있었다. 그 몸길이가 0.3~0.5m 되는 것이 많으며 큰 것은 몸길이 0.7m 정도이고 몸무게는 5kg이나 되는 것도 있었다. 이것은 세계 산천어의 왕이라고 볼 수 있다. 조선과학원 자료에 의하면 천지에 어묘를 4차 이식하였는데 제1차는 1960년 7월 30일에 붕어, 산천어 등 5마리를 넣었고, 두 번째는 1984년 6월 14일에 산천어 100마리를 넣었고, 세 번째는 1989년 9월 10일 참붕어 120마리를 넣었으며, 네 번째는 1991년 7월 16일 버들치 116마리, 종개 100마리를 넣었는데 지금은 천지에서 번식하여 그 수량이 비교적 많다. 그리하여 천지 물에 물고기가 자랄 수 없다는 학설에 종지부를 찍었다.

은환호는 화산구 화산추체의 북쪽 비탈 이도백하 서쪽에 자리하고 있다. 작은 쌍둥이 기생화산 분출구에 물이 고여 호수를 이루었는데 동, 서쪽 두 개의 화산호가 마치 은환처럼 보이기에 은환호라고도 부른다. 동쪽에 있는 호수를 동호, 혹은 소천지라고도 한다. 둘레는 260m에 달하고 깊이는 20m이며 호수벽은 대단히 급하여 거의 직각에 상사하다. 소천지에서 서쪽으로 물줄기를 따라 130m가량 가면 서호가 있다. 그 둘레는 약 220m이고 호심은 매우 얕다. 하여 수면을 이루지 못하고 저습지로 되어 있다. 서호를 적지라고도 부른다.

(5) 용암동

녹제동 : 녹제동은 녹명봉 북쪽 3km 되는 해발 1,900m 높은 고산태원대에 위치하고 있다. 동굴어구에는 타원형으로 된 저지가 있다. 동서길이가 4m이고 남북길이가 3m이다. 이곳으로부터 2.2m 아래 동굴로 들어갈 수 있는 통로가 있다. 길이는 1.2m이고 높이는 0.7m이다. 이 통로로부터 동굴바닥까지는 약 7.3m이다.

동굴의 형성원인은 기성용암이 흐를 때 지표부분은 냉각되어 굳어졌지만 내부의 용암은 아직 굳어지지 않아 유동성이 강하고 동력작용에 의하여 계속 아래로 이동되어 원용암구에는 용암동이 형성되었다. 용암동의 크기는 높이가 1~3.5m, 남북길이가 36m, 동굴면적은 300여㎡ 된다. 본 동굴은 세계에서 가장 높은 곳에 위치한 용암동굴이다. 화산추체 하부의 백두 용암대지에서도 매우 큰 용암동을 발견하였다. 암석은 190만 년 전에 형성된 두도현무암이고 굴의 높이는 3~4m, 너비는 20m, 길이는 약 2km이다.

(6) 용암둑

용암둑이란 용암이 흐르다가 퇴적되어 둑을 이룬 것을 말한다. 화산추에 이런 둑들이 적지 않은데 대표적인 것은 산록에서 백운봉으로 가는 길 동쪽 해발 2,000m 정도 되는 곳에 분포되어 있다. 퇴적된 암석은 흑요암이고 길이는 산록으로부터 골짜기의 일부까지 이르는데 상대높이는 약 2~3m 정도이다. 이런 용암은 백두산기 알칼리성 조면암이 형성된 후기에 흘러 퇴적된 것이다.

(7) 암침, 암람

천지 주변에 있는 산봉우리들은 모두가 독립적인 화산구로서 성층화산을 이루었다. 주요한 근거로서 매개 산봉우리들의 단면에서 조사한 암층층서가 여러 개이고 또 그 층서가 봉우리마다 각기 다르기 때문이다. 그리고 화산구에는 옛 암장 통로의 유문암, 괴상 조면암이 냉각되어 있는데 그것들은 풍화에 대한 저항력이 강하여 그 주위의 암석은 풍화되어 없어졌으며 유문암과 괴상 조면암만이 남아 주위의 지형보다 높은 암침과 암람을 이루었다. 이것은 화산구의 암장통로를 증명하는 좋은 지형들이다.

(8) 용암요(凹)지

녹명봉 동쪽 비탈에 분포되어 있다. 형태는 대체로 정방형이고 동서길이는 4m 정도이며 둘레길이는 10여m 된다. 이것은 용암이 분출된 후 함락에 의하여 이루어진 부지형이지만 배수가 잘 되어 물은 고이지 않는다.

(9) 화산구 저와지

화산 분출 시 용암이 흐르다가 정지될 때 냉각 함락되어 이루어진 부지형이다. 형태는 접시모양이지만 깊이가 얕고 경사도 완만해 강수기에는 약간의 적수현상이 있으나 곧 배수되어 습초원으로 변한다.

2) 구조지형

제4기에 이르러 백두산 지역에서는 단열구조운동이 활발하게 진행되어 화산추체에 부동한 구조지형을 형성하였다. 이를테면 단층애, 상형곡, 단층곡 등 지형을 들 수 있다. 화산추체 내의 주요한 단열은 북동향 단열, 남북향 단열, 북서향 단열, 남서향 단열 등 4개조의 단열을 들 수 있다.

(1) 북동향 단열

본 단열은 주로 화산추체의 동남과 북측에 있고 다섯 갈래의 단층으로 이루어 즉 6호국경경계비 남쪽단층, 6호국경경계비 북쪽단층, 백두산 기상잠 남측단층, 흑풍구 풍구단층과 백두산 천지폭포 동산이단층으로 되어 있다. 단층의 주향은 북 40도 전후이고 경사각은 급한데 모두가 정단층에 속한다. 이러한 단층은 단층애, 단층곡 등을 형성하였다. 단층곡은 'V'자형이고 단층벽은 급하며 단층곡의 깊이는 일반적으로 50m 전후이다. 깊은 곳은 150m를 초과한다. 단층곡의 바닥은 침식이 심하고 퇴적물도 없다.

(2) 남북향 단열

본 단열은 백두온천 동서 양측에 평행으로 등거리를 사이에 두고 배열되었다. 모두 일곱 갈래의 단층으로 형성되었다. 주요한 것들로는 빈관 동쪽단층, 천문봉 단층, 2,235고지의 동쪽단층, 2,310고지단층과 승사하, 이도백하 단층 등을 들 수 있다. 단층의 주향은 남북에 근사하고 경사각이 급한 정단층으로 되어 있다. 지형의 특징은 구상지형, 단층애, 단층곡, 상형곡과 협곡으로 나타난다. 대표적인 것이 승사하 하곡과 이도백하 하곡인데 화평영자에서도 볼 수 있다. 빈관 동쪽에서는 단층상각면이 나타난다.

(3) 남서향 단열

본 단열은 두 갈래의 주요한 단층으로 이루어졌다. 하나는 5호국경경계비 남쪽단층이고 다른 하나는 5호국경경계비 북쪽단층이다. 이것들은 화산추체의 남측에 분포되었는데 주향은 서 220°이고 경사각은 급한 정단층이다. 이런 단층들은 단층애, 'U'형의 단층곡을 이루었는데 일반적으로 50~70m이다.

상술한 단층은 천지화산구를 중심으로 방사형으로 분포되었다.

빈관 동쪽, 서쪽단층은 장백폭포 동쪽에서부터 온천, 빈관을 지나 북쪽으로 연장되었는데 이도백하 'U'형곡의 주요한 부분이다. 지형상에서는 'U'형곡과 아주 급한 단층애로 나타난다. 빈관 동서단층에서는 온천과 광천이 나타난다.

2,235고지 동쪽단층 : 본 단층은 2,235고지 동쪽 골짜기에 남북주향으로 발육되었는데 경사각이 급한 정단층이다. 지형상에서는 'V'형곡으로 되어 있는데 침식되어 깊이가 100여m에 달하고 삼각면이 일직선으로 분포되어 있다.

(4) 북서향 단열

이 단열은 다섯 개의 단층으로 이루어졌다. 즉 백두산 천지폭포단층, 2,308고지단층, 백운봉단층, 백운봉 남측단층, 팔괘묘단층 등인데 주로 추체의 서북 측에 집중 분포되었다. 주향은 북 310도 정도이고 경사각은 크며 정단층이다. 백운봉 남쪽 열극에서는 열기가 나온다. 본 단열은 지형상에서 단층애, 단층구곡, 단층상형곡을 이루었다.

(5) 기타 단층

상술한 단층 외에 팔괘묘 서쪽에는 3개의 작은 단층에 의하여 단층산을 이루었다.

3) 외영역작용에 의한 성인지형

(1) 유수지형

• 구곡지형

잠시성 지면경유에 의하여 형성된 크고 작은 골짜기를 말한다. 주요한 유형으로는 천구(淺溝), 충구(沖溝), 절구(切構), 잠시성 폭포, 양미구(羊尾溝)와 충적추를 들 수 있다.

천구 : 천구는 매우 옅은 구곡을 말한다. 일반적으로 너비는 1m, 깊이는 0.5~0.6m가량 되며 길이는 몇 십m 된다. 단면의 형태는 'U'형으로 되고 구곡비탈의 종단면은 지면의 경사지형과 같은데 주로 화산추 중간비탈에 분포되고 있다.

절구 : 절구의 심도는 비교적 깊어 일반적으로 1.5m 정도이며 너비는 약 2m, 길이는 몇 십m이다. 단면은 구유모양이고 바닥은 계단상으로 되어 있다. 조사에 따르면 18.5m 내의 절구바닥에 4개의 계단이 있었고 골짜기 깊이는 0.7~1.5m이다. 절구가 형성되는 곳은 화산추체의 비탈중부에 있는 'U'형 곡지바닥이거나 천구의 아래에 있다.

잠시성 폭포 : 강수시기에는 폭포가 생기고 비가 그치면 소실된다. 조사에 의하면 1983년 8월 한 차례의 폭우가 내렸는데 이도백하 곡벽에서 작은 폭포가 7개나 생겨 가관을 이루었다. 이런 폭포들은 화산추체의 서남쪽과 남쪽에 많다. 공통적인 특징은 폭포 저부의 지면에서는 후퇴현상이 있으나 규모가 작다는 것이다.

잠시성 유수지형의 형성은 지면경사도, 비탈의 길이, 지형조성물질 및 기후요소와 연관된다. 지형요소에서는 지면경사도가 약 330° 정도, 비탈의 길이가 100m를 초과할 때 각종 구곡지형을 형성하는 데에 유리하다. 기후요소 중에서는 주로 강수량과 강수강도에 의하여 침식력이 규정된다.

천지기상잠의 관측에 따르면 강수기는 일반적으로 6월 중, 하순부터 9월까지 약 두 달반 정도이다. 이 기간에 내리는 강수량은 753mm로서 연길시 연강수량의 1.5배가 된다. 강수강도는 침식속률과 정비례한다. 1964년 8월분의 강수량은 534.2m로 연길시의 1년 강수량보다 더 많다. 1971년 7월 28일의 일 강수량은 164.8mm로 연길시 연강수량의 3분의 1이다. 이처럼 강수량이 많고 강수강도가 크기에 지면경유량이 많아 지면에 대한 침식력이 매우 강하다.

화산추체의 상측비탈은 기암이 노출되고 중간과 아래 비탈은 지층이 엷어 구곡의 밀도가 작고 너비와 깊이도 작다.

(2) 하곡지형

이곳에 있는 하천으로는 승사하, 이도백하, 금강 등이다.

① 승사하 : 본 하천은 남북주향의 단층곡에 형성된 하천으로서 길이가 1,250m이다. 평면상에서 하곡의 형태는 비교적 곧고 하곡의 너비는 천지 출수구에서는 약 1,200m이나 폭포방향으로 가면서 점차 좁아져서 약 300m 되며 하곡의 심도는 100~250m이다. 하곡벽에는 기암이 노출되고 절리가 발달하였으며 하곡벽이 가팔라서 전형적인 융동풍화지구로 되어 있다. 따라서 하안에는 거력으로 이루어진 암설층인 하상에 들어와 하각침식은 매우 늦게 진행된다.

장백폭포는 승사하의 말단, 이도백하의 상원에 있어 승사하와 이도백하의 경계가 된다.

② 이도백하 상류 : 폭포로부터 스케이트장에 이르는 하곡은 그 발육상황에 따라 하상, 범람지, 단구로 나눈다.

하상 : 하천의 유향(流向)은 폭포로부터 온천에 이르는 구간은 서남-동북방향이고 온천에 이른 다음 지형의 영향을 받아 유향은 남-북방향으로 바뀌었다. 하상의 종단면은 경사도가 매우 커서 107‰이다. 하상의 특점에 따라 두 개의 구간으로 나눈다. 하나는 폭포로부터 소천지 이동인데 하상은 역석으로 되었다. 역석의 직경은 일반적으로 0.1m 정도이고 큰 것은 1m이며 일정한 정도의 마원도가 있다. 하곡은 느린 'U'자 형이고 너비는 5m 정도이며 수심은 0.8m 정도이다. 평면상에서 하곡의 형태는 곧고 하상은 기복이 크며 경사도가 165°에 달한다. 소천지 동쪽으로부터 화산추체의 저부까지 하상은 하각침식이 더욱 심하여 좁은 골짝을 이루었는데 깊이는 4m이고 하구벽은 직각으로서 구유 모양을 이루었다. 하상의 너비는 대폭 줄어 1m, 좁은 구간은 약 0.6m이다.

본 하천의 침식력과 운반력은 매우 강하다. 연평균유량은 5.5㎥/s이고 연평균경유량은 1,748억㎥이며 연평균수온은 5.1℃이고 가장 추운 달인 1월의 수온도 0.4℃여서 일 년 내내 얼지 않아 일 년 사계절 침식과 운반작용이 진행된다. 본 하천의 상단은 이퇴석(离堆石)의 퇴적구로서 하류의 하각침식작용은 약하나 운반량은 많다. 협곡이 발육된 곳은 유속이 빠르고 모래와 자갈량이 많아 마식하각침식작용이 강하다.

범람지 : 본 하천은 경사가 급하여 유속이 빠르기에 유향(流向)은 비교적 곧고 횡단면은 'V'형으로 되었다. 연유량 변화는 비교적 작다. 수문잠의 측정에 의하면 연평균유량이 가장 클 때는 6.24㎥/s이고 가장 작을 때가 4.68㎥/s이다. 이 결과 하상의 횡단면 이동은 완만하다. 범람지는 비교적 좁아 일반적으로 5m 정도이다. 홍수기는 유량이 많고 유속이 빨라 역석범람지가 된다.

단구 : 이도백하 동쪽 온천 부근과 빈관 소재지에 있다. 상대고도 차는 약 3m 정도이고 단구의 비탈면은 경사가 급하여 60도에 달한다. 단구면은 비교적 평탄하나 어떤 지구는 잠시성적 경유의 침식에 의하여 와지로 되었다. 단구지면의 토양층은 엷고 여러 가지 습생식물과 왕사스레나무가 자라고 있다.

③ 제자하 하원구 : 제자하는 제운봉 북쪽 비탈에서 흘러 내려온다. 하곡지형의 특점은 유년기 하천의 특징을 갖고 금강폭포 부근에서는 용암단구로 하여 계단식 폭포를 이룬다. 폭포 아래는 화산회로 되어 하각침식이 매우 심해 협곡을 이루었는데 하곡의 심도는 80~100m이며 하곡지형에는 온천도 나온다.

④ 압록강 하원구 : 압록강의 하원은 3개의 물줄기로 되어 있다. 하나는 백두봉 남사면에서 발원하고 다른 한 줄기는 대연지봉 서쪽에서 발원한다. 그리고 서쪽의 시령하와 합쳐서 압록강 하원을 이룬다. 하곡의 특징은 두 개의 구간으로 나누어볼 수 있다. 첫째 구간은 하원지로부터 1호국경경계비까지 구간인데 길이가 6km이고 지면조성물질은 부석으로 되어 건계에는 물이 마른다. 하단은 정상하류인데 하곡은 '구유' 모양이고 너비는 3~10m이다. 두 번째 구간은 1호경계비부터 백산림장 사이인데 거리는 약 18km이고 해발고도는 1,400~1,800m이다.

하상은 화산회인데 하각침식작용에 의하여 깊이는 50~70m이다. 하곡벽은 직각에 근사하고 'V'형곡이다. 화산추체를 지나면 하곡 조성물질은 현무암이고 하각침식에 의하여 깊이가 80~140m 되는 협곡을 이루었다.

⑤ 두만강 하원구 : 본 하원구는 홍토수, 석을수 등 여러 갈래의 하천으로 구성되었다. 홍토수는 무두봉 동쪽에서 발원한다. 상단은 시령하와 계절하이고 중단은 강물이 부석층과 지하 열극을 따라 흐르는 곡류로 되어 지상에서는 강물의 흔적을 볼 수 없다. 하단에 이르러 물이 솟아나와 흐르다가 중국 측에서 흐르는 모수림하, 약수하와 합쳐 흐른다. 석을수는

백두산 동쪽 비탈 대연지봉 동남에서 발원한다. 이 강도 상단은 시령하로 되어 있고 하단에서 정상하류로 변하는데 하폭이 좁고 지류도 적다.

⑥ 폭포 : 폭포는 유년기 하천의 상징이다. 본 지구의 하천은 여러 가지 인자로 인하여 기준면 상차가 커서 폭포가 많이 발육되었다.

장백폭포는 천지물이 승사하를 따라 1,250m 흘러내리다가 단층애를 만나 낙차 68m의 폭포수로 쏟아져 내린다. 침식구 수면의 깊이는 20m나 패워져 수상, 수하 높이를 합치면 그 낙차가 도합 88m에 달한다.

은류폭포는 용문봉 북쪽, 장백폭포의 북쪽에 있다. 용암단구에 의하여 형성되었다. 총 낙차는 20m 정도이다.

금강폭포는 화산추의 서쪽 비탈 금강하 상류에 있다. 두 개의 용암단구에 의하여 형성되었는데 첫 단계의 낙차는 50m이고 두 번째 단계의 낙차는 20m여서 총낙차는 70m이다. 폭포 양측에는 기괴한 암석들이 있어 그 경관이 장관이다.

악화폭포는 삼도백하 상류, 왕사스레나무림대에 있는데 낙차는 20m이다.

동천폭포는 이도백하 상류 지하산림지대에 있다. 이곳의 하천은 강폭이 좁고, 하상이 깊은 것이 그 특징이다. 폭포 부근은 양안이 거의 수직으로 마주하고 있고 그 밑에 폭포가 있다. 룡금정에 서면 발밑에서 세찬 물소리가 나나 물줄기는 볼 수 없다. 그러나 머리를 수그리고 굴속을 내려다보면 폭포의 형태가 보이는데 낙차가 약 15m 된다.

(3) 빙하지형

백두산에서는 플라이스토세 말기(지금으로부터 1.2만 년 전)에 기후가 한랭하여 빙하가 산생하였는데 이것을 백두산빙기라 하고 중국의 대리빙기와 대비된다. 이 시기 빙하가 흐르면서 많은 빙식지형을 형성하고 또 빙하가 흐르다가 녹으면서 퇴적한 여러 가지 빙적지형을 형성하였다.

① 빙식지형

카르 : 카르는 빙식지형 중에서 전형적인 유형이다. 주요한 카르는 다음과 같다.

백운봉카르 : 백운봉의 북측에 분포되고 동남방향으로 열렸다.

번계카르 : 6호국경경계비 서쪽에 분포되고 남서방향으로 열렸다.

옥설봉카르 : 옥설봉 북동에 위치하고 북동방향으로 열렸다.

청석봉카르 : 청석봉 남쪽에 위치하고 동남방향으로 열렸다.

해산(海山)카르 : 해산 서쪽에 위치하고 북서방향으로 열렸다.

상술한 카르는 안락의자 모양의 와지로 되고 그 저부는 앞으로 완만하게 경사지고 뚜렷한 암람은 없다. 뒷벽은 일반적으로 1,000~1,500m이며 깊이는 300~500m, 길이는 50~1,500m이며 전연의 해발고도는 2,300m 정도이다. 카르의 크기는 모두 같지 않으나 그중에서 해산카르가 가장 크다.

외륜산 외측에도 많은 카르가 있는데 이를테면 이도백하 서쪽 산의 카르 그리고 백두산 동남 측에 해발 2,300m 등고선을 따라 줄지어 있는 10여 개의 카르 등을 들 수 있다.

빙퇴석 언덕련과 빙퇴석 : 빙하가 흐르다가 말단에서 기온이 높아 빙하가 녹고 운반하여 오던 여러 가지 진흙, 모래, 자갈 등이 퇴적되어 언덕을 이룬 것을 말한다. 백두산 북쪽 비탈에서 대표적인 곳은 스케이트장 북쪽 해발 1,656m 지역인데 이는 우리가 발견한 것이다. 퇴적물 중 최대직경 50m 되는 각력자갈, 모래, 진흙이 함께 퇴적되어 언덕을 이룬 것이다. 조선과학원의 조사에 의하면 백두산 동쪽에 근 20개의 빙퇴석언덕이 분포되어 있다고 한다.

빙성퇴적지 : 빙하가 흐르다가 녹으면서 그 물에 의하여 운반되던 모래, 흙 등이 퇴적되어 이루어진 것이다. 화산추체의 북쪽 비탈에서는 천문봉으로 올라가는 서쪽 왕사스레나무 수림대와 태원대의 교계점에 점토가 퇴적되어 있다. 색깔은 황색이고 기계조성은 점토에 세사가 혼합되었으며 두께는 약 1m 정도이다. 이 층은 우리가 2001년 답사 시에 발견하였는데 백두산 빙기와 당시의 설선을 증명해 주는 좋은 퇴적물이다. 조선과학원 백두산 탐사대도 백두산 동쪽 비탈 여러 곳에서 발견했다.

빙식곡 : 백두산 북쪽 비탈 승사하와 이도백하 하곡이 가장 전형적이다. 이 골짜기는 단층작용에 의하여 함락된 골짜기이다. 함락된 후 빙식작용에 의하여 'U'형곡을 이루고 빙기 후의 설식작용, 한동풍화 및 하천 침식 등 종합적인 영역작용하에서 'U'형곡 지형을 이루었다.

이러한 골짜기는 대부분 짧고 옅어 깊이가 몇 십m, 너비는 200~300m, 길이는 1~2km이고 하천의 침식작용에 의하여 밑바닥은 이미 노출되었다.

빙식곡이 발달한 지구는 여러 곳인데 이를테면 용문봉 북쪽 골짜기, 금병봉 북쪽 골짜기, 저주봉 동북 골짜기 등이다. 북한 측의 빙식곡은 비교적 길고 주향은 서북－동남과 남북방향으로 되어 있고 큰 빙식곡만 하여도 4개가 있다.

각봉 : 빙하가 흐를 때 양측으로 흘러내리면서 지면을 침식한 결과 양측면 빙하의 교계점이 침식되어 중간에 뾰죽한 봉우리를 이루는데 이것을 각봉이라 한다. 이를테면 백두빙

기시기 천지의 외륜산 내측빙하와 외측빙하가 각기 지면을 침식하여 내측과 외측의 중간은 높은 봉우리를 형성하였다. 그러므로 천지 주변의 외륜은 화구이면서도 각봉이다.

인척 : 빙하가 흐르면서 카르가 형성되고 카르와 카르 사이는 예각을 이루는데 이것을 인척이라 한다. 인척은 천지 주변의 카르와 카르의 접촉구에서 전형적으로 나타난다.

② 빙적지형

대부분의 문헌에서는 본 지구에 빙적지형이 있는 것으로 보고되고 시아풍과 중국 과학원 장춘지리연구소의 조사보고에서는 해발 1,900m에서 종적구(終磧丘)가 발견되었다고 보고하였다. 저자는 1988년 야외조에서 종적구를 부정하고 응회집괴암용암뚝으로 판정하였다. 1989년의 야외조사에서 이도백하 동안 'U'형곡 하단 해발 1,650m의 지점에서 종적구를 처음으로 발견하였다. 빙적물의 횡단면은 아래로부터 위로 빙적역암, 황색분사암, 흑색응회용암, 빙적역암, 자홍색 함역응회암, 황갈색 빙적사암으로 총두께는 100m이다.

③ 주빙하지형(周冰河地形)

암설(岩屑)비탈, 암설퇴(堆), 도석추 : 해발 1,700m 이상의 백두산 화산추체의 외측과 화산구 내벽에 한동풍화와 중력작용에 의해 널리 분포되었는데 승사하 양안이 전형적이다.

석해(石海) : 해발 2,000m 이상에 분포되었는데 승사하 양안이 전형적이다.

석하(石河) : 해발 1,600~1,800m 사이에 분포되었는데 동융작용과 중력작용에 의하여 형성되었다.

석대(石帶) : 해발 1,800~2,000m 이상 지구에서 경사도 5~10도 되는 비탈에 등고선과 평행으로 암설대를 이루었다.

석환(石環) : 해발 1,800m 이상의 풍화대에 분포되었다.

니석류(泥石流), 석룡(石龍) : 천지화산구의 내, 외벽과 폭포 부근에 방사상 혹은 부채모양으로 분포되었는데 눈석이물과 홍수에 의하여 형성되었다.

설식암룡(雪蝕暗龍) : 해발 1,800~2,000m 이상의 고한지대의 내벽저부에서 설식작용을 받아 형성되었다.

설식와지(雪蝕窪地) : 해발 2,300~2,500m의 양지 쪽 비탈에 전형적으로 형성되었는데 그 수량이 많다.

토환(土環) : 해발 2,000m 정도의 태원대에서 융동작용에 의해 형성되었는데 큰 토환 내에 5~6개의 작은 원형토환이 있다. 큰 토환은 직경 4.4m 정도이고 작은 토환의 직경은

0.6~0.8m이다.

초피융동지형 : 주로 태원대에서 높이 5~10cm, 너비 20cm, 길이 50cm 정도의 계단상미 지형을 이루었는데 이것은 융동작용과 지면경유작용에 의하여 형성되었다.

④ 풍식지형

풍식지형은 일반적으로 건한 지구에서 풍력이 크고 지면식물 피복도가 낮은 데서 형성된다. 백두산지구는 습윤지구이지만 식물 피복도가 작고 기암이 노출되고 절리가 발육되었으며 풍력이 큰데서 풍식지형이 형성되었다.

천지기상대의 측정에 의하면 연평균풍속이 11.7m/s이고 풍속이 40m/s를 초과하는 정황은 거의 매달 있고 겨울철에는 더 많다. 연평균 8급 되는 대풍일수는 272일이다(표 1 참고).

본 구역의 주요한 풍향은 서남서방향이고 매월 빈율은 20~39%이다. 본 구역이 이처럼 풍력이 강한 데다가 암석의 절리가 많이 발육되고 지면에 노출되었기에 풍식지형이 더 많이 형성되었다.

| 표 1 | 천지 기상대 역년 대풍일수(8급)

월	1	2	3	4	5	6	7	8	9	10	11	12	전년
평균	26.8	23.4	26.4	24.5	25.7	16.6	16.5	16.4	18.9	21.4	27.1	29.1	272
많을 때	31	23	31	29	30	21	23	25	24	28	30	31	30.4
적을 때	19	17	17	16	22	11	7	8	12	13	22	23	238

⑤ 가(假)카르스트지형

온천 동쪽 산비탈에 분포되어 있다. 형태상에서는 카르스트지형과 비슷하지만 형성원인이 다르다. 즉 카르스트 구역에서는 석회암의 용식작용에 의해 형성되지만 본 구에서는 화산 쇄설물의 고결 정도의 차이에 의한 차별침식작용에 의해 형성된 것이 그 특징이다.

⑥ 호식지형

천지의 수면면적은 9.82㎢이고 총저수량은 20.4억㎥이며 호안선의 길이는 13.17km이고 호면융화기는 4개월, 천지의 깊이는 384m이다. 그리하여 호안에는 호수의 침식작용에 의하여 매우 급한 벼랑을 이루었는데 그 원인은 세 개 방면에 있다.

㉠ 파도에 의한 침식 : 호면 융화기간에 8급 이상 태풍일이 한 달 내에 16.6~18.2일이고 가장 많은 때는 21~24일이며 주되는 풍향은 서남풍과 남풍이다. 호면이 넓고 바람이

강하여 파도를 일구는데 천지의 북안과 동북안을 충격침식하여 호안은 후퇴되고 매우 급한 벼랑을 이루었다.

㉡ 결빙압력에 의한 침식 호수가 동결되어 결빙될 때 체적이 9% 증가되면서 호안에 압력을 가하나 6월부터 호수가 융화되면서 압력이 소실되어 호안벽이 무너져 급경사를 이룬다.

㉢ 공극수 융동에 의한 침식 호안을 이룬 암석틈을 따라 열극수가 상승한 후 겨울에 얼면서 암석열극벽에 매우 큰 압력을 가하므로 호안암석이 파괴되어 급한 경사를 이룬다.

㉣ 생물지형

백두산 지역에서 완만한 용암대지거나 급한 용암대지에는 생물지형이 비교적 많으나 화산추체에는 그 수량이 적어 몇 군데만 있다. 그 전형적인 곳은 적지인데 원래는 화산호였으나 수심이 점차 낮아지면서 니탄이 형성되어 전형적인 생물지형을 이루었다. 이외에도 화산요지 구화구에도 생물지형이 형성되고 있다.

4. 지형발육사

지형은 지질구조와 매우 밀접한 관계를 갖고 있다. 지질구조는 지형의 토대이고 지형은 지질구조 활동의 지면표현이다. 태평양판괴가 유럽, 아시아 판괴에 대한 부충작용의 영향과 신구조운동 및 각종 외력작용은 본 구에 복잡한 화산분출암과 복잡한 지형유형을 부각하였다. 그러므로 백두산의 독특하고 기이한 지형경관은 내・외영역 요소와 지질구조, 지표암성의 종합적인 체현이고 백두산 지형 자체의 역사발전 연화산물이다.

제3기말기 백두산구역은 박식환경에 처했기에 비교적 평탄한 준평원면을 형성하였다. 만제3기 플라이오세 이래의 신구조운동으로 하여 본 지구에서는 차이성 승강운동과 단열운동이 있었고 동시에 현무암장이 널리 분출되어 원 준평원면은 변화되기 시작하였다.

조플라이스토세에는 또 대량의 현무암장이 분출되어 군함산 순상화산체를 형성하여 이것이 백두산구의 기저분출암을 이루었는데 그 면적은 1.4만㎢에 달한다. 중플라이스토세에는 여러 차례의 중심식 분출이 있어 백두산 조면암이 형성되고 현무암 용암대지 위에 화산추체를 이루었다. 동시에 천지화산단열에 의하여 화구호가 형성되었다.

만플라이스토세에는 화산추체의 여러 곳에서 화산분출이 있어 조면암질집괴암을 형성하여 화산추체에 여러 개의 작은 화산추체를 가진 복합식 화산추체가 형성되었다. 동시에 외륜산이 형성되었다. 여기에 백두봉(장군봉) 등 해발 2,500m 이상 되는 천지 주변 20여 개의 봉우리가 포함된다. 화산추체 중부의 환상단열과 함께 그 밖에 방사상 단열이 생겨 많은 단층애들을 이루어 현재 지형의 윤곽을 이루었다.

만플라이스토세 말기에 이르러 중국 중부와 아시아 동부지구는 기후가 한랭하여 백두산지구에 빙하가 발생하여 빙식지형이 형성되었다. 그리하여 천지내벽에는 여러 개의 카르가 형성되고 추체의 북쪽과 서북쪽에 'U'형곡을 조각했고 이도백하 동쪽에는 종족퇴을 형성하였다.

전신세에 들어와서 백두산 서남쪽에 또다시 현무암용암이 흘러나와 작은 규모의 용암대지와 저산을 형성하였고 팔괘묘 부근과 이도백하 하곡에는 탄산염화조면암 등이 분출 퇴적되어 팔괘묘용암대지를 형성하고 이도백하 하곡을 높였다.

동위소 탄소동위소의 측정에 의하면 지금부터 5157~7822년 사이에 두 차례의 화산폭발이 있었고 기원 1597~1900년 사이에 4차례의 화산폭발과 함께 많은 화산쇄설물이 분출되어 백두고원을 형성하였고 화산추체의 상부에 퇴적되어 추체의 기복을 감소시켰다.

전신세 이래 기후가 온난해지기는 했으나 해발고도가 높기에 주빙하 환경에 처해 있어 주빙하지형이 형성되고 이것을 배경으로 하여 하곡지형, 풍식지형, 호안지형, 가카르스트지형 등이 형성되었다.

제 7 장

백두산 화산추체 내의 수문

제7장

백두산 화산추체 내의 수문

백두산 천지의 물은 달문을 거쳐 68m 높이의 장백폭포에서 물보라와 안개를 일으키며 쏟아져 내려간다. 그 폭포 유량의 계절적 변화와 연 변화는 매우 작다. 해마다 폭포에서 쏟아져 내리는 유량과 그 많은 물은 어디에서 오는가 하는 것은 과거 오랫동안 풀 수 없는 수수께끼로 학자들의 관심을 불러일으켰던 문제 중 하나였다. 이에 대하여 연변조선족자치주의 수문잠에서는 최근 12년간의 수문관측과 세밀한 조사를 통해서 수수께끼의 비밀을 알아냈다. 아래에 그 수수께끼를 하나하나 풀어보기로 하겠다.

1. 백두산 천지물의 원천

백두산 천지의 물은 주로 세 개의 기원을 가지고 있다. 하나는 백두산 천지호수면에 떨어지는 강수이고, 두 번째는 천지 주변 능선 내측사면을 통해 흘러드는 경유수이고, 마지막으로 간파할 수 없는 기원은 천지호수 밑면에서 솟아나는 지하수이다. 천지물의 기원에 대하여 각각 밝혀보기로 하겠다.

1) 천지호수면에 직접 대기강수량이 떨어지는 물보충

이 물량은 다년간 측정한 결과 평균강수량을 천지호면 면적에 곱해서 얻었다.

$W_p = P \times F_{호면} = 10-6 \times 1376.4 \times 9.82 = 0.135$억㎥. 수식 중에서

Wp는 호면 강수보급수량(억m^3)

P는 다년간 평균강수량(mm)

F는 호면면적(km^2)

10^{-6}은 단위환산계수이다.

천지호면 강수량의 직접 공급수량은 0.135억m^3로서 옹근 천지 유입량의 32.2%를 점한다.

2) 호면집수면적의 사면 유출량

백두산 천지는 주위의 높은 산들에 둘러싸여 있는데, 그 산들은 사면경사가 급하고 대부분이 화산용암(火山熔岩)과 화산회(火山灰)로 구성되었다. 고화되지 못한 암석이 많아 삼투성이 강하다. 게다가 겨울 동결기가 길어서 지표유출이 일어나는 시기는 1년에 겨우 4개월밖에 안된다. 때문에 지표유출 상수를 0.2로 계산한다.

즉 W비탈 = P · F = 1,376.4mm × 0.2 × (21.4km^2 − 9.82km^2) = 0.03168억m^3로서 천지에 유입하는 총유량의 7.6%밖에 안된다.

3) 천지물은 대부분이 지하수

천지는 강수량이 적은 계절에도 폭포의 유출량이 줄어든 적이 없고, 소규모 호수처럼 유량의 변화가 크지 않다. 그것은 끊임없는 지하수의 보충이 있기 때문이다. 천지에서 지하수 공급을 받을 수 있는 집수면적은 대략 50.75km^2이다. 여러 차례 엄동설한에 호면을 조사하고 관측한 데에 의하면 천문봉 아래 수면연장처에 길이 200m, 너비 20m 되는 좁고 긴 수면과 북한 지역의 장군봉(백두봉) 서북부 호수에 뻗은 한 절벽 밑의 두 곳에 얼지 않는 수면이 있다. 수온은 약 10℃ 내외이다. 호저에서 기포가 솟아나오고 있다. 이곳을 사람들은 천지호반온천군이라고 한다.

1979~1983년 기간은 갈수기였다. 당시 실측한 백두폭포 최소유량 평균치를 0.8m^3/s로 계산해도 천지의 연간 지하수 보충량은 0.252억m^3(Wu = 0.8m^3/s × 365 × 86,400CH)로서 천지 총유입량의 60.2%를 차지하였다. 이것은 백두산 천지 물기원의 60% 이상이 지하수이며, 40% 정도는 강수량이라는 것을 입증해 준다.

2. 천지폭포의 유출량 분석계산

천지폭포물의 유출량에 대하여 두 가지 방법으로 분석연구했다. 그 결과는 아래와 같다.

$W_{폭포} = W_P + W_{비탈} + W_{지하수} - W_{증발}$

식 중의

W폭포는 천지폭포의 연간 유출량(억㎥)이고

WP는 천지호면강수량(억㎥)이며

W비탈은 천지주위 사면 지표유출량(억㎥)이고

W지하수는 천지의 지하수 공급량(억㎥)이며

W증발은 천지호면 증발손실량(억㎥)이다.

천지수면 증발량을 백두산 입구 증발관측소의 실측자료에 의하여 계산하면 천지수면 증발량은 310.1mm이고 연 증발손실량은 0.0305억㎥이다. 상술한 분석결과를 공식에 대입하면 다음과 같은 수치를 얻을 수 있다.

W폭포 = 0.1352 + 0.03168 + 0.2523 − 0.0305 = 0.3887(억㎥)

1) 천지폭포유출량

천지폭포의 유출량은 백두산입구 수문관측소의 경유구내의 온천에서 솟아나오는 물의 보충량과 본 구내의 강수경유량을 실측하여 계산해 낸 것이다.

그 계산공식은 다음과 같다.

$W_{폭포} = W_{실제유량} - W_{온천수량} - W_{구간}$

여기에서

$W_{실제유량}$은 백두산 수문관측소에서 측정한 유량

$W_{온천수량}$은 폭포에서 백두산 수문관측소에 이르는 구간의 온천수량(억㎥)

$W_{구간}$은 폭포로부터 백두산 입구 구간의 지면경유량의 공급량(徑流供給量)(억㎥)

| 표 1 | 천지의 월별 유량 평형수직표

항목 \ 월	1	2	3	4	5	6	7
蒸發損失	0.004	0.00064	0.0155	0.00331	0.00562	0.0044	0.0036
地下水供給量	0.021	0.021	0.021	0.021	0.021	0.021	0.021
降水供給量	0.012	0.0017	0.0030	0.0072	0.0107	0.0194	0.0354
地面徑流 瀑布流出量	0.0218	0.020	0.0224	0.0249	0.0261	0.036	0.0107 0.635

항목 \ 월	8	9	10	11	12	전 년
蒸發損失	0.004	0.0034	0.0023	0.0008	0.0004	0.0305
地下水供給量	0.021	0.021	0.021	0.021	0.021	0.2523
降水供給量	0.0309	0.0137	0.0059	0.0042	0.0020	0.1352
地面徑流 瀑布流出量	0.0097 0.0576	0.0063 0.0376	0.0050 0.0296	0.0224	0.0226	0.03168 0.3885

2) 구간온천용수량 계산

이 구간에는 크고 작은 온천이 수십여 군데 있다. 그중에서 수량이 비교적 많은 온천은 7곳이나 된다. 이런 온천들은 조사자료에 의하면 용수량이 안정되어 있고, 계절적인 변화가 가장 작고 수온이 평균 50℃ 이상 유지되며 최고 82℃까지 되는 온천도 있다. 이러한 온천에서는 계란을 삶기도 한다.

온천용수량은 실측자료와 폭포하류의 백두산 입구 수문소의 실측자료를 대비분석하여 상관관계를 세워 계산했는데 온천공급수량은 0.3㎥/s이고 연용수량은 0.0946억㎥다.

• 구간강수경유량의 계산(구간, 강수, 경유량의 계산)

구간강수량은 백두산 천지와 백두산 입구 실측소의 다년간 평균치를 취하여 1,300mm로 하고 구간면적은 4.3km, 연경유상수 0.3을 이용하여 계산하면 구간강수경유보충량은 0.0168억㎥이다.(W구 = 1,300mm × 0.3 × 4.3㎢ = 0.0168억㎥)

이상의 계산결과를 공식에 대입하면 W폭포 = 0.498 − 0.0946 − 0.00168 = 0.3866억㎥이다. 이상의 두 가지 방법으로 계산해 낸 다년간의 폭포 평균유량의 차이는 0.0021억㎥로서 그 오차는 0.54%이다.

3. 천지유량의 연변화와 연중의 분포

천지의 유량은 60%가 지하수의 공급을 받으며, 그 연변화는 매우 작다. 1976년부터 1989년 사이의 백두산 입구 수문소의 실측에 의하면 최대유량이 0.654억㎥이고 최소 연유량은 0.419억㎥로서 최소와 최대 연유량의 CR치는 0.64이고 연유량 변차계수(CR치)는 0.11이다.

천지에서 유출되는 폭포유출량의 연중분포는 비교적 고르다. 6월부터 9월 사이의 유량이 0.031~0.0528억㎥인 것 외에 다른 월별 유량은 일반적으로 모두 0.0218~0.0261억㎥ 사이이다. 표 2의 수치는 이것을 충분히 설명해 주고 있다.

| 표 2 | 특정 지점의 월별 유량 (단위 : %)

관측소명 \ 월별	1	2	3	4	5	6
백두산폭포	6.11	6.17	6.28	6.98	7.32	10.1
백두산어구	6.45	6.19	6.13	6.08	6.35	7.56
이도백하	6.52	6.46	6.38	7.67	8.44	8.97

관측소명 \ 월별	7	8	9	10	11	12
백두산폭포	14.8	13.4	8.77	68.9	68.4	6.33
백두산어구	12.7	15.7	12.0	7.24	6.93	6.77
이도백하	10.8	13.0	10.2	8.17	7.0	6.35

1월부터 4월과 11월부터 12월까지 동기 유량은 연 총유량의 38.7%을 점하고 있으며, 6월부터 8월까지에 이르는 하기 유량은 38.3%를 차지한다. 그 밖에 5월과 9월, 10월의 유량은 23%를 차지한다.

4. 천지의 형태와 물의 성질

천지는 화산활동에 의하여 형성된 전형적인 칼데라호이고 그 주위에는 해발 2,500m 이상 되는 봉우리가 20여 개 있는데 가장 높은 봉우리는 장군봉(백두봉)으로서 해발고도는 2,749.2m(북한자료에 의하면 2,750m)이다. 천지수면의 해발 높이는 2,189.1m(북한자료에 의하면 2,190.5m)이고, 천지의 최대수심은 384m이므로 장군봉 꼭대기에서 호수 밑바닥까지는 940여m의 차이가 나게 된다. 천지의 형태는 불규칙한 긴 타원모양을 이루고 있는데 남북의 최대 길이가 4.4km(북한자료는 4.64km), 동서 최대폭이 3.37km이고(북한자료는 3.55km) 호안선의 길이는 13.1km다. 면적은 9.82㎢(북한자료는 9.16㎢)이고 평균 수심은 204m(북한자료는 213.3m)이며 총 저수량은 20.04억t이다.

천지물은 북쪽으로 통천하에 흘러들어 1,250m를 경유하여 달문을 지나 장백폭포에 이른다. 그리고 송화강 지류인 이도백하로 유입된다.

1) 천지물의 물리적 성질과 화학적 성질

천지물은 무색, 무미하고 투명한데 그 투명도가 16m나 된다. 8월의 천지표층 수온은 8~10℃, 수심 20m인 곳의 수온은 4℃, 20m 이하의 수온은 3.5~4℃다. 10월 중순부터 물이 얼기 시작하고 이듬해 6월 중순에 녹는다. 바람이 불 때에는 큰 파도(波浪)가 일어난다. 실측에 의하면 풍속이 매초에 10m 달할 때 물결의 높이는 0.75m나 된다. 수질측정에 의한 천지물의 화학적 성분과 함량은 표 3과 같다.

표에서 볼 수 있는 것과 같이 음이온 중에서 가장 많은 것은 HCO^-_3이고, 양이온 중에서 가장 많은 것은 N^+이다. 그러므로 천지물을 화학성분에 의하여 분류하면 중탄산나트륨형이다(표 3, 4 참고).

HCO^-_3와 N^+가 많은 원인은 두 가지라고 볼 수 있다. 첫째 원인은 천지 주변의 암석 중에 나트륨 장석이 많은바 이것이 화학적 풍화를 거쳐 HCO^-_3와 N^+가 형성되었기 때문이다.

$$2Na\ AIS_{i3}\ O_8 + 2H_2O + CO_2 \rightarrow H_2,A_{12}O_8 + Na_2CO_3 + 4S_1O_2$$

$$Na_2CO_3 + H_2O \rightarrow 2Na^+ + HCO_{-3} + OH$$

기타 원소들의 함량은 온천과 주위 암석의 영향을 많이 받는다(표 4 참고).

| 표 3 | 천지수의 평균 화학조성

(단위 : PPM)

항 목	함 량		항 목	함 량	
	1※	2※		1※	2※
pH	7.29~8.16	7.4	Mg^{++}	0.69	0.66
산도	0.30ml/L		Ag	4.2×10^{-4}	
염도	2.52ml/L	2.33ml/L	AS	6.5×10^{-4}	0.005
磺化度	5.85ml/L	5.85ml/L	AU	1.13×10^{-5}	
경도	1.75(독일도) 154.5	1.65(독일도)	Ba	4.58×10^{-3}	0.001
MCO_3^-	20.01	142.3	Br	5.04×10^{-2}	
CI^-	3.17	19.6	Cd	1.01×10^{-5}	
$SO_4^=$	0.59	3.6	Ce	4.48×10^{-4}	
NO_3^-	31.97		Co	2.37×10^{-4}	0.004
SiO_2	—	—	Cr	9.52×10^{-4}	0.01
Si	5.81	6.0	Ti		0.008
K^+	50.85	4.93	Cs	2.42×10^{-3}	
Na^+	11.45	58.2	Cu	4.3×10^{-3}	0.006
Ca^{++}		10.2	Eu	2.38×10^{-5}	0.03
F	3.82×10^{-2}	1.8	B		0.03
Fe	3.28×10^{-5}		Se	3.47×10^{-6}	
Hf	3.24×10^{-4}		Se	1.05×10^{-4}	
La	2.80×10^{-6}		Sm	2.55×10^{-5}	
Lu	4.5×10^{-3}		Sr	2.94×10^{-2}	0.07
Mn	5.90×10^{-3}	0.04	Tb	1.07×10^{-5}	
Mo	5.37×10^{-3}		Th	3.62×10^{-5}	
Ni	1.38×10^{-2}	0.06	V	2.71×10^{-4}	
Pb	4.65×10^{-2}		W	2.17×10^{-3}	
Rb	2.27×10^{-4}	0.02	Yb	5.02×10^{-5}	
Sb			Zn	1.15×10^{-2}	0.03
P		0.2	Al		0.2

※ 1. 중국과학원 장춘지리연구소 朱顔明 등이 분석한 자료.
※ 2. 동북 사범대학 지리계 楊秉庚이 분석한 자료.

| 표 4 | 여러 가지 물의 화학조성 함량표

(단위 : PPM)

성분 / 물유형지점	HCO_3	Na	Cl	Ca	Si	K	SO_4	Mg	P	B
천지물	154.5	5 085	20.1	11.45	6	5.81	3.17	0.69	0.2	0.3
소천지물	17.5		2.6				6.3			
빗물	13.68	〈0.01	7.9	〈0.01		〈0.01	1.0	0.01		
용설수	15.0	0.21	8.1	0.51		0.18	1.3	0.42		
온천물	908.2	334	106.6	53.6		20.6	3.4	1.95		
내두하	54.8		4.7				6.31			0.029
西 江		3.99		8.64	4.0	1.02		2.28	0.02	0.003
三道白河	49.6		4.88				7.29		0.07	0
四道白河	61.1		4.43				5.08		0.073	0

| 표 5 | 천지 주변 암석의 화학조성 (단위 : %)

성분 / 암석	SiO_2	TiO_2	Al_2O_3	Fe_2O_3	FeO	MnO	MgO	CaO	Na_2O	K_2O	P_2O_5
조면암	69.69	0.24	12.01	3.53	2.63	0.10	0.26	0.73	5.10	4.46	0.04
부 석	7.75	0.30	11.09	2.02	2.57	0.07	0.32	0.69	5.30	4.18	0.05

천지 내에도 수중온천이 몇 군데 분포하고 있다. 그 가운데서 가장 큰 온천대는 천문봉 아래의 온천대인데 너비는 30~40m이고 길이는 한 개 대가 150m 다른 한 개 대가 40m 정도이다.

그리고 장군봉 아래와 백운봉 아래에서도 나타난다. 이 온천들은 생성과정과 형태가 폭포 이북 800여m 되는 곳에 분포된 지면온천과 비슷하고 온천수의 화학성분도 기본적으로 같다고 인정된다. 이 전제에서 표 3, 표 4에 기록된 화학성분의 함량을 대비해 보면 천지물에 함유된 HCO_3, Na, Ca, K 등의 성분은 열극수가 위암을 통과하면서 위암의 성분을 용해시켜 천지물에 들어온 것과 온천수에 포함된 HCO_3, Na, Ca, K이 천지물에 유입된 것이라고 간주된다.

천지물 중의 P, B, Si, $S0_4$ 등의 성분을 온천수 위암성분과 대비해 보면 주로 위암이 지하수에 의해 용해되었다는 것을 알게 된다.

희유원소와 분산원소인 Cs, Rb, Se, Hf, W 등은 일반적인 천연수 중의 함량에 비교하여 뚜렷하게 높다. 특히 희토류 원소인 La, Ce, Sm, Ev, Tb, Yb, Lu 등의 함량이 매우 높은데, 그중 대부분은 바다물의 10~100배이고, Ce만은 350배나 된다. 그러므로 본 지역은 뚜렷한 희토류 원소지구 화학성이 매우 높은 지역에 속한다.

천지물 중의 일부 원소들은 용수표준을 초과하는데(표 6 참고) 이것은 화산, 온천환경과 직접적인 관계를 가진다.

인간활동과 밀접한 관계가 있는 일부 중금속류의 함량은 매우 적고 Cu, Ni, Fe의 함량도 적다.

중요한 이온의 연변화 진폭은 대부분이 ±5% 이하이다. 변동폭이 가장 적은 N^+는 1.2%이고 변동폭이 가장 큰 Mg^{++}는 9.6%이다.

| 표 6 | 표준을 초과하는 원소표 (단위 : PPM)

원소 / 물	F	Be	Se	Sb
용 허 농 도	1.0	0.0002	0.01	0.05
천 지 물	1.8	〈0.015	〈0.015	〈0.2
雨江어구물	〈0.1	〈0.015	〈0.015	〈0.2
온 천 물	7.4	〈0.015	〈0.015	〈0.2

5. 백두산구의 온천

온천은 화산활동 후에 나타나는 지질현상의 하나이다. 화산활동에 의해 지각은 충격을 받아 틈이 생기고 그 틈을 따라 지표수와 지하수가 지하로 흘러 내려가다가 지하열을 받아 수온이 높아진 다음 하부의 압력을 받아 다시 지상에 뜨거운 물로 나오게 되는데 이것을 온천이라고 한다.

백두산은 지질시대에 여러 차례의 화산폭발이 있었고 역사시기에 들어와서는 1597년 8월, 1668년 4월, 1702년 4월, 1900년 4차례에 걸쳐서 화산폭발이 있었다. 그 결과 백두산과 그 부근에는 많은 온천들이 생겼다. 이를테면 백두산 화산구 주위의 장백온천군, 천지호반온천군을 들 수 있고 그 외에도 금강(錦江)온천군, 대영(大營)온천군, 18도구온천군 등 30여 곳에서 나타난다. 이런 온천들은 모두 해발 1,756m부터 2,155m 사이에 분포하고 있다. 아래에 백두산 북사면 관광지에서 볼 수 있는 장백온천군과 천지호반온천군에 대해 서술하겠다.

1) 장백온천군

장백온천군은 장백폭포의 북쪽 900m 되는 이도백하 하안단구에 분포하고 있다. 해발고도는 1,976m이고 주변 암석은 알칼리성 조면암이며 지질구조는 NNE 쇄설대이다. 면적은 약 1,000㎡이고 온천의 분수구는 13개다.

온천군의 중부에는 이도백하가 흐른다. 온천은 강 우측에 많이 집중되고 있는데 비교적 큰 분수구만 하더라도 7개 있다. 이도백하 좌측에 있는 온천분수구는 분산되어 있다.

온천의 수온은 표 7과 같다. 온천의 온도는 40~78℃인데 최고 82℃ 되는 곳도 있다. 이처럼 수온이 높기 때문에 온천분수구에 계란을 넣으면 저절로 익는다.

| 표 7 | 백두산온천수 온도 일람표

번 호	1	2	3	4	5	6	7	8	9	10	11	12	13
온도(℃)	~	73	72	59	71	78	74	82	38	41	66	37±	37±

온천에서 나오는 수량은 일반적으로 1시간에 1.8~3.6t 정도 되지만 1시간에 최대로 5.96t까지 나오는 경우도 있다. 온천의 색깔은 무색－담녹색이고 유화수소의 냄새가 난다. 온천

수를 분석한 것에 의하면 광화도는 5.6이고, pH는 7.5~7.8, 알칼리도는 14.999mL이다. 온천수 중에는 중탄산이온이 가장 많아 그 함량이 884.7mg/L이며 비금속은 Na이온으로 그 함량은 404mg/L이다. 편규산의 함량은 109~195mg/L, 염소이온의 함량은 102.5mg/L이다.

유화수소의 함량은 10.3mg/L, 유산근은 1.9mg/L, Ca은 38.8mg/L, K은 18.5mg/L, Mg은 2.21mg/L, 방사성 Rh함량은 23.011mg/L이다. 기타 원소들의 함량을 보면 Sr 0.020mg/L, Rb 0.20mg/L, Fe 40mg/L, Ti 0.0100mg/L, N 0.0030mg/L, Mn 0.40mg/L, Co 0.100mg/L, Ni 0.600mg/L, Cr 0.100mg/L, Cu 0.020mg/L, Ag 0.004mg/L, As 0.050mg/L, S 3.0mg/L, Se 0.003mg/L, B 0.300mg/L, P 0.020mg/L, F 7.4mg/L, Nb 0.0006mg/L, Mo 0.003mg/L이다.

이 온천군은 분출수량이 많고 수온이 높기 때문에 관광객들의 온천욕에 이용될 뿐만 아니라 화학성분의 약물화학작용과 방사성원소의 종합작용으로 인하여 풍습병, 관절병, 피부병, 신경질병의 치료효과가 좋아 병치료에도 널리 이용된다.

2) 천지호반온천군

천지호반온천군은 세 곳에서 나타난다. 하나는 천문봉 아래 천지호면에서 나타나는데 겨울에도 길이 200m, 너비 200m 정도 되는 천지물은 얼지 않는다. 수온은 42℃ 내외이고 색은 무색이지만 유화수소 냄새가 난다. 광화도는 0.91mg/L이고 물화학유형은 H-Na형이다. 물의 산도는 5.8이고 편규산함량은 187mg/L이다. 「장백강기록」에서 이 온천을 "탕천"(熱如湯泉)이라 기재했는데 당시에는 온천의 물 온도가 대단히 높았던 것으로 되어 있다. 그러나 지금의 수온은 약 40℃(1984년 9월 4일의 측정에 의하면 33℃이다) 정도이다. 이러한 사실에서 온천의 수온이 점차 낮아지는 추세임을 알 수 있다.

또 다른 곳은 백두봉(장군봉) 서쪽의 천지호면이 동쪽으로 깊숙이 들어간 절벽사면에 분포하고 있다. 이곳에는 두 개의 온천이 있어서 겨울철에도 천지호면이 얼지 않는다. 수온은 약 18℃이고 천지호면에서 기포가 올라오는 것을 볼 수 있다.

백운봉 동쪽 사면에도 온천이 있다. 겨울철이면 기포가 간헐적으로 솟아오르는 것을 볼 수 있는데 이것은 온천 틈새에서 나오는 기체이고 평시에는 더운물이 나온다.

3) 온천의 개발과 이용

온천의 수량과 수온 및 그 분포에 대하여 구체적으로 측정해야 할 필요가 있다. 지금까지의 자료에 의하면 용수량을 측정하기는 했으나 각 측정치의 오차가 크기 때문에 보다 정밀하게 측정할 필요가 있다. 주요한 분수구의 수온과 용수량도 파악되어야 한다. 일반적으로 온수욕은 생수를 혼합하지 않고도 목욕을 할 수 있는 용수구의 물을 쓰고 열량공급에 사용되는 경우에는 수온이 높은 온천물을 써야 하기 때문이다.

(1) 기본 시설물

이미 건설된 온천시설물들은 설비가 너무 조잡하기 때문에 관광수요 수준에 맞지 않는다. 실내 온수욕장을 다시 건설하고 내부설비를 완비해야 한다. 그리고 남녀별 노천온천탕을 건설한다면 관광객들의 편리를 더욱 도모해 줄 수 있을 것이다.

(2) 온수욕 호텔 건설

현재는 호텔과 온천과의 거리가 멀기 때문에 관광객들이 수시로 온천욕을 하기 곤란하다. 그러므로 온천물을 끌어다가 호텔 안에 온수욕장을 건설하여 손님들이 수시로 온수욕을 할 수 있게 하고 추운 날씨에는 난방에 사용하여 실내온도도 높이고 습도를 낮추어 손님들에게 더 좋은 환경을 마련해 주는 것이 바람직하다.

제8장

백두산 화산추체 내의 하류와 하곡지형의 특징

제8장

백두산 화산추체 내의 하류와 하곡지형의 특징

백두산 화산추체에서는 화산이 여러 곳에서 폭발하고 용암이 흘러나와 퇴적되었기에 여러 개의 산봉우리를 형성하였다. 화산추체 내에 2,500m 이상의 산봉우리가 모두 22개봉이 있는데 그중 중국에 속하는 산봉이 12개 봉이고 북한에 속하는 봉우리가 8개봉, 중국과 북한의 변경에 있는 산봉이 4개봉이다. 상술한 봉우리 중 하원구는 화개봉, 천문봉의 북쪽 비탈, 옥주봉과 지반봉의 서쪽 비탈, 지반봉, 근면봉의 동쪽 비탈, 용문봉의 북쪽 비탈, 자암봉의 북쪽 비탈이다.

상술한 하원구의 공통적인 특점은 아래와 같다.

1. 유역의 조성물질

① 경사가 급한 곳은 석해, 석하거나 기암이 노출된 곳인데 비가 내리면 빗물은 곧 지표면을 따라 스며들기에 수문에 대한 보급능력이 기본상 없다. 석해와 석하에 비가 내리면 그 암석공을 따라 빗물이 속히 이동하므로 물에 대한 보존능력이 있기에 풍수기에는 강물의 유량이 많지만 결수기에는 강물의 유량이 적어진다.

② 경사가 완만하고 토양층이 있거나 소택으로 되어 있어 풍수기에는 토양층과 소택에 수분이 보존되면서 강물의 유량이 적지만 결수기에는 토양과 소택에 보존되었던 물이 강물에 들어가기에 강물의 유량이 증가되어 강물의 유량을 조절해 준다.

2. 구곡의 경사가 매우 급하다

화산추체에서는 지면의 경사도 급하고 구곡의 경사도 매우 급하여 비가 내리면 빗물은 곧 경사를 따라 내려가고 구곡에 집중된 후에는 구곡의 경사가 30~40도 되기에 빠른 속도로 강물에 들어가 홍수를 초래한다. 구곡어구에는 홍수에 의하여 운반된 돌과 자갈들이 퇴적되는데 그 특점은 역석의 직경이 20cm 이상 되고 운반된 역석이 많은 것이다. 산록에 퇴적되기에 왕왕 교통이 차단된다.

3. 하천의 상류에 복류현상이 많다

복류란 하천이 흐르다가 지하로 들어가 흐르는 것을 말하는데 하천지형에서는 맹곡이라고도 한다. 이를테면

① 두만강 상원에서 하류가 지면을 따라 흐르다가 갑자기 지하로 내려가 상당한 거리를 흐르다가 돌연히 지면으로 나와 흐른다. 그리하여 일부 사람들은 두만강이 도망갔다가 다시 돌아왔다 하여 '도망강'이라 부르다가 후에 음변하여 두만강이라 부르게 되었다고 한다.

② 이도백하상유의 지하산림 부근에도 맹곡이 있는데 폭포에서 내려오던 물이 지하산림 부근에 와서 갑자기 암석의 큰 열극을 따라 지하로 흐르다가 지면으로 나오는데 이곳의 하곡은 凹형이고 하천벽은 절벽이며 그 위에 두께가 약 0.5m, 너비가 0.4m 정도 되는 복개층이 있다.

③ 용문봉 북부의 은류폭포 위에도 맹곡이 있다.

4. 하도에 폭포가 있다

① 통천하의 말단, 이도백하 상류에 장백폭포가 있는데 본 폭포의 형성은 주향이 남북으로 된 통천하(승사하)가 하곡말단이 동서주향으로 된 단층에 의하여 형성되었다. 폭포의 낙차는 지상 68m, 지하 20m 모두 합하면 88m로 되어 칼데라호로서는 세계에서 낙차가 가장 큰 폭포 중의 하나로 인정되고 있다.

② 은류폭포는 천문봉 북쪽에서 내려오는 물에 의하여 형성되었는데 낙차가 20m에 달한다.

③ 제자하폭포는 관면봉 이북 10km 되는 곳에 있다. 첫 번째는 낙차 50m, 두 번째는 낙차 20m로서 두 급을 합하면 총낙차가 70m이다. 본 폭포는 하도가 용암단구를 따라 흐르면서 형성되었기에 낙차는 수직이 되지 못하였다.

④ 악화폭포는 3도백하상류인 악화림대 내에 분포되었다. 폭포의 낙차는 약 20m인데 폭포와 주위의 경관이 아름답다.

북한 측에도 폭포가 있는데 백두폭포라고 한다. 낙차는 20m인데 주위경관이 아름답다.

⑤ 계절성폭포가 있다. 이를테면 비가 올 때 지하산림어구에는 5~6개의 폭포가 있다가 비가 그치면 폭포도 없어진다.

5. 하도가 곧고 깊다

하도가 곧고 하곡의 형태는 'V'형 혹은 '凹'형이 많고 하도는 깊고 암벽으로 되었다. 하상은 큰 자갈과 기암으로 되었다.

① 'U'형 하곡은 장백폭포 북쪽의 이도백하 하곡인데 처음에는 'V'형이었는데 1~2만 년 전의 빙기에 빙하가 흐르면서 'V'형의 아랫부분을 포식하여 'U'형으로 되었다. 그리고 골짜기의 서쪽에 용암이 퇴적되면서 새로운 하도가 형성되었는데 형태는 '凹'형이고 지면과 하도의 상대고도는 약 4m, 하상과 하곡의 두 벽은 용암이고 벽 경사는 90도에 가깝다. 하도의 넓이는 약 50cm 정도여서 소천지로 가는 통행에는 영향이 없다.

② 천지 남쪽에 있는 압록강협곡은 현무암체에 발육되었는데 천지 주변에서는 가장 깊은 협곡이다. 그 깊이는 90m 이상이고 협곡의 너비는 매우 좁다.

③ 제자하협곡 제자하는 대제자하와 소제자하로 나눈다. 대제자하의 협곡은 깊이가 10~20m이지만 강폭은 2~3m이다. 소제자하의 협곡은 강폭이 1~0.5m이지만 하곡은 깊다.

④ 금강대협곡은 금강하상류에 있다. 협곡의 너비는 200~300m이고 깊이는 80~90m이며 길이는 5km이다.

⑤ 강물이 협곡을 따라 흐르다가 지하에서 폭포를 형성하였다. 이를테면 동천폭포인데 이도백하가 맹곡으로 흐르다가 낙차 20m 되는 지하폭로를 형성하였다.

6. 물이 깨끗하고 유해원소가 적다

강물에 들어오는 유기잔체가 적고 수온이 낮아 분해가 늦기에 물이 깨끗하고 유해원소가 적다.

7. 하곡에 단하지형(가카르스트지형)이 발육되었다

단하지형으로는 화평영자 동쪽의 지하금강과 금강대협곡이다. 형성과정은 260만 년 전 현무암이 흘러 퇴적된 후 장시간에 걸쳐 협곡이 형성되고 후에 분출된 화산회가 퇴적되어 골짜기는 평지로 변하였다. 후에 그곳에 침식구가 형성되고 침식구 주변의 화신회층이 차별침식을 당하여 여러 가지 형태를 가진 소지형을 형성하였다. 총적으로 규납하면 본구의 하천은 유년기에 속한다.

제9장

백두산 북쪽 비탈의 지형과 지형발육사

제9장

백두산 북쪽 비탈의 지형과 지형발육사

1. 유형

1) 화산추체

(1) 산봉

여러 차례의 화산분출에 의하여 형성되었는데 해발고도는 2,500~2,690m 사이로 백두산 용암대지에 솟아 있는 상대고도가 1,800m 이상 되는 화산체이다. 형태가 원추형으로 되었기에 화산주체라고 한다. 추체의 물매는 약 35~40°여서 등산하기 어렵다. 화산추체의 면적은 약 30㎢인데 표면에는 화산회, 부석, 알칼리성 조면암이 많다. 녹명봉의 산정은 비교적 평탄하고 중간에 지하에서 올라오는 열기공이 있어 겨울에도 얼지 않고 여름에는 배수가 잘 되지 않아 소택이 형성되었다. 사슴이 물을 먹기 위하여 이곳에 모여든다 하여 녹명봉이라 하였다. 화산추체에는 해발 2,500m 되는 산봉이 22개봉이 있다. 산봉의 이름은 형태에 따라 명명한 것이 많다. 이를 테면 조류의 주둥이와 비슷하여 응취봉, 천지로 들어가는 문이어서 용문봉의 방향을 가리켜준다 하여 향도봉, 옛 귀족의 모자와 같다 하여 관면봉, 사닥다리와 비슷하여 제운봉, 산 중간에 저지가 있다 하여 천할봉, 호랑이가 누워 있는 것 같다 하여 와호봉이라고 하였다. 색깔과 조성물질에 따라 백두봉, 백운봉, 옥주봉, 철벽봉으로 명명하고 산체가 자색이어서 자암봉, 자하봉, 아름다운 무지개가 있다 하여 쌍홍봉이라 한 것도 있다. 모든 산봉의 조성물질은 부암, 알칼리성 조면암, 흑요암으로 되어 있다. 산봉의 형태를 보면 향호면은 매우 급한데 그 원인은 천지가 함락호이기에 향호면은 단층벽이어서 급하고 배호면은 용암이 분출퇴적된 것이어서 물매가 완만하다. 산봉우리는 기본상 뾰족한데 그 원인은 1~2만여 년 전에 있었던 빙하기에 전후가 박식되어 첨예하게 되었는데 이것을 각봉이라 한다.

(2) 용암소대지

본 대지는 여러 곳에 있다. 이를테면 용문봉과 지반봉 북쪽에 완만한 경사를 가진 용암대지가 있고 지하산림 서쪽의 원시림도 작은 대지이다. 비가 내린 다음 경사가 완만하여 배수되지 못하기에 소택화되고 있다. 종덕사가 있는데도 응회암으로 된 평탄한 소대지가 있다.

(3) 호수

추체 내에는 네 개의 호수가 있다. 그중에서 가장 큰 것은 화산분출 후에 함락되어 형성된 천지이고 가장 작은 호수는 소천지의 서쪽에서 화산분출에 의하여 형성된 화구호인 동호와 서호이다. 이도백하 서쪽에서 화산이 분출되어 형성된 화구호인 소천지도 있다. 이들은 압록강, 두만강, 송화강의 하원지이다.

(4) 두만강 하원구

추체에서 흘러 내려온 경유가 암층 속에서 흐르기에 강은 형성되지 못하고 산록에서 강으로 나타난다.

• 압록강 하원구

추체 내에 두 개의 지류가 있는데 그중 하나는 강수기에는 물이 흐르나 평시에는 간곡으로 되어 있다. 다른 한 개 지류는 추체 내에서 형성되었는데 기본상 간곡으로 있다가 비가 오면 강물이 생긴다.

• 송화강 하원

송화강 하원으로는 이도백하, 두도백하, 삼도백하, 제자하 등인데 이도백하 하원이 천지이고 기타 하천의 하원은 화산추체에서 방사성을 이루며 흐른다.

(5) 하천의 특점

침식기준면이 낮아 하각침식이 위주이고 하도는 곧고 협곡, 폭포들이 있어 전형적인 유년기 하천이다.

(6) 화산추체의 기후

기후는 한랭하여 주빙하 지형이 발육되었다. 이를테면 서쪽에 있는 석하, 도석퇴, 석해와 동쪽에 있는 토환 등을 들 수 있다.

(7) 빙하지형

백두산은 1~2만 년 전 빙기에 많은 빙하지형을 형성하였다.

이를테면 천지호 안에 있는 카르산봉에 있는 각봉, 천지 북쪽에 있는 'U'형곡과 해발 2,600m 되는 천문봉 동쪽의 빙적층, 스케이트장 북쪽에 있는 빙적층 등이다.

2) 경사대지

본 지형은 해발 1,000~1,800m 사이에 있다. 본 지형의 조성물질은 하부에 현무암이 있고 그 위에 화산회, 화산사력, 화산각력암, 응회암 등으로 되어 있다. 경사대지의 면적은 약 1,042㎢이고 물매는 10도 정도이다. 지면의 형태는 총적으로 보아 대지이지만 산추체에 가까운 곳은 지면이 평탄하지 못하고 부동한 시기의 용암분출에 의하여 계단상을 띠었다. 경사대지에는 이도백하, 삼도백하, 투도백하외 상류가 있는데 하곡은 좁고 깊으며 하각침식이 위주이고 측방침식은 잘 되지 않아 하도가 기본상 곧고 하상에는 많은 역석들이 있다. 그리고 지면에는 지면경유에 의한 침식으로 하여 크고 작은 많은 역석들이 있다. 그리고 지면에는 지면경유에 의한 침식으로 하여 크고 작은 골짜기가 형성되었다. 이를테면 화평영자 동쪽에 있는 골짜기는 평시에는 물이 없고 우기에는 물이 흐르면서 지면을 침식하였는데 그 규모는 너비 70m, 깊이가 30m이다. 건곡의 조성물질은 30m 이하의 군함산 현무암이고 지면부터 30m 사이는 여러 차례의 화산활동에 의하여 분출퇴적된 화산회, 화산사, 부석 등이 층을 이루고 퇴적되었다. 10만분의 1의 지형도에서 보면 이러한 골짜기는 여러 개가 있다. 어떤 골짜기는 강의 상류에 형성되었는데 이를테면 서부의 금강대협곡이다. 협곡의 너비는 200~300m이고 깊이는 약 80m인데 협곡의 중간에 금강이 흐른다. 협곡벽은 차별침식을 받아 부동한 형태를 가진 단하지형으로 되어 있다. 지상에는 암침엽림대여서 목재자원이 풍부하다. 그리고 일부 지역에는 원시림이 있어 과학연구의 가치가 크다.

경사대지의 또 하나의 특점은 여러 곳에서 작은 화산이 폭발되어 지면형태가 유방상으로 되었는데 이런 지형이 100여 개 이상 된다는 것이다.

3) 완만한 용암대지

본 대지는 지금으로부터 277만 년 전 열극분출인 군함산 현무암의 퇴적에 의하여 형성되었다. 해발고도는 700~1,000m이고 면적은 1,000여㎢이며 평균 경사도는 약 6도가량 된다. 지형면의 주요한 특점은 용암대지에 들어서면 지형면이 아주 평탄하여 마치 평원과도 같다는 점이다.

지형면이 아주 평탄한 곳은 여름철 우기에 비가 많이 내리는데 지면이 평탄하여 배수가 잘 되지 않고 지하에는 현무암, 물 투수층이 있어 소택이 형성된다. 이를테면 화평영자 서쪽 현무암대지인데 소나무 산림에 물이 많아 소택을 이루고 있다. 어떤 곳은 대지가 형성된 후 지면경유의 침식에 의하여 크고 작은 골짜기가 형성되었지만 후기에 폭발된 백두산 화산의 분출물의 퇴적에 의하여 지세가 더욱 평탄하게 되었다. 전형적인 곳은 화평영자에서 화룡으로 오가는 도로 좌우이다.

본지에 있는 하천은 하도의 경사가 완화됨에 따라 일부 하곡에서는 직행하도로부터 차츰 사행하도로 변하면서 범람지에 흙과 모래 등을 퇴적시켜 충적토를 형성하였다. 대표적인 지구는 수전툰과 내두촌이다. 이곳에서는 충적토를 개간하여 수전을 만들었고 따뜻한 소기후의 환경 속에서 벼재배를 하고 있다. 완만대지 위에는 침활혼성림이 무성하여 목재자원도 많았으나 이미 채벌하여 현재는 영림단계에 들어섰다.

대지면에도 작은 화산이 폭발되어 대지면에 유방상의 화산체를 형성하였다. 이를테면 적봉과 홍토산 내두산이다.

용암이 분출퇴적될 때 높은 산에는 퇴적하지 못하였기에 현무암대지 위에 원산봉이 고봉으로 나타나고 있다.

용암동은 용암이 흐를 때 용암의 상부는 냉각하여 이동하지 못하지만 용암표면 아래는 계속 경사를 따라 흐르는데 용암의 내원이 없으면 흐르던 용암은 계속 흐르고 흐른 자리는 비어 있기에 용암동이 형성된다. 용암동의 형성시기는 277만 년 전 군함산현무암의 분출과 유동에 의하여 형성되었다. 길이는 2km, 높이와 너비는 3~4m 정도 된다.

4) 중산과 저산

중산은 해발고도가 1,000m, 상대고도가 500m이며 저산은 해발고도가 800m, 상대고도는

500m이다. 중산과 저산은 용암대지의 말단에 분포되었는데 그중 중산은 안도현 중남부인 삼도, 송강, 양강, 영경, 소사하, 만보 등에 분포되었고 저산은 석문, 장흥, 량병대, 복흥 등 지구에 분포되었다. 중산의 주향은 동－서방향이다. 화강암으로 조성된 산지는 삭식, 침식 작용이 심하여 산곡이 깊고 산의 경사가 급하다. 하곡전면은 평탄하여 소택이 발육되었다.

용암대지 말단의 동북에는 남강산맥이 있는데 주향은 동북－서남방향으로 해발고도는 대부분 800m 정도이다. 조성물질은 연산운동에 의하여 형성된 화강암이다. 본 산맥의 서부에는 현무암으로 조성된 해발 1,676m 되는 벼개봉과 안산암으로 된 우심산이 있다. 남강산맥이 연길 부근에 와서는 해발 500m 정도 되는데 중성암으로 형성된 모아산과 삼봉산이 있고 해발 600m이고 현무암으로 조성된 탁상으로 된 마반산이 있다.

5) 대지, 강지, 단구

대지, 강지, 단구를 혼돈하고 있는데 정리하면 단구가 개석되지 않았을 때는 대지이고 대지가 개석되었으면 강지라고 한다. 그러므로 대지, 강지는 모두 단구에 해당된다. 2급 백두산 일대는 갱신세 이후 계속 상승계단이 있어 하천의 침식작용과 퇴적작용이 성행되어 하안단구를 형성하였는데 모두 5급단구로 되어 있다. 전형적인 곳은 두만강 유역 부르하통하의 연길 부근과 훈춘하 하류이다.

1급단구는 상대고도가 5~10m 정도이고 2급단구는 20m 정도, 3급단구는 30여m, 4급단구는 40~50m, 5급단구는 상대고도가 60m이다. 3급단구 이상은 모두 개석되어 강지로 불린다. 토양은 일반적으로 백장토여서 유실이 심하여 토층의 유기질이 적으며 N.P.K 함량도 적다. 2급단구는 일반적으로 후층 종색산림토로서 경사가 완만하여 토양유실도 적고 부식질함량과 N.P.K함량이 높다. 토지이용상황을 보면 과수 단배를 재배하는데 연변의 중요한 산지다. 단구도 개석되어 골짜기가 형성되고 지표면은 침식되고 있는 상황인데 수토활보를 가강하여 토양의 비옥성을 보증하고 시비를 많이 하여 토양의 비옥성을 높여야 한다.

6) 하곡분지, 하곡평원, 평원

상술한 세 개 단어를 모두 쓰고 있는데 반드시 규범화하여야 한다. 연변의 평지는 하곡평원이라고 하는 것이 타당하다. 왜냐하면 성인과 형태가 결합되어 있기 때문이다. 백두산의 주요한 하곡분지는 송강, 십기가, 구수하, 평강, 백초구, 훈춘, 경신 등이다.

주요한 특점은 하천의 자유사행에 의하여 하적호가 많고 범람지에는 유기질이 많은 점사토를 퇴적하여 지면은 평탄하고 토양의 비옥성이 높다. 열성토양이어서 유기질의 분해가 잘 되어 작물생산이 수요하는 유효성 질소, 인, 칼륨의 함량이 높다. 이용상황을 보면 주로 벼를 재배하는데 벼가 요구하는 유효양분이 풍족하고 적당하게 공급되어 고산, 저산토양으로 되어 있다. 범람지는 연변의 중요한 양식기지이다.

2. 지형발육사

지질시대의 시작인 시생대와 원생대에는 해륙교체로 인하여 백두산을 포함하여 해침, 해퇴가 교체되면서 편마암, 변성암, 대리암 등이 형성되었다. 그 후 오랜 시기를 경과하여 석탄 페름기에는 안도현을 포괄한 대부분 연변지구가 바다로 되어 석회암을 형성하였다. 중생대의 쥐라기에 와서 중성, 산성쇄설암이 형성되었는데 대표적인 곳은 화룡탄광과 우심산이다. 백악기에 들어와서 연변의 많은 곳에서 호수가 생겼는데 대표적인 지구는 용정, 연길 주위이다. 주요한 침적물은 혈암, 사암, 석유층이다. 중생대에 화산분출이 있어 모아산, 마반산, 삼봉산을 형성하였고 중생대의 연산운동에 의하여 화강암의 침입이 있었고 상승하여 남강산맥을 형성하였다.

백두산 일대도 화산활동이 있기 전에는 지면이 삭식작용을 받아 기본상 준평원으로 되었고 제3기부터 백두산 일대는 화산활동이 빈번하였다.

1) 저산 현무암

지금으로부터 100~300만 년 전에 백두산에서는 중심분출과 열극분출이 함께 진행되면서 감람현무암, 기공상현무암, 치밀상현무암을 산생하였는데 그 분포는 백두산을 중심으로 1.4만㎢ 내에 분포되었고 암층의 두께는 50~100m 정도 된다.

2) 군함산 현무암

지금으로부터 270만 년 전 백두산을 중심으로 열극분출이 있었는데 그 면적이 아주 넓다. 지금의 백두산 용암대지 북한의 백두 용암대지는 이때 형성되었다.

3) 알칼리성 조면암

본 지대에는 4차 분출이 있었다.

제1차 분출은 주로 천지 남쪽 저부에 분포되어 있는데 두께는 300m이고 형성시기는 지금부터 100만 년과 149만 년 사이이다.

제2차 분출은 주로 회색조면암. 감람암이 위주인데 두께는 207m이고 형성시기는 지금부터 55~61만 년 전이다.

제3차 분출은 흑회색유리질 감람암과 에지린휘석조면암이 위주인데 두께는 221m 정도이고 천문봉과 빙장 단면에 있다. 형성시기는 25~43만 년 전이다. 상술한 암층은 백두산 화산추체를 형성하였다.

제4차 분출은 갱신세말기 기상잠 천문봉, 장군봉, 향도봉 부근의 화산활동에 의하여 형성되었는데 부석, 조면암, 흑요암으로 되었다. 두께는 200m, 형성시기는 10만 년 전이다.

알칼리함류암은 천문봉 기상잠화산구 이북에 설상으로 분포되었는데 주로 조면암과 흑요암이고 저부에는 부석이 있다. 두께는 260m 정도이고 형성시기는 8.7만 년 전이다.

이도백하조 백두산스키장 동쪽 해발 1,670m지구에 분포되었는데 자갈, 사력, 점토 등이 혼합되어 나오는 빙적물이며 형성시기는 1.4만 년 전이다.

빙장기응회암과 화산회는 스키장과 백산교 부근에서 나타나는데 암자색과 흑회색 부석과 화산회가 위주이다. 형성시기는 7800년 전이다.

백운봉기 부석과 화산회 두께는 1~5m이다. 형성시기는 대략 3400~1500년 전 사이이다. 두께는 40~60m이다.

팔괘묘기 응회암과 화산회는 천지 주변에 분포되었는데 총두께는 120m이고 형성시기는 800~900년 사이이다.

제4기 갱신세 이후의 화산활동에 대해서는 통일된 의견이 없다. 어떤 학자는 10기로 하고 어떤 학자는 3기로 하는바 참고하기 바란다. 그러나 본 시기에 큰 폭발이 있어 대량의 부석이 분출되어 천지 주위와 천지 동쪽인 청진, 태평양지구에까지 퇴적되어 지형을 평탄하게 만들었다.

제 10 장

백두산의 기후

제10장

백두산의 기후

백두산은 아시아대륙 동안에 자리 잡고 동해를 사이에 두고 태평양과 인접해 있다. 산체의 면적은 약 8,000㎢이고 가장 높은 산은 장군봉(백두봉)으로 해발 2,749.2m(북한 측 자료에 의하면 2,750m)이다. 해발 1,800m부터 주요 능선에 이르기까지는 화산체를 이루고 1,800m 이하는 용암고원(경사용암대지라고도 함)과 완만한 용암대지로 되어 있다. 산체가 높고 넓기 때문에 독특한 기후특징을 가지고 있을 뿐만 아니라 아래로부터 위로 올라가면서 기후수직대를 이루고 있다.

1. 기후형성요소

모든 지역에서의 기후현상은 태양복사, 대기환류, 지형, 해륙분포상황 등 종합적인 작용에 의해 이루어지지만, 이런 요소들의 각 지역에서의 작용은 상이하다. 아래에 백두산 일대에서 이런 요소들이 기후에 주는 영향을 서술하겠다.

1) 태양복사

백두산 일대는 중국 동북에서 가장 추운 곳 중의 하나이다. 이러한 원인은 위도가 북쪽에 치우쳐 태양고도각이 작고 산체가 크고 안개가 많기 때문이다. 이를테면 백두산의 기상대는 북위 42°01′이고 여름철의 태양고도각이 71°26′이다. 동지 때의 태양고도각은 겨우

24°32′에 달한다. 더구나 이 지역은 다른 지역에 비하여 안개가 유달리 많다. 관측에 의하면 백두산 천지 기상대에서 안개가 나타나는 일수는 일 년에 평균 179일이고, 북한기상소 부근에서는 242일이다. 이 원인 때문에 태양복사량은 다른 지역에 비하여 퍽 감소되어 지면이 받는 열량이 적어 겨울은 아주 춥고 길며, 여름철은 온난하나 매우 짧은 특징을 갖게 된다.

2) 대기환류

백두산은 서풍대에 위치하고 있어서 고공에서는 늘 편서풍이 분다. 백두산은 고도가 높기 때문에 바로 서풍대의 직접적인 영향을 받아 연중 편서풍이 분다. 물론 여름철에는 동남풍이 증가하고 겨울철에는 동남풍이 감소되기도 하지만 편서풍이 우세하기 때문에 다른 지역처럼 계절풍이 뚜렷하지 않다.

백두산을 제외한 지역들은 계절풍 지역에 속하기 때문에 겨울철에는 몽고고기압의 영향을 받아 서북풍이 많다. 날씨는 맑고 한랭, 건조한 특징을 나타낸다. 여름철에는 동남계절풍 지역에 위치하므로 동남풍 혹 동풍이 분다. 날씨는 구름과 비가 많고 습하나 기온은 높다.

3) 해륙분포

해륙분포가 기후에 주는 영향은 매우 크다. 이를테면 북한의 해안 지역은 바다의 영향으로 기온의 연교차와 일교차가 적고 습기가 많은 해양성기후의 특징을 가진다. 백두산은 해안에서 거리가 가깝기 때문에 여름철에는 일정한 정도로 바다에서 불어오는 습한 바람의 영향을 받아 비가 많이 내린다. 그러나 본 지역이 대륙의 동안에 처해 있고 탁월풍이 편서풍으로 되어 있기 때문에 겨울철은 물론 여름철에도 대륙에서 불어오는 서풍, 혹은 편서풍의 영향을 받아 대륙성기후의 특징을 나타낸다.

4) 지형

지형은 물질과 에너지를 다시 분배하는 작용을 하므로 기후에 주는 영향이 매우 크다. 백두산은 지형이 복잡하고 해발고도 차이가 크기 때문에 기온과 강수량의 차이가 많다. 이를테면 해발고도가 591m 되는 안도현 송강은 연평균기온이 2.2℃이지만 해발고도 2,620m 되는 백두산 기상잠에서의 연평균기온은 -7.3℃가 된다. 백두산의 주향은 해안선의 주향과 일치하고 있다. 때문에 바람맞이면은 강수량이 많으나 바람을 등진 구역에서의 강수량은 적다. 예를 들면 길림성 통화 일대는 바람맞이면에 처해 있기 때문에 연강수량이 많아 900~1,000mm에 달하지만 화룡은 바람을 등진 곳에 위치하기 때문에 연강수량이 532mm밖에 안된다. 그리고 화룡은 서남-동북주향을 가진 장백산맥의 영향을 받으며, 북쪽은 음사면이어서 태양복사열을 적게 받는데다가 찬 기류가 들어오는 바람맞이면이어서 기온도 역시 낮다. 그러나 남쪽은 태양복사열을 많이 받는데다가 산맥이 찬 기류의 이동속도를 감소시키고, 온도를 높여주는 하강기류작용에 의해 기온이 높다.

상술한 네 가지 요인들은 서로 다른 지역에서 상이한 작용을 일으켜 특색있는 소기후를 형성하는 것도 있지만, 보다 중요한 것은 네 가지 요인들이 상호관련성을 이루면서 종합적으로 작용한다는 것이다.

2. 기후요소

백두산은 비록 면적은 넓지 않지만 해발고도차가 크고 태양광선을 받는 향사면과 배사면이 뚜렷하기 때문에 기후요소의 시간적·공간적 차이가 크다.

1) 태양복사량과 일조

백두산 지역은 구름과 안개가 많고 흐린 날씨가 많기 때문에 태양복사량과 일조시수가 적다. 특히 백두산 정상 부근은 산 아래에 비하여 구름과 안개가 매우 많기 때문에 태양복사량과 일조시간 수가 더욱 적다(표 1~3 참고).

천지기상대에서의 연간 일조시간 수는 2,295시간이지만 송강에서의 연간 일조시간 수는 2,434시로서 천지기상잠보다 129시간이나 더 많다. 일조시간 수의 차이에 의하여 태양복사량의 연총량도 차이가 있다. 천지기상잠에서는 연총량이 121kcal/㎠/년이지만 송강에서는 125.0kcal/㎠/년으로서 천지기상잠보다 4kcal/㎠/년이 더 많다.

일조시간 수의 최대치는 천지기상잠과 송강에서 모두 5월에 나타나는데 각기 230시와 246시로 되어 있다. 그러나 최소치가 나타나는 월수는 다르다. 천지기상잠에서는 7월에 구름이 많고 안개가 많아 최소치가 나타나는데 일조 총시간 수가 124시간밖에 안된다. 송강에서는 태양고도각이 가장 작은 12월에 최소치가 나타나는데 일조 총시수가 162시간으로 되어 있다. 태양 월복사량의 최대치는 천지기상대와 송강에서 모두 5월에 나타나는데 각기

14.15kcal/월, 14.65kcal/월로 되어 있다. 태양월복사량의 최저치는 최소 일조시간 수와는 달리 천지기상잠과 송강에서 모두 12월에 나타나는데 각기 5.3kcal, 5.0kcal로 되어 있다. 태양복사량과 일조시간 수의 차이는 직접적으로 각 지역마다의 열량차이를 조성한다.

2) 기온

백두산은 위도가 다소 높아 맑은 날씨에도 태양복사량이 적고 산체가 높고 안개가 많으며 일조 백분율이 낮다. 특히 태양복사량이 가장 많은 6, 7, 8월의 일조 백분율이 겨우 45~50밖에 안되기 때문에 지면에서 받는 총복사량이 적어 겨울철이 대단히 길고 추우며, 여름철의 온난한 날씨는 매우 짧은 편이다. 천지기상잠에서 측정한 자료에 의하면 연평균기온은 -7.3℃이고 북한기상대에서 측정한 연평균기온은 -8.3℃이다. 이것은 중국과 북한에서 설치된 기상대에서 측정한 연평균기온 중에서 가장 낮은 수치이다. 중국의 한극(寒極)으로 불리는 흑룡강성 막하의 연평균기온도 백두산보다 2.4℃ 높고 서장에서 연평균기온이 가장 낮은 나취(那曲, 해발 4,507m)도 백두산 연평균기온보다 5.4℃ 높다. 백두산에서 가장 무더운 달은 7월로서 월평균기온이 8.7℃이고 가장 추운 달은 1월로서 월평균기온이 -23.3℃이다. 기온의 연교차는 다른 지구에 비해 훨씬 크며 32℃에 달한다. 극단적 월 최저기온도 북한과 중국 지역 이북에서는 가장 낮은 곳으로 천지기상잠에서는 -44℃, 북한기상소에서는 -47.5℃까지 내려간 적도 있다.

백두산지구의 기온분포상황은 백두산을 중심으로 편심타원상으로 나타난다. 산 아래는 기온이 높고 백두산 방향으로 올라가면서 해발고도가 높아 기온이 낮아진다. 실측과 계산에 근거하면 상대고도가 100m 올라가면 기온이 0.59~0.49℃씩 내려간다.

기온의 분포는 또 산맥의 주향과 사면방향의 영향을 받는다. 예를 들면 임강진은 북위 41°43′에 위치하고 해발고도는 332.5m이다. 화룡진은 북위 42°31′이고 해발고도는 442.9m이다. 해발고도와 위도를 보아 임강진의 기온은 화룡진보다 더 높아야 하지만 임강진은 산맥주향의 서쪽에 있어 온도가 낮은 편서풍을 직접 받기 때문에 기온이 내려가 연평균기온이 4.7℃밖에 되지 않는다.

그러나 화룡진은 산맥주향의 동쪽에서 바람을 등지고 있기 때문에 연평균기온이 4.9℃에 달한다. 백두산지구에서 남사면과 북사면의 기온도 일정한 차이가 있다. 남사면에 있는 장백진은 북위 41°21′, 해발고도는 1,016.7m, 연평균기온은 2℃이고, 북사면에 있는 송강진은 북위 42°32′, 해발고도는 591.4m, 연평균기온은 2.2℃이다. 송강진의 연평균기온을 장백진의 위도와 해발고도에 따라 수정하면 연평균기온이 1℃로 된다.

| 표 1 | 극단 최고 최저기온 무상일수 ≥10℃ 적산온도

구분	극단최고기온	극단최저기온	서리가 내리는 날짜			무상일수	≥10℃ 적산온도			
			初日	終日	日數		初日	終日	日數	적산온도
천지	19.2	44.0	8.3	6.18	294.1	72	7.28	8.7	10.9	121.7
화룡	36.7	−33.2	9.2	5.8	229.7	135	5.9	9.28	143.8	2,574.0
송강	34.4	−42.6	9.17	5.27	253.7	112	5.18	9.18	123.9	2,092.3
무송	34.9	−37.7	9.24	5.16	235.0	130	5.6	9.25	143.0	2,606.9
임강	36.5	−35.1	9.28	5.8	223.4	142	5.3	9.29	150.9	279.7
장백	32.5	−36.3	9.18	5.29	254.7	111	5.22	9.17	118.7	1,903.7
동강	33.2	−40.5	9.18	5.22	247.0	118	5.18	9.22	127.6	2,192.1

이처럼 장백진의 기온이 높고 송강진의 기온이 낮은 원인은 장백진이 편서풍을 등진 곳인 백두산의 남사면에 있고, 송강진은 편서풍의 바람맞이면인 백두산의 북사면에 위치하기 때문이다(표 1, 2 참고).

백두산은 기온이 낮으므로 적산온도도 매우 낮다. 기온이 10℃를 안정하게 통과하는 날짜는 7월 24일이고 ≥10℃ 적산온도는 겨우 122.6℃밖에 안된다. 산 아래의 적산온도는 등온선과 마찬가지로 백두산을 중심으로 편심타원상을 이룬다. ≥10℃ 적산온도만 보더라도 송강에서는 2,124.7℃, 해발 500~1,100m인 곳은 1,759~2,406℃이고, 1,100~1,700m인 곳은 1,113~1,759℃, 1,700~2,000m인 곳은 789~1,113℃ 내외로 되고 있다.

무상일수도 해발고도에 따라 다르다. 송강에서는 9월 17일에 첫서리가 내리고 무상일수는 110여 일 되지만 백두산 산정에서는 8월 30일을 전후해서 첫서리가 내리고 무상일수는

| 표 2 | 백두산지구 연평균기온

지점＼월	위도 경도	해발 m	방향 ※	1	2	3	4	5	6	7	8	9	10	11	12	평균
천지	42°01′N 128°05′E	2,623.5	산정	−23.2	−21.5	−16.6	−8.1	−0.9	4.0	8.6	8.1	1.5	−5.5	−13.6	−20.6	−7.3
화룡	42°31′N 128°58′E	442.9	동	−13.8	−10.9	−2.6	6.4	13.8	17.4	20.8	20.0	13.7	6.2	−2.6	−10.5	4.8
송강	42°32′N 128°15′E	591.4	−북	−18.5	−14.9	−5.3	4.3	11.6	15.9	19.8	18.5	11.4	3.7	−5.6	−14.6	2.2
무송	42°16′N 127°55′E		서	−16.5	−13.2	−3.3	6.3	13.8	21.9	18.3	20.5	13.6	5.8	−3.2	−12.9	4.3
임강	41°43′N 126°55′E	332.5	서	−17.1	−12.2	−2.3	7.0	14.1	18.6	22.2	21.2	14.4	6.8	−2.7	−13.3	4.7
장백	41°21′N 128°10′E	1,016.7	남	−17.4	−13.7	−5.6	3.4	10.8	14.4	18.4	17.7	11.0	4.2	−5.2	−14.2	2.0
동강	42°6′N 127°34′E	774.2	서	−16.0	−13.2	−5.0	4.9	12.2	16.3	20.1	18.8	12.3	5.3	−4.0	−12.5	3.3

※ 방향 : 백두산을 중심으로 한 방향.

겨우 72일 내외이다(표 1 참고).

3) 강수

백두산 지역은 강수량이 비교적 많다. 백두산지구에 비가 많이 내리는 원인은 강수일기 계통의 활동이 빈번하고 해양과의 거리가 가까우며 삼림지역이어서 수증기가 많이 생기고 지세가 높기 때문이다.

백두산지구 수증기의 근원은 지면에서 증발되는 수분 외에 태평양과 동해에서 불어오는 동남계절풍 그리고 양쯔강, 화이허기단, 화북기단, 태풍 등이다. 이러한 일기체계는 일반적으로 신의주, 단동지구로부터 서남에서 동북으로, 북한 측에선 동남에서 중국 측인 서북으로 이동되기 때문에 서남부와 동남부의 강수량이 많고 동북쪽과 서북쪽으로 갈수록 강수량이 적어진다. 본 지구의 강수량은 해발고도가 높을수록 강수량이 많고 낮을수록 강수량이 적다(표 3~5 참고).

먼저 서남부와 동북부의 강수량을 보면 백두산의 서남부는 계절풍의 영향으로 인하여 강수량이 많다. 예를 들면 무송의 연평균 강수량은 762.9mm, 임강의 연평균 강수량은 856.5mm이지만 백두산의 동북쪽에 있는 송강의 연평균 강수량은 669.7mm이고 동부에 있는 화룡의 연평균 강수량은 더욱 적어 겨우 517.6mm밖에 안된다. 남과 북쪽의 강수를 보면 백두산 남쪽에서 측정한 북한기상대의 강수량은 2,501mm이지만 북쪽에 자리 잡은 중국 천지의 강수량은 1,340.4mm이다.

지형고도가 높을수록 강수량은 많다. 이를테면 천지기상대에서는 연평균 강수량이 1,340.4mm이지만 해발 710m인 이도백하의 연평균 강수량은 697.9mm이다(표 3 참고). 본 지구의 강수량이 위도, 경도와 지형고도의 영향을 받기 때문에 서로 다른 사면방향에서의 강수량의 변화폭도 서로 다르다. 예를 들면 송강에서 천지에 이르는 사이에서는 높이가 100m 올라갈 때마다 연강수량이 30.9mm씩 증가되나 동쪽 비탈인 화룡에서 천지에 이르는

| 표 3 | 백두산 북사면의 강수량 (단위 : mm)

지 점	해발고도(m)	연강수량(mm)	자료(연)
천 지	2,623.5	1,340.4	59~78
온 천	1,845	1,012.9	76~78
화평영자	1,250	807.8	65~78
내두산	820	680.1	71~78
이도백하	710	697.9	59~78
송 강	591.4	670.8	58~78

사이는 높이가 100m 올라갈 때마다 연강수량이 36.2mm씩 증가된다.

백두산지구에서의 강수량의 상대변동률은 비교적 안정적이다. 통계에 의하면 일반적으로 12~16%이다. 그러나 최대변동률은 비교적 크다.

최대정(正)변동률을 보면 천지 기상대에서는 1964년 연강수량이 1,809mm가 되어 정변동률이 36%에 달했고, 화룡에서는 1971년의 연강수량이 670mm로 되어 정변동률이 29%로 되었으며 송강에서는 1974년 연강수량이 858mm로 되어 정변동률이 28%에 달했고 무송에서는 1964년에 940mm 내려 정변동률이 19%에 달했으며, 임강에서는 1960년 연강수량이 1,238mm로 되어 정변동률이 45%에 달했다. 최대 부변동률(負變動率)은 천지에서 1969년 연강수량이 882mm로 되어 부변동률이 -34%이고 화룡에서는 1980년 연강수량이 304mm로 되어 부변동률이 -41%로 되었으며 송강에서는 1978년 연강수량이 461mm로 되어 부변동률이 -31%가 되었고 무송에서는 1978년 연강수량이 542mm가 되어 부변동률이 -29%, 임강에서는 1978년 연강수량이 644mm로 되어 부변동률이 -25%에 이르렀다.

일반적으로 정변동률의 지역적 분포법칙은 뚜렷하지 않으나 부변동률은 강수량이 적은 동쪽이 크고 서쪽이 작다.

백두산지구의 연강수량과 월강수량은 표 4와 같다. 표에서 보는 바와 같이 강수량이 가장 많은 지구는 산등성이고, 강수량이 가장 적은 곳은 동쪽 사면이다. 월 강수량에서는 일반적으로 1월 강수량이 적고, 7월 혹은 8월의 강수량이 가장 많다. 이를테면 천지기상대에서 1월달의 강수량은 겨우 12.7mm이지만 강수량이 가장 많은 달인 7월의 강수량은 346.2mm이다.

강수량이 많은 계절은 6~9월 사이이다.

백두산지구의 강수일수는 비교적 많으나 지방에 따라 다르다. 강수일수가 가장 많은 곳은 백두산으로서 중국 천지기상대에서의 연중 강수일수는 209일이고, 북한 기상대에서의

| 표 4 | 백두산 지역 강수량

(단위 : mm)

지점 월	1	2	3	4	5	6	7	8	9	10	11	12	연간	변동률
천지	12.7	14.5	36.0	73.2	106.5	186.7	346.2	307.3	138.6	51.2	41.5	18.3	1,332.6	16
화룡	4.7	5.9	9.7	26.9	47.0	96.5	108.3	127.7	52.8	19.9	12.4	5.6	517.6	16
송강	7.3	8.8	13.9	39.6	67.0	105.4	145.6	143.3	72.9	35.0	21.5	9.4	669.7	12
무송	6.5	9.8	14.1	45.4	68.8	118.7	168.9	178.2	74.7	38.0	28.9	10.8	762.9	12
임강	10.4	12.5	19.2	47.7	76.8	112.2	212.9	198.9	80.4	38.6	30.6	16.6	856.5	14
장백	9.4	9.7	20.6	40.4	57.3	110.8	148.8	171.8	65.9	28.2	21.3	11.1	695.3	13
동강	10.5	11.7	21.3	52.6	76.6	116.0	185.5	166.9	82.9	46.5	32.3	14.1	817.0	14

| 표 5 | 백두산지구 강수자료 (단위 : mm)

지 명	연강수량	6~9월 강수량	전년도 강수량의 비율(%)
천 지	1,332.6	978.8	73.5
화 룡	517.6	385.3	74.5
송 강	669.7	467.2	69.8
무 송	702.9	540.5	76.9
임 강	856.5	604.4	70.6
장 백	695.3	497.3	71.5
화평영자	807.8	545.5	67.5
내두산	680.1	492.6	72.4
이도백하	697.9	500.8	71.8
명 월	600.1	436.4	72.7

연강수일수는 207일이다. 특히 우기인 7, 8월은 거의 매일 비가 내리고, 맑은 날은 불과 며칠밖에 되지 않는다.

산 아래는 일반적으로 강수일수가 115~146일이고, 대부분은 6~9월 사이이다. 1일 최대강수량도 백두산 산정이 많은데, 측정자료에 의하면 164.8mm이다. 산 아래의 최대 일강수량은 곳에 따라 다르지만 대체적으로 88~145mm이다. 최대 일강수량 시기는 7월 말 혹은 8월인데 강수유형은 태풍우이다.

4) 바람

풍향은 늘 대기순환과 지형의 영향을 받는다. 백두산 산정은 연중 서풍이 강하게 불거나 편서풍 위주의 바람이 분다.

산 아래는 편서풍이 위주이지만 여름철에는 동남풍이 증가되고 겨울철엔 동남풍이 감소된다.

백두산이 서풍이 강한 곳에 위치하기 때문에 연중풍속이 대단히 커서 연평균풍속이 11.7m/s에 도달한다. 월별 풍속을 보면 겨울철의 풍속이 더 크고 여름철의 풍속이 작다. 그러나 풍속이 가장 작은 달인 8월에도 6.9m/s인데 이것은 산 아래 최대풍속의 배가 된다.

8급 이상의 폭풍일수는 중국 천지기상대에서 267.8일이고 북한 기상대에서 274일이다. 폭풍이 가장 많은 달은 12월로서 29일에 달한다. 최대바람속도는 60m/s이고 순간 최대바람속도는 78.6m/s(북한 기상대의 자료)에 달한다.

3. 백두산의 기후와 관광

백두산의 기후와 관광자원에 따라 관광시기를 대체로 세 개의 시기로 나눌 수 있다.

1) 겨울

백두산에서의 첫눈은 대개 8월 30일에 내리고 마지막 눈은 이듬해 6월 24일에 내린다. 강설일수는 약 145일 정도이고 강설량은 약 320mm이며 적설심도는 곳에 따라 다르지만 대체적으로 1~2m 된다. 전형적인 겨울풍경은 11월부터 이듬해 4월 중순까지 잘 나타난다.

이 시기의 주요 관광은 임해설원, 스키타기와 설산에서 쏟아지는 장백폭포, 적설 속의 온천과 온수욕 등이다. 주의해야 할 점은 평균기온이 -20℃이기 때문에 방한준비를 잘 해야 하고 계곡의 적설심도가 10m를 초과하는 곳도 있기에 안전한 곳으로 다녀야 하고, 대단히 큰 폭풍이 불 때에는 사람이 날릴 위험이 있기 때문에 바깥 출입을 하지 않는 것이 좋다.

2) 여름

7월 초부터 8월 말 사이에는 여름풍경을 볼 수 있다. 주요한 관광으로는 백두산 수직경관대인 침활혼성림대, 침엽림대, 왕사스레림대(岳樺林帶), 태원대(笞原帶)황막대, 장군봉(백두봉), 백운봉, 천문봉 등 기묘하고 웅장한 20여 개 봉우리, 수면면적이 9.82㎢ 되는 넓은 천지 이도백하의 지하산림, 지하폭포, 소천지, 온천, 장백폭포, 지하소금강이라 불리는 부석림 등을 볼 수 있다. 비가 내릴 때 낙석현상이 많으므로 이때 절벽 밑으로 다닐 경우 주의해야 한다. 백두산은 일 년 중 안개가 끼는 일수가 천지기상대에서는 평균 264.8일이고, 북한 기상소 부근에서는 242일이다. 여름철에는 일기 변화가 심하여 안개가 불시에 끼는 경우가 많은데 가시거리가 불과 몇 m밖에 되지 않는다. 그러므로 쉽게 길을 잃어버릴 수 있기 때문에 반드시 큰 길을 따라 다녀야 한다.

3) 가을

가을은 8월 말부터 9월 중순에 해당된다. 이 시기는 백두산에 단풍이 들어 가장 아름다운 풍경을 이루는 시기이다. 그리고 태원대 들죽도 무르익어 관광생활에 더 한층 흥미를 돋우어준다.

| 표 6 | 천지의 기타 기상요소

항 목	1	2	3	4	5	6	7	8	9	10	11	12	전년
절대습도	0.6	0.8	1.3	2.5	4.2	6.9	10.2	9.9	5.3	2.9	1.6	0.8	
상대습도	68	6.4	70	68	73	86	90	88	77	68	67	66	74
1일 최대강수량	64	62	59	67	59	60	63	61	61	70	60	58	61
역년 각 월, 일 강수량≥10㎜													
역년 각 월, 일 강수량≥50㎜ 일수	0.0	0.0	0.0	0.2	0.3	0.2	1.4	1.3	0.3	0.0	0.0	0.0	3.5
역년 각 월 61~70風向頻率 평균 %	N1	NNE0	NE0	EWE0	E0	ESE0	SE1	SSE3	S3				
역년 각 월 61~70風向頻率 평균 %							S3	SSW2	SW8	WSW13	W4	WNW2	

제 11 장

백두산의 식물

제11장

백두산의 식물

1. 식물의 종류

1) 목재식물

백두산지구는 목재가 많이 생산된다. 종류는 약 50종에 달하는데 건축과 제지원료로 쓰인다. 주요 종류는 다음과 같다.

(1) 종비나무(Pecea Konaiensis Nakai.)

상록교목으로서 높이가 30m, 직경이 80cm 정도 된다. 해발 500~1,800m 사이에 분포하는데 주로 습윤한 경사지, 평지, 계곡양단에 자생하고 있다. 주로 건축과 제지공업에 이용되고 있다.

(2) 잣나무(Pinus Koraiensis Sieh etzuec)

상록교목으로서 높이는 약 30m, 직경은 약 1m 정도 된다. 잣나무는 토양이 비옥하고 습도가 적당하며 배수가 양호한 평지 혹은 완경사 지역에서 산다. 해발고도 600~1,500m 사이에 분포하고 침엽림 혹은 침엽, 활엽수림의 혼합림 속에서 산다. 잣나무는 재질이 가벼우면서도 연하고 광택이 있고 잘 썩지 않는다. 건축, 조선, 가구 등을 만드는 데 이용되며 뿌리와 줄기에서는 송진기름을 뽑을 수 있고 잎과 송진은 제약원료로 쓰이고, 잣은 식용으로 쓰인다.

(3) 장백송(Pinus Sylyeeris rar Sylverflomis ofang et e.D. chmbnor)

미인송이라고 부르기도 하며 높이는 약 32m, 직경은 1m에 달한다. 장백송의 분포구역은 매우 제한되어 있는데 해발 630~1,400m 사이의 백두산 북쪽 경사 지역에만 있다. 집중적으로 자생하는 곳은 백산진에 약 100ha, 백두산 보호구 내에 100ha가 있고 기타 지구에는 분산되어 분포하고 있다.

(4) 채양버들(Chosenid arbutifolia(Pclll) A.Skr)

활엽(낙엽)교목으로서 높이는 30m, 직경은 150cm이고 비교적 곧게 자란다. 일반적으로 토양이 비옥한 하천의 양안에서 자생하는데 풍부한 일사량을 필요로 한다. 채양버들이 자생하는 분포지는 해발 약 500~1,650m 사이이다. 이 나무는 건축용으로 이용될 뿐 아니라 성장속도가 빠르고 하천 양안에서 잘 자라기 때문에 수토보존림으로도 이용된다.

(5) 가래나무(Juglang mand shuricd Maxim－J.stenocarp a Maxim)

활엽(낙엽)교목으로서 높이 약 25m, 직경 약 60cm이다. 목질이 굳고 변형되지 않으며 색깔이 아름다워 가구를 만들거나 총박죽을 만드는 데 사용된다.

(6) 황백나무(Thellodendron dmurehse Rupr)

낙엽(활엽)교목으로서 높이는 약 25m, 직경은 60cm에 달한다. 이 나무는 재질이 굳고 무늬가 아름다우며, 습도의 변화에 따른 팽창 및 수축이 적다. 그러므로 배를 만드는 데 많이 사용되고 일부는 가구 제조에도 쓰인다.

(7) 들매나무(Fraxinus mandshuria Ruprecht－F. nigr a Linnaeucs rar mand shurica Lingeheim)

낙엽교목으로서 높이는 약 30m, 직경은 약 60~70cm이다. 재질이 굳고 무늬가 아름다워 가구나 건축에 이용된다.

상술한 가래나무, 황백나무, 들매나무는 백두산지구 해발 1,000m 이하에서 토질이 비옥하고 배수가 잘되는 완경사 지역에서 자생한다.

2) 약용식물

백두산 지역에는 양질의 약재들이 많이 난다. 조사에 의하면 산삼, 당삼, 황계, 세신, 천마, 패모, 오미자, 홍경천 등 진귀한 약초들이 875종이 난다. 이미 30여 종의 약초는 세계 14개국으로 수출되고 있다.

(1) 고산홍경천(Rhodioa Sachinensis A. Bor)

해발 1,800~2,300m 되는 고산태원대와 봇나무 숲속 및 계곡 옆의 바위 부근에서 자란다. 최근의 연구에 의하면, 홍경천의 중요한 약효는 불리한 환경 속에서 생물체의 저항력을 증가시키고 생물체의 생리적 기능을 조절하여 생명활동을 정상상태로 유지시키는 것이다. 이 약은 강장제로서 노화를 지연시키고 수명을 연장시키며 산삼보다 좋다고 한다.

(2) 산삼(Panax ginseng. AMry)

산삼은 해발 200~1,000m 사이에서 울밀도 0.7~0.8 되는 경사 지역의 혼성림에서 자란다. 산삼은 강장제로서 세계적으로 이름나 있으나, 사람들이 과도하게 채취하고 자라는 환경이 파괴되었기 때문에 절멸위기에 처해 있다. 때문에 국가에서 산삼을 중요한 보호식물로 취급하고 있다.

(3) 평패모(Friti llaria ussuriensis Maxim)

패모는 해발 900m 이하의 혼성림 속에서 자라는데 계곡이나 습지초원에 많다. 패모는 귀중한 한약재인데 최근에는 채취량이 너무 많아 보호식물로 취급되고 있다.

(4) 천마(Ctastrodia elata Blume)

천마는 다년생부생초본(多年生腐生草本)식물이다. 백두산지구에 널리 분포하는데 해발 500~1,400m 사이의 혼성림 습지초원에서 자란다. 천마는 바람을 막아주고 경련을 멈추게 하는 귀중한 약재이다. 과거의 지나친 채약으로 인해 야외에서 천연천마를 보기는 어렵게 되었다.

(5) 가시오가피나무(Acant hopanax Senticosus(Rupr. etMaxim) Harms)

백두산지구에 널리 분포하며 낙엽관목으로서 높이는 약 2m 정도이다. 관심병, 당뇨병, 풍습증, 정신분열증, 신경쇠약, 신장허약 등에 좋은 효과를 나타낸다.

(6) 오리나무더부살이(Boschniakia rossica(cham, etscchltdl) Fedtscf.tFleror)

다년생 기생초본으로 분포상황을 보면 대체로 두 가지 유형이 있다. 하나는 침엽혼성림과 떨기나무숲속의 협곡 또는 경사가 매우 급한 절벽에서 살고, 다른 유형은 해발 1,300~2,000m의 강변 골짜기나 떨기나무숲속의 급경사지에서 산다. 토명으로 불로초라 불리는데 신이 허약한 데 쓰인다.

3) 식용식물

백두산지구에는 200여 종의 야생 식용식물이 있다. 씨를 이용할 수 있는 것은 잣나무, 가래나무, 개암나무 등 10여 종이고 열매를 쓸 수 있는 것은 질괭이나무, 야광나무, 머루, 들죽 등 10여 종이고, 채소로 이용할 수 있는 것은 고비, 고사리, 미나리 등으로 30여 종이다. 식용으로 이용할 수 있는 진균은 100여 종 된다.

(1) 고비

다년생 초본으로서 해발 200~1,100m의 소림(疏林), 소택습지초원에서 자란다. 고비는 말린 다음 수출하는데 길림성에서는 해마다 1,000만 달러의 외화를 벌어들이고 있다.

(2) 고사리

다년생 초본식물로서 높이가 1m 정도 된다. 백두산지구에서는 해발 200~1,500m의 소림, 황지, 목재채벌 적지(蹟地)에서 자란다. 고사리는 일반채소에 비해 비타민의 함량이 1~8배 높다.

(3) 두릅나무

낙엽관목 혹은 작은 교목으로 키는 6m 정도이고 나무직경은 9cm 내외이다. 백두산지구 해발 300~1,000m 사이의 활엽혼성림, 활엽홍송림, 관목림 내에서 자란다. 두릅나무는 싹을 식용으로 하는데 신선하고 맛도 좋아 연변 지역에서 수출하는 주요 산나물 중 하나이다.

(4) 참나물

다년생 초본으로서 키는 1~2m 내외다. 백두산지구에서는 해발 300~900m의 소림 혹은 관목림에서 자란다.

4) 밀원(密源)식물

백두산구에는 밀원식물 종류가 많고 자원이 풍부하여 양봉업을 발전시킬 수 있는 풍부한 토대가 있다. 밀원식물 중에는 달피나무, 찰피나무, 싸리 등 280여 종이 있다.

5) 기타 유용식물

백두산지구에는 머루, 들죽, 참댕댕이나무, 질괭이나무, 오미자 등 40여 종의 음료식물이 있다. 이러한 원료를 이용하여 10여 종의 음료를 만들어 30여 개국에 수출하고 있다.

해당화, 올달맞이꽃, 향유 등의 향료식물도 약 100여 종 있다.

2. 식물의 수직분포

백두산은 화산체로서 해발고도가 높고 상대고도가 크기 때문에 기후, 토양 등의 차이도 크다. 이러한 차이는 식물분포의 차이를 초래했는데 해발고도의 차에 따라 서로 다른 식물상이 띠 모양으로 분포되어 있다. 그러나 학자들의 관점 차이로 인해 수직분포의 구분이 다르다.

백두산 북사면의 식물상 수직대는 표 1, 서사면의 식물상 수직대는 표 2와 같다. 백두산 동사면의 식물 수직분포는 다른 사면과는 달리 떨기나무림대가 없고 해발 약 1,000m까지 장백이깔나무림대로 되어 있는 것이 특색이다. 동남사면은 북한 학자들이 아래와 같이 나누었다(홍수익 집필, 『조선자연지리』, 김일성종합대학출판사, 1989).

1) 한대성 식물군락

① 높은 산초원 군락

② 높은 산떨기나무숲 군락

2) 아한대성 식물군락

① 분비나무, 가문비나무숲 군락

② 이깔나무숲 군락

③ 바늘잎나무, 잎지는 나무에 섞인 숲 군락

3) 온대성 식물군락

중국 학자들이 백두산 수직대를 나눈 것은 다음과 같다.

(1) 고산태원대(산지늪지대)

해발 2,000m 이상으로 화산체의 중상부에 분포하고 있다. 기후유형은 한대성이다. 산지 태원토가 발달되었는데 석회가 많고 토층은 얇으며 생초화, 니탄화, 갈매화 현상이 있다. 이런 환경 속에서 식물의 키는 작고 뿌리가 발달된 포복상관목들이 자라고 있다. 예를 들면 곱향나무, 넓은 잎담자리꽃나무, 참꽃, 들죽 등이다. 초본종자 식물로는 되범꼬리 백두산 범의귀, 두메자운 등이 있고 고사리류로는 두메우두풀 등이 있다. 이외에 우산이끼, 솔이끼류, 진균 등도 있다.

(2) 산지 떨기나무림대(악화림대, 산지 사스레나무림대)

해발 1,700~2,000m 사이의 화산체 하부에 있다. 기온이 낮고 강수량이 많으며 습도가 높고 강한 편서풍이 부는 곳에서 자생하고 있다. 토양유형은 산지생초삼림토로 토양층이 얇고 각력(角礫)이 많다. 대표종은 떨기나무인데 바람이 강하여 나무키는 작고 구부러졌으며 드문드문 자생하며 관목으로는 노랑떡갈나무가 대표종이다. 또 가시인삼, 산종덩굴, 오리나무더부사리, 쑥류, 선태류도 있다.

(3) 침엽림대

해발고도는 1,100~1,700m이고, 경사가 완만하거나 평탄한 대지에 분포한다. 지형은 경사진 현무암대지와 평탄한 현무암대지다. 토양유형은 주로 갈색침엽림토이고 낮은 곳에 소택지토가 발달되어 있다. 연평균기온은 -2.3~0.9℃이고 연강수량은 782~967mm 정도이고, 무상기일은 83~104일이며 ≥10℃ 적산온도는 1,113~1,759℃이다. 본 대는 식물상 유형에 따라 두 개의 대로 나눈다.

① 떡갈나무-전나무-가문비나무대

해발 1,500~1,700m이다. 본 대에는 주로 떡갈나무, 가문비나무(장백변종), 종비나무와 분비나무로 구성되어 있다. 이곳엔 수목이 밀집되어 있기 때문에, 관목과 초본식물의 발달이 매우 미약하다. 그러나 솔이끼류 식물이 매우 많아 그 두께는 10cm에 달한다.

② 잣나무-가문비나무-전나무

해발고도가 1,100~1,000m 사이의 현무암 대지에 분포한다. 기후는 비교적 차고 토양층에는 많은 화산회와 부석질이 섞여 있다. 주요 수종은 잣나무, 가문비나무, 분비나무인데 교목층은 28m에 달한다. 관목류는 해발고도가 낮을수록 많아진다.

(4) 잣나무 혼성림대

해발고도 500~1,100m 사이에 분포한다. 지형은 저기복의 현무암대지이고 주요 토양유형은 암갈색 삼림토인데 하곡과 저지대에 소택토와 충적토도 분포하고 있다. 연평균기온은 0.9~3.9℃이고 ≥10℃ 적산온도는 1,759~2,406℃이며 연강수량은 633~782mm다. 잣나무는 본 대의 대표적인 식물이다. 비록 수목의 양은 많지 않으나 고루 분포하며 항상 교목층의 상층에 있다. 잣나무와 전나무가 본 대에서는 우세이고 가문비나무, 종비나무, 분비나무도 있으며 장백송도 약간 있다. 활엽수 중에는 일반적으로 고로쇠나무가 많다. 그러나 온난하고 습윤한 곳에는 비술나무가 많고 산사면의 중부와 상부에는 달피나무, 난티느릅나무, 까치박달루티아자작나무가 많다. 산기슭의 토양습도가 높은 곳이나 하안 일대에는 물황철, 백양, 황백나무, 가래나무, 들깨나무가 자란다. 관목으로는 개암나무, 가시오가피나무, 고광나무, 까치밥나무, 생열귀나무 등이 자라고 숲속에는 산삼, 황기, 평패모 등 약재식물과 고비, 고사리 등 산나물도 자란다.

(5) 낙엽활엽수 혼성림대

해발 500m 이하에 분포하는데 주로 가둑나무, 찰피나무, 고로쇠나무, 가래토시나무, 황백나무, 사시나무가 많고, 산 능선에는 소나무가 자생하고 있다. 초본식물들은 그 종류와 양이 여러 대 중에서 가장 많다.

| 표 1 | 백두산 북사면 식물의 수직분포대

죽내고(1943)		진운지(1964)		전가구(1979)		왕전등(1980)		조대창(1980)	
고산대 왜소관목군락	 1,800~ 2,100m上	산지태원대 (산지늪지대)	2,000m 上	툰드라	2,000~ 2,691m	툰드라 (고산황막)	 2,000m 上	 툰드라	 2,000~ 2,691m
삼림대 상부활엽림대 상부침엽림대	 1,800~ 2,100m 1,600~	 사스레림대 한온대침엽	 1,800~ 2,000m 1,100~	침엽림대 사스레림	1,100~ 2,000m 1,800~ 2,000m	아고산 사스레림대 암침엽림대	1,700~ 2,000m 1,100~	아고산 사스레림대 운냉삼림대	1,700~ 2,000m 1,150~

죽내고(1943)		진운지(1964)		전가구(1979)		왕전등(1980)		조대창(1980)	
하부침엽림대	1,800m 1,300~ 1,600m	림대	1,800m	운냉삼침엽림아대 홍송운냉삼림아대	1,400~ 1,800m 1,100~ 1,400m		1,700m		1,700m
혼성림대	1,300m下	침엽-낙엽 활엽혼성림대 한침엽림 낙엽활엽 혼성림대	800~ 1,100m 500~ 800m	침활혼성림대 상부침활 혼성림아대 차생낙엽활엽 림아대 (원생침활 혼성림대)	1,100~ 1,200m下 600~ 1,100m 600~ 700m下	활엽홍송림대	500~ 1,100m	홍송활엽 혼림대 몽고가둑나무(원홍송활엽혼림대)	550~ 1,150m 550m下

| 표 2 | 백두산 서사면 식물의 수직분포대

북천정부(1941년)		유신악(1955년)		주이량(1961년)			전가구(1979년)	
고산식물대	2,000~ 2,500m	고산초원대	2,000~ 2,700m	고산무림식물대		2,100m 이상 고산초상관층	고산툰드라	2,050m 이상
상부침엽림대	1,500~ 2,000m	상부활엽림층	1,800~ 2,100m	아고산희림혼습초원대		2,100~1,800m 사스레희림	침엽림대 사스레림	2,050~ 1,200m 2,050~ 1,880m
중부침엽림대		침엽수순림층	1,600~ 1,800m	삼림식물대	아고산침엽혼림아대 1. 운냉삼림차아대 2. 홍송침엽혼림차아대	1,800~1,200m 운랭후림 1,200~1,000m 강송침엽혼림	운냉삼림아대 홍송운랭삼림아대	1,880~ 1,500m 1,500~ 1,180m
하부침엽림대	600~ 1,000m	침활혼교림층 하부활엽림층	500~ 1,600m 500~ 600mm 이하	(삼림식물대)	저산침활혼교림아대 1. 홍송활엽혼림차아대 2. 홍, 백송활엽혼림차아대	1,000~700m 홍송활엽혼림 700mm 이하 홍, 백송활엽혼림	침활혼림대 상부침활혼림대 차생활엽림아대 (하부침활혼림층)	1,200~ 800m 800m 이하

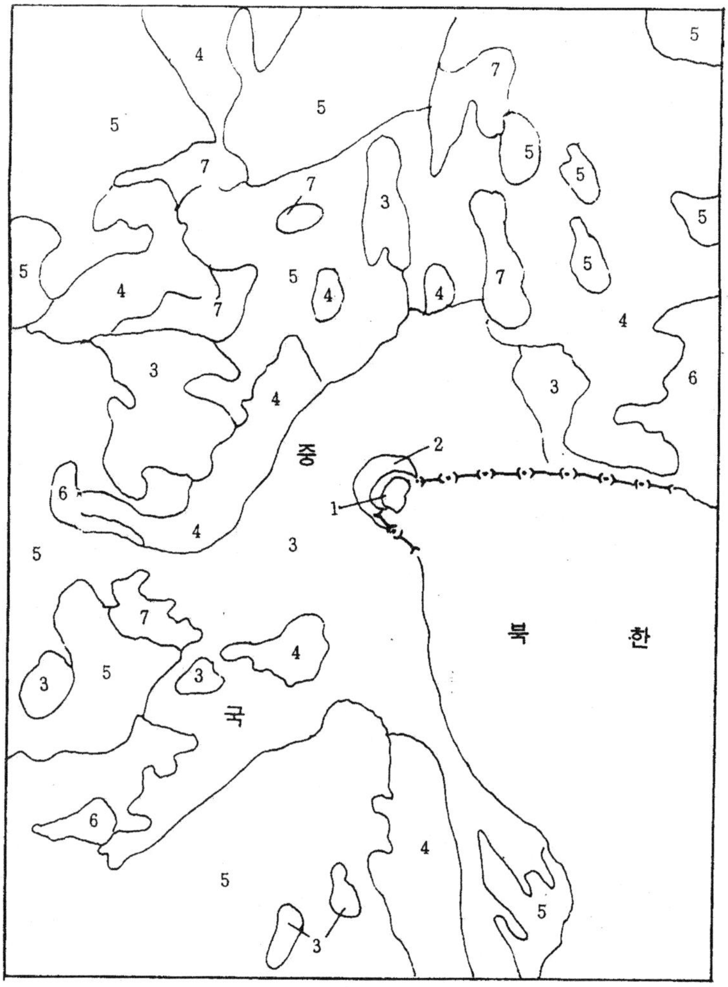

1. 관목 2. 관목림 3. 침엽림 4. 침활혼성림 5. 활엽림 6. 봇나무 7. 수림

그림 1. 백두산 수림분포도

제 12 장

백두산 북사면의 토양유형

제12장

백두산 북사면의 토양유형

본 지역은 중온대에 속하며 지형고도의 차이에 의하여 수직지대성 토양인 화산회토, 산지 습초원토, 갈색침엽림토, 암갈색삼림토가 형성되었고 지모특징에 따라 백장토, 신적토, 충적토, 소택토, 흑토 등이 형성되었다.

1. 토양형성 인자

1) 지형

지형은 성토인자 중 각종 성토인자를 재분배하는 작용을 할 뿐 토양형성과정에서 물질과 에너지 교환과정에는 참여하지 못한다.

백두산 일대는 해발 600m부터 2,670m 사이로 지형고도차가 매우 크며 수직지대성이 뚜렷하다. 중요한 지형유형은 화산추체, 경사고원, 완만한 현무암대지, 하곡평원, 소택지 등으로 이루어졌다.

① 화산추체는 해발고도는 1,800m 이상이고 산체의 경사도는 35~40도이고 광활한 현무암대지 위에 우뚝 솟아 있다. 추체의 중앙에는 천지가 있고 추체의 면적은 약 450ha이다.

② 경사현무암고원은 화산추체의 아래에 분포되었는데 해발고도는 1,000~1,800m 사이이고 경사가 약 10°가량 된다. 대지면에는 이도백하와 삼도백하가 흐르면서 매우 깊

은 협곡을 이루었다.

③ 완만한 현무암대지는 군함산현무암의 분출에 의하여 형성된 대지로서 해발고도는 700~1,000m 사이다. 대지면은 하천의 침식작용에 의하여 완만한 기복이 있는 현무암용암대지 경관을 이루었다.

④ 하곡평원은 주로 이도백하와 삼도백하의 하곡에 분포되었는데 평원의 주변에는 단구와 대지가 분포되었다.

2) 기후

기후는 토양형성과정의 물질과 에너지 교환과정에 참가하는 중요한 성토인자이다.

본 지구는 해발고도의 차이에 의하여 중온대, 한온대, 한대를 포함하는 기후수직대를 이루고 있다. 주요한 기후특점은 생장기가 짧고 기온이 낮으며 강수가 풍족하다. 기상자료에 의하면 본 지구의 연평균기온은 해발고도가 높을수록 낮아지고 강수량은 해발고도가 높을수록 많다(표 1 참고).

| 표 1 | 백두산 북사면의 기후자료

지 점	해발고도	5~9월 적온	≥10℃ 적온	강수량
송강	560			
3도백하	590	2,996	2,160	620
2도백하	710	2,385	1,872	698
천지	-7.3	-	-	1,340

3) 모질

① 기성암풍화물은 현무암대지에 분포되었는데 그 수량은 백두산 북쪽 비탈의 대부분을 차지한다. 본 모질에는 SiO_2가 60~70%를 차지하고 3산화물이 25% 정도, CaO와 MgO의 함량은 5%가량 된다. 표토는 사양 혹은 양질이고 그 아래에는 반풍화된 자갈로 되어 있다. 본 모질에는 미량원소가 많고 토양기계조성이 점중하여 부식질누적에 매우 유리하다.

② 황토는 현무암대지와 2~3급단구에 분포되었다. 모질이 점중하고 물이 잘 삼투되지 않아 일반적으로 백장토의 모질로 되어 있다.

③ 화산회는 백두산 북사면에서는 완만한 현무암대지, 경사현무암대지, 화산추 동쪽 넓은 지역에 분포되었다. 화산회의 화학성분은 조면암과 비슷하나 모질의 기계조성은 화산사가 위주이다. 본 지구는 기온이 낮고 형성시대가 짧다. 모질의 화학풍화가 잘

되지 않았다. 그리하여 모질에는 화산사가 위주로 되어 물이 삼투가 잘 되고 모질의 세탈작용이 강화되면서 토양 단면에 세탈층을 이루었다.

④ 충적물은 이도백하와 삼도백하 양안에 분포되었는데 주로는 화산회, 화산사의 퇴적물이다.

4) 식피

식피는 토양의 발생, 발전과정에서 활약성이 가장 강한 인자이다. 본 구의 식물상은 지형고도에 따라 차이가 있다.

(1) 고산관층

백두산 화산추체에 분포되었는데 주로는 지의류, 태선류와 키가 낮은 관목이 공생하고 있다. 모질층의 3분의 1은 식물의 뿌리이고 3분의 1은 식물의 잔체이고 나머지 3분의 1은 니사로 되어 있다.

(2) 왕사스레나무림대

해발 1,800~2,000m 되는 화산추체의 하부 식물층은 상하부로 나눌 수 있는데 상부는 왕사스레나무이고 하부는 초본식물층으로 되어 부식질 내원이 풍부하다.

(3) 침엽림대

해발 1,000~1,800m 사이에 있는데 주로 홍송, 삼나무, 낙엽송으로 되어 있다. 토양표층에는 초본식물이 적고 침엽수의 잎이 퇴적되고 분해되어 산성토 등을 형성한다.

(4) 침활혼성림대

해발 1,000m 이하에 분포되었는데 홍송, 낙엽송 등 침엽수와 두릅나무, 가둑나무 등 낙엽림이 공생하고 있다. 그리고 식물잔락물이 많이 퇴적되어 비옥한 흑토층을 형성하였다.

(5) 활엽관목지대

해발 600m 이하의 구릉지구에 분포되었다. 성토과정은 부식질의 누적과정이 위주이고 경작지는 수토유실이 성행된다.

(6) 습초원식피

1급단구와 높은 범람지에 분포되었다. 식물잔락물이 많고 토양 중 부식질함량이 높아 비옥한 농경지로 되고 있다.

(7) 소택식물

지형이 비교적 낮은 곳에는 습성식물이 많아 토양층에 초탄층을 형성하고 지하수위가 높아 토양층에서 갈매화과정이 성행되어 잡육층을 형성하였다.

2. 성토과정

1) 부식질의 누적과정

토양표층에 식물 잔락물인 잎, 근계, 줄기 등이 퇴적되는데 백두산에서는 활엽수가 있는 토양에 가장 많다. 토층에 퇴적된 식물 잔락물은 호기성 미생물에 의하여 분해되고 분해된 광물질은 다시 합성되어 보귀한 부식질을 형성한다.

일반적으로 부식질이 많으면 토양양분들인 질소, 인, 칼륨함량이 높고 대환능력이 강하여 양분의 유실을 방지한다. 때문에 부식질화과정은 토양의 존재를 결정하는 핵심이고 농작물을 재배하는데 가장 중요한 토양흑토층을 형성하는 기본이다.

2) 세탈과정

본 지구는 덥고 추운 계절이 뚜렷하고 비는 6, 7, 8월에 집중적으로 내리고 기타 계절에는 강수량이 적다. 여름철 강수량이 많을 때 유기산이 많아 토양 아표층의 유색광물들을 분해하여 아표층 아래에 침적되게 한다. 그리하여 아표층은 유색광물질이 없어 회백색으로 변화되어 세탈층을 형성하고 그 아래는 많은 광물질들이 집적되어 집적층을 형성한다. 이러한 과정은 회종양이 뚜렷하다. 그리하여 단면은 A~A2~B~C로 되어 있다.

3) 회화과정

회화과정은 강산성 조건하에서 토양광물질이 분해, 파괴되고 토양 단면 중의 3산화물이 세탈되고 SiO_2가 토양 중에 집중되어 회화층을 형성하고 철, 알루미늄, 탄소가 회화층 아래에 집적되는 것을 말한다. 백두산 일대에서는 주로 침엽수의 식피조건하에서 많이 형성된다.

부식질에는 부리산이 많고 부리산은 철, 알루미늄과 기타 양이온과 축합되고 세탈되어 그 아래에 집적층을 형성하는데 유기산의 함량은 회화층보다 더 많다.

4) 점화와 갈색화과정

점화과정은 토양 중의 원생광물이 분해되어 알루미늄규산물을 형성하는 과정인데 이를테면 토양 중의 장석이 분해되어 점토가 되는 것을 말한다. 갈색화는 토양 중의 철분이 산화되어 형성되는데 분해 정도의 차이에 따라 적색, 홍색, 갈색으로 나타난다. 백두산 토양에는 산화철이 많아 갈색으로 나타나는 경우가 많다.

5) 백장화과정

토양 중에 수분이 많아 아표층의 철과 망간이 세탈되면서 그 아래에 집적층을 형성한다. 집적층이 형성된 후 토양공극이 적어 물이 삼투되지 못하기에 토양수는 집적층을 따라 내려가면서 아표층 중의 유색광물질을 세탈하여 백색의 아표층이 생기는데 이 과정을 백장화과정이라 한다.

6) 습초원화과정

지하수가 토층에 침윤되고 토양표층에 습초원 식물이 자라는데 토층에 들어오는 유기잔체가 많아 토양유기질과 양분은 많으나 수분이 많아 작물재배에는 불리하다. 습초원과정은 백두산 산곡과 하천 양안에 많다.

7) 소택화과정

적수조건하에서 토양의 유기잔체가 토양표면에 집결되어 분해되지 못하고 니탄화되고 토층은 물이 많아 잠육화된다. 주로 평탄한 용암대지, 산골짜기, 강변에 많다.

8) 침적과정

침적과정은 부동한 동력에 의하여 토양층에 퇴적되는 것을 말한다. 이를테면 홍수에 의하여 퇴적된 홍적물이 지면경유에 의하여 산록에 퇴적된 파적물, 바람에 의하여 퇴적된 풍적물, 호수에서 형성되는 호적물, 빙하에 의하여 형성된 빙적물, 보저에서 퇴적된 잔적물,

화산활동에 의하여 형성된 화산화층 등인데 본 지구에서 볼 수 있는 것은 충적물, 화산회, 홍적물이 많고 산지에는 파적물과 잔적물이 많다. 이러한 침적물량의 모질로 부동한 침적과정은 토양의 성질에 영향을 준다. 이를테면 충적 가운데는 부식질이 많고 토양양분도 많아 비옥한 토양을 형성하고 그 질 또한 좋아 작물생장에 유리하지만 홍적물은 돌, 모래 등이 많아 석질토로 되어 경작에는 불리하다. 파적물은 지면경유에 의하여 운반된 토양의 흑토층이기에 양분함량이 많아 비교적 비옥한 토양이 형성된다.

3. 토양분류

1) 토양분류의 원칙

토양분류는 토양과학의 기초이다. 토양분류가 토양의 발생, 발전법칙을 반영하여야 효과적으로 토양을 개량할 수 있다. 토양은 역사자연맥이기에 토양분류는 반드시 성토인소, 성토과정과 토양속성을 긴밀히 결합하여야 한다. 다만 성토조건을 성토과정과 토양의 속성에 긴밀히 결합시켜야만 토양분류의 과학성, 계통성을 보증할 수 있고 생산을 위하여 복무할 수 있다. 그리고 자연토양과 농업토양은 연계성이 있기에 자연토양 중에 농업토양을 결합하는 것을 원칙으로 한다.

2) 토양분류계통

백두산 토양의 분류는 토류, 아류, 토속, 토종 등 4급분류제를 실시한다.

(1) 토류

토류는 토양분류에서 고급분류단원이다. 토류를 나누는 의거는 구역의 생물, 기후, 식물군락이 대체상 통일되고 토양의 성토과정이 같으며 토체의 구성, 비옥성, 토양개량방향이 같아야 한다.

(2) 아류

토양의 전형적인 성토과정은 같으나 부가적인 성토과정도 있다. 획분하는 중요한 의거는 중요한 성토인소는 같으나 그중 일부 인소가 약하여 토양 단면에 차이가 있는 것을 말한다.

(3) 토속

토속은 아류의 구역성 차이에 의하여 형성된다. 이를테면 토양모질에 따라 산성, 중성, 염기성으로 나누고 지하수위에 따라 주육성과 잠육성으로 나누고 중소지형이 다름에 따라 평지, 강지와 산지로 나눈다.

(4) 토종

토종은 토양분류단원의 기초단원으로서 동일한 토종은 동일한 성토과정, 동일한 토양 단면과 토체구도 및 동일한 토양속성을 가져야 한다. 흑토층의 두께에 의하여 토종을 분류하고 충적토는 토양기계조성에 의하여 나뉜다.

| 표 2 | 토양의 분류

토류	아류
화산회토	화산회토 부식질화산회토 침엽림화산회토
회화토	회화토
회갈색산림토	회갈색산림토 암갈색산림토
백장토	산지백장토 대지백장토
습초원토	고산습초원토 대지습초원토 평천
흑토	흑토
신적토	백장토저신적토
충적토	충적토저신적토
소택토	화산구소택토 산지소택토 평지소택토

동일한 토종은 토양 단면과 토양성질이 기본상 같다. 산지토양은 흑토층의 두께에 의해 박층, 중층, 후층으로 나누고 충적토양은 사질, 사양질, 점토 등으로 토종을 획분한다.

4. 백두산 토양의 분포규율

백두산 북쪽 비탈의 토양은 수직지대원이 명확하고 일부 비지대성 토양이 끼어 있다. 해발 2,500m 이상은 화산회토이고 1,800~2,500m 사이는 부식질화산회토이다. 해발 1,200~1,800m 사이는 상부에 침엽림 회화토가 분포되고 하부에 침엽림 회종양이 있다. 해발 700~1,200m 사이의 고대지에는 침엽림 회종양이 분포되었는데 회종양대지 중 경사가 완만한 곳에는 백장토가 분포되었다. 해발 800~1,000m 사이에는 회종양이 분포되고 분지에는 충적토, 습초원토, 소택토, 니탄토가 발육되고 송강분지의 북부 500~1,000m 사이에는 회종양, 암종양이 분포되고 대지에는 백장토가 분포되었다.

5. 토양의 유형

1) 화산회토

본 토양은 해발 2,000m 이상 되는 백두산 화산추체에 분포되었다. 비경작지이고 기후가 한랭하여 식피 목재로도 매우 낮다. 본 토양은 제1차 토양분류표에는 없었고 학술계에서도 인정하지 않았다. 제2차 토양보편조사 때 백두산 추체의 토양조사와 성토환경에 관한 조사를 거쳐 단독적인 토류로 인정하고 성과 중앙 토양조사사무실의 인정을 받아 길림성 토양 분류 계통에 납입되었다.

본 토양은 백두산추체 해발 2,200~2,500m 사이에 분포되었다.

화산토는 토양 단면의 특징과 부식화 정황에 따라 화산회토와 암화산회토로 나눈다.

| 표 3 | 화산회토의 면적

(단위 : ha)

분포구	면적(ha)
연 변	6,533(ha)
화룡시	2,138(ha)
안도현	4,395(ha)

화산회토는 기후가 한랭하여 부식질화 과정이 잘 되지 않고 토양 단면도 발육되지 못했으나 암화산회토는 부식질화과정이 잘 되어 흑토층이 잘 발육되었고 표층의 부식질함량도 높다(표 4 참고).

표에서 보는 바와 같이 다른 토양에 비하여 부식질함량이 A_1층에 많고 C층은 부식질 함량이 적으며 토양 단면층차가 생기지 않고 유년토양임을 알 수 있다. 그리고 A층이 얇고 C_1층과의 양분차이가 매우 커서 식물의 근계가 지하로 내려가지 못하고 A_1층에 집중된다.

본 지구는 기후가 한랭하며 광물의 물리풍화가 위주이고 화학풍화는 잘 되지 않는다

| 표 4 | 화산회토 농화분석

(속효성 : V)

토양	층차	심도(cm)	유기질(%)	전N(%)	N/C	전P(%)	전K(%)	속효N	속효P	속효K
화산회토	A_1	0~6	2.35	0.179	7.9	0.034	4.09	1.94	7.4	197
	C_1	6~20	1.70	0.078	12.6	0.037	4.52	97	3.7	152
	C_2	20~45	0.74	0.029	14.8	0.069	4.17	79	3.0	163
	C_3	45~104	0.74	0.033	13.0	0.024	4.68	88	3.4	167
	C_4	104 이하	0.21	0.015	8.1	0.073	4.85	28	1.7	122
암화산회토	A_1	9~20	14.71	0.413	20.7	0.047	3.12	408	13.7	190
	C_1	20~46	2.49	0.082	17.4	0.016	3.65	102	3.5	102
	C_2	46~73	1.46	0.056	15.1	0.030	3.54	75	4.9	75
	C_3	73~100	0.69	0.036	10.5	0.043	3.64	84	6.1	86
	C_4	100 이하	0.75	0.034	9.7	0.041	3.65	59	6.5	81

| 표 5 | 화산회토 광물질전량 분석표

단면호	층차	심도	소실량 (%)	SiO_2	Al_2O_3	Fe_2O_3	TiO_2	MnO	CaO	MgO	K_2O	Na_2O	P_2O_5	총량 (%)
5302	A_0	9~20	15.72	57.02	14.64	6.987	0.400	0.118	1.4573	0.1995	2.296	2.742	0.063	101.63
	A_1													
	C_1	20~46	2.48	62.28	14.31	7.112	0.413	0.1195	1.2150	0.2494	2.584	3.138	0.028	94.93
	C_2	46~73	2.83	62.74	14.838	7.486	0.423	0.1185	1.0807	0.3242	3.380	4.61	0.074	98.36
	C_3	73~100	2.17	61.45	14.39	7.360	0.367	0.1840	0.4858	0.1895	3.660	4.65	0.080	95.06
	C_4	100 이하	2.04	60.31	14.35	8.532	0.457	0.1750	1.0410	0.3243	3.750	5.04	0.076	96.095

(표 5 참고).

본 토양의 단면은 잘 발달되지 않았다. 토층이 매우 얇아 15~40cm이고 표면에는 3~8cm의 조부식질층과 세근(細根)이 있어 탄성이 크다. AB층은 약 10cm 정도인데 회갈색사양토이고 갈매화현상도 보인다. C층은 화산사력으로 이루어져 있는데 두께가 20cm를 초과하지 않는다. pH는 4.6~5.0이다.

분포지역 : 백두산 풍구 북쪽 1,200m, 해발고도 2,030m

A_0층 0~9cm 지표 선태근, 반부식, 습 pH 4.7

A_1층 9~20cm 갈회색, 사양질, 조습, 갈회색무늬, 갈매화현상, pH 4.8, 유기질함량 9.25%

BC층 20~46cm 황갈색, 암갈색무늬, 사양질, pH 5.2, 유기질함량 5.54%

C층 46~73cm 부석과 조면암의 풍화물, 자갈이 많다.

화학분석결과는 표 5와 같다.

본 구는 기후가 한랭하고 토층(土層)이 극히 엷기에 농림(農林)과 식수조림(植樹造林)이 곤란하다. 그러므로 현재의 자연식물상을 잘 보호하여 과학연구와 관광기지로 보존해야 한다.

2) 화산회침엽림회화토

백두산침엽림구에 분포되어 있는데 면적은 4,212ha이다. 본 토양은 현무암대지에 있는데 부석층에 발육되었다. 본 토양의 화학분석수치는 표 6을 참고하라.

| 표 6 | 화산회 침엽림회화토 부면 양분분석표(剖面 養分分析表)

토속 명칭	단면대호와 채토지점	채토 심도(cm)	부식질 (%)	全量養分(%)			速效養分(ppm)			pH (水)
				전N	전P	전K	N	P	K	
火山沙礫針叶林灰化土	06-53-18-4-14 安圖縣白河林業局黃松甫林場	7~14	9.25	0.351	0.084	1.48	480.8	18.76	479	4.49
		14~50	2.09	0.071	0.042	1.00	205.8	6.16	184	4.52
		50~64	1.69	0.051	0.049	0.94	103.9	10.47	213	4.71
		64~110	1.11	0.022	0.028	1.08	99.7	3.32	421	4.84

3) 습초원토

본 토양은 고산습초원토와 대지습초원토로 나눈다.

(1) 고산습초원토

본 토양을 산지습초원토라고 부르는 학자도 있다. 해발 1,800~2,000m의 백두산 화산체 하부에 분포되어 있다. 이곳은 기온이 낮고 강수량이 많다. 떡갈나무가 위주이고 소량의 낙엽송과 관목이 있고 초본식물이 많다. 기후가 한랭하고 형성된 시기가 짧아 토양층의 차이는 뚜렷하게 발달되지 않았으나, 초본식물이 많아 토양 내의 유기질 함량이 높다. 단면 특징은 다음과 같다.

지점 : 고산 스키장 남쪽 1,100m 길 옆

지형 : 백두산 화산추체 하부 해발 1,950m

식물 : 떡갈나무, 초본식물

모질 : 화산회, 조면암, 자갈

A_0 0~3cm 반부식 낙엽층

A_1 2~11cm, 갈회색, 사양질, 근계가 많아 탄성이 있다.
pH 5.5~5.6

A_1 11~23cm, 갈흑색, 사양질, 화산사가 많다. 근계가 적다. 유기질 함량은 11.87%이다.

BC 23~67cm 갈색, 사양질, pH 5.6 유기질 2.3%이다.

C 67cm 이하 연한 갈색, 석력이 있는 사양질, pH 5~7 유기질 1.82%이다.

광질전량분석(鑛質全量分析) 결과는 다음과 같다(표 7 참고).

본 토양의 주요한 특징은 표층의 부식질함량은 높으나 C층은 급격히 감소된다. 유기질은 기후가 한랭한 조건하에서 전화속도가 늦어 조부식질이 많다. 본 구의 식물상은 인위적 영향을 받지 않았고 백두산 수직대를 구성하는 부분이기에 식수조림을 하지 말고 원상태로 보존하여 학술연구에 이용하는 것이 좋을 것이다.

| 표 7 | 고산습초원토 전량분석(全量分析)

단면호	층차	심도	질량(%)	SiO_2	Al_2O_3	Fe_2O_3	TiO_2	MnO	CaO	MgO	K_2O	Na_2O	P_2O_5	총량(%)
5303	A_0	0~5	32.16	41.26	9.719	7.361	0.436	0.184	1.596	0.4485	2.42	0.151	3.21	98.841
	A_1	5~15	12.01	55.75	13.66	8.434	0.56	0.081	0.833	0.6735	2.83	0.116	3.46	98.497
	A_2	15~30	13.39	53.02	15.74	8.73	1.043	0.258	0.833	0.8732	2.12	0.192	2.12	98.769
	B_C	30~100	9.11	55.67	15.86	8.86	0.725	0.243	0.625	0.6984	2.83	0.174	0.83	97.205
	C	100 이하	6.18	57.40	15.28	8.98	0.588	0.189	0.902	0.6984	2.41	0.162	3.41	96.949

(2) 대지습초원토

본 토양은 주로 화룡현과 안도현의 산지에 분포되었다. 해발고도는 1,400m이고 지형은 평탄한 현무암대지여서 수분이 비교적 많이 저장되었다. 식피는 습초원식물들로 토양층에 부식질함량이 많다. 화평영자 백두산으로 가는 남쪽 계단상용암대지에도 분포되었다. 대표적인 단면은 선봉림장 로령초소 북쪽 1,000m 되는 곳의 초지이다.

| 표 8 | 기성암 대지습초원토 양분분석표

단면대호와 채토지점	채토심도(cm)	부식질(%)	全量養分(%)			速效養分(ppm)			pH(水)
			전N	전P	전K	N	P_2O_5	K_2O	
06-52-21-1-1(2) 和龍縣八林先鋒林場 老岭哨所正北 1,000m	0~9	11.36	0.597	0.547	2.06	499	38.2	326	4.68
	9~49	6.62	0.374	0.492	2.30	318	14.0	211	4.90
	49~60	4.89	0.258	0.369	2.02	244	6.9	145	4.68
	〉60	4.18	0.221	0.267	2.17	236	5.7	149	5.40

A층0~9cm 회갈색, 분사양토, 입상결구, 백리는 중동. 점차적으로 아래층에 과도

CG49~60cm 연한 황회색. 분사양토, 괴상결구, 조습

4) 갈색침엽림토

본 토양을 명명하는 데는 여러 가지 용어들이 있다. 이를테면 회화토, 산악 표백성토양, 갈색타이가토 등이다. 본 토양은 백두산에서 해발 1,200~1,700m 사이에 분포되었다.

상술한 표 9에서 볼 수 있는바 토양층차 발육이 뚜렷하고 세탈층의 유실, 정적층에서의 광물질퇴적이 명확하다. 때문에 연평균온도는 -4℃ 이하이고 겨울은 몹시 춥고 길며 여름은 짧다. 기온이 낮기 때문에 계절성 동토층(凍土層)이 약 10개월 정도 된다. 식물유형은 침엽림인데 주로 분비, 가문비와 이깔나무이고 어떤 지역에는 많은 소관목들이 있다.

| 표 9 | 화산회 갈색침엽림토 기계조성

채양 심도	층차	기계 조성(% 입경 : ㎜)						기계 조성
		〉3	3~1	1~0.25	0.25~0.05	0.05~0.001	〈0.001	
3~8	A	0	0	28.36	9.38	42.21	20.05	砂壤土
8~11	A_2	14.06	16.06	38.36	26.21	21.26	14.17	礫質砂壤
11~16	A_2'	30.17	18.18	41.07	36.75	8.66	13.62	〃
16~23	AB	12.87	26.42	56.01	30.42	4.01	9.56	礫質砂土
23~25	B	14.15	34.13	63.38	24.54	4.02	8.06	〃
40~50	BC	2.42	22.56	54.02	28.94	7.51	9.53	〃
85~95	C_1	0	1.54	52.76	25.71	11.51	10.02	〃
139~	C_2	40.74	21.94	60.72	9.71	21.04	8.52	〃

토양의 형성과정을 보면 계절성 동토층이 일으키는 작용이 크다. 지표에 쌓인 잔락물들은 진균의 작용으로 분해되는데 해동될 때는 동토층이 많은 열량을 필요로 하므로 진균 등의 분해작용이 억제를 받는다. 다만 6~8월 사이에 진균의 분해작용이 왕성하므로 많은 잔락물들은 조부식질층으로 된다.

| 표 10 | 화산회 갈색침엽림토의 화학성질(化學性質)

채집 심도	발생 층차	pH		교환성 양이온 m · e/100g		염 기 포화도	C %	N %	C/N
		H_2O	KC1	가수산도	대환성염기				
3~8	A_1	4.7	3.9	25.63	12.33	32.48	12.39	0.50	25.0
8~11	A_2	5.2	4.1	9.13	5.06	35.66	1.96	0.09	22.5
11~16	A_2'	5.3	4.3	10.00	1.86	15.68	1.02	0.05	20.0
16~23	AB	5.8	4.7	7.06	1.85	20.76	0.98	0.63	15.6
23~25	B	6.0	5.0	6.44	1.68	20.69	0.59	0.06	10.3
40~50	BC	6.3	5.3	6.25	1.68	21.19	0.28	0.04	6.7
85~95	C	6.4	5.4	3.00	1.68	35.90	0.10	0.03	3.8

그리고 풀보산이 형성된 후 토양 중의 활성철, 활성알루미늄, 점립 등은 분산되어 아래로 이동하지만 표층이 동결될 때 다시 상승수와 함께 표층에 올라와 석출되기 때문에 철, 알루미늄 등의 세탈이 강하지 못하다. 그 결과 회화층이 형성되지 못한다. 그러나 토층이 엷은 잔적물 위의 토양수분은 상승작용이 적기 때문에 회백화과정이 뚜렷하다. 상술한 성토과정은 회백화과정과 다르므로 이 토양은 갈색침엽림토라 명명하고 아류에 회백화 갈색침엽림토를 설정하였다.

단면 특징을 보면 다음과 같다.

지역 : 백산잠 남

지형 : 경사진 현무암고원 해발 1,200m

모질 : 충적성 화산사

식물상 : 잣나무, 분비나무

A_0 0~4cm 선태류 잔락물층

A_1 4~7cm 유기질층, 분해가 약하다. 암갈색, 사양질(砂壤質), 층립상구조(屑粒狀構造)

A_2 7~15cm 연한 회색사양질, 근계가 적고 백색 균사체가 있음

B 15~55cm 암갈색 역질사토(礫質砂土), 뿌리가 적고 소량의 철과 유기질이 집적

BC 55~95cm 암갈색 역질사토(礫質砂土), 색깔이 연하다.

C 95~135cm 갈색 역질사토

| 표 11 | 화산회 갈색침엽림토 전량화학조성

채양심도 (㎝)	층차	소실량 (%)	토양광물량(소실 후 토의 %)							
			SiO_2	Fe_2O_3	Al_2O_3	TiO_2	CaO	MgO	SiO_2/Al_2O_3	SiO_2/Fe_2O_3
3~8	A	24.74	51.33	4.34	11.66	0.51	1.97	0.33	4.40	11.82
8~11	A_2	18.97	61.96	5.04	14.48	0.61	2.03	0.49	4.28	12.29
11~16	A_2'	2.79	63.32	5.58	15.41	0.53	1.77	0.97	4.11	11.35
26~23	AB	1.75	63.10	5.66	15.42	0.51	1.92	0.89	4.09	11.15
25~35	B	2.41	62.02	6.05	15.48	0.48	2.01	1.10	4.01	10.25
40~50	BC	1.07	67.22	6.01	15.34	0.51	2.20	1.31	4.36	11.19
89~95	C_1	1.21	55.13	4.93	14.90	0.42	1.53	0.75	3.70	11.18
130~	C_2	1.25	63.02	5.33	15.74	0.50	1.82	0.97	4.00	11.82

본 토양의 양분함량은 비교적 높아 분비, 가문비, 이깔나무 등 침엽림이 자라는 데 그 경제적 가치가 크다. 그러나 일부 평지와 산록은 수분함량이 너무 많아 나무생장에 영향을 주고 백두산 동쪽 사면은 부석퇴적층(浮石堆積層)이 두껍고, 토층이 엷기 때문에 나무의 생장속도가 늦다. 때문에 습한 지역에서는 배수공정을 해야 하고 동쪽 사면에서는 삼림채벌과 조림을 계획적으로 잘해야 한다.

| 표 12 | 화산회 갈색침엽림토 양분분석표

토양 명칭	지역	채토심도 (㎝)	부식질 (%)	全量養分(%)			速效養分(ppm)			pH(水)
				N	P	K	N	P_2O_5	K_2O	
화산사	安圖縣	7~14	9.25	0.351	0.084	1.48	480.8	18.76	479	4.49
역갈토	白河林業	14~50	2.09	0.071	0.042	1.00	205.8	6.16	184	4.52
침엽림	局黃松甫	60~64	1.69	0.051	0.049	0.94	103.9	10.47	213	4.71
토	林場	64~110	1.11	0.022	0.028	1.08	99.7	3.32	421	4.84

상술한 표에서 볼 수 있는바 세탈층과 정적층이 뚜렷하고 표토에서 화학풍화도 잘되고 있으며 양분함량이 높아 삼림도 무성하다.

5) 회종양

본 토양은 산지산림토양으로서 연변 주내의 총면적은 19,135ha로 전주 임지면적의 85.26%를 차지한다. 주요한 분포지구는 백두산을 포괄한 여러 산맥인데 그중 돈화시, 안도현, 왕청현의 면적이 가장 많아 대부분 매개 현의 총토지면적의 75% 이상을 차지하는 것이 위주이다.

본 토양은 온대 습윤반습윤 계절풍대의 지대성토양인데 해발 300~1,200m 사이의 산지, 구릉에 분포되었다. 지형은 산정, 산비탈, 산록이고 모암이 많은데 그중 화강암이 위주이다. 기후특징은 동계는 한랭건조하고 토양의 동결심도는 1~2.5m이고 여름철은 비가 많고 기온이 높다. 주요한 식피는 침활엽림 혹은 침활혼성림이고 임하에도 초본식물이 자란다.

성토과정은 토양표토의 유기질누적에 의하여 A_1층이 형성되고 C층과 공극이 많아 세탈되어 A_2층이 형성되었다. 백두산에서는 주로 명월구로부터 화평영자 사이의 산구에 분포되었다.

회종양은 침엽림회종양, 회종양, 준회종양과 암종양으로 나눈다.

(1) 회종양아류(회갈색산림토)

본 토양은 해발 200~700m 사이에 분포되었다.

회종양의 토체 구성은 A_1-A_2-B-C 혹은 A_1-A_2-C형으로 되고 농경지는 $Aa-A_1-Bc$로 되고 있다. 유기질함량은 4.14, 전질소는 0.19%, 인은 1.66%, 전칼륨 1.82%, 속효성질소 186PPM, 속효성인 31PPM, 속효성칼륨 173PPM이다. 회종양은 토양성질에 따라 침엽림회종양, 회종양, 암종양, 습초원암종양, 준회종양으로 나눈다. 침엽림회종양의 양분상황은 다음과 같다(표 13 참고).

| 표 13 | 산성암, 침엽림회종양 단면 양분분석표(酸性岩 針葉林灰棕壤 斷面養分分析表)

토속 명칭	단면대호와 채토지점	채토심도 (cm)	부식 질(%)	全量養分(%)			速效養分(ppm)			pH (水)
				전N	전P	전K	N	P	K	
박층 산성암 침엽림 회종양	06-55-11-13-25 안도현계관향화피 전자촌 북쪽 900~800m 산 중부	7~19	14.45	0.506	0.24	1.40	347	87.8	376	4.8
		19~31	1.38	0.071	0.151	1.70	59	35.6	122	4.8
		31~56	1.02	0.049	0.104	1.61	49	21.5	86	5.1
		56~65	0.58	0.042	0.103	1.57	35	21.2	81	5.1

6) 암갈색삼림토

암갈색삼림토는 백두산지구에서 분포가 가장 넓은 산지삼림토양이다. 연변 지역에 발달된 토양면적만 하더라도 3,026,000ha로서 이 지역 총면적의 75.87%를 차지한다.

토양형성조건 : 본 토양은 온대습윤, 반습윤 계절풍대의 지대성토양으로서 해발 300~1,200m 사이의 산지, 구릉과 하안단구에서 형성된다. 모질은 암석의 풍화물이지만 그중에서도 화강암풍화물이 위주다. 기후특징은 겨울철에 한랭 건조하고 토층의 동결 정도는 1.5~2.5m다. 여름철은 기온이 높고 비가 많다. 식물피복은 침엽혼성림, 침활혼성림, 활엽혼성림이고 임하에는 초본식물이 무성하다.

상술한 조건하에서 생물 누적과정이 활발하고 토양에 흡수되는 식물잔락물이 많아 부식질의 누적이 많아 좋은 토양구조가 잘 형성된다. 한편 광물질도 풍화되어 수화운모(水化雲母)를 주로 하는 점토가 형성되고 빗물에 의해 세탈되어 토양 단면 중부에 점화층을 형성한다.

단면 특징은 다음과 같다.

지점 : 용정시 동불향(銅佛鄕) 기양(岐駋)저수지 동산사면. 모질은 화강암풍화물, 지형은 저산, 식물피복은 가둑나무림

A층 : 0~5cm 암회색 사질양토(砂質壤土). 입상(粒狀)구조, 습, 송(松), 근계가 많다. 점차 아래층으로 이동

AB층 : 5~15cm 암갈색 사질양토, 입상구조, 약간 광화. 점차 아래층으로 이동

B층 : 15~40cm 적갈색 사질양토, 능괴상구조, 습, 약간 고화 근계가 적다. 점차 아래층으로 이동

C층 : 40~80cm, 황갈색 사질양토, 능괴상구조. 습. 고화. 근계가 적다.

암갈색삼림토의 화학성질은 표 14와 같다.

암갈색토는 본 구의 주요한 삼림토양일 뿐만 아니라 주요한 한전토양이다.

| 표 14 | 기성암회백화 암갈색삼림토 전량분석

층차	깊이 (㎝)	소실량	SiO_2	Al_2O_3	Fe_2O_3	TiO_2	MnO	CaO	MgO	K_2O	Na_2O	P_2O_5	총량 (%)
A_1	0~5	24.65	46.26	15.30	6.109	0.55	0.219	1.2492	0.6485	2.90	3.59	0.091	101.567
A_2'	5~11	8.70	13.80	13.80	6.96	050	0.110	1.1104	0.4988	3.17	3.92	0.053	99.7072
AB	11~17	4.74	14.59	14.59	7.86	0409	0.137	1.180	0.370	3.64	4.34	0.029	98.985
B	17~30	4.65	14.93	14.93	7.55	0.325	0.141	1.2492	0.0749	3.58	4.42	0.067	98.976
BC	30~50	2.71	14.98	14.98	7.985	0.328	0.121	1.2839	0.3492	3.16	3.87	0.069	97.666
C	50~70	1.96	14.93	14.93	7.240	0.350	0.142	1.6309	0.0748	3.53	4.21	0.057	97.545

삼림토양은 각종 양분이 풍부하고 토양장애층차도 적어 나무생장에 아주 유리하다. 그러나 개간 후 경작층의 양분함량이 보편적으로 급격하게 내려간다. 분석에 의하면 유기질 함량은 6~15%였으나 개간 후 평균 2.64%가 되었고 전량질소는 0.124%, 전량 인은 0.068% 전량칼륨은 1.94%가 되었다. 그러나 작물에 대한 적응성이 좋고 경작성과 생산성이 좋기 때문에 농산물의 생산량이 높고 잎담배, 사과배의 주요한 생산지로 되어 있다(표 15 참고).

| 표 15 | 암갈색삼림토 단면 양분함량표

토속 명칭	취양 지역	심도 (㎝)	부식질 (%)	全量養分(%)			速效養分(ppm)			pH (水)
				N	P	K	N	P_2O_5	K_2O	
산성 암갈색 삼림토	용정시 동불향 기양 저수지 동산사면	0~5	3.00	0.098	0.105	1.43	100.0	15.8	204.0	6.35
		5~15	1.79	0.063	0.108	2.46	80.0	13.8	73.0	6.30
		15~40	1.08	0.033	0.118	1.51	38.0	13.5	160.6	6.45

7) 백장토(白漿土)

백장토는 백두산지구에 널리 분포되어 토양면적의 10% 정도를 차지한다.

성토조건과 성토특징 : 백장토는 구릉, 고원, 대지(臺地), 단구에 분포되고 주요한 모질은 황토다. 기후조건은 암갈색삼림토의 기후조건과 비슷하지만 강수량이 더 많다. 식물피복은 침활혼성림과 활엽혼성림이고 해발고도는 50~1,000m 사이이다.

형성과정을 보면 토양표층에서는 식물잔락물들이 퇴적되고 분해되어 유기질 함량이 많은 흑토층을 형성한다. 표층에서는 수분의 건, 습이 교대된다.

강수량이 많을 때는 토양수분의 포화상태로 인하여 철, 망간 등의 유색광물이 환원되어 저가로 변화되고 삼투수와 함께 아래로 이동 퇴적되어 집적층(B)을 형성한다. 대부분의 철, 망간은 건조한 시기에 다시 산화된다. 이러한 산화환원과정의 교체로 하여 흑토층과 세탈층(Aw)에는 철, 망간, 결핵이 형성되어 연한 회색을 띤 백장층을 형성한다. 집적층(B)이 형성된 후 토양수분은 집적층에 가로막혀 옆으로 이동되면서 백장층의 철, 망간 등을 이동시킨다. 그리하여 표층은 회백색을 띠고 철, 망간 등 미립이 적은 백장층을 형성한다.

지점 : 안도현(安圖縣) 만보향(萬寶鄕) 금화촌(金化村)

모재 : 황초

지형 : 대지(臺地)

A_0층 : 0~17cm. 흑회색. 양토. 입상(粒狀). 습. 송. 근계가 많다. pH 5.5이다.

A_W층 : 17~38cm. 회백색. 양질. 편상구조. 철, 망간결핵. 습. 약간 고화. 근계가 적다. pH 5.2이다.

B층 : 38~56cm. 갈회색. 식토. 능괴상구조. 습. 고화. 철, 망간결핵. 근계가 매우 적다. pH 5.1이다.

BC층 : 56~115cm. 회갈색. 식토. 능핵상구조. 습. 고화. 근계가 없다. pH 5.2이다.

C층 : 115cm 이하. 갈황색. 식토. 습. 약간 고화. pH 5.3이다(표 16 참고).

백장토의 화학성질 : 백장토의 조성물질은 토양 단면에서 2층성을 띤다. 이를테면 $A_{12}O_3$, Fe_2O_3 등은 A_1층과 B층에 많고 A_W층에는 적으나 SiO_2는 A_W층에 많고 A_1층과 B층에는 적다.

| 표 16 | 박층대지백장토(薄層臺地白漿土) 양분함량표

채토 지점	심도(㎝)	양분상태							
		부식질 (%)	速效養分(PPM)			全量養分(%)			pH (水)
			N	P_2O_5	K_2O	N	P	K	
안도현 만보향 금화촌	0~17	1.36	285.4	9.40	193	0.393	0.308	2.75	5.5
	17~38	1.31	184.9	3.30	123	0.120	0.147	2.52	5.2
	38~56	1.11	129.1	1.47	100	0.072	0.108	2.90	5.1
	56~115	–	184.9	5.19	142	0.069	0.112	3.54	5.2

이용 : 백장토는 약산성질 토양이다. 집적층(B층)이 점중(粘重)하여 투수장애를 이루므로 강수시기에는 지표면 경유가 많아 수토유실이 심하고 토층이 엷고 척박한 표토층을 이룬다. 때문에 시비량(施肥量)을 증가하고 수토보존을 위한 농업기술조치와 공정조치를 취해야 한다. 토양기계조성이 점중하여 토양의 경작성과 생산성이 나쁘기 때문에 모래, 석탄재를 내어 사립(砂粒)의 함량을 높여야 한다. 백장토는 산성을 띠고 교환량도 적어 유효성인이 고정되고 양분유실이 많기에 석회를 내어 산도를 개량하고 양분을 보호하는 능력을 높여야 한다.

8) 신적토

본 토양은 중국의 토양분류표에 없던 것을 저자가 화룡현 류평촌에서 토양조사를 하는 과정에 처음 발견하였고 그 후 연변 각지에서 여러 종류의 신적토를 발견하여 길림성 토양조사고문조에 제출하여 중국토양분류에 새로 보충한 토양유형이다.

본 토양은 최근의 파적물, 홍적물이 원토양 위에 퇴적되어 형성된 토양인데 주로 수토유실이 심한 산록, 구곡전면의 평지에 형성되었다. 연변주의 신적토면적은 112,034무이고 그

중 경작지면적이 35,830무이고 임지면적이 8,436무이다. 연변주 각 시현 중에서 안도현에 가장 많이 분포되었는데 33,465무이다. 신적토는 깔린 토양에 따라 아류를 활분하는데 이를테면 새로 퇴적된 토양 밑이 백장토이면 백장토저 신적토라 한다.

| 표 17 | 신적토 면적통계표 (단위: 무)

현면적 / 시별	총 면 적			총면적 중 점유비율					
				경작지			임지		
	計	占土屬摠面積%	占本縣土壤面積%	計	占土屬摠耕地面積%	占本縣摠耕地面積%	計	占土屬摠林地面積%	占本縣摠林地面積%
합계	112,034			35,830			8,436		
연길시	23,677	21.13	10.72	6,524	18.21	6.20			
용정현	10,385	9.27	0.17	626	1.75	0.06			
화룡현	15,140	13.51	0.20	8,290	23.14	1.15			
안도현	33,465	29.87	0.30	9,150	25.54	1.27			
왕청현	4,545	4.06	0.03	2,580	7.20	0.27			
도문시	3,299	2.94	0.43	2,080	5.81	1.85			
훈춘현	21,523	19.21	0.27	6,580	18.37	1.18	8,436	100	9.13

| 표 18 | 신적토 단면 양분분석표

토속 명칭	단면대호와 채토지점	채토심도 (cm)	부식질 (%)	全量養分(%)			速效養分(ppm)			pH (水)
				전N	전P	전K	N	P_2O_5	K_2O	
新積土	06-50-04-2 延吉農場1号菜地北頭, 公路北20米	0~16	1.36	0.052	0.038	2.34	40	21.8	30	6.8
		16~58	0.35	0.018	0.032	2.23	14	19.6	46	6.75
		58~128	0.38	0.022	0.026	2.75	12	19.5	35	6.6
		128~150	0.13	0.018	0.026	2.68	16	18.2	38	6.45
白漿土底砂礫新積土	06-52-11-9-1 和龍环城鄉和新村辦公室東南300米	0~22	2.66	0.124	0.068	0.94	100	22.13	257	5.59
		22~57	2.46	0.107	0.065	1.51	82	21.51	280	5.42
		57~83	2.08	0.114	0.065	1.09	48	11.89	155	6.50
		83~102	5.26	0.257	0.099	1.84	226	14.38	137	5.68
		102~117	0.58	0.048	0.031	1.95	18	4.55	31	6.73
		117~127	1.00	0.044	0.038	1.97	34	6.83	62	6.01
壤質草甸土新積土	06-55-17-3-5 汪清仲坪鄉麗城村屯西150米處	0~16	1.39	0.073	0.567	1.99	50	13.96	66	6.46
		16~40	5.53	0.279	0.526	2.08	184	70.44	195	6.06
		40~65	2.80	0.135	0.440	2.04	128	18.67	108	6.20
		65~120	8.37	0.445	0.481	1.70	289	10.63	157	6.14

9) 소택토

본 토양은 수정토양으로서 주내에 고루 분포되었다. 일반적으로 산간구곡이거나 지형이 낮은 곳에 경상적으로 물이 고이는 조건하에서 습초원소택식물이 대량의 부식질을 누적시켜 니탄층을 형성하여 이루어진 토양이다. 만약 니탄층이 50cm 이상이면 니탄토라 하고 50cm 미만이면 소택토라 한다.

소택토의 성토과정은 소택식물의 잔락물이 토양표면에 퇴적된 후 혐기성조건하에서 부식질화과정은 약화되고 분해되지 않은 식물잔락물이 토층에 퇴적되어 니탄을 형성한다.

소택토는 경작층 유기질함량이 5.57%, 전질소는 0.550%, 전인은 0.222%, 전칼륨은 1.67%이다. 속효성질소는 226.0PPM이고 속효성인은 27.1PPM, 속효성칼륨은 170.9PPM, pH는 5.6이다. 소택토는 부식질니탄소택토와 니탄소택토 두 개 아류가 있다.

(1) 부식질니탄소택토

본 토양의 표면에는 니탄층이 형성되지 못하고 유기질 분해가 충분하게 진행되어 토양 표층에 퇴적되었다. 부식질니탄소택토는 주로 돈화시와 화룡현에 분포되고 기타 현에는 조금 분포되었다.

| 표 19 | 부석질니탄(腐泥) 소택토 면적통계표 (단위 : 무)

현면적 / 시별	총면적			총면적 중 점유비율					
				경작지			임지		
	計	占土屬 摠面積%	占本縣 土壤面積%	計	占土屬 摠耕地面積%	占本縣 摠耕地面積%	計	占土屬 摠林地面積%	占本縣 摠林地面積%
합계	560,669			29,345			374,560		
용정현	8,509	1.52	0.14	2,182	7.44	0.22			
화룡현	152,697	27.24	2.03	1,101	3.75	0.15	151,596	40.47	2.37
안도현	58,800	10.49	0.53	45	0.15	0.01	58,755	15.69	0.61
돈화시	302,970	50.04	1.71	17,490	59.60	1.16	146,580	39.13	1.07
왕청현	18,045	3.22	0.13	4,125	14.06	0.43	13,920	3.72	0.12
훈춘현	19,648	3.50	0.25	4,402	15.00	0.79	3,709	0.99	0.06

부식질니탄소택토는 주로 강에 따라 구곡지에 분포되었는데 특히 우각호와 그 부근에 집중되었다. 지형이 비교적 낮고 습생식물이 무성하여 토양표층에 누적되나 니탄화는 되지 않았다. 쉽게 배수할 수 있어 수전으로 개발하기 쉽다. 대표 단면의 토양층차는 아래와 같다.

| 표 20 | 부식질니탄(腐泥) 소택토 단면 양분분석표

단면대호와 채토지점	채토심도 (cm)	부식질 (%)	全量養分(%)			速效養分(ppm)			pH (水)
			전N	전P	전K	N	P_2O_5	K_2O	
06-57-10-4-7 琿春縣烟筒拉子村東西溝交叉口南	0~20	19.07	0.654	0.288	0.80	613	3.81	2.44	4.98
	20~53	3.06	0.119	1.151	1.18	113	10.45	136	5.38
	53~80	3.56	0.128	0.206	1.98	134	0	128	5.32
	80~120	2.90	0.108	0.195	1.73	152	1.79	135	4.44

A층 0~20cm 회색, 결구가 명확하지 않다. 습, 건, 근계가 많다.

G_1층 20~53cm 황회색, 점양토, 습, 근계가 적다.

G_2층 53~80cm 황회색 사양토, 결구불명, 습, 송, 근계가 적다.

G_3층 80~120cm 회람색 사층, 무결구, 습, 송, 근계가 없다.

(2) 니탄소택토

토양표층이 니탄화된 소택토를 말한다. 본 토양은 안도현 돈화시 왕청현산구에 많이 분포되었다. 양분함량은 좋으나 니탄층이 가볍고 토성이 냉하여 경작에는 불리하다. 석회를 사용해서 개량해야 한다.

| 표 21 | 니탄(泥炭)소택토 면적통계표 (단위 : 무)

현면적 / 시별	총면적			총면적 중 점유비율					
				경작지			임지		
	計	占土屬揔面積%	占本縣土壤面積%	計	占土屬揔耕地面積%	占本縣揔耕地面積%	計	占土屬揔林地面積%	占本縣揔林地面積%
합계	603,838			41,977			204,448		
용정현	5,774	0.96	0.10	1,513	3.60	0.15			
화룡현	4,213	0.70	0.06	156	0.37	0.02	75	0.04	0.001
안도현	236,320	39.14	2.13	11,460	27.30	1.59	164,503	8,046	1.70
돈화시	218,175	36.13	1.23	13,665	32.55	0.90	39,870	19.50	0.29
왕청현	119,355	19.77	0.89	11,055	26.34	1.14			
훈춘현	20,001	3.31	0.25	4,128	9.83	0.74			

대표 단면은 왕청현 백암봉층 동남 100m 되는 곳이다.

P층 0~50cm 흑종색 니탄토, 무결구, 과습, 층차과도가 명확하다.

G층 50~80cm 회람색 사토, 무결구, 과습, 송, 근계가 적다.

| 표 22 | 니탄(泥炭)소택토 단면양분분석표

단면대호와 채토지점	채토심도 (cm)	부식질 (%)	全量養分(%)			速效養分(ppm)			pH (水)
			전N	전P	전K	N	P_2O_5	K_2O	
06-55-5-1-2왕청현 십리평향 백암대대 동남쪽 100m 지점	0~50	50.72	1.945	0.300	0.89	1.227	12.64	237	
	50~80	0.95	0.012	0.087	1.77	33	12.39	61	5.74

10) 니탄토

니탄토는 니탄층이 50cm 이상 되는 토양이다. 전주에 291,636무가 있는데 전주 토지면적의 0.52%를 차지한다. 본 토양은 대부분이 개간되어 농경지로 되어 있다. 농민들은 유기질을 분해시키기 위하여 배수하고 개량조치를 대여 유효양분이 석방되어 일정한 수확고를 얻는다.

| 표 23 | 니탄토(泥炭土) 단면 양분분석표

토속 명칭	단면대호와 채토지점	채토심도 (cm)	부식질 (%)	全量養分(%)			速效養分(ppm)			pH (水)
				전N	전P	전K	N	P_2O_5	K_2O	
泥炭土	06-55-13-3-25 汪清縣東新鄕東新大隊南 1,500米處	0~80	48.45	1.581	0.269	0.42	489	634	100	
		>80	4.67	0.116	0.073	1.91	82	3.17	61	4.62
厚層 泥炭土	06-55-10-6-32 汪淸縣蛤螟塘鄕新興大隊	0~138	58.30	1.102	0.409	0.72	1 264	18.29	176	
		>138	7.43	0.237	0.137	1.75	188	23.85	291	5.02

| 표 24 | 니탄토(泥炭土) 면적통계표 (단위: 무)

현면적 / 시별	총 면 적			총면적 중 점유비율					
				경작지			임지		
	計	占土屬揔面積%	占本縣土壤面積%	計	占土屬揔耕地面積%	占本縣揔耕地面積%	計	占土屬揔林地面積%	占本縣揔林地面積%
합계	291,636			70,694			10,904		
용정현	1,797	0.62	0.03	1,199	1.70	0.12			
화룡현	2,881	0.99	0.04						
안도현	88,515	30.35	0.80	7,845	11.10	1.09			
돈화시	163,665	56.12	0.92	55,065	77.89	3.64			
왕청현	19,560	6.71	0.15	5,355	7.58	0.55			
훈춘현	15,218	5.22	0.19	1,230	1.74	0.22	10,904	100	0.16

니탄층의 유기질함량은 높으나 산성을 띠고 토지가 냉습하여 어린 묘는 잘 자라지 못하

지만 후기에는 불시에 자라 도복현상이 있다. 본 토양의 토체구조는 상부가 니탄층이고 하부는 갈매화층으로 되어 있다. 그러므로 배수거나 석회를 사용하여 토양을 개량하여야 한다. 양분은 화험한 데 의하면 유기질이 10.54%, 전질소 0.274%, 전인이 0.131%, 전칼륨은 0.63%이다. 속효성질소는 205.2ppm, 속효성인은 14.6ppm, 속효성칼륨은 170.6%이다. 니탄토의 단면은 AP층 0~80cm 암종색니탄층 무결구 근계가 많고 층차과도가 명확하다.

G층 80cm 이하 회람색 분사양토 무결구, 상부에는 철수반이 있다.

11) 충적토

하안단구가 발육하는 과정 중에서 충적물상에 발육된 토양을 말한다. 본 토양은 여러 차례의 하천침적물이 퇴적되었으나 층차변화가 적고 토양이 비옥하다. 대표 단면은 훈춘시 반석향 유정촌에서 동북 300m 되는 곳인바 현재 경작지로 이용되고 있다.

A층 0~20cm 황회색 양질, 단괴상, 송, 근계가 많다.

C층 20~12cm 연회황색, 양질, 단괴상, 습하고 근계가 많다.

| 표 25 | 충적토 면적통계표 (단위 : 무)

현면적 / 시별	총면적			총면적 중 점유비율					
				경작지			임지		
	計	占土屬揔面積%	占本縣土壤面積%	計	占土屬揔耕地面積%	占本縣揔耕地面積%	計	占土屬揔林地面積%	占本縣揔林地面積%
합계	1,649,950			435,276			246,387		
연길시	9,728	0.59	4.40	4,417	1.02	4.20			
용정현	210,029	12.73	3.48	52,486	12.08	5.16	649	0.26	0.02
화룡현	203,767	12.35	2.70	33,950	7.80	4.70			
안도현	164,689	9.98	1.49	29,415	6.76	4.08			
돈화시	300,960	18.24	1.70	93,630	21.51	6.19			
왕청현	143,917	8.72	1.07	55,365	12.72	5.71			
도문시	52,405	3.18	6.83	12,428	2.86	11.03			
훈춘현	564,455	34.21	7.12	153,585	35.28	27.48	245,738	99.74	3.64

| 표 26 | 충적토 단면 양분분석표

토속 명칭	단면대호와 채토지점	채토심도 (cm)	부식질 (%)	全量養分(%)			速效養分(ppm)			pH (水)
				전N	전P	전K	N	P_2O_5	K_2O	
礫石質 冲積土	06-55-01-2-12汪清林場東北100m處	0~45	0.57	0.032	0.165	2.16	21	16.76	50	6.44
壤質 冲積土	06-57-12-11-3琿春板石鄕柳亭村黃國清東北400m	0~20	3.47	0.162	0.169	1.36	175	6.94	145	
		20~120	2.35	0.103	0.142	1.36	139	6.75	72	
粘壤質 冲積土	06-54-19-1-1敦化清溝子鄕臨江村西100m	0~17	2.71	0.155	0.242	1.99	24.1	27.3	431	
		17~30	1.21	0.037	0.219	18.30		24.4	96	
		30~50	1.21	0.052	0.214	17.99	63	24.1	99	
砂礫底 砂質 冲積土	06-57-04-4-12琿春鎭郊鄕新明村關東山房后50m	0~12	1.08	0.042	0.101	1.54	52	9.85	51	6.16
		12~120	0.69	0.032	0.086	1.24	20	16.69	40	6.58
砂礫底 砂壤質 冲積土	06-57-06-2-16琿春三家子鄕東崗子村14隊牛棚往東80m處	0~11	2.26	0.106	0.139	1.07	109	25.29	102	5.94
		11~42	2.07	0.107	0.133	1.18	106	8.55	82	6.22
		42~120	0.83	0.050	0.095	1.46	24	13.15	40	6.56
砂底砂 壤質 冲積土	06-54-18-4-4敦化黑石鄕蘇子河村中心屯北400m	0~15	2.34	0.105	0.271	2.33	139	226	237	
		15~38	2.53	0.117	0.242	2.35	95	216	166	
		38~66	2.94	0.127	0.269	2.36	127	62	98	
		66~93	0.93	0.072	0.219		80	32	41	
砂底 砂壤質 冲積土	06-57-10-2-2琿春楊木林子村水門北邊100m處	0~17	1.05	0.045	0.102	1.50	56	48.13	132	6.92
		17~43	1.02	0.052	0.100	1.31	52	3.66	51	6.98
		43~120	0.41	0.017	0.075	1.42	10	10.04	40	6.94
砂底 壤質 冲積土	06-57-13-7-8琿春排灌站東北200m處	0~22	2.39	0.127	0.189	1.68	137	25.38	195	6.00
		22~63	2.20	0.104	0.717	1.78	100	6.37	1.19	6.22
		63~124	0.15	0.044	0.082	2.09	10	13.48	45	6.64

12) 층상충적토

본 토양은 충적토의 한 개 아류이다. 주요한 특점은 토양 단면의 기계조성변화가 큰바 층차가 3층 이상이면 층상충적토라 한다. 대표 단면은 왕청현 십리평향 태평촌 북쪽으로서 한전으로 이용되고 있다.

A_0층 0~7cm 회갈색, 역질양토, 입상결구 조습근계가 많다. 층차과도가 명확

C_1층 17~39cm 역질양토, 무결구조습, 근계가 좀 많다.

C_2층 39~81cm. 암회색, 다역질양토 무결구 조습, 굳다. 근계가 적고 층차과도가 명확

C_3층 81~110cm 회갈색 다역질양토, 무결구, 습, 송, 무 근계

| 표 27 | 층상충적토 면적통계표 (단위 : 무)

현면적 / 시별	총면적			총면적 중 점유비율					
				경작지			임지		
	計	占土屬摠面積%	占本縣土壤面積%	計	占土屬摠耕地面積%	占本縣摠耕地面積%	計	占土屬摠林地面積%	占本縣摠林地面積%
합계	484,190			69,815			186,469		
연길시	998	0.21	0.45	445	0.64	0.42			
용정현	18,289	3.78	0.30	3,946	5.65	0.39			
화룡현	917	0.19	0.01	586	0.84	0.08	331	0.18	0.01
안도현	197,944	40.88	1.78	20,535	29.41	2.85			
돈화시	9,975	2.06	0.06	3,645	5.22	0.24			
왕청현	20,910	4.32	0.16	12,270	17.58	1.27			
도문시	17,240	0.36	0.23	1,170	1.68	1.04			
훈춘현	233,433	48.21	2.94	27,218	38.99	4.87	186,138	99.82	2.76

| 표 28 | 층상충적토 단면 양분분석표

토속 명칭	단면대호와 채토지점	채토심도 (cm)	부식질 (%)	全量養分(%)			速效養分(ppm)			pH (水)
				전N	전P	전K	N	P_2O_5	K_2O	
夾砂粘壤質層狀冲積土	06-54-15-4-1敦化江東鄉胜大隊頭道壕北	0~17	4.52	0.208	0.437	2.10	263	23.4	48.8	
		17~61	1.02	0.035	0.350	2.06	47	7.9	40.2	
		61~89	1.09	0.045	0.294	2.70	48	22.1	98.0	
夾砂壤質層狀冲積土	06-57-06-3-18 琿春三家子鄉新沙駝子果園	0~32	2.49	0.115	0.085	1.83	101	13.43	114	6.26
		32~41	0.21	0.009	0.188	8.22	12	21.55	40	6.40
		41~50	1.39	0.061	0.181	1.79	52	20.25	82	6.22
		50~75	0.20	0.013	0.099	2.11	12	19.16	50	6.48
		75~120	0.46	0.034	0.142	2.10	20	18.58	60	6.46
壤質層狀冲積土	06-55-5-3-4 汪淸縣十里坪鄉太平苗鋪地北處	0~17	2.97	0.144	0.243	1.83	137	26.16	127	5.50
		17~39	3.45	0.148	0.215	1.80	150	20.24	87	5.40
		39~81	3.33	0.155	0.207	1.76	193	27.86	92	5.60
		81~110	3.53	0.101	0.205	1.77	183	27.95	103	5.70

13) 산림에 형성된 소택토

성토인소 : 본 지구의 해발고도는 1,000~1,200m이기에 기후가 한랭하고 강수량은 지형우가 위주로서 약 1,000mm이다. 식물피복은 2층으로 되어 있는데 상층은 침엽수로서 키가 20m, 수간직경은 20㎝ 정도인데 비교적 밀집되어 있다. 아래층 즉 지표면에는 물이 있어 습생식물이 자라고 있다. 모암은 현무암이어서 배수가 되지 않고 지세는 용암대지여서 아

주 평탄하여 지면경유량이 적어 대지 위에 적수가 형성되어 소택으로 되었다. 단면 특징은

A_{00} 0~2cm 습생식물잔체, 낙엽 부식되지 않았다.

AG 2~22cm 암회색, 양토 결구불명, 습, 송, 근계가 많다.

G2 22~27cm 황회색 양토, 결구불명, 습, 건, 근계가 적다.

G3 22~29cm 황회색 사양토, 결구불명

본 토양이 발육된 곳은 기후가 차고 수분이 많아 유기질의 부식질화과정은 없고 분해되지 못한 유기잔체가 토층상층에 없고 모함이 현무암이어서 투수는 불가능하고 식피는 침엽림이어서 연변증발량이 적어 일 년 내내 기본상 소택으로 있고 간계에 지면이 노출되었다가 우기에 들어서면서 적수되며 소택을 이룬다.

14) 고산소택토

성토인소 : 지형은 용암지대이고 해발고도는 2,500m 이상. 기후는 한랭하고 지하 70㎝ 이하는 영구동결층이고 식피는 선태류이고 지면에는 적수현상이 있다. 모암은 응회암이고 한대기후이다.

단면 특징은 아래와 같다.

A_{00} 0~2㎝ 부식되지 않은 선태류의 유기잔체

AG 2~11㎝ 회색, 점양토, 결구불명, 송

응회암 위에 형성된 소택

본 토양의 모암은 응회암으로서 지하수의 삼투량이 적고 강수량은 1,300mm 정도여서 평탄한 토양 위에 적수가 형성되었다. 기후가 한랭하고 증발량도 적어 일 년 내내 적수가 형성되어 소택을 이루었다. 지표면에 퇴적된 식물잔해와 근계는 혐기성조건하에서 부식질로 분해되지 않은 유기잔체로서 토양표층에 분포되었다.

6. 백두산 토양분포

1) 수직분포

백두산지구는 해발고도에 따라 기후와 식물피복의 차이를 초래하였고 토양의 수직대를 형성하였다. 중국에서 통용되는 토양대(土壤帶)와 북한 자연지리에서 제정한 토양 수직대

의 대응관계는 아래 표와 같다.

| 표 29 | 백두산 토양수직대

중 국	해발고도	북 한
화산회토	2,100m 이상 1,900m 이상	고산습초원토
산지습초원토	1,700m 1,600m	산악 표백성토
갈색침엽림토	1,200m 700m	산악표백화 산림갈색토
암갈색삼림토	0	삼림갈색토

2) 수평분포

백두산은 화산체로 이루어져 있어 토양 수평분포는 기본적으로 동심원상으로 되었다. 그러나 남부에 해발고도가 높은 망천아(望天鵝)가 분포되었기에 갈색침엽림토의 면적이 넓어졌다. 백두산 동남쪽에는 청룡봉(2,364m), 대연지봉(2,357.7m), 소연지봉(2,114m), 중암산(2,149m), 소백산(2,189m) 등 높은 산이 있어 화산회토, 산지습초원토 등이 각 지역에 따라 산에 동심원상으로 나타난다.

제 13 장

백두산 북쪽 비탈 소택의 발생학적 분류와 분포

제13장

백두산 북쪽 비탈 소택의 발생학적 분류와 분포

소택이란 토양층에 지면 혹은 지하에서 유동하는 물이 토양층에 잠겨 있어 혐기성 환경을 조성하여 식물잔체가 반분해되어 부식질층을 형성하는 층의 두께가 50㎝ 이하이면 소택토, 50㎝ 이상이면 니탄토라 부르고 지면과 토층에 물이 있어 습성식물이 있으면 소택이라 한다.

물이 지면에 집결되어 있으면 늪 혹은 호수라 부르고 물이 모질층, 집적층 심지어 흑토층에 침입되었다가 회수하면 갈매화토양이라 부른다.

백두산 북쪽 비탈에는 여러 가지 원인에 의하여 형성된 소택들이 많은데 분류하면 다음과 같다.

1. 화산분출에 의하여 형성된 소택

1) 화구호에 형성된 소택

백두산에서 여러 차례의 화산분출에 의해 형성된 화구호 중 적지와 원지에 소택이 형성되었다.

2) 적지

적지는 소천지 서쪽에 있는 화구호이다. 화구호의 둘레는 약 220m여서 소천지의 크기와 비슷하다. 높은 곳에서 내려다보면 은환과 비슷하다 하여 은환호라고도 부르는데 적지라고 부른다. 호수의 북쪽에는 물이 있으나 서부는 소택지다. 토양은 화산회가 위주이고 식물잔체는 분해되지 못했거나 반분해된 것으로 토양양분이 풍부하지 못하고 소택식물도 무성하지 못하다. 본 소택은 여름철에 강수량이 많을 때는 줄어들고 건기에는 커진다.

3) 원지에 발육된 소택

원지는 화산호로서 면적은 약 40,000㎡이다. 소택은 원지의 주변에 분포되었다.

주요한 특점은 아래와 같다.

① 갈수기에는 소택면적이 커지고 풍수기에는 작아진다. 갈수기에는 강수와 지하수의 원천이 적기 때문에 대부분의 호수 지역에도 물이 없어 소택지로 변한다. 풍수기에는 물의 원천이 점차 증가됨에 따라 소택면적은 감소되고 호수면이 커진다.

② 지면에 부석이 많고 호심에서 멀수록 유기질이 잘 분해되어 토양양분이 풍부하나 호심에 가까울수록 부식질의 분해시간이 짧아 생초 혹은 조부식질이 많다. 본 호수의 주위에는 산림이 많다. 이곳은 지면에 부석이 많고 풍수기에는 물에 잠겨 있기에 산림을 육성시키기는 곤란할 뿐만 아니라 작물재배도 안되니 현유의 상태를 보존하는 것이 유일한 도경이다. 물이 적거나 심지어 없기 때문에 호면전부가 소택으로 될 때도 있다. 그러나 호심은 비교적 깊고 겨울에도 얼지 않고 여름철에는 부평초 등도 자라지 못한다. 이곳이 지하수가 나오는 출구이기 때문이다. 여름철 원지의 주위에는 습생식물이 무성하여 전형적인 소택이 되고 있다.

4) 고산용암 분출구에 형성된 소택

백두산 산정에는 여러 곳에 화산분출구가 있다. 그중에서 분출구가 비교적 평탄한 곳은 녹제봉이다. 녹제봉에서는 여름철에 강수와 지면경유에 의하여 습지로 되고 겨울에는 많은 눈이 누적되었다가 봄부터 점차 녹아 녹제봉 정상에 집중되어 소택이 형성되었다. 본 소택은 평원지구에서 형성된 소택과는 달리 독특한 특점을 갖고 있다. 예를 들면 식물의 생장기가 짧아 부식질층이 엷고 고산기후 조건하에 수문까지 많아 유기잔체물의 분해가 잘되지 않는다. 여름철에는 사슴들이 이곳에 와서 물도 먹고 풀도 먹는다. 그리하여 녹명봉이라 명명하였다. 녹명봉의 산정에는 지하에서 올라오는 분기공이 있어 이곳의 눈만은 먼저 녹아 푸른 색깔의 풀이 자라서 희귀한 경관을 이루고 있다.

2. 용암대지에 형성된 소택

1) 용암대지 위에 형성된 소택

백두산의 상부는 화산추로서 비가 내리면 지면경유를 형성하고 골짜기에 집중된 후 강물에 흘러든다. 백두산 하부에는 저산과 구릉 그리고 하천이 많다. 비가 내리면 지면을 따라 유동하고 이것이 골짜기에 집중된 후 강에 유입되어 바다로 흘러들고 일부는 인공호수에 집결되기에 소택이 형성될 수 있는 조건이 없다. 그러나 백두산 용암대지는 지면이 평탄하고 토양 밑에는 현무암이 모질층으로 되어 물이 삼투되지 않아 적수현상이 발생되어 지상에는 산림층이 있고 지면에는 소택식물이 자란다. 토양은 반분해된 식물잔체로 된 부식질층이 20~30㎝ 있고 그 아래에는 세탈층이 있다.

세탈층은 갈매화층으로 되어 있고 세탈층 아래는 불투수층으로 된 두터운 현무암이 있다. 대표적인 지구는 화평영자에서 2~31km 서쪽으로 가면 길 남북에 분포되었다. 해발 1,100~1,400m 사이이다.

주요한 특점은 분포면적이 연변에서는 가장 넓고 식물의 수직분포가 형성되었는데 상층은 침엽림으로서 높이가 약 20m이고 중간에 벗나무, 지표면에 소택식물이 분포된 것이다. 토양층은 상부가 유기간체층인데 기후가 한랭하고 수분이 많아 분해되지 않는 유기물층이고 그 아래에 10㎝ 되는 갈매화된 AB층이 있고 모암은 현무암으로 되어 있다.

2) 고산대지에 형성된 소택

백두산의 해발 2,600m 정도에 작은 용암대지가 형성되었는데 비교적 평탄하고 경사는 1~2도밖에 안되는 곳이 여러 곳에 있다. 전형적인 곳은 용문봉, 지반봉 북쪽인데 지면은 용암이 흘러 평탄하고 경사는 매우 완만하다. 우기에는 토양층에 물이 많고 토양층 아래는 용암으로 되어 비투수층이어서 계절성 소택을 이루고 있다. 지표에는 지의류, 선태류가 밀집하였으나 식물잔체들의 분해가 늦어 토양층의 부식질층이 엷고 반분해된 부식질층이 있다.

백두산 해발 2,000m 되는 지하산림으로 들어가는 길 옆에도 작은 용암대지가 있다. 경사가 완만하고 지면경유는 배수되지 못하여 토양층에 물이 많다. 또한 식피는 선태류가 밀집되어 있다. 지하산림 서쪽에는 원시산림이 있는데 주요한 식피는 키가 20여m 되는 침엽림이고 그 침엽림도 용암대지 위에 있다. 그래서 지면경유가 배수되지 못하고 그 위에 선태류가 생장하고 있다. 본 소택은 비교적 특수하여 금후 진일보 연구해 볼 가치가 있다.

3) 적지(迹地)에서 형성된 소택

백두산 중부는 옛날에 용암대지 위에 침엽림이 울창한 원시림이었다. 그 당시 토양층에 있던 수분을 나무의 근계가 흡수하고 지상의 나뭇잎을 통하여 증발시켰다. 그러나 1930년대에 일본 침략자들이 원시림 중의 목본재목을 대량 채벌하여 일부 산림은 민둥산으로 변하였다. 그 후 토양층에는 수분이 많아 소택식물이 자랐다. 몇 년 전에 조사한 바에 의하면 소택식물인 탑두(塔頭)가 자랐는데 크기는 직경이 15㎝, 높이가 약 20~30㎝ 되며 2㎡에 하나 정도씩 분포되었다.

본 소택의 분포지구는 화평영자에서 화룡으로 가는 길 동쪽으로 구부러드는 좌측에 있다. 주요한 특점은 부식질이 풍부한 A층이 유실되는 것이다.

3. 구곡에서 형성된 소택

1) 중산, 저산과 구릉지구 하천에 형성된 소택

백두산 용암대지 아래에는 저산과 구릉이 분포되었다. 산의 경사도는 완만하고 곡지는 'V'형으로서 경사는 완만하다. 비가 내리면 경유는 산의 경사를 따라 천천히 곡지에 흘러드는데 이때 토양의 흑토층도 유실되어 곡지에 퇴적된다. 그리하여 곡지는 유실된 토양과립이 퇴적되어 습생식물이 자랄 수 있는 기초가 되고 지면경유와 지하수에 의하여 이루어진 과분한 수분은 소택을 형성한다. 본 소택은 풍수기에 물이 많아 토양 중의 산소와 호기성미생물이 적어 식물잔체가 분해되지 못하여 조부식질로 남는다. 그러나 봄과 가을에는 강수가 적어 토양이 호기성으로 변하면서 식물전체가 분해하기 시작하나 그 수량이 적다. 본 구에서 형성된 초탄에는 식물잔해가 반분해된 부식질이 비교적 두껍게 누적된다. 풍수기는 부식질의 함수량이 크기에 물을 저장하는 능력이 강하다. 그리하여 곡지에서 형성된 초탄은 수원의 저장고라 한다.

2) 중산, 저산 구곡정연에 발육된 소택

백두산 용암대지의 말단에는 중산과 저산이 분포되었는데 삭식(潛育)과 침식작용을 강하게 받아 산의 물매는 급하고 산곡의 형태는 'V'형이다. 구곡의 물매는 급하여 지면경유가 빨리 흘러 소택이 형성되지 못했으나 골짜기의 전연은 평탄하여 소택이 발육되어 소택토초탄토가 형성되었다.

저산과 구릉지구의 골짜기에는 물매가 작아 골짜기에도 소택이 형성되었다.

3) 홍적산 말단에서 형성된 소택

홍적산은 계곡을 따라 흐르는 계절성하천이 평원으로 진입하면서 경사도가 작은 평원으로 흐르면서 유속이 감소되어 하천에 의하여 운반되던 물질들이 퇴적되어 부채모양을 이루는 지형을 홍적산(洪積扇)이라 한다. 홍적산이 형성된 후 지면을 따라 흐르던 물은 홍적산 밑으로 흐르는 지하수로 되고 이 지하수가 홍적산의 변두리에 흘러나와 소택을 이룬다. 이러한 소택은 백두산지구의 골짜기에 보편적으로 분포되고 있다. 이를테면 연길 남산 골짜기의 말단인 철남과 철북에 분포되었던 전형적인 소택, 그리고 기차역전 동쪽의 소택이 홍적산 말단에 형성된 소택이다.

주요한 특점은 홍적산의 중부는 자갈과 모래가 위주이고 아래로 내려가면서 점토양이 많다가 홍적산의 말단은 토양상층인 A층에 부식질이 많고 토양양분도 풍부한 것이다. 토양단면은 A층이 두터운데 어떤 지구에서는 1m 정도 된다. C층은 모래가 위주인데 갈매화층으로 되어 있다. 홍적산은 개간초기에 개척하기 쉽고 음료수 원천이 풍부하여 많은 거민점이 선정되므로 소택의 개발도 빠르다. 특히 소택지구의 경사도가 작고 토양흑토층의 양분함량이 충족하고 배수가 잘 되어 지온이 높고 평지와 가까운 곳에 있어 교통도 편리하여 많은 소택지가 개간되어 풍산전으로 되었다.

4. 하천에 의하여 형성된 소택

1) 두만강 하원구의 소택

두만강 하원구의 소택은 기타 하원구의 소택과 다른 특점을 갖고 있다. 하원구는 평탄하고 부석이 퇴적되었는데 비가 오면 곧 삼투되고 부석층에서 나와 약 100여m 동쪽으로 흐르다가 두만강 상류인 모수린하에 들어갔다가 두만강 상류에 주입된다. 두만강 하원은 소택이 넓게 분포되어 있다. 이를테면 소택이 형성되는 유년소택, 소택이 형성된 후 유기질층이 두꺼운 소택들이 있는데 부식질층이 20㎝ 정도 된다.

주요한 특점은 지표면에 관목이 소생하고 그 아래에 습생식물이 자라는데 토양결구가 형성되지 못한 유년토이다. 하원구에서 약 20m 내려오면 강줄기의 양측에 전형적인 소택토가 발육되었고 A층은 분해가 잘된 부식질층으로 되어 있고 B, C층은 갈매화층으로 되어 있다.

2) 하천의 자유사행에 의하여 형성된 소택

하곡분지거나 하곡평원의 하천은 지구편심력의 작용을 받아 하도가 변화되고 하도가 변화될 때 자유사행하게 된다. 자유사행할 때 침식과 퇴적이 병행되는데 퇴적지구에 충적토를 형성하고 구하도의 물이 옅은 곳에는 소택이 형성되고 깊은 곳에는 호수가 형성된다. 호수도 오랜 시간에 걸쳐 새로운 물질이 퇴적되면서 소택의 범위가 더 넓어진다. 이러한 소택은 여러 곳에 있는데 이는 아래와 같다.

① 안도현 내사구 심리가 평원에서 형성된 소택

② 두만강 상류의 하곡분지인 숭선평야의 소택, 옛날에는 하적호가 있어 틉골이라 하였다.

③ 해란강 중유의 용원소택지

④ 부르하통하 주변 연길시 신풍촌의 습지와 소택

⑤ 부르하통하 주변 마반산과 비암산 사이의 소택, 이곳 소택은 하천이 자유사행하다가 나중에는 사행하도의 경부를 침식하여 하천의 직행을 이루고 원 하도가 하적토와 소택으로 변한 것이다.

하천의 자유사행에 의하여 형성된 소택의 주요 특점은 아래와 같다.

① 소택의 면적이 크지 않다.

② 식물잔체의 분해가 잘 되어 토양흑토층의 유효양분함량이 높다.

③ 소택의 물 깊이가 옅기에 객토법으로 개량하기 쉽고 개량한 후의 수전은 비옥성이 좋아 고산, 온산토양으로 해마다 풍수를 이룰 수 있다.

5. 임하소택

성인 : 모암은 현무암이어서 투수가 되지 않고 지형은 용암대지여서 평탄하며 지면경유가 형성되지 못하여 물해적수현상이 발생되어 소택으로 되었다. 식물피복은 침엽림이고 지면에는 습성식물이 자란다.

해발고도는 1,000~1,200m 사이여서 한온대기후이다.

형성과정 : 본 구의 강수량은 1,000㎜ 정도로 비교적 많은 편이지만 삼투되지 못하고 지면경유도 이루어지지 못하고 수분증발량이 적어 지면에 적수현상이 발생되어 소택이 형성되었다. 유기잔체는 혐기성조건하에서 분해가 어려운데 기온마저 낮아 토양상층에 머물고 현무암이 분해물질과 화산회로 되고 B층은 없다.

토양 단면 특징: A_{00} 0~2cm 소택식물의 유기잔체와 침엽림의 침엽수잔체

AG 2~12cm 회흑색, 점상, 갈매화, 소송, 근계가 많고 결구가 없다.

제 14 장

백두산 화산활동이 자연경관에 준 영향

제14장

백두산 화산활동이 자연경관에 준 영향

1. 연구목적

백두산 자연경관은 매우 복잡하고 그 유형도 많다. 본 지구에는 지대성자연경관이 있는가 하면 비지대성자연경관도 있고 이것들이 서로 융합되어 백두산 지역의 자연경관을 형성하였는데 그중의 자연요소 중에서 물질과 에너지 교환에 참가하는 것도 있지만 객관적 자연요소에 영향을 주어 새로운 경관을 형성하는 것도 있다. 본 장에서는 백두산 화산활동을 본 지역 경관형성의 주도적 인자로 인정하면서 부동한 자연경관의 형성과정과 실체를 밝히는 데 그 목적을 두었다.

1) 연구범위

백두산 화산추체를 중심으로 중국 측 이를테면 화룡현 서부, 안도현 남부, 백산시 동부와 장백현 북부 지역을 연구범위로 삼았고 대지구조상으로 보면 중조준지대의 동북변연차 1급구조단원인 료동융기구의 태자하-훈강보함과 철령-정우 룽지구이다.

2) 백두산 지역의 지사

본 지역은 헬신운동 이후 중생대말에 이르기까지 해침이 없어 육상침식과 육상침적만 있었다. 장기간의 육상침식과 퇴적은 지형고도차가 점차 적어 나중에는 준평원으로 되었다. 제3기에 들어와서 히말라야운동의 영향으로 백두산지구에서는 여러 차례의 화산분출이 있었고 갱신세에 들어와서는 백두산을 중심으로 주향이 다른 세 개의 심부단열대가 형성되었다.

북동향단열대는 백두산－삼합－훈춘－마적달 단열대이고, 동서향단열대는 소영자－광평단열대이고, 북서향단열대는 길주－백두산 단열대와 백두산 단열대, 소영자－광평단열대는 백두산 부근에서 교차되어 화산활동의 중심을 이루었다.

2. 제4기의 주요한 화산분출활동

1) 군함산현무암

플라이스토세 (동위소연령은 2.6Ma)에 들어와서 백두산지대에서는 아주 크고 긴 열극이 생겼고 열극분출과 중심식분출이 결합되어 대량의 현무암분출이 있었다. 중국에서는 주로 백두산 동쪽과 북쪽 비탈에 분포되어 현무암대지를 형성하였는데 그 면적은 1,400㎢에 해당된다. 북한의 양강도 서북부와 함경북도 서북부에서도 현무암이 분출퇴적되어 광활한 현무암 대지를 이루었는데 그 면적은 무려 5,350㎢에 달한다.

2) 백두산통

중플라이스토세에 들어와서 백두산추체와 그 주위에서는 강렬한 화산분출이 있어 상대고도가 약 900m 높은 화산추체를 형성하였다. 그 지질층서를 보면 아래와 같다.

지질층서	연대
화평영자조	1120년 혹은 1167년
광평현무암	0.065Ma
기상잠조	0.08710.05Ma
백두산조	상단 0.210±0.004Ma
백두산조	중단 0.442±0.15Ma
백두산조	하단 0.551 10.024Ma

3. 부석의 분출과 퇴적

1) 화산회와 부석의 분출시기

상플라이스토세의 부석분출

백두산지구에서 상플라이스토세에 용암이 분출되었을 뿐만 아니라 부석도 분출되어 퇴적되었다. 조선과학원 지질연구소의 이돈 부원사의 연구에 따르면 삿갓봉과 향도봉 사이의 단면에서 갈색, 황색, 흑색의 부석질 조면암이 10m의 두께로 되어 있음을 발견하였고 그 옆의 봉우리에서도 흑요석에 덮인 부석들을 발견하였는데 형성시기는 약 5만 년 전(고자기법)이라고 하였다. 중국 안도현 양강하곡의 하천 2급단구의 조성물질 중에서도 많은 부석을 발견하였는데 부르하통하 2급단구에서 발견한 맘모스－모피서동물군의 C^{14}측정에 의하면 2급단구의 형성시기는 지금부터 약 2.5~3.5만 년 전이다.

2) 홀라세의 부석과 화산회의 형성시기

홀라세에 분출한 화산회와 부석에 관하여 중국, 북한, 일본학자들이 다년간 연구하였고 그 성과도 매우 크다. 우선 화산회와 부석에 매몰된 탄화목, 초탄, 고토양과 화산회를 양품으로 하여 동위소 C^{14}의 측정방법을 이용하여 부석과 화산회의 형성시대를 밝혔다(표 1 참고).

상술한 양품의 측정치를 귀납하여 보면 부석성분의 분석자료와 형성연령측정이 미흡하여 부석의 형성시기를 획분하는데는 일정한 난도가 있다. 야외조사와 동위소측정자료에 근거하여 부석의 형성시기를 획분하였다. 전인들의 연구결과와 저자의 연구결과를 대조표시한 것은 제2장 표 2를 보라.

| 표 1 | 백두산부석, 화산회형성연대표

地 點	地形, 海拔高(m)	樣品 材料	采集者	年代(Y.B.P)	測定單位
日本 北海道, 青林		火山灰		800~900	日本
北韓			地質所		朝鮮科學院地質所
北韓境內		炭化木	朝科院	820~870	朝科院地理所
赤池	2,000m	泥炭	楊永興	880±90	長春地理所
北韓新茂城	台地	炭化木		895±70	中科古脊椎所
北韓新茂城	台地	炭化木		1,000±90	中科古脊椎所

地 點	地形, 海拔高(m)	樣品 材料	采集者	年代(Y.B.P)	測定單位
安圖奶頭村	840階地	炭化木	趙大昌	1,050±70	中科古脊椎所
安圖奶頭村	840階地		趙大昌	1,120±70	長春地理所
園池	台地	泥炭	楊永興	1,150±80	中科院貴化所
天池一双目峰	台地	炭化木	吉林區測	1,153±90	中科古脊椎所
安圖三道白河		炭化木	高風岐	1,230±70	
撫松松源河		炭化木	趙大昌	1,410±80	長春地理所
安圖和平營子	台地		劉祥	1,489±70	長春地理所
广平路邊 5km	低山	古土壤	劉忠杰	1,915±93	長春地理所
二道白河西南 4km	台地, 730m	火山灰	宋海遠	3,450±200	長春地理所
和平營子西南 5km	台地, 1,220m	火山灰	宋海遠	5,100±100	長春地理所
招待所北 6.5km	1,310m	火山灰	宋海遠	5,200±210	長春地理所
赤峰東 1km	山坡 1,300m	古泥炭	劉忠杰	5,157±146	長春地理所
東方紅水泥橋附近	1,310m	炭化木	宋海遠	6,440±110	長春地理所
招待所北 6.5km	1,310m	火山灰	宋海遠	7,854±180	長春地理所
黃松浦林場		泥炭	宋海遠	T5568	長春地理所

白頭山浮石, 火山灰形成年代表.

4. 백두산 화산활동이 자연경관에 준 영향

화산분출은 지하의 용암을 직접 지표에 분출퇴적하여 부동한 유형의 지형유형을 형성하는가 하면 화산폭발 이후 화산분출구의 침몰에 의하여 적지 않은 분출구에 화구호를 형성하였다. 그리고 화산활동은 지하수에 영향을 주어 온천과 광천을 형성하기도 하였다.

1) 화산활동이 지형에 준 영향

(1) 화산활동은 지표형태와 고도를 개변시켰다

백두산 화산활동의 결과 현무암의 분출퇴적은 지형형태로 하여금 평탄하게 하고 지면해발고도를 2,000여m 높여주어 편탄한 용암대지 혹은 저위용암대지와 고위용암대지를 형성하고 해발 1,600m 이상에는 화산추를 형성하고 그곳에 20여 개의 산봉우리를 형성하였다. 이를테면 백운봉(해발 2,691m), 천문봉(해발 2,667m), 용문봉(해발 2,595m), 관일봉(해발 2,510m), 금병봉(해발 2,590m), 지반봉(해발 2,603m), 옥주봉(해발, 2,664m), 천곡봉(해발 2,620m), 철벽봉(해발 2,560m), 화개봉(해발 2,640m), 자하봉(해발 2,618m), 자암봉(해발 2,521m) 등이다.

화산활동에 의한 분출량의 차이는 지표면의 고도 차이를 이루어 백두 지역의 자연경관으로 하여금 식물수직지대성을 갖게 하였다.

해발 550m 이하는 기대로서 낙엽활엽림대를 이루고 해발 550~1,150m 사이는 침활혼성림대, 해발 1,150~1,700m 사이는 침엽림대, 해발 1,700~2,000m 사이는 왕사스레나무림대, 해발 2,000m 이상은 고산태원대를 이루었다(그림 1 참고).

지형고도가 높음에 따라 지금으로부터 약 1만 년 전 이곳에는 빙하가 발육되어 'U'형곡, 카르, 빙식와지, 각봉 등 빙하지형을 형성하였고 지금도 한대와 아한대기후구로 되어 주빙하지형인 석해, 설식와지, 도석퇴, 석하초근토환 등의 지형을 형성하고 있다.

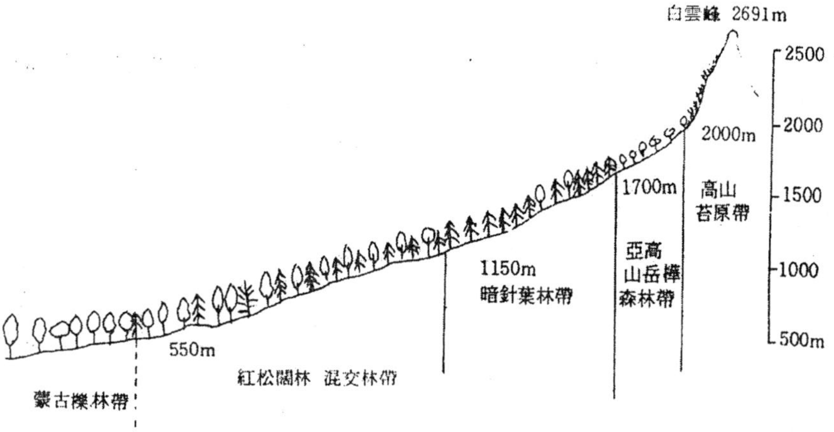

그림 1. 백두산 북사면 식물수직대 표시도(白頭山北斜面 植被垂直帶示意圖)

(2) 백두산 화산활동으로 하여 기생화산이 분출되어 200여 개의 화산체를 형성하였다

백두산지구는 제3기 마이오세 이후 연속적으로 화산활동이 있어 백두산 화산추체와 용암대지를 형성하였고 그 후 소규모의 화산분출이 다시 있어 용암대지와 화산 주위에 크고 작은 200여 개의 기생화산을 형성하였는데 분포특징에 따라 귀납하면 10여 개 화산군으로 나눌 수 있다(그림 2~11 참고).

원지 화산군 : 두만강 상류의 현무암용암대지 위에 형성된 10여 개의 화산체다. 그중 가장 유명한 것은 원지이다. 원지는 작은 화산구로서 현무암용암이 흘러나와 두만강 유역에 고화되었다. 기타 화산체는 용암에 의하여 형성되었는데 전형적인 것은 중조 20호경계비와 21호경계비 사이에 있는 적봉이다. 형태는 원추형이고 해발고도는 1,321.2m이고 밑바닥의

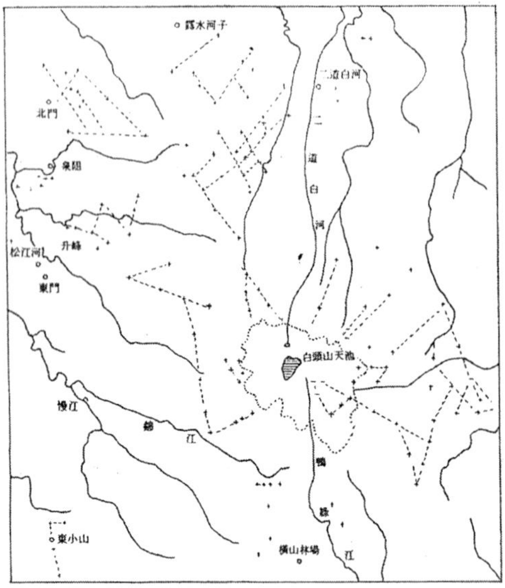

그림 2. 백두산 지역의 화산분포도

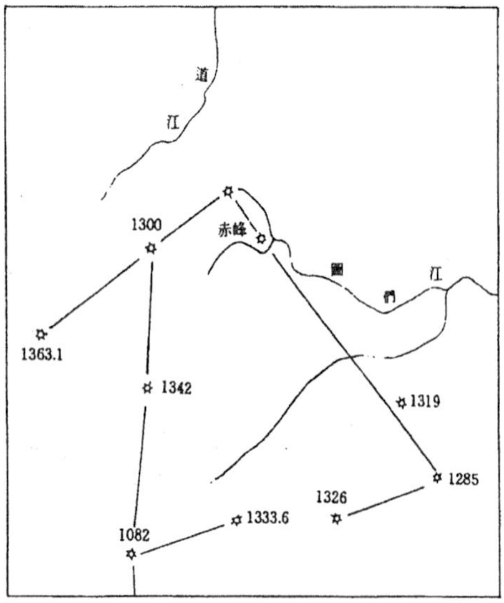

그림 3. 원지 화산군

직경은 140m, 상대높이는 61m, 경사도는 10도이다. 화산체는 주로 북동, 북서, 남북 등 세 개의 방향으로 배열되었다(그림 3 참고).

노방자 화산군 : 화평영자 동남에 있는 네 개의 화산이 포함된다. 해발고도는 1,200~1,700m 사이이고 상대고도는 약 35m, 정부는 말발굽, 초생달모양이다(그림 4 참고).

백두산 북사면 화산군 : 로수하자동암에 있는 10여 개의 작은 화산체가 포함된다. 해발고도는 800~900m 사이이고 형태는 둔형을 이루고 상대고도는 54m, 기저의 직경은 850m, 경사도는 8도이다(그림 5 참고).

동토정자 화산군 : 백두산의 서북부에 있는 21개의 화산이다. 형태는 종상, 마안상을 이

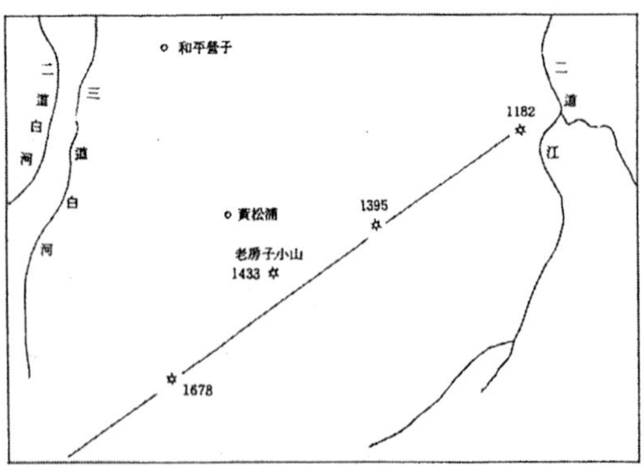

그림 4. 노방자 소산화산군

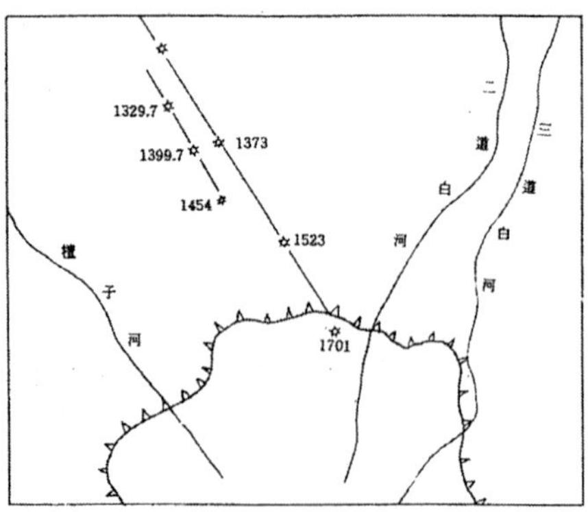

그림 5. 백두산 북사면 화산군

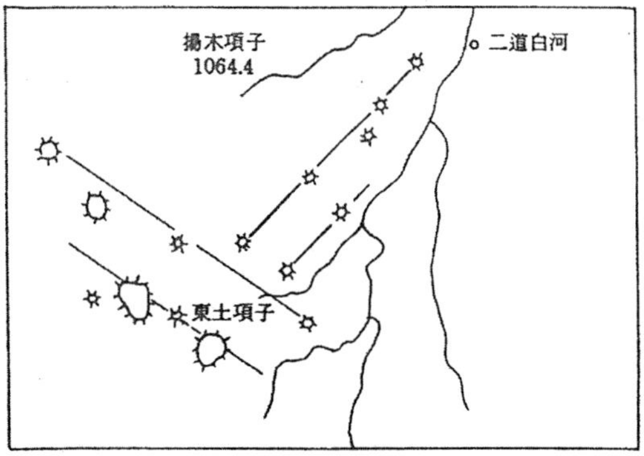

그림 6. 동토정자 화산군

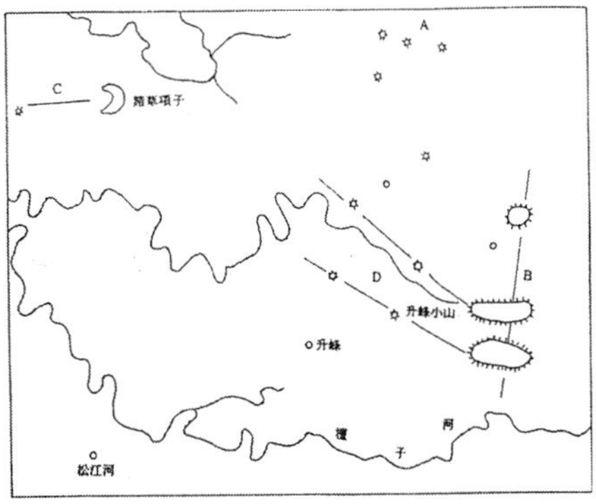

그림 7. 개봉 화산군

루고 있다. 동토정자산은 복합식으로 되었는데 종상과 둔상으로 된 두 개의 부화산이 있고 화구에는 물이 고여 화구호를 형성하였다. 해발고도는 대부분이 1,000m 이상이고 상대고도는 270m, 기저의 직경은 1km 이상 된다(그림 6 참고).

개봉 화산군 : 송강하진 동북방향에 있는 20여 개의 화산이 포함된다. 해발고도는 대부분이 800m 이상이고 정부는 초생달모양, 상대고도는 50m 정도이다(그림 7 참고).

북강 화산군 : 북강향 부근에 있는 10여 개의 화산이 포함된다. 해발고도는 800~1,000m 이고 상대고도는 약 50m 내외이다. 정부의 형태는 원추형 혹은 초생달 모양이다(그림 8 참고).

마안산 화산군 : 송강하진 동남에 있는 5개의 소화산체이다. 해발고도는 1,000여m, 상대고도는 150m, 밑바닥의 직경은 1.7km이고 정부는 초생달 모양이다(그림 9 참고).

동소산 화산군 : 만강진 남쪽에 있는 홍토산, 동홍토산 등 네 개의 소화산이 포함되는데 해발고도는 1,000m 내외이고 형태는 원추형이고 상대고도는 100m 정도이다(그림 10 참고).

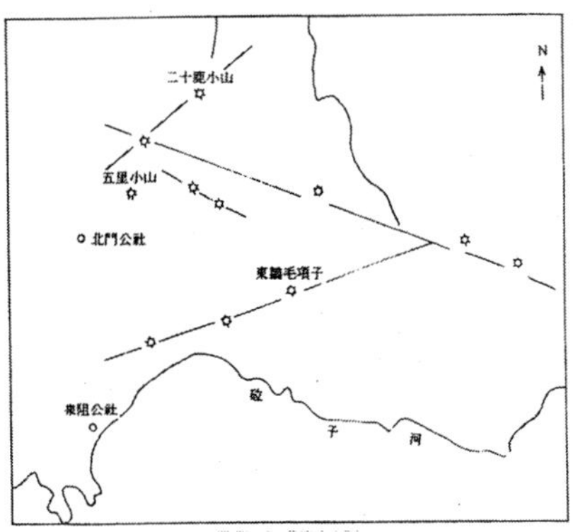

그림 8. 북강 화산군

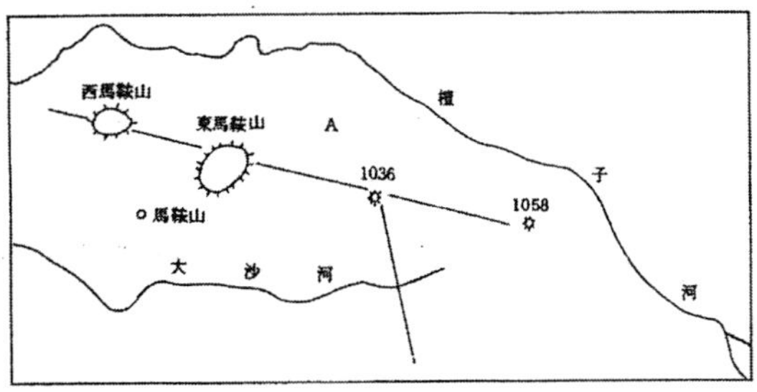

그림 9. 마안산 화산군

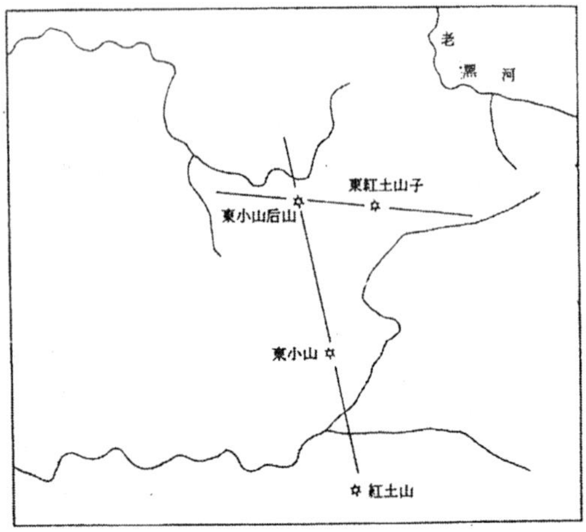

그림 10. 동소산 화산군

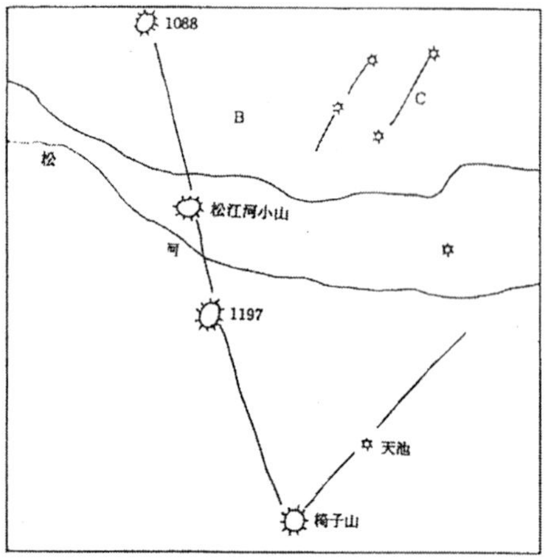

그림 11. 기자산 화산군

기자산 화산군 : 마안산 화산군의 남쪽에 있는 다섯 개의 화산이 포함된다. 해발고도는 1,100~1,500m 사이이고 상대고도는 60m이다. 형태는 안락의자 모양이다. 여기에 화구호인 왕지가 있다(그림 11 참고).

소백산 화산군 : 망천아 동북부에 있는 5개의 화산을 말한다. 해발고도는 1,900~1,700m 이고 상대고도는 400m 정도이다.

본 화산군은 현무암으로 되었는데 본 지구화산 중에서 가장 먼저 형성되었다.

(3) 벼랑

화산분출물이 퇴적되어 벼랑이 형성되었다.

망폭파(望瀑坡) : 고산스케이트장 동쪽 호수에의 위쪽 비탈에 있는 길 남쪽에 아주 큰 돌이 있는데 그 돌 위에 올라서면 폭포가 보여 망폭파라 하였다. 망폭파는 산에 올라가서 처음 폭포를 바라볼 수 있는 곳이다.

현설애(懸雪崖) : 옥주봉과 와호봉 사이에 있다. 이곳에는 일 년 내내 눈이 쌓여 있어 현설애라고 하였다. 이곳을 서파구(西坡口)라고도 하는데 도석퇴가 있고 그 아래는 넓고 평탄한 풀밭이 있어 여름과 가을철이 되면 사슴 떼가 모여들고 유람객들도 이곳을 지나 천지에 이른다.

풍구 : 불로봉동측말단과 관경대 사이에 있다. 양측의 암층은 칼로 깎은 듯 절벽을 이루어 단애가 험준하고 남으로 20m 떨어진 곳에는 마치 천연적으로 바람이 통하는 거대한 창구가 있다. 풍구의 서쪽에는 협장한 협곡이 있고 이도백하는 협곡을 따라 굽이굽이 돌면서

흐른다. 이 벼랑은 고도가 약 500m 되고 풍구의 풍속은 11.7m/s이고 대풍일수는 일 년에 270일이다. 풍구는 유람객들이 등산하는 첫 번째 관광경점이다. 이곳에서 유람객들은 장백폭포의 전경을 볼 수 있으나 바람이 강하여 위험하니 특별히 주의해야 한다.

(4) 가카르스트지형

본 지형은 중국에서 단하지형이라고도 부른다. 지형의 형성과정을 보면 화산활동에 의하여 형성된 화산탄, 부석, 화산회 등이 퇴적된 후 고결작용 강도의 차이성에 의하여 암층의 경도가 부동하게 되고 침식에 대한 저항성의 차이가 있어 연한 암층은 쉽게 침식되고 견강한 암층은 침식되지 않아 시간의 흐름에 따라 형태가 다양한 소지형을 형성하였다. 이를테면 돌기둥, 초성, 각종 동물의 형태를 방불케 하는 만물상을 이루고 있다. 분포된 구역은 여러 곳이나 주요한 곳은 금강대협곡과 백두산산문 동남에 있는 부석림이다.

금강대협곡 : 본 협곡은 천지의 서남쪽 20km 되는 금강하상류에 있다. 너비는 200~300m, 길이는 5km, 깊이는 80~90m이다. 협곡 내에는 여러 기암절벽이 있어 기이한 풍채, 아름다운 풍광을 뽐낸다.

부석림 : 부석림은 산문에서 동남쪽으로 약 4km 정도 가면 있다. 골짜기 너비는 약 100m이고 깊이는 36m이며 길이는 몇 백m 된다. 기저암은 현무암이고 그 위에 부석, 화산회 등이 퇴적되어 있는데 차별침식에 의하여 만물상을 이루었다.

2) 백두산 화산활동이 수문에 준 영향

백두산 화산활동에 의하여 용암이 분출된 후 함락되고 단층이 형성되면서 화구호, 폭포, 온천, 냉천, 망류를 형성하였다.

(1) 화구호

본 지역에는 화산분출과 후기 함락에 의하여 크고 작은 화구호가 이루어졌는데 그중 주요한 화구호는 다음과 같다.

• 백두산 천지

화구에서 분출, 함락에 의하여 형성되었다. 동서길이는 3.54km, 남북의 최대길이는 4.4km, 호안선의 둘레길이는 13.1km, 면적은 9.82㎢이다. 수문상황은 표 2와 같다.

| 표 2 | 천지의 크기와 수문의 특징

내용	크기	참고
집수면적	21.4㎢	
호수면적	9.15㎢	
최심깊이	384m	
평균깊이	213.3m	
총저수량	19.55억㎥	20.4억㎥
연간 출수량	0.387억㎥	0.4481억㎥
최소 월출수량(1월)	0.0218억㎥	
최대 월출수량(7월)	0.0635억㎥	

천지물은 북쪽에 있는 유출구인 달문을 거쳐 승사하에 들어가고 다시 1,250m 지나 장백폭포에 이른 다음 송화강 상류인 이도백하에 유입된다.

• 천지물의 성질

천지물은 무색, 무미하고 투명하며 투명도가 16m에 달한다. 8월의 천지 표층수온은 8~10℃이고 수심 20m인 곳의 수온은 4℃이고 20m 이하의 수온은 3.5~4℃이다. 10월 중순부터 물이 얼기 시작하고 5월 중순에 녹는다. 바람이 불 때는 파랑이 일어난다. 실측에 의하면 풍속이 매초 10m일 때 물결의 높이는 0.75m 된다. 수질 측정에 의하면 음이온 중에서 가장 많은 것이 HCO_3^-이고 양이온 중에서 가장 많은 것이 Na^+이다. 그러므로 천지물은 화학성분에 의하여 분류하면 중탄산나트륨형이다.

천지와 그 부근의 물 중 음료수표준을 초과하는 원소는 제4장 표 7과 같다.

• 은환호(소천지)

장백폭포에서 약 3km 내려와 이도백하를 건너 서쪽으로 가면 있다. 소천지는 화산분출에 의하여 형성된 화구호인데 면적은 5,380㎡, 호안길이는 260m, 깊이는 20여m 된다. 소천지에서 서쪽으로 약 100m 가면 서호가 있는데 호안선은 약 220m인데 호면의 대부분은 물이 마르고 동쪽에만 물이 있다.

• 원지

원지는 백두산에서 동쪽으로 약 20km 되는 곳에 있다. 호수면은 원형이어서 원지라 하였고 만족어로 천녀욕궁지라고도 부른다. 해발은 1,270m이고 직경은 180m, 면적은 4.1ha

이다. 원지는 작은 화산분출구였는데 용암이 두만강 방향으로 흐르고 나중에 화구호를 형성하였다.

(2) 온천

온천은 화산활동의 후기산물이다. 백두산에서는 여러 차례의 화산활동이 있어 온천도 여러 곳에 있다.

취룡온천 : 백두산 주차장에서 약 50m 남쪽으로 나가면 취룡온천이 있는데 해발고도는 1,976m이고 면적은 1,000㎡이며 분수구는 13개가 있다. 수온은 40~80℃에 달하고 온천에서 나오는 수량은 한 시간에 1.8~3.6t이지만 최대로 5.96t까지 나오는 경우가 있다. 온천수에는 중탄산이온이 가장 많고 다음으로 탄산나트륨이고 소량의 라듐도 나온다.

천지호반온천군 : 천지 호반에는 여러 곳에서 온천이 나오는데 중국 측에는 천문봉 아래와 백운봉 동쪽 사면에 있고, 북한 측에는 백두봉 아래 있다.

진주온천 : 본 온천은 제자하상유에 있는데 규모가 매우 작다.

(3) 백두산 지역의 화산활동과 폭포

백두산 지역에는 많은 폭포가 있지만 주로 화산추체의 지표면에 많다. 이런 폭포들의 형성과정은 백두산 화산분출물의 차이성 퇴적과 화산분출과 동반되는 단층운동에 의하여 형성되었다. 주요한 폭포를 든다면

장백폭포 : 화산추체의 북부 지역인 승사하말단에 있다. 폭포의 낙차는 68m이고 폭포에 의해 침식된 밑바닥 심도는 20m, 도합 88m 정도인데 세계에서 고산 화산호로는 낙차가 가장 크다. 물의 원천은 천지물이기에 겨울을 포함하여 일 년 내내 쏟아진다. 망파폭에서 바라보면 마치 몇 줄기의 비단이 걸려 있는 듯하여 그 경치가 장관이다. 폭포물의 유출량은 1월부터 5월 사이는 200만~261만㎥이며 전년유출량은 3,885만㎥이다.

악화폭포 : 백두산 화산추체에서 동쪽으로 약 10km 떨어진 사스레나무림의 상부계선에 분포되었다. 폭포가 있는 강이름은 삼도백하이고 낙차는 20여m이다.

금강폭포 : 관면봉 남쪽 10km 되는 제자하에 있다. 폭포는 2급으로 되었는데 1급의 낙차는 50m이고 2급의 낙차는 20m이다.

은류폭포 : 용문봉 북쪽 5km 떨어진 협곡에서 나오는 복류에 의하여 형성되었는데 낙차는 20m이다.

동천폭포 : 이도백하가 지하삼림으로 들어가는 입구에 있다. 낙차는 15m이고 지하에

있다.

(4) 화산활동과 망류

여러 차례의 화산활동에 의하여 암석체에는 열극이 생기고 그 열극을 따라 강물이 지하에 들어가 지표면에서는 강물을 볼 수 없는 망류가 형성되고 일정한 거리를 지나면 지표수로 나타나는데 두만강 상원과 동천폭포 부근에 있다.

3) 화산활동이 토양형성에 준 영향

화산회토는 근대에 퇴적된 화산쇄설물을 모질로 발육된 토양이다. 본 지구의 화산회토는 토양의 부식질화 정도에 따라 화산회토와 암화산회토 등 두 개의 아류로 나눈다.

(1) 화산회토의 분포

화산회토는 백두산 화산추체에서 해발고도 2,500m 이상되는 곳에 분포되었고 암화산회토는 화산추체의 중하부인 해발 2,200~2,500m 지역에 분포되고 있으나 개별적인 화산회토는 해발 1,600m인 영액령정부에도 분포되고 있다. 화산회토의 총면적은 10,253ha이다.

(2) 화산회토의 이화성질

① 광물조성

A_1층에서의 광물종류와 그 차지하는 비율을 보면 입경 0.2~0.002mm 사이는 장석과 화산쇄설량이 많으나 입경이 더 작아짐에 따라 부석의 수량은 대량 감소되고 장석은 점차 적어지는 반면 일리석과 몬모리론석의 함량은 많아진다(표 3 참고).

② 화산회토의 화학조성

분석에 따르면 전반 토층 단면에 SiO_2 함량이 가장 많아 약 60% 정도를 차지하고 표층은 모질에 비해 약간 적다. 다음으로 $A_{12}O_3$와 Fe_2O_3가 각각 14~16%와 7~10% 사이를 차지하고 표층은 밑층에 비하여 약간 높다. K_2O와 Na_2O의 함량은 모든 단면에서 약 2~5%를 차지하며 CaO의 함량은 1~1.5% 사이이고 TiO_2, MnO의 함량은 0.05~0.5% 사이이며 P_2O의 함량은 겨우 0.02~0.08%이다.

③ 산알칼리도와 교환성능

암화산회토의 산도는 화산회토에 비하여 조금 높다. 화산회토는 토층 내에 소량의 교환산을 갖고 있는데 화산회토는 0.32~0.84m°e/100g 사이이다. 산도는 표층이 밑층보다 높고 교환산총량 중 화산회토는 H^+〉Al, 암화산회토는 Al_3^+〉H^+으로 되어 있다.

| 표 3 | 암화산회토 A_1층의 광물조성

입경(mm)	0.2%		0.002~0.2%		0.001~0.002%		〈0.001%	
광물, %	천색부석	27.77	장석	40	일리석	35	일리-몬모리	50~60
	흑색부석	25.92	화산쇄설	30	장석	35	장석, 석영	15
	회색부석	19.94	석영	20	록사석	15	비정질	소량
	각섬석	1.59	각섬석 휘석	5 5	석영	15		

(3) 단면 특징

화산회토아류 : 주로 백두산 화산추체의 위쪽 비탈에 분포되었는데 주요한 형태특점은 부식질층이 〈10cm 정도이고 유기질 함량이 매우 낮으며 토층 내에 자갈이 많은 것이다. 토층의 구조형식은 A－C형이다. 대표 단면은 천문봉기상잠 서쪽 300m 되는 낮고 평탄한 봉우리인데 해발고도는 2,662m이고 모질은 화산에서 분출한 부석이며 식피는 적지만 주요한 식물로서는 두견, 선녀목과 선태류 등이 있다. 형태 특징은 아래와 같다.

A_1 0~6cm 회갈색, 역석토, 무결구, 송, 습 뿌리가 적고 pH는 5.5, 층차는 점차적으로 과도한다.

C_1 6~20cm 갈색, 역석토, 무결구, 조습, 송산, 뿌리가 적고 pH 5.6, 층차과도가 뚜렷하지 않다.

C_2 20~45cm 연한 황갈색, 역석토, 무결구, 조습, 뿌리가 적고 pH 7.1이다.

C_3 45~104cm 연한 회황색과 흑색부석층, 습, pH 6.7, 층차과도가 뚜렷하다.

C_4 104cm 이하 회흑색 부석층, 화산탄이 많고 pH 6.7이다.

암화산회토아류 : 백두산 화산추체의 비탈 중부에 있다. 주요한 특징은 부식질층이 10cm 이상이고 탄성이 있으며 세토함량이 많다. 그러나 토층이 얇아 A－C형에 속한다. 표준 단면은 풍구북쪽 1,200m 공로 서쪽 6m 떨어진 해발 2,030m 되는 곳이다. 모질은 부석이고 식물은 밀집되고 생장고도는 약 20cm이다. 단면의 형태특징을 보면

0.0~9cm 식물근계와 낙엽으로 조성되고 탄성이 풍부하다.

A_1.920cm 회갈색 역질 사양토. 결구는 명확하지 않다.

pH는 5.0, 층차과도는 뚜렷하다.

C_1.20~46cm 화산사력, 연한 회갈색 역석토, pH 6.1, 층차과도 명확

C_2.46~73cm 연한 황색 화산모래와 자갈, 역석토, pH 6.1

C_3.73~100cm 위와 같으나 자갈이 많다.

토층 내에서 화학원소의 이동 즉 용탈은 화산회토아류가 적고 암화산회토는 철, 망간, 갈륨, 나트륨 등이 용탈되어 하부층이 상부층에 비하여 높다.

5. 결론

백두산 화산활동에 의하여 본 지구의 지형, 수문, 식물피복 등은 큰 변화를 가져왔고 이로 인하여 다양한 생태유형이 형성되었고 경관의 수직지대성을 이루었다. 즉 아래로부터 위로 올라가면서 저산낙엽활엽수 갈색삼림토경관, 중산침엽림 갈색침엽림토경관, 아고산 사스레림 생초삼림토경관, 고산 태원토경관과 아고산 화산토경관을 이루었다. 이외에도 중산침엽림 소택토경관, 저산활엽림충적토경관, 저산침활혼성림백장토경관 등 다양한 경관을 형성하였다.

제 15 장

백두산 화산활동이 양강도 자연지리요소에 준 영향

제15장

백두산 화산활동이 양강도 자연지리요소에 준 영향

양강도 북부 지역에서는 지질시대로부터 현대에 이르기까지 여러 차례의 화산활동이 있어 자연경관을 훼멸, 복구하였다. 특히 갱신세에 분출된 현무암용암, 백두산 소백산에서의 알칼리성 조면암의 발생, 800여 년 전에 분출한 부석은 원래의 자연경관을 훼멸, 매몰하고 새로운 자연경관을 형성하기 시작하였다.

자연경관 형성에서 지질, 지형, 기후, 식생, 토양 등 요소들이 종합적으로 작용하나 그 중에서도 화산활동을 위주로 한 지질작용이 주된 인자가 되었다. 즉 용암의 분출에 의하여 본 지구의 지형을 1,600m 높여 기후, 식생, 토양의 산지수직지대성을 형성하였고 강, 호수의 형성도 식생, 토양의 특성도 화산활동의 제한을 받았다.

요약해서 말하면 본 지역의 자연경관은 800여 년의 역사를 갖고 지금도 발전, 성숙과정에 있다.

본문에서는 백두산과 가까이 자리 잡고 있는 양강도의 삼지연군, 대홍단군, 백암군, 보천군, 운훈군, 갑산군과 함경북도의 무산군, 연사군, 어랑군, 길주군의 일부 지역 및 함경남도의 단천 서북부가 포함된다. 지리위치로 보면 동경 128도 16분으로부터 동경 130도 02분까지이고 북위 42도 10분부터 북위 41도 정도의 범위이다.

1. 백두산의 화산활동

이 지역은 중생대 때 외적 영력작용에 의하여 침식, 퇴적되어 준평원으로 되었으나 제3기 초에 이르러 심부단열대가 형성되었다. 그중에서 규모가 큰 심부단열대는 다음과 같다.

북동향 단열대 : 여기에 포함되는 것으로는 백두산－삼합－훈춘－마적달 단열대와 백두산단열함몰대이다.

동서향 단열대 : 여기에는 소영자－광평단열대가 있다.

북서향 단열대 : 길주－백두산, 영벽산단열대가 있다(그림 1 참고).

상술한 단열대 중에서 백두산 단열대, 화평영자－광평단열대와 길주－백두산단열대는 백두산 부근에서 교차되어 활동력이 아주 강한 화산활동의 중심을 이루었다. 그 주요 화산활동은 아래와 같다.

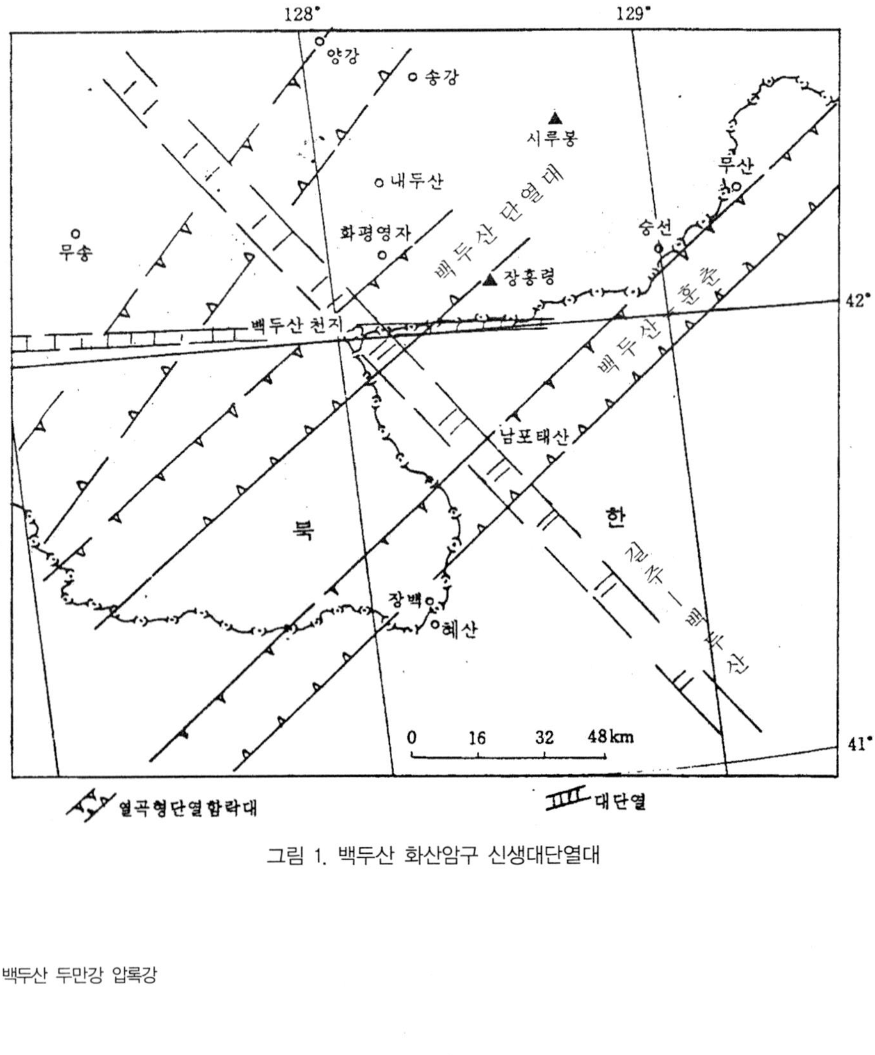

그림 1. 백두산 화산암구 신생대단열대

1) 단천암군

중생대유라기 말에 중국, 북한 북부에서 조산운동이 있어 복운모화강암, 흑운모화강암을 형성하였다. 주요한 분포지구로는 함경북도와 양강도 동부 및 갑산군지대이다.

2) 보천통현무암 2.43Ma

본 층은 중국 구역의 군함산현무암(2.6Ma)에 해당된다. 중생대 말에 백두산지구는 오랫동안의 침식퇴적작용에 의해 이미 준평원화되었다. 이때 히말라야 조산운동으로 백두산지구에서는 아주 크고 긴 열극이 생겼고 중심식분출과 결합되어 대량의 현무암분출이 있었다. 분포지역은 양강도의 서북부와 함경북도 서북부인데 그 면적은 5,350㎢에 달한다. 중국에서는 백두산 북부인 안도현과 화룡현 남부에 분포되었다.

3) 백두산통

중플라이스토세에 백두산에서는 화산활동이 매우 격렬하게 일어나 백두산 화산체를 이루었다. 백두산 형성과정(그림 2 참고)의 지질층서를 보면 아래 표와 같다.

북한	중국	지질연대
부석층	화평영자조	1120~1167
백두봉층(백두봉)	기상잠조	0.087~0.05Ma
천지층	기상잠조	
대평층현무암	광평현무암	0.065Ma
북포태산층	백두산조 상단	0.210±0.004Ma
북설령층	백두산조 중단	0.442±0.15Ma
푸른봉층	백두산조 하단	0.551±0.024Ma

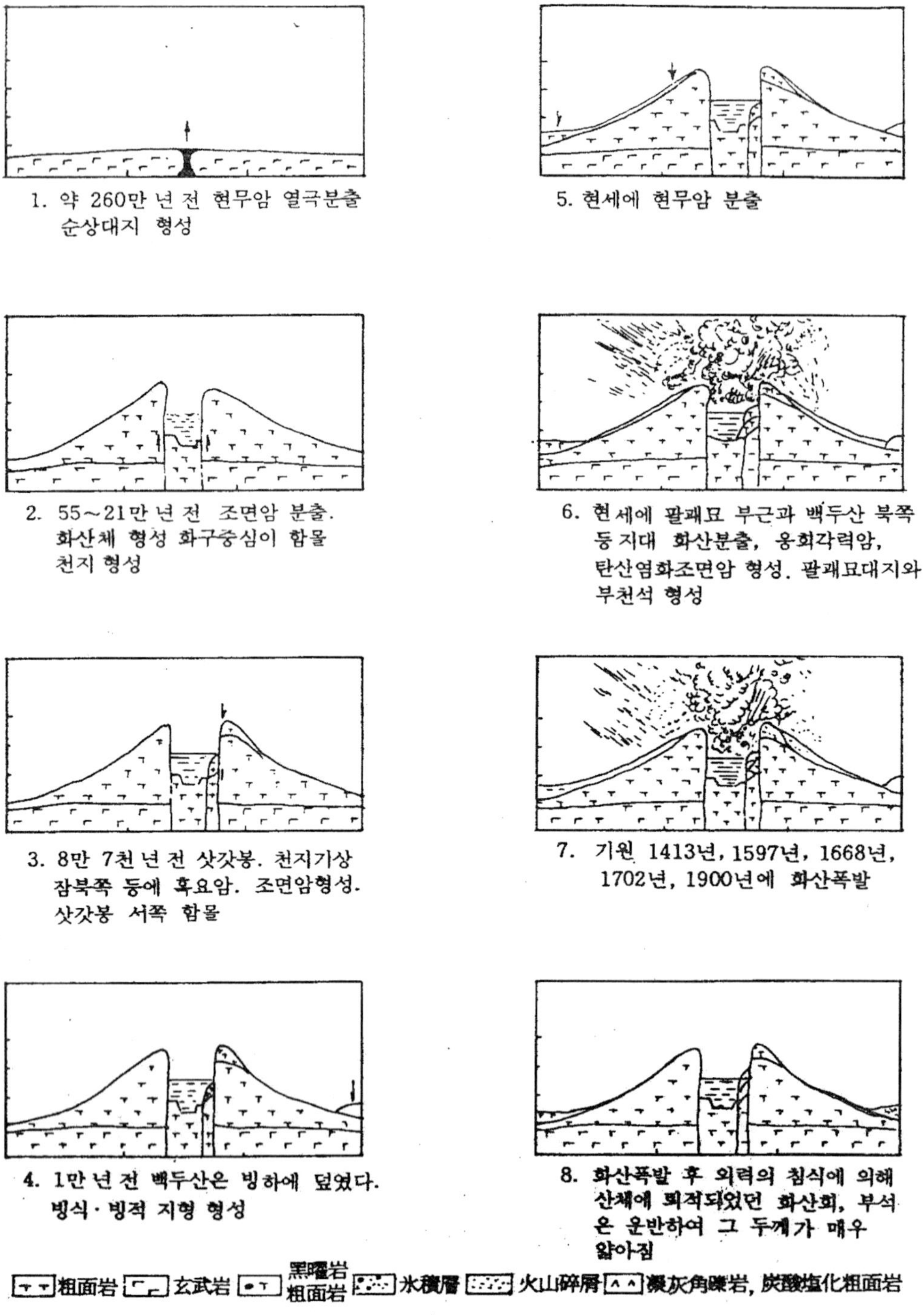

그림 2. 백두산 형성도(삿갓봉을 지나는 동서 단면)

백두산 화산활동의 분화구를 보면 초기는 중심식과 열극식, 중기는 중심식, 후기는 분출구가 여러 곳일 것으로 짐작된다. 그 이유는 백두산 주봉들의 수직 단면이 서로 다르기 때문이다(그림 3 참고).

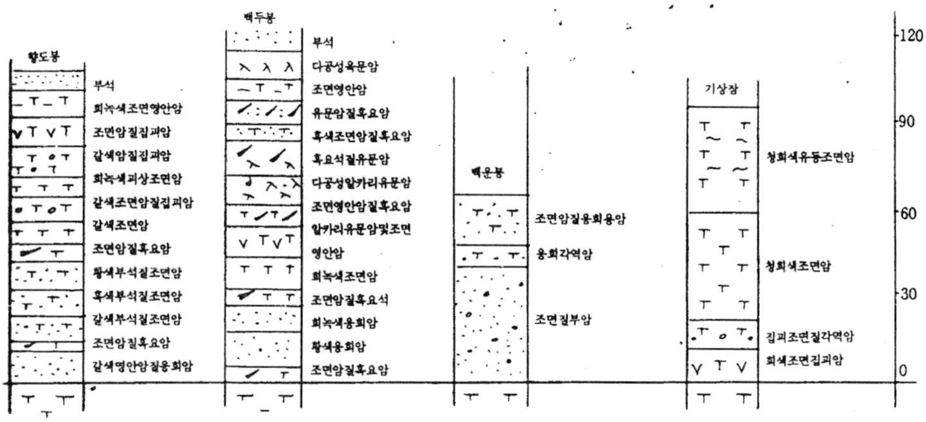

그림 3. 백두산 주봉들의 수직 단면도

2. 화산활동이 지형형성에 미친 영향

1) 백두산 지역에서 일어난 화산활동은 화산추체와 칼데라호를 형성하였다. 화산추체는 해발 1,700m 이상에 있는데 백두봉(2,479.2m), 향도봉(2,711m), 해발봉(2,719m), 천문봉(2,670m), 백운봉(2,691m), 옥주봉(2,664m) 등 24개 봉우리가 있다.

백두산 천지의 해발고도는 2,189m(북한 자료는 2,190.5m)이고 천지의 최대수심은 384m로서 백두봉 꼭대기와 940m 차이가 난다. 천지의 동서길이는 3.55km, 남북길이는 4.64km, 둘레는 14km, 면적은 9.15㎢이고 평균수심은 213.3m이다.

2) 백두산 용암대지

북한의 북쪽에 광활하게 분포된 용암대지는 백두산화산활동의 첫 시기에 북서－남동방향의 큰 열하를 통로로 하여 유출한 막대한 양의 용암이 주변으로 흐르면서 냉각퇴적된 화산대지이다. 이 시기에 유출된 용암은 대부분이 염기성용암인 현무암이다. 백두 용암대지의 동쪽은 서두수하곡이고 남쪽은 두류화산 이남이며 서쪽은 허천강곡지에 이른다. 이 용암대지는 백두화산을 중심으로 동서방향으로 180km, 북남방향으로 130km이다. 용암대지의 동쪽변두리인 무산 일대의 해발고도는 1,000m, 남북변두리인 혜산 일대에서는 1,010~1,020m이다(그림 4 참고).

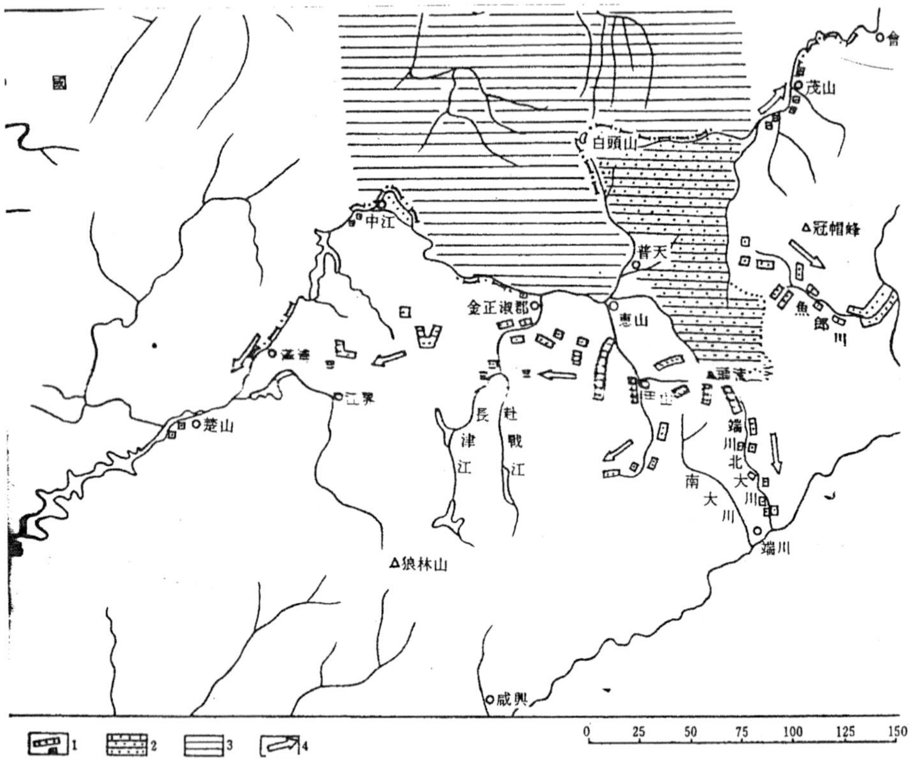

1. 용암탁상지 2. 용암대지 3. 용암대지(중국 측) 4. 용암류

그림 4. 백두 용암대지

3) 소백수분하구에서도 분출이 있은 후 분화구가 내려앉아 칼데라를 형성하였는데 길쭉한 타원형으로 장축의 길이는 4km 정도이고 단축의 길이는 2km 정도이다. 외륜산에는 정일봉, 소백산(1,217m), 간백산(2,162m), 사자봉(2,145m) 등이 있는데 칼데라 밑바닥과의 차이는 570m에 달한다.

4) 북쪽에 있는 북포태화산은 밑면의 직경이 14km이고 화산마루에는 길이 4.5km, 너비 2.0km 되는 화구분지가 있는데 해발고도는 1,700m이고 외륜산 중 가장 높은 북포태산

의 해발고도는 2,288m이고 화구분지의 깊이는 600m 정도이다.

5) 백두산의 주변에는 부속화산들이 있는데 이를테면 해발 2,358m인 대연지봉, 해발 2,114m인 소연지봉, 대각봉(2,121m), 무두봉(1,930m)이 있다.

6) 화산폭발과 부석의 퇴적

부석 분출시기는 확정되지는 않았으나 조선과학원 지리연구소의 C^{14} 측년법으로 부석에 묻어 있는 탄화목의 연대를 측정한 것에 의하면 990±40년, 820±30년, 680±40년으로 되어 있다. 이 연대값들을 부석이 분출한 시기로 본다. 분출된 수량은 대단히 많아 화구에서 가까운 지역의 부석두께는 20여m에 달하고(표 1~4 참고), 날려가서 퇴적된 지구로는 함경북도 중부와 함경남도의 북부이며 심지어 동해를 지나 태평양에까지 퇴적되었다.

| 표 1 | 천지화산공강 퇴적부석입도, 후도와 거리변화수(天池火山空降 堆積浮石粒度, 厚度와 距離變化數)

特征要表 地點	天文峰	双目峰	園 池	赤 峰	广 坪
距天池距離(km)	1	17	29	31	60
浮石厚度(km)	72	0.77	0.66~0.8	0.78	0.1~0.2
浮石粒度(km)	5~60	8	2~4	3.5~1.5	0.2~0.3

| 표 2 | 백두산-청진방향 부석후도변화표(白頭山-清津方向浮石厚度變化表)

地 點	无頭峰	新茂城	茂 浦	延 社	富 潤
距天池距離	12.6	22.7	40.9	113.7	159.3
浮石厚度(m)	10~15	8~9	1.0~2.5	0.4~0.7	0.1~0.4

| 표 3 | 백두산-혜산방향 부석후도변화표(白頭山-惠山方向 浮石厚度變化表)

地 點	新茂城	三池淵	金星明水	普 天	劍山洞
距天池距離	22.7	30.5	31.5	58.8	66.8
浮石厚度(m)	8~9	2~7	0.5~1.5	0.2~0.6	0.1~0.05

| 표 4 | 부석의 남북방향 후도변화표(浮石의 南北方向 厚度變化表)

地 點	圓 池	茂 峰	三池淵	普 天	劍山洞
浮石厚度(m)	0.66~0.8	1.0~2.5	2~7	0.2~0.6	0.1~0.05

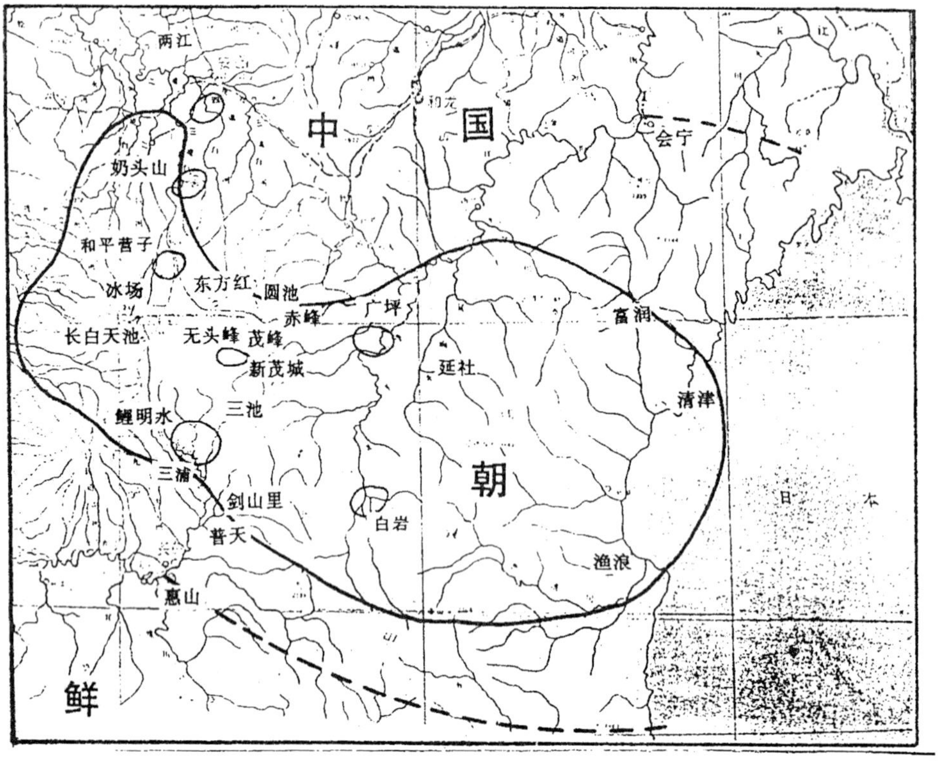

그림 5. 부석 분포도

7) 소화산이 많다

백두산 지역에는 백두산, 소백산, 포태산, 누른봉, 남설령 등 비교적 큰 화산분출구 외에 작은 분화구가 385개 있다. 분화구의 구조를 보면 함몰화산분화구, 성층화산분화구, 화산봉우리 분화구 등으로 다종다양하나 그중에서 가장 많은 것은 성층화산분화구이다(그림 6 참고).

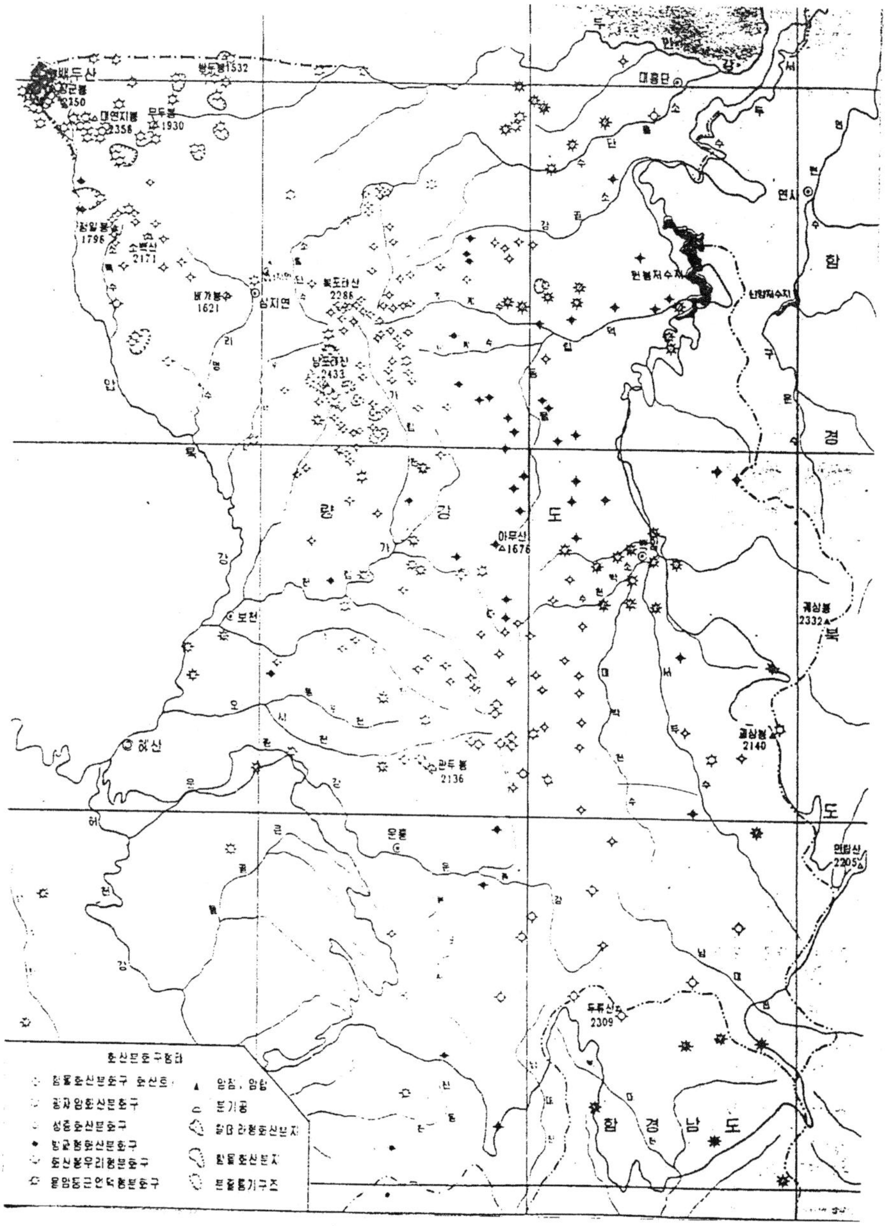

그림 6. 소화산 분포도

총적으로 말하면 백두산 일대의 화산활동 중

① 현무암의 분출은 광활한 용암대지를 형성하고 해발높이를 약 600m 높여주었다.

② 알칼리성 조면암의 분출에 의하여 해발높이가 약 1,000m 높아졌으며

③ 소화산의 분출에 의하여 해발고도도 높아졌지만 지형면이 울퉁불퉁한 산악지대를 이

루게 하였고

④ 부석의 분출과 퇴적으로 하여 곡지와 빙하지형이 파묻혀 평탄하게 되었다.

3. 화산활동이 기후에 준 영향

백두산지구에서의 화산활동은 지형면의 해발고도를 높여주었고 해발고도의 차이는 기후의 차이를 초래하였다(표 5 참고).

| 표 5 | 기온변화

月 / 地點	1	2	3	4	5	6	7	8	9	10	11	12	年平均	年較差
將軍峰	-25	-21.5	-16.1	-7.5	-0.3	3.8	7.8	7.3	1.0	-6.7	14.9	-21.1	-7.5	32.8
三池源	-19.8	-16.5	-9.6	0.6	7.8	12.0	16.4	15.6	8.9	1.3	-7.5	-16.1	-0.6	36.2
大紅湍	-18.5	-15.7	-7.0	3.4	9.7	13.9	17.8	17.0	10.2	2.9	-6.0	-15.2	1.0	36.3
惠 山	-19.3	-14.5	-4.9	5.1	12.3	16.5	20.7	19.9	12.7	4.9	-4.9	-15.7	2.7	40.0
白岩區	-17.8	-14.9	-8.3	1.3	8.2	12.1	16.2	15.8	9.5	2.4	-6.3	-14.7	0.3	34.0

1) 기온

본 지구에서는 기온의 위도적 차이도 있지만 기온분포의 수직적 차이가 더 심하다. 해발높이에 따르는 기온체감률은 100m에 연평균 0.6℃이지만 위도 10분에 따르는 기온체감률은 연평균 0.26℃이다.

기온의 월변화는 다른 지구와 비슷하나 해발고도가 높을수록 낮은 것이 특점이다. 화산추마다 낮은 온도의 원형등온선으로 되어 있다(그림 7 참고).

| 표 6 | ≥10℃ 적산온도분포

지점 / 항목	≥10℃ 적산온도	지속일수
삼지연	1,476	103
대홍단	1,860	124
보 천	2,047	132
혜 산	2,462	146
운 흥	1,955	127
백 암	1,522	107

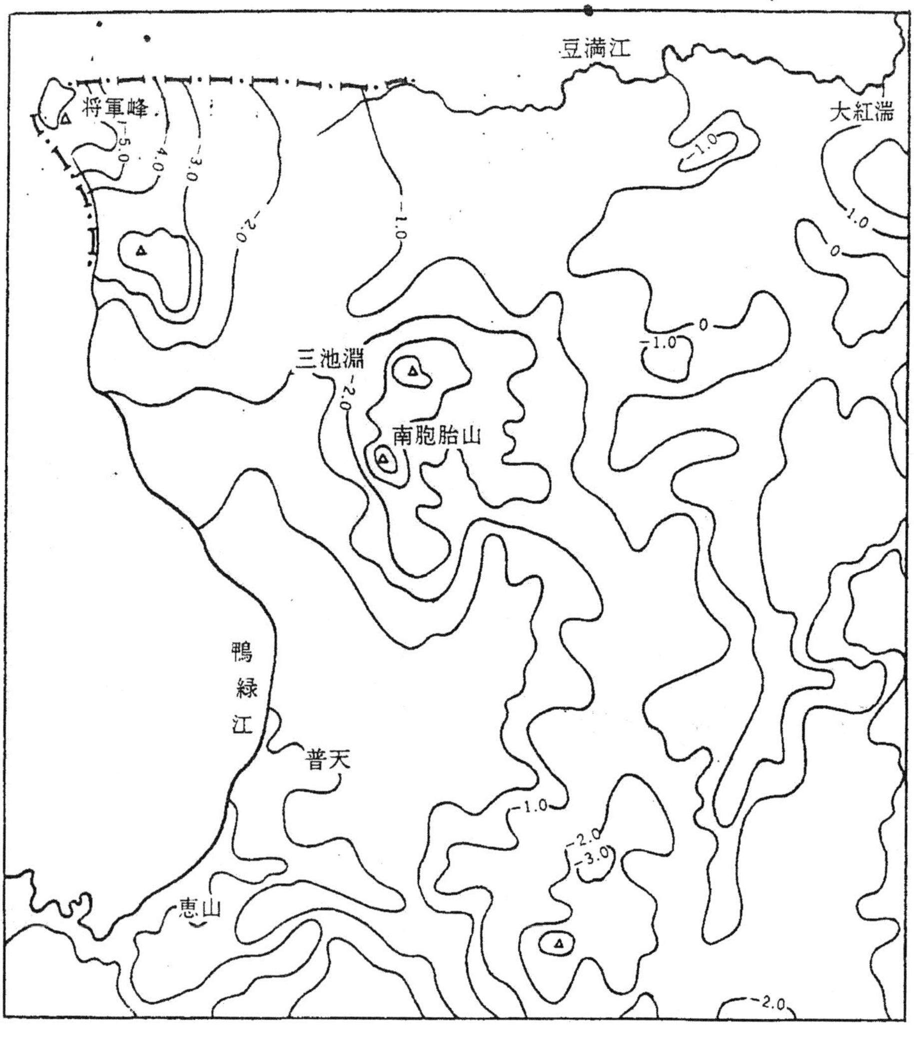

그림 7. 평균기온 분포도

표 6에서 볼 수 있는바 혜산에서는 조숙품종을 재배할 수 있고 기타 지구에서는 극조숙품종을 재배할 수 있다.

| 표 7 | 극최고기온과 극최저기온

항목 \ 지점	삼지연	포태	백암	혜산
극최고기온	28.9	32.7	30.6	36.0
극최저기온	−43.2	−43.4	−	−

2) 강수

본 지구의 강수량은 여름철에 많고 겨울철에 적다. 강수량이 많은 달은 7~8월이고 적은 달은 1월이다. 강수량은 600~1,400mm인데 백두산에서 1,372mm, 삼지연에서 921mm, 혜산에서는 596mm이다. 강수량의 분포는 지면높이와 경사면의 방향에 의해 규정된다. 해발높이와 강수량의 관계는 높이 100m에서의 체감률이 연평균 33mm, 남서 측은 54mm, 북동 측은 15.6mm이다. 그리고 화산의 분화구거나 화산추가 있는 곳은 지형이 높아 지형우가 많다(그림 8 참고).(강설일수와 적설량은 표 8을 참고하라.)

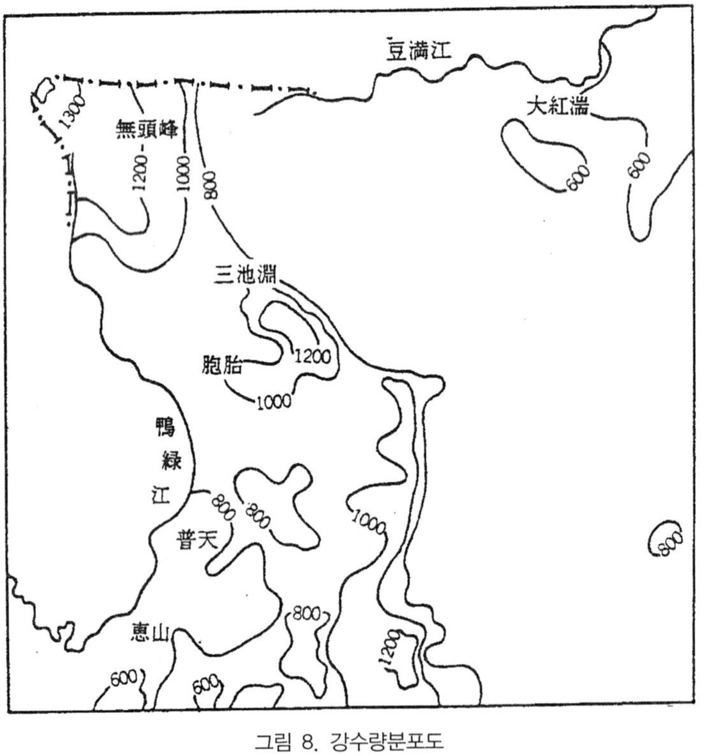

그림 8. 강수량분포도

| 표 8 | 강설일수와 적설량

地 點	初 雪			終 雪			降雪期間平均日數	積雪日數	積雪深
	最 早 (月・日)	平均 (月・日)	最晩 (月・日)	最早 (月・日)	平均 (月・日)	最晩 (月・日)			
三池淵	9.10	9.24	10.10	4.14	5.18	6.7	237	173	120
胞 胎	9.14	10.3	10.23	4.16	5.9	5.30	219	139	55
惠 山	9.26	10.11	11.2	4.5	4.30	5.30	202	110	29
白岩區	9.10	9.27	10.25	4.22	5.24	6.17	240	160	52
白岩邑	9.14	9.29	10.22	5.5	5.16	6.4	229	144	39

본 지구의 강설일수와 적설량은 해발고도에 의하여 규정된다. 해발고도가 높은 지구는 강설기가 길고 강설량이 많다.

요약해서 말하면 지각의 상승작용과 용암의 퇴적은 본 지구의 해발고도를 높게 하였고 이것은 기온과 강수량을 규정하는데 기온의 체감률은 100m에 0.6℃이고 강수량은 높이 100m에서의 체감률이 33mm이다.

3) 화산활동이 수문에 준 영향

(1) 강에 준 영향

표에서 볼 수 있는바 본 지역은 화산퇴적물에 의하여 경사가 급하고 지형면이 좁기 때문에 길이가 짧고 유역면적이 좁으며 하각침식이 성행하고 폭포가 많다. 이를테면 압록강 상원지구의 구곡은 100여 미터 되고 압록강 하원에서 낙차 1.5m, 12.5m, 14.6m인 삼단폭포가 있고 그 아래 사기문폭포(낙차 17.9m), 백두폭포(낙차 16.3m), 형제폭포(낙차 11.6m)가 있다(표 9 참고).

| 표 9 | 주요 강과 하천

이 름	지류 구분	길이(km)	유역면적(㎢)	이름	지류 구분	길이(km)	유역면적(㎢)
압록강	본류	803.0	64739.832557.7(조)	두만강	본류	547.8	32920.010565.0(조)
소백수	1	15.1	49.2	서두수	1	173.1	2,392.0
리명수	1	30.3	208.8	석을천	1	17.0	63.4
포태천	1	21.1	131.3	사동천	1	17.8	68.4
보서천	2	21.3	112.3	소홍단수	1	76.5	535.0
가림천	1	59.8	801.5	소골강	2	34.0	225.5
태평천		19.8	114.5	덕립동물	2	43.2	349.5
신흥천	2	30.9	140.2	초계수	3	20.8	82.6
오시천	1	39.4	243.5	이계수	3	15.1	57.5
운총강	2	78.5	791.0	황토암수	2	17.3	100.5
룡포천	3	24.0	241.1	대박천수	2	41.9	372.0
석개천	3	18.4	71.1	서계수	2	17.0	87.0
북대천(단천)	본류	102.7	1,346.5	형제수	3	18.7	136.5
남대천(길주)	본류	128.1	1,445.1	동계수	2	25.0	307.6

(2) 호수 형성에 준 영향

백두산 천지는 화산폭발과 함락에 의하여 형성되었는데 세계에서 가장 높은 곳에 있는 화구호이다.

본 지구에 있는 못은 삼지연을 비롯하여 47개가 있고 총면적은 64.8정보이다. 이런 못 중에서 적지 않은 것은 화산활동의 산물이다. 이를테면 삼지연에는 3개의 못이 있는데 길이는 350~790m이고 너비는 160~600m이며 물깊이는 1.7~3.8m이다. 이 못이 형성된 것은 백두산 화산과 북포태화산의 분출로 하여 강 자리가 메워져 형성된 것이고 불적지는 길이 375m, 너비 125m, 물깊이는 평균 4~5m인데 이 못은 화산분출구에 형성된 것이고 간장늪과 대택늪은 밑바닥이 현무암으로 되어 물이 막혀 형성된 늪이다.

요약해서 말하면 화산활동에 의하여 지면 기복이 심하여 강이 짧고 유역면적도 좁으며 지류도 적다. 강에는 폭포가 많고 하각침식이 성향되어 협곡을 이루었으며 경사가 급하여 수력자원이 풍부하며 화구호와 언색호도 볼 수 있다(표 10 참고).

| 표 10 | 호수와 저수지

이름		넓이 (㎢)	둘레 (km)	크기(km)		깊이(m)		위치
				길이	너비	최대	평균	
천 지		9.165	14.4	4.64	3.55	384	213.3	양강도 삼지연군
삼지연	1호	0.42	3.6	0.8	0.6	3.8	1.8	양강도 삼지연군
	2호	0.04	1.2	0.39	0.16	1.7	0.8	양강도 삼지연군
	3호	0.06	1.3	0.35	0.26	2.9	1.3	양강도 삼지연군
간장늪		0.11	1.3	0.5	0.3	7		양강도 백암군
불적지		0.046	–	0.375	0.125		4~5	양강도 백암군
원봉저수지		12.0	41.3	16.0	0.6			양강도 대홍단구, 백암군 함경북도 연사군

| 표 11 | 온천

이름	물 온도	물량(㎥/일)	위치
내곡온천	41~46℃	300	보천군 내곡리
백두온천	최대 73℃		삼지연 군신무성구
대중리온천	23℃	300	운흥군 대중리

4. 양강도 북부지구에서의 식물분포

본 지구에서의 식물상의 종 구성을 보면 300과 2,722종에 달한다. 이런 식물들은 지면의 해발높이 화산활동의 영향을 받아 분포특징을 나타낸다(표 12 참고).

| 표 12 | 식물수직대

식물수직대	해발높이(m)
고산초본대	2,300~2,750
아고산키낮은나무림대	1,900~2,300
침엽림대	1,100~1,900
침활혼성림대	900~1,200
낙엽활엽림대	900 이하

본 지구의 식물상은 800여 년 전에 분출한 부석의 피해로 거의 없어지고 지금의 식물상은 부석 분출 이후에 이루어진 것인데 피해가 심하고 부석층이 두터운 곳에서는 아직도 회복되지 못하고 있다. 특히 백두산 동쪽 비탈이 전형적인데 상부왕사스레수직대도 형성되지 못하였다.

5. 화산활동이 토양에 준 영향

토양도 산지지대성법칙에 따라 아래에서 위로 올라가면서 각이한 토양대를 이루었다(표 13 참고).

| 표 13 | 토양수직대

토양	해발고도
고산암설토양	2,500~2,750m
고산동결층토양	2,200~2,600m
고산초원토양	2,000~2,600m
부석층토양	1,260~2,060m
부석질표백호갈색토양	900~1,200m
암갈색토양	800~1,000m
갈색토양	800m 이하

본 지구에서는 신생대 이래 여러 차례의 화산활동이 있어 토양 형성에 준 영향은 매우 크다.

① 본 지역에서 장기간 생성발육된 토양들은 백두산 화산폭발에 의한 부석의 퇴적으로 하여 대부분 부석층 밑에 매몰되어 고토양으로 되었다.

② 현무암이 분포된 지역에서는 지형이 평탄하고 배수가 잘 되지 않아 토양의 갈매화과정이 성행되어 갈매성 표백화 토양을 형성하였다. 그리고 현무암이 분포된 낮은 지역에서는 물이 고여 저위니탄토를 형성하였다(그림 9 참고).

③ 부석층토양이 형성되었다. 이 토양은 본 지역토양총면적의 44%를 차지하는데 토양의 형성연령은 겨우 850년 내외이다. 때문에 부식질층이 엷고 세탈층, 직접층이 없는 유년토양이다(표 14 참고).

양강도 북부 지역은 신생대 이래의 지질작용 특히는 화산활동에 의하여 자연경관이 여러 차례 전화되었고 800여 년 전의 식물과 토양이 없어지고 현유의 식생과 토양도 모두 800여년의 짧은 역사를 거쳐 형성되었는데 그 속도가 빠르다.

| 표 14 | 후층부석토양

試坑	層位	深度	腐植	總炭素(C)	全室素(N)	C:N	pH	
			(%)				H_2O	KCl
873 神武城	A_0	0~5	–	50.30	2.82	17.85	–	–
	A_1	5~9	9.27	5.37	0.368	14.50	5.3	4.6
	AC	10~20	4.80	2.79	0.301	9.27	5.1	4.7
	C_1	50~60	0.43	1.41	0.121	11.65	5.1	4.7
	C_2	150~160	0.10	0.09	0.007	12.85	7.0	6.5

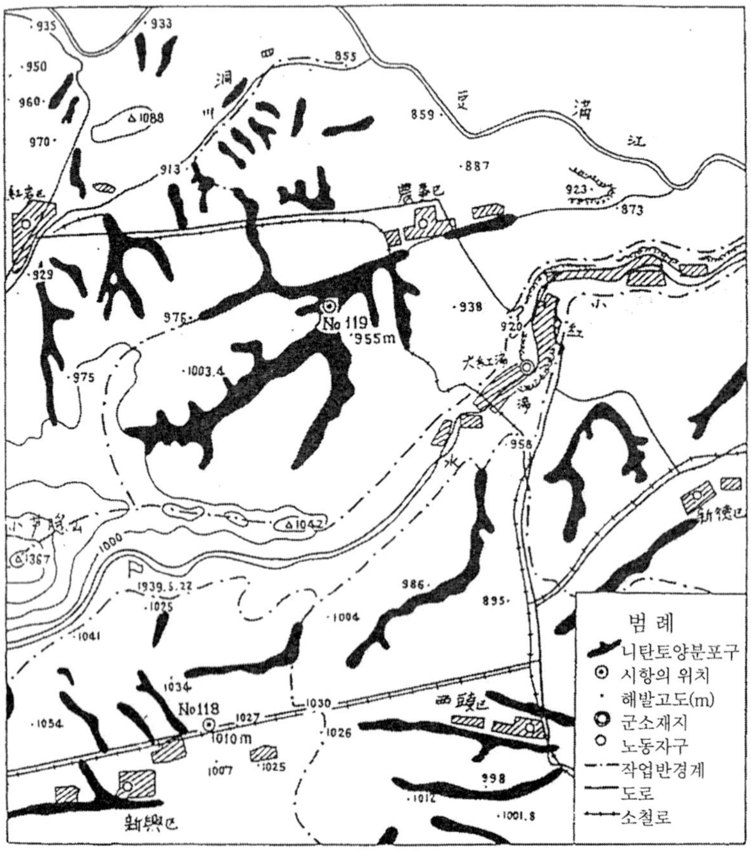

그림 9. 니탄토양 분포도

제 16 장

백두산지구 자연보호구의 현황 및 문제점

제16장

백두산지구 자연보호구의 현황 및 문제점

1. 지역개관

장백산보호구는 백두산 천지를 중심으로 천지의 동 · 서 · 북 3면을 에워싸고 있는 원시림의 중심지로서 백두산계의 백두산 화산체, 산록완경사 고원의 전 지역과 산록말단 용암대지 일부분을 포함하고 있다. 백두산 자연보호구는 연변조선족자치주 안도현(安圖縣)과 통화시지구(通化市地區), 무송현(撫松縣), 장백조선족자치현(長白朝鮮族自治縣)을 포함하고 있으며, 그 남쪽과 동남쪽은 북한과 접하고 있다. 본 지구는 남북길이가 78.5km이고 동서의 길이는 53.3km이며 총면적은 217,235ha(절대적 보호구는 133,841ha)이다. 그중에서 85,424ha(절대보호구 76,552ha)의 면적이 연변조선족자치주 경계에 있다(그림 1 참고).

백두산 자연보호구는 삼림이 무성하고 수종이 많으며, 동식물의 종류가 비교적 풍부하다. 뿐만 아니라 자연환경과 생태계가 비교적 완전하고 지질, 지형, 기후, 토양과 야생동물, 식물의 분포도 전형적인 산지 자연경관의 특징을 가지고 있다. 장엄하고 웅장한 화산체, 기묘한 산봉우리, 일망무제한 임해, 천지, 일 년 내내 쏟아지는 폭포, 뜨겁게 솟아나는 온천 등은 특히 유명하며, 세계적으로도 잘 알려진 전형적인 자연의 종합체이며, 자연생태계를 종합적으로 연구할 수 있는 중요한 보고이다.

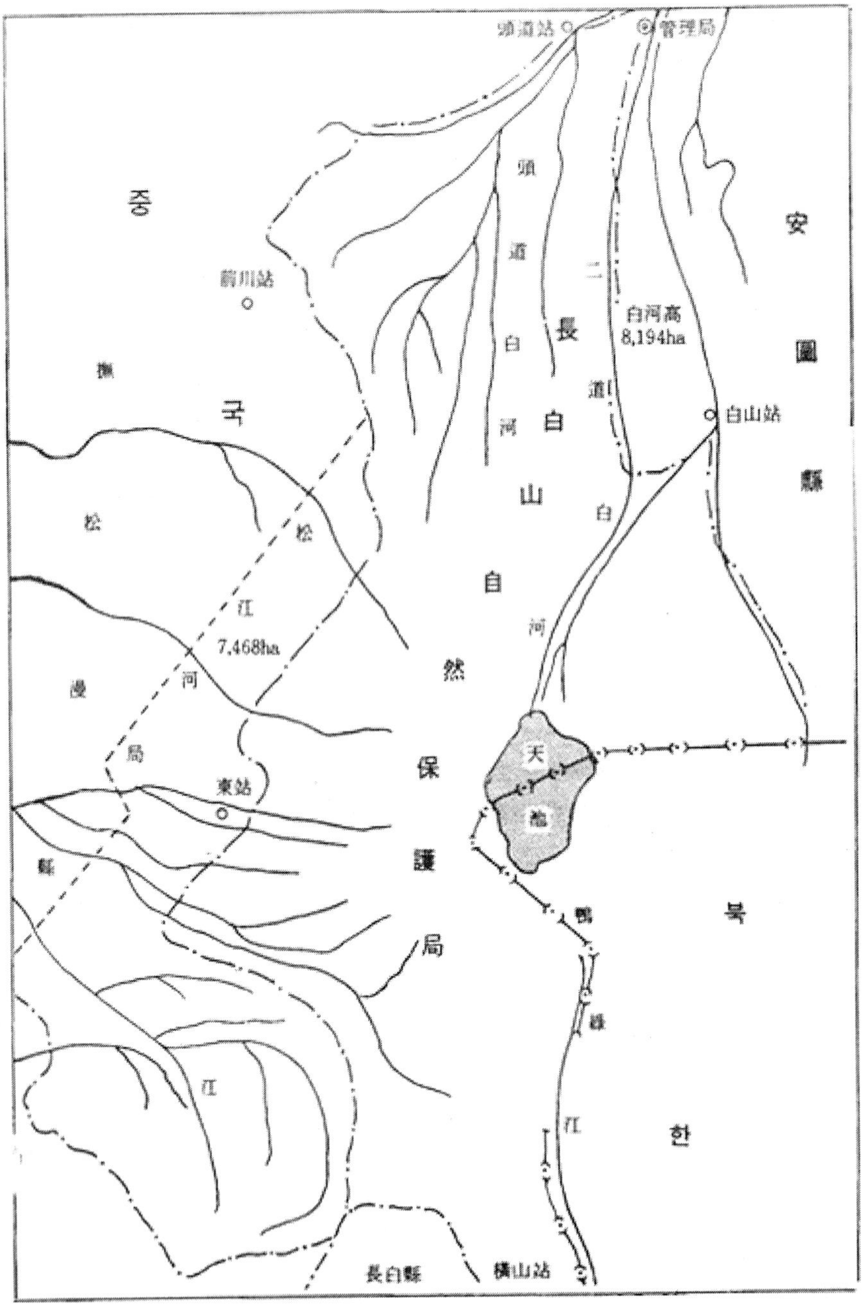

그림 1. 백두산자연보호국 약도

2. 보호구의 성립과 관리기구

백두산보호구는 1960년 4월에 길림성인민위원회의 비준을 거쳐 관리국을 세워 길림성 임업국의 직접적인 통제하에 있었다. 백두산 자연보호관리국 산하에 업무과, 과학연구소, 판공실, 행정과, 농부과(農付科), 선전과(宣傳科), 총무부(總務部), 공청단(共青团), 공회(工會), 공안국(公安局) 등이 설치되어 있고 현재 250명의 직원이 있다.

또한 에너지유통의 물질순환을 기초로 한 삼림생태계의 여러 학과의 종합적 연구사업을 진행하기 위하여, 각각 관련된 대학과 연구원, 전문가, 그리고 교수를 조직하여 참여시켰다. 중국 과학원에서는 1978년 5월 15일 백두산자연보호구를 백두산생태계 연구 지역으로 정했다.

1980년 1월 11일 UN에서는 백두산자연보호국을 인간과 생태권 보호구역으로 공식적으로 지정하기도 하였다.

3. 풍부한 자연자원

본 지역은 자연자원보호구로 보호할 만한 자연자원이 풍부하고 종류도 매우 많다. 지금까지 밝혀진 것으로는

① 포유류 6목 17과 51종

② 조류 15목 43과 210종

③ 양서류 2목 5과 7종

④ 곤충류 19목 180과 887속 1,500종

⑤ 이끼류 20과 81속 180종

⑥ 病害 252종

⑦ 식물 113과 382속 1,298종

⑧ 진균류 41종이 있다.

1) 희귀 동물자원

백두산지대에 300여 종의 조류가 있는데 그중에서 60%가 하려조(夏旅鳥)이고 30%가 동려조(冬旅鳥)이다.

백두산에 서식하는 텃새와 겨울철새는 40여 종밖에 안된다. 특히 한 쌍이 늘 함께 있는 원앙새 등은 국가가 보호하는 희귀한 새이다.

백두산 자연보호구역에서 국가적으로 정한 희귀한 동물로는 동북호랑이(東北虎), 꽃사슴(梅花鹿), 사향노루(麝鹿), 말사슴(馬鹿), 청양(青羊), 담비(紫貂), 스라소니(捨猁), 금전표(金錢豹) 등이 있다. 그 밖에 다람쥐(松鼠), 가수(鼠), 종색곰(棕熊), 검은곰(黑熊), 수달(水獺), 오소리, 노루, 멧돼지 등 20여 종의 동물이 있다. 표 1은 자연보호구 내부의 부분적 희귀동물 조사통계표이다.

| 표 1 | 야생희귀동물 서식 수 통계표

동물명칭	단위 면적 (ha)	평균수 (마리)	상한 (마리)	하한 (마리)	정밀도 (%)	비 고
말사슴	1,000	29	41	21	50.8	전구 冬春평균 수
담 비	1,000	23	32	15	46.0	全區平均數
수 달	1,000	28	42	14	49.0	조사지점 : 백두산 북쪽 비탈, 태양차, 만강 조사수
사향노루	1,000	18	24	14	55.0	北斜面(북사면) 조사수
노 루	1,000	13	20	7	34.7	全區冬春平均數
멧돼지	1,000	33	45	22	61.5	두도, 태양차, 삼하수 멧돼지가 살고 있는 범위 내 조사

2) 희귀 식물자원

백두산지의 식생은 복잡하고 다양하며 그 종류가 매우 많다. 경제적 가치가 있는 식물이 800여 종에 달하고 경제림이 80여 종에 달한다.

백두산수직대는 보통 아고산악화림대(亞高山岳樺林帶), 암침엽림대(暗針葉林帶)와 홍송활엽혼성림대(紅松活葉混成林帶) 등 3지대로 뚜렷하게 나눌 수 있다. 표 2, 3, 4는 각 수림대의 입목조성과 축적량 조사표이다.

| 표 2 | 아고산악화림의 임목인자 (울밀도 : 0.7)

수종	임층	조성		흉경(胸經)		나무높이		우세 연령	헥타르당	
		주수	재적	최대	평균	최대	평균		주수	재적
악화	1	10	10	10	20	14	12		1,000	164.4

보호구 내에서 매우 안전하게 보호된 원시삼림 중에는 귀중한 약용식물들을 흔히 볼 수 있다. 즉 산삼(山參), 당삼, 천마(天麻), 동북자인삼(東北刺人參) 등이 300여 종 있다.

| 표 3 | 암침엽림의 임목인자 (울밀도 : 0.9)

樹种	林層	組成		胸徑		樹高		优勢年齡	헥타르당	
		株數	按材積	最大	平均	最大	平均		株數	材積
云杉	I	10	10	84	50	30	28	160	640	389.0
冷杉	I	+	+						16	8.0
落葉松	I	+	+						16	11.0
云杉	II	6	6		25		17	120	96	46.0
冷杉	II	3	3		20		16	80	48	31.0
岳樺	II	1	1		20				16	4.0
雜木	II	+	+		20				8	2.0
云杉	III	5	6		12		11	60	260	24.0
冷杉	III	4	3		12		11	60	196	11.1
岳樺	III	+	+		12				32	1.0
雜木	III	1	1		12				72	4.0
合計									1,400	531.0

| 표 4 | 홍송활엽혼성림의 임목인자 (울밀도 : 0.8)

樹种	林層	組成		胸徑		樹高		优勢年齡	헥타르당	
		株數	按材積	最大	平均	最大	平均		株數	材積
紅松	林層	3	2	40	32	27	25	160	88	79
椴樹	I	3	3	56	36	25	23		84	103
色木	I	1	+						16	10
水曲柳	I	3	4	48	44	27	25		68	117
柞樹	II	+	1	60	52	26	25		8	21
紅松	II	4	5		9		8		124	29
色木	II	4	3		9		8			
椴樹	II	2	2		20		14		56	10
合計									560	385.0

紅松闊葉混交林의 林木因子.

4. 일반보호구 내의 벌채가 자연보호구에 미치는 영향

백두산 자연보호구는 절대보호구와 일반보호구의 두 개 부분으로 구성되었다.

일반보호구의 면적은 83,394ha로 보호구 총면적의 38%를 점하고 있다.

1952년도의 조사에 의하면 일반보호구 내의 입목 총축적량은 1,925만㎥로 1ha당 입목

축적량이 180~275㎥이다.

보호국을 설정할 때 일반보호구 내에선 수렵은 금지하나 벌채는 금하지 않기로 규정했다. 지금 일반보호구 내의 삼림은 송강하림업국과 백하림업국에서 벌채하여 경영한다. 그중에서 송강하림업국은 75,200ha를 경영하고 있는데 일반보호구 총면적의 90.2%를 점하고 있다.

송강하림업국에서는 일반보호구 내 100여km에 달하는 삼림철로를 부설했고 9개의 임장작업구를 세웠으며 벌채면적이 15,000여ha에 달하여 삼림면적의 20%을 초과했다. 벌채가 불합리하고 조림과 육림이 따라가지 못한 관계로 인하여 삼림은 심하게 파괴되었다. 보통 벌채가 알맞은 곳의 울밀도는 0.1~0.3 사이이다.

일반보호구는 면적이 크고 백두산 화산체와 가까우며 진귀하고 희소한 동물들이 가을, 겨울, 봄에 활동하고 번식하는 주요 장소이다. 10여 년 동안의 경험이 증명하는바 일반보호구 내에서의 대규모 벌채는 필요한 환경이 파괴될 뿐만 아니라 인위적인 활동이 증가되므로 일반보호구로 남아 있는 한 보호작용을 상실하게 된다. 근래에 각종 보호단체에서 엄격히 수렵을 금지시키고 있지만 일부 사람들은 여전히 희귀동물들을 포획하고 있다. 이는 만강수매소에서 1963~1974년 짐승가죽을 수매한 불완전한 통계가 증명해 준다. 지난 6년 동안 담비피 239장을 수매했는데 매년 평균 40장이고 3년 동안 사들인 수달피는 49장으로 매년 평균 16장을 사들인 셈이다. 5년 동안 사들인 양피는 42장으로 매년 8장 정도 사들인 셈이다. 이상의 통계는 만강 하나의 수매소에서의 통계이므로 주의해야 할 것이다. 뿐만 아니라 1978년에 보호구 내에서 불법 수렵하여 재판을 받은 사람이 세 사람이 있는데 9마리의 말사슴과 35마리의 담비를 남획했기 때문이다.

이 밖에 생활환경조건이 파괴되고 기계화작업의 영향으로 인하여 보호구 내의 진귀동물이 현저히 감소되고 있다. 예를 들면 1963년부터 1972년 사이에 일반보호구 내에서 일곱 마리의 동북범(백두산 호랑이)을 발견했는데 1976년 이후엔 한 마리밖에 발견하지 못했다.

5. 관광업이 보호구에 미치는 영향

장백산맥에 우뚝 솟은 백두산은 웅장하면서도 아름다운 장관을 연출하여 사람들이 많이 찾는 관광지이며, 우리나라 야생 동·식물자원의 보고이다. 최근 몇 년 동안 전국 각지뿐만 아니라 해외관광객들이 늘어나는 추세이다. 2011년만 해도 156만여 명의 관광객들이 다녀

갔다.

관광업의 발전을 위하여 연변조선족자치주에서는 온천 부근에 430㎡에 달하는 호텔을 세웠고 온천수를 끌어들여 목욕탕도 지었으며, 온천에서 폭포로 가는 이도송화강에 돌다리도 축조했고 해외관광객을 수용하는 백산호텔도 지었으며 백두산 천문봉 기상대까지의 도로도 훌륭하게 닦았다.

그리하여 해마다 7, 8월경이면 국내 및 해외의 수많은 관광객들이 찾아오고 있다. 그런데 아직도 숙박시설 등이 불충분하고 시설 관리인원이 적고 공공위생시설이 부족한 데다가 관광객의 자질이 문제가 되어 온천이나 폭포, 심지어 천지의 맑은 물에 먹던 음식물 찌꺼기를 버리는 등 환경을 오염시키는 현상이 빈번히 일어나고 있다. 특히 온천 부근을 오염시키는 현상이 심하여 아름다운 자연을 훼손하고 온천의 수질이 오염되어 원래의 좋은 이미지를 상실시키고 있다. 이 문제에 대해 강력한 제재가 따르지 않는다면 심각한 피해가 나타날 것이며 그 결과는 자연보호와 생태자연에 대한 과학연구사업뿐 아니라 관광사업 자체도 영향을 받게 될 것이다.

제 17 장

백두산지구의 국경선

제17장

백두산지구의 국경선

1. 백두산과 국경

필자는 1991년 6월 10일 처음으로 조상들의 뼈가 묻힌 한국 땅을 밟았다. 필자의 초청자인 서울 오리엔트 權寧大 사장님의 소개로 한국의 최고학부인 서울대학교에서 세미나를 가졌고 여러 교수님들의 친절한 접대를 받았다. 그 후 성신여자대학교 지리학과, 동국대학교 지리교육과, 경희대학교 지리학과, 강원대학교, 이화여자대학교 등에서 교수님들의 배려로 세미나를 가졌고 또 많은 대학원생들과 좌담회도 가졌다. 이 과정에서 필자는 한국 지리학과 지리교육 그리고 지리 도서출판, 지도출판 등 여러 분야에서 여러 교수님들의 풍부한 연구성과들을 볼 수 있었다. 그리고 친절하고도 감명 깊은 좌담기회도 여러 차례 가졌고 많은 질문도 받았다. 특히 중국과 한국 사이에 외교관계가 없었고 오랫동안 교류가 단절된 관계로 말미암아 발생한 많은 미지의 문제에 대한 질문이 제기되었는데 그중에서 비교적 보편성을 띤 문제의 하나가 백두산 부근의 한·중 국경선 문제에 대한 의문이었다.

국경선 문제는 아주 중요한 문제이다. 지도에 국경선을 그릴 때 각 국민들의 염원이나 신화에 의해 그릴 수도 없고 또 어느 한 나라에서 마음대로 정할 수도 없다. 국경선은 인접하고 있는 두 나라의 경계선이기 때문에 반드시 두 나라 사이에서 협상을 통하여 결정함으로써 법적 효과를 나타낼 수 있는 것이다.

2. 백두산 전설

1) 白頭山은 滿州族의 聖山

중국 측 기록에 의하면 송나라 조정에서는 백두산을 發迹地로 삼았는바 金大定 12年(1172년)에 백두산을 '興國應王'으로 대했고 金明昌 4年(1193년)에는 다시 '開天宏聖帝'로 봉했다.

청나라 시기에 들어와서 백두산은 만족 발생지라 하였다. 『淸史史稿, 半組半記』에 기재된 전설에 의하면 청나라 太祖인 누르하치의 어머니는 선녀였는데 布鞩浩日(天女浴躬處)에 내려와 목욕하다가 붉은 과일 하나를 먹고 임신한 후 누르하치를 낳았다고 한다.

1677년(康熙 16년) 청나라에서는 백두산을 만족의 발상지로 삼고 封禁을 실행했으며, 몽골인과 漢族은 들어가지 못하게 하고 다만 청나라 관리만이 들어가서 진주를 채집하고 인삼을 캐며 사냥하게 하였다.

8월엔 강희 황제가 친히 만족의 발상지에 제사지내라는 영을 내리고 11월에는 청나라 禮部에서 길림시교의 小白山에 제전을 만들고 '長白神'을 모셨으며 매년 봄과 가을에 제사지내기로 했다.

康熙 47年(1708년) 康熙王은 북경에 와 있는 프랑스 선교사 헤이즈스를 파견하여 백두산 일대의 측량에 종사하게 하였다(『日本外交史』 제41년 1책, p. 418). 상술한 역사 사실로 보아 궁정에서는 물론이고 백성에 이르기까지 백두산은 중국의 영토라고 인정한 것이다.

2) 白頭山은 韓民族의 聖山

한국 사람들은 백두산을 성산으로 인식하고 있다. 한국의 신화전설에는 "조선족의 선조인 단군은 하늘나라 환인 임금님의 아드님으로 태어났는데 환웅이라 불렀다. 환웅은 아버님의 분부에 따라 땅에 있는 사람들을 다스려 잘살게 하기 위하여 신하들을 거느리고 구름을 타고 땅에 내려왔는데 그곳이 바로 태백산(지금의 백두산)의 신단수나무 아래였다. 환웅은 웅녀와 결혼하였고 웅녀는 환웅이 하늘로 다시 올라간 후 아들을 낳았는데 이름을 단군이라 지었다. 단군은 후에 임금이 되었고 국호를 조선이라 하였다고 하였다. 때문에 후세의 사람들은 백두산을 聖山이라 부르며 신성시하였다."고 전하고 있다.

1486년 조선 成宗의 명령에 의하여 편찬된 『동국여지승람』에 백두산이 조선의 땅으로 기록되어 있고 조선시대에도 백두산은 조선의 성산이라고 선전했다. 하여 조선 사람들은 백두산을 자기의 땅으로 인정하고 聖山으로 모셨다.

3. 백두산과 국경선

1) 백두산은 청나라에 소속

1711년(康熙 50年) 康熙皇帝는 중국과 조선의 국경은 압록강과 도문강이지만 압록강과 도문강 사이가 분명하지 못하다고 하면서 오라총관 목극동을 파견하여 그곳을 상세히 조사하고 국경문제를 밝힐 것을 요구하였다.

1712년(康熙 51년, 숙종 38)에 청나라의 목극동과 조선군관 李義復 등이 백두산 일대를 답사하고 5월 15일에 협상이 성립되어 백두봉 동남향 4km, 해발고도 2,250m 지구분수령에 定界碑를 세우고 국경은 서쪽이 압록강 동쪽이 土門江이라고 했다. 5월 28일에는 목극동이 조선국 접반 시 朴權 등에게 土門江源流 아래는 물이 돌 틈에 들어가 보이지 않기에 茂山과 惠山 사이의 국경을 백성들이 알도록 방법을 구하자고 하였다.

6월 2일 박권 등은 목극동의 의견에 동의하였다. 나무, 흙, 돌 등을 모아서 경계를 표시할 것을 제기했다.

상술한 역사적 사실로 보아 백두산 천지나 그 주변의 산체가 청나라에 속했지만 李朝는 순종했을 뿐 아무런 의견조차 제기치 않았다. 특히 1887년 10월 5일(高宗 24년 8월 19일 음력)에 조선 국왕이 淸國禮部와 李鴻章에게 보낸 국서에서 圖們江(도문강) 上流의 國界問題에 대해서는 다시 협상할 것을 제기했으나 백두산 구역의 국경선에 대해서는 언급조차 하지 않았다. 그리하여 淸朝 조정 사이에서는 定界碑가 合法的인 국경선으로 되어 白頭山은 淸나라 領土로 확정되었던 것이다.

2) 백두산의 동남부는 조선, 백두산의 서북부는 중국

朝鮮王朝는 백두산에 대해 兩面手法을 썼다. 대외적으로는 청나라 소속으로 대내적으로는 국민들의 반발 때문에 백두산은 조선의 영산이라 하였고 애국가 가사에도 "동해물과 백두산이 마르고 닳도록"이라고 백두산을 넣었다. 1909년 중 · 일 두 나라가 해결한 소위 「간도조약(間島條約)」 제1조에서는 조 · 중 두 나라 경계선은 정계비라 하였고 지도도 그렇게 작성하였다. 일제가 만주를 침략하여 만주국을 세우게 되자 조선과 만주국 모두 일제의 식

민지가 되었기 때문에 백두산지구의 국경문제는 별로 제기되지 않았다.

1945년 일제가 멸망하고 朝·中 두 나라가 성립되자 국경문제도 다시 역사적 議事日程으로 제기되었다. 북한에서도 白頭山을 조선의 영토로 인정하고 國章에 白頭山을 넣었고 조선영화촬영소에서 제작한 영화마다 백두산 원경을 표지로 삼았으며 학술연구도 꾸준히 계속되었다. 이를테면 연변대학 지리학부에서 1954년 7월 백두산에 등산한 후 宗德寺에 이르렀는데 그 부근의 암석에 김일성종합대학 지리학부 학생들이 새겨놓은 많은 人名들을 볼 수 있었다. 한편 중국에서는 백두산을 中國領土로 인정하고 학술탐사도 계속했으며 변강군부대도 주둔시켰다.

1958년에는 백두산 천지기상소를 건립했고, 1960년에는 백두산 자연보호구를 세웠다. 이러한 상황하에서 중국, 북한 간에 또다시 국경문제에 대한 담판이 진행되었고 1962년에는 중·조국경조약이 체결되었다. 조약의 규정에 의하면 白頭山東段을 姸頭河西支流의 동쪽에 있는 2114.0 高地로부터 직선으로 무지개봉 북쪽에 있는 2427.9 高地에 이른 다음 西南方向으로 천지를 지난다. 白頭山 天池도 두 나라에 의해 나누어졌는데, 동남쪽은 북한, 西北쪽은 중국에 속하는데 면적은 약 40%가 중국에 속하고 60%가 북한에 속한다.

3) 두만강 상류와 국경선

두만강에 대하여 다양하게 서술되고 있지만 지명유래에 대한 해석은 대체로 일치한다. 도문강의 원명은 '圖們色禽'이다. '圖們'이란 '萬'자에 해당되고 그 뜻인 즉 '많은 하천이 모여 든다'는 것이다. '色禽'이란 女眞語에서 '강'이라는 뜻이다. 그러므로 '圖們'은 女眞語音 그대로 쓰고 '色禽'은 한어로 번역하여 도문강으로 되었다.

두만강의 이름은 여러 가지로 쓰여 왔다. 이를테면 統門水(통먼수), 徒門水(투먼수), 徒門河(투먼하), 阿也若河, 土門江(투먼강), 愛濾江, 豆滿江, 豆滿河, 圖門江 등인바 대부분은 '투먼'의 變字와 音綴이다.

4) 두만강 상원과 국경선

① 두만강 상원은 미정계

淸과 조선의 변계역사에서 두만강의 本流를 국경선으로 삼은 것은 분쟁이 없었지만 도문강 발원지 부분에서는 국경선 분쟁이 오랫동안 지속되었다. 1700년대 이전에는 未定界 상태였고 정계비를 세운 후에도 경계선이 불확실하였다.

정계비에는 "서쪽은 鴨綠江, 동쪽은 土門江이 있으므로 이 분수령에 비를 세운다"고 했으나 실제로 동쪽 강은 土門江이 아니라 二道江의 支流인 黑石溝河이다. 그러므로 당시 목극동은 야외조사에서 강줄기를 잘못 찾은 것이다. 이 때문에 그 후에 조선과 청나라 사이에 어느 강을 국경선으로 하는가 하는 문제가 오랫동안 논쟁거리가 된 것이다.

1712년 5월 28일(康熙 51年, 숙종 38년)에 淸나라의 欽差 오라총관 목극동이 조선국 접반사 朴權과 함경북도 관찰사 李善溥에게 무산과 혜산 사이의 강이 없는 곳에 표지를 만들어 백성들에게 국경선을 알게 하자는 편지를 썼고 6월 2일에는 조선의 접반사 朴權이 목극동에게 양국 국경선을 실지 답사하여 확정하고 그곳에 표지를 세울 것을 제안했다.

상술한 역사적 사실로 보아 비록 '정계비'는 세워졌으나 정계비와 두만강 본류 사이에는 국경계선이 없는 미정계 상태였음을 알 수 있다.

② 조선국 紅土水를 正源, 청나라는 紅丹水를 正源

1772년부터 1884년에 이르기까지 두만강 상류 국경선 문제는 크게 제기되지 않았다가 1885년(高宗 22年 光緒 11년)에 또 조선국왕이 청나라 조정에 국경선을 조사 확정할 것을 제기하였다.

청나라에서는 조선국왕의 뜻에 동의하고 吉林督理朝鮮商務員奏煥 招 局員賈元柱를 국계탐사 위원으로 파견하였고 조선에서는 安邊府使 李重厦를 국계탐사로 파견하였다. 이 조사에서 두만강 상류 세 줄기를 발견하였는데 남쪽 줄기는 西豆江, 중간 줄기는 홍단수, 북쪽 줄기는 紅土山水였다. 국경선 담판과정에서 중국 대표는 紅丹水를 두만강의 正源으로 삼고 국경선을 정하자고 주장하고, 조선 대표는 紅土山水를 正源으로 삼고 국경선을 정하자고 주장하였다. 이처럼 의견이 서로 달랐기 때문에 담판은 끝내 실패하고 두만강 상류는 미확정 상태로 남아 있었다.

③ 조선국은 紅土水를 正源, 청나라는 石乙水를 正源

1886년(高宗 23年 光緒 12年) 淸나라는 두만강 정원을 다시 조사하고 국경선을 확정하자는 요구를 조선에 제기하자, 조선에서는 北洋大臣 李鴻章에게 동의서를 보냈다. 1987년 淸나라에서는 吉林督理商務奏煥을 파견하고 조선에서는 德源府使 李重厦를 파견하였다. 그들은 4월 5일 會寧에서 만난 후 22일 백두산에 들어가 紅丹水, 石乙水, 紅土水 등 하천을 조사하였다. 조사에 의하면 紅丹水源은 조선 국경 내에 들어 있기 때문에 청나라 대표는 江丹水를 경계선으로 하자는 주장을 포기하였다.

그리고 石乙水가 小白山東南麓 30여 리 되는 곳에서 흘러나오는데 江은 작지만 길이가 길기 때문에 이 江을 국경선으로 삼아야 한다고 주장하였다. 그러나 조선대표 李重夏는 紅土水源이 정계비가 있는 곳에서 온 것으로 주장하였다. 또 이것이 一統與國에 두만강과 압록강 사이 강이 없는 곳에 그어 놓은 접경의 위치와 일치한다고 하면서 紅土水를 국경선으로 정할 것을 주장하였다. 그리하여 紅丹水와 石乙水가 合流하는 下流국경선은 결정되었지만 合流처와 上流의 국경선은 합의에 도달하지 못했다.

1887년 10월 5일 조선국왕은 淸國禮部에 두만강 상류 국경선 문제에 대하여 국서를 보냈는데, 국서엔 石乙水가 국경선으로 될 수 없다는 것과 紅土水가 국경선으로 될 수 있는 증거를 제기하면서 紅土水를 국경선으로 삼아 달라 요구하였다. 그러나 淸나라의 반대로 거부당했다.

④ 도문강의 正源을 石乙水로

1900년대 초 일본은 군비를 강화하고 조선을 강점하였다. 동시에 중국의 만주를 침략하기 위하여 '간도문제'를 제기하였다.

을사보호조약으로 朝鮮이 외교권을 상실한 이후 1909년 '간도문제'를 해결하기 위하여 중국 북경에서 중 · 일 두 나라 사이에 협상이 진행되었는데 중국침략의 야욕을 불태우고 있던 일본은 남만주철도(심양, 대련)의 부설권을 획득하고 '圖們江中朝界務 조례'를 체결함으로써 豆滿江을 한 · 중 국경선으로 인정하였던 것이다.

이 조약의 제1조에 "中日 두 나라 정부는 두만강을 중 · 한 국경선으로 서로 성명하고 그 江源地方은 정계비로부터 石乙水를 경계선으로 한다"라고 하였다. 이때부터 1950년대 말까지 중국과 조선 국경의 미정계 지구가 石乙水로 확정되었고 지도에도 이 국경선을 사용하였다. 그러나 이 국경선은 조선정부와 중국정부 사이에서 결정된 것이 아니라 중국과 일본 사이에서 합의된 것이므로 실제로 중국과 조선이 공인하는 국경선으로 인정될 수 없고 여전히 미확정 국경선으로 된 것이다.

⑤ 두만강의 正源을 紅土水로

1962년 중국정부와 북한정부는 백두산지구와 압록강 · 두만강 지구의 국경협상을 통하여 조약을 체결하였다. 이 조약에서는 紅土水를 正源으로 삼고 그것을 국경선의 근거로 삼았다. 즉 紅土水와 弱流河가 합치는 곳에 21호 국경비를 설치하고 그 상류인 紅土水와 母樹林파가 합치는 곳에 20호 국경선비를 세우고 이곳에서부터 서쪽 3km 되는 해발 1,300.8m 고지까지 직선으로 국경선를 정하고 또 이곳에서 22호 지점까지 직선으로 국경선을 정하였다. 그 다음 약 11km 서쪽에 있는 해발 1,992.0m 고지까지 또 일직선으로 국경을 정했다. 다음은 서남방향에 있는 해발 2,114.0m 고지까지 직선으로 국경을 그리고 이곳에서 북서방향으로 3km, 천지 주변에 있는 해발 2,427.9m 고지까지 일직선을 그었다. 그리하여 오랫동안 미정계로 되어 있던 두만강 상류지역에 명확한 국경선이 확정되었다.

5) 압록강 상류와 국경선

압록강 본류가 조선과 청나라 국경선으로 된 것은 역사문헌과 지도에 명백하지만, 압록강 상류지구는 유입되는 하천들이 여러 갈래로 되어 있기 때문에 두만강 상류와 마찬가지로 미정계로 되어 있었다.

정계비의 비문에서 서쪽은 압록강이라 했고, 청나라 음차오라 목극동과 조선국 접반사 박권 사이의 편지에서 무산과 혜산에 이르는 곳의 강이 없는 지역에 국경선의 표지를 만들 것을 협상했다. 상술한 사실로 보아 당시에는 정계비 서쪽에 있는 압록강의 상류인 연지천인 것은 틀림없으나 구체적이고도 상세한 국경선은 확정되지 않았음을 알 수 있다.

압록강의 상류는 크게 세 줄기로 나눌 수 있다. 동쪽 지류는 대연지봉의 남쪽 사면에서 발원하여 압록강으로 유입된다. 중간에 위치한 지류는 연지천이다. 연지천의 상류는 時令河로 두 줄기이다. 한 줄기는 정계비 서쪽 끝에서 발원하여 남서 방향으로 흐르고 다른 한 줄기는 장군봉(백두봉) 남쪽 기슭에서 발원하여 동남방향으로 흐르다가 남쪽 방향으로 흐르면서 정계비 서쪽에서 흐르는 강과 합류한다. 서쪽지류는 강수기에만 강을 볼 수 있고 평시에는 건곡으로 나타난다. 이 강은 冠冕峰 동남 4.5km 되는 골짜기에서 발원하여 동남방향으로 약 6.2km 흐르다가 연지천과 합류한다. 과거 중국, 일본지도에 표시된 국경선은 정계비로부터 정계비 서쪽에 있는 연지천 동쪽 지류를 따라 내려오다가 압록강에 이르렀다. 1962년 중국과 북한 간에 국경선을 확정한 것은 압록강 상류 중 서쪽에 있는 時令河에서 계속 서북방향으로 가면서 2,283.0m 고지, 2,457.4m 고지를 지난 다음 산 능선을 따라 冠冕峰에 이르는데 국경선이 약간 굴곡은 있으나 대체로 직선이다. 冠冕峰에서부터는 산 능선을 따라 서북방향으로 나가면서 臥虎峰, 梯雲峰 2,462.6m 고지를 지나는데 국경선은 산악의 분포에 따라 구불구불한 형태를 이룬다.

2,462.6m 고지에 이른 다음 국경선은 동북방향으로 구부러져 천지를 지나 백두산 동쪽 국경선에 이른다.

1962년도에 결정된 국경선에 따르면 북한에 속한 천지 주변의 중요한 산봉은 쌍무지개봉, 향도봉, 三奇峰, 將軍峰(백두봉, 병사봉), 단결봉, 제비봉 등이고, 중국 측에 속하는

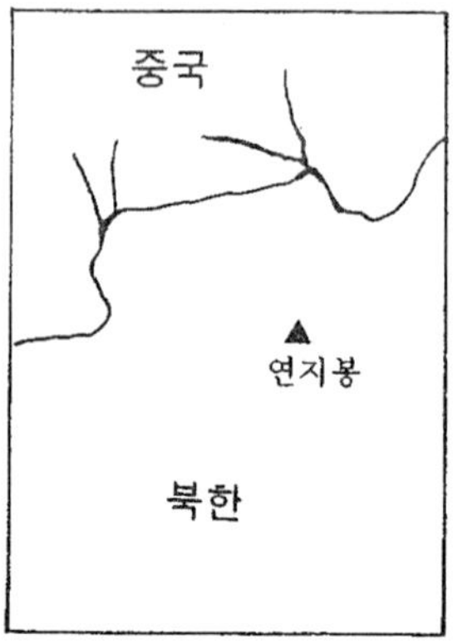

그림 1. 1929년 일본 지도청

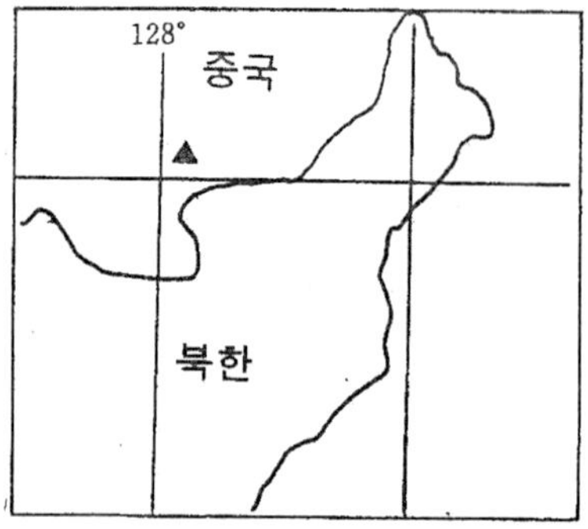

그림 2. 1957년 북한 토양도

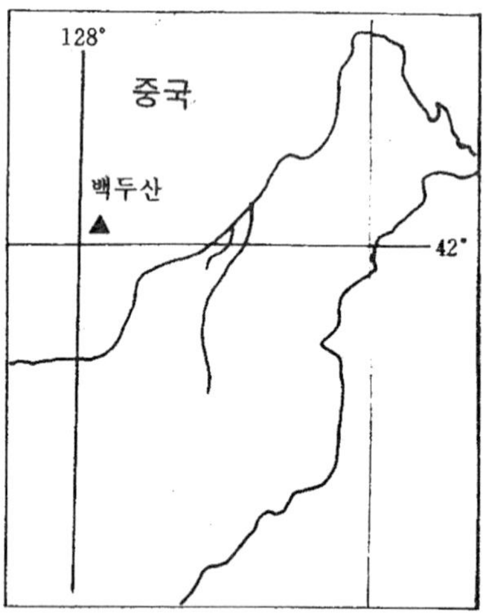

그림 3. 1953년 中國地圖出版社

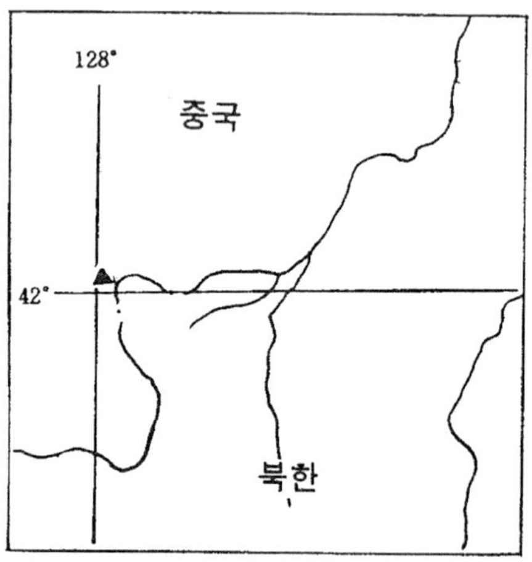

그림 4. 1957년 북한 하천망도

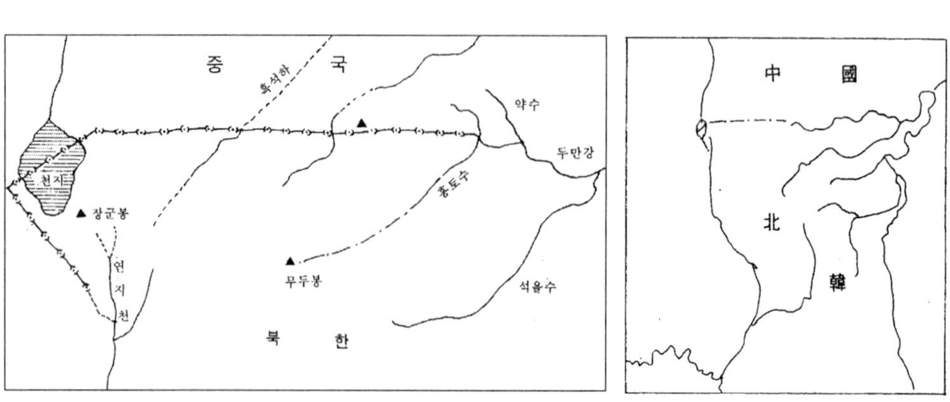

그림 5. 현재의 국경선

산봉은 玉柱峰, 白雲峰, 芝盤峰, 錦屛峰, 觀日峰, 龍門峰, 天豁峰, 鐵壁峰, 天文峰, 華盖峰이다.

중국, 북한 두 나라에 속하는 山峰으로는 梯雲峰, 臥虎峰, 冠冕峰 등 세 개 봉이고 천지 면적 중 약 40%가 중국에 속하고, 60%가 북한에 속한다.

국경선의 변화에 의하여 領土面績의 차이도 초래되었다.

1962년에 결정한 국경선은 圖們江中朝界務條款에서 결정된 국경선에 비하여 북한영토 면적이 약 280㎢나 늘어났다.

제 18 장

백두산지구의 지명유래

제18장

백두산지구의 지명유래

1. 백두산

백두산이 중국 역사서에 기록된 것은 약 2000년 전이다. 그러나 이 기간에 백두산에 대한 명칭은 여러 차례의 변화가 있었다. 역사문헌에 의하면 不咸山, 蓋馬大山, 太山, 徒太山, 太白山, 長白山으로 불리었고, 조선의 역사문헌에 의하면 백두산으로 불리었다.

不咸山 : 백두산이 역사문헌에 처음으로 기재된 것은 不咸山이다.

戰國과 西漢초기의 저작인 『山海經』에서는 "肅愼氏一名挹婁 在不咸山北……"이라 했고 또 "大荒之中有山 名日不咸, 有肅愼代之國"이라고 하였다. 여기에서 不咸山이라고 하는 것은 長白山을 말한다. 그러나 不咸山에 대한 根源에 대해서는 다양한 해석이 있다

어떤 학자들은 '不咸'은 몽골어의 '不爾干'의 음역으로서 그 뜻은 '神巫' 즉 神이 있는 산이라는 것이다. 이 관점은 보편적으로 사용하는 전통적인 견해이고 많은 사람들이 채택한다. 다른 관점은 不咸山의 명칭은 肅愼族의 언어 혹은 東夷語와 관련되는 것으로서 만주어의 '伯羅哥, 顯乾'을 음역할 때 첫 자인 伯(부)와 顯(쉔)을 떼어 不咸(부쉔)이라고 했는데 그 뜻은 '镺白'이라는 것이다.

蓋馬大山 : 漢, 魏나라 때에는 長白山을 蓋馬大山이라고 불렀다. 『後漢書』에서 "東沃沮, 在高句麗, 蓋馬大山之東, 東浜大海"라 했고 『三國志』, 「東夷傳」에도 이와 같은 내용이 있다.

고구려와 蓋馬大山은 서로 연결된 것으로서 모두 東沃沮의 서쪽에 있음을 알 수 있다. 역사적으로 보면 後漢으로부터 삼국시기에 고구려는 지금의 집안현을 중심으로 남쪽은 조선의 청천강에 이르렀다. 東沃沮는 지금의 두만강 유역부터 조선의 북쪽을 경계로 삼은 동

북－서남주향을 가진 협장한 지대를 차지하였다. 때문에 서남부는 고구려와 잇닿아 있었고 서부는 지금의 백두산이다. 이렇게 되면 蓋馬大山의 위치가 바로 백두산이기 때문에 당시 백두산을 蓋馬大山이라고 부른 것이다.

蓋馬 어원은 女眞族에서 온 것인데 그 뜻은 長白이라는 뜻이고 大山은 큰 산이라는 뜻이기 때문에 뜻대로 말하면 長白山이라는 명칭과 같다.

徒太山 : 중국 南北朝시기에 백두산을 徙太仕이라고 불렀다.

『魏書, 勿吉德』에서는 "(勿吉)國南有徙太山, 魏言太皇"이라 했다. 그러나 『北史』 卷94 『勿吉傳』에서는 勿吉 "國南有從太山者, 華言太皇"이라 했고 『新唐書, 北狄傳』, 『隋書, 靺鞨傳』에서는 "徒太山"이라고 했다. 상술한 세 개 문헌에 제시된 '徙' '從' '徒'자에 대하여 논쟁이 많다. 어떤 사람들은 주장하기를 원래는 徒자인데 잘못 써서 從자가 되었다 하고, 어떤 사람은 원래 從자인데 후에 잘못 써서 徒자가 되었다고 주장한다. 張博泉 선생은 "不咸山"의 '咸'자, "馬訾水"(압록강)의 '訾'자의 음은 '斯'자와 같고 만주어에서의 '斯'자는 '白'이라는 의미이기 때문에 徙太山이란 이름이 맞고 從太山, 徒太山은 틀린 글자라고 주장한다.

太山, 太白山, 白山 : 北史에서는 "國有從大山 華言太皇"(皇자는 희다는 뜻)이라 했는데 여기에서는 長白山을 太山이라 불렀고 『新唐書』에서는 "栗末部居最南抵太白山 亦曰徒太山與高麗接"이라고 했는데 여기에서는 長白山을 太白山이라 불렀다. 「吉林山川長白條」에서는 "古名不咸山, 亦名太白山, 亦名白山"이라고 했는데 여기서는 長白山을 白山이라고도 불렀다.

長白山 : 遼, 金시기부터 長白山이라는 山名이 보편적으로 사용되었다.

『遼史, 百官志』 聖宗統和三十年(1012년)에 "長白山三十部女興"이라 했고 『契丹 國志』 卷27에서는 "長白山在冷山東南千里"라고 했는데 여기에서 모두 長白山이라 불렀다.

금나라시기 女眞族이 홍성함에 따라 長白山의 성망은 더욱 높아졌다. 『金史卷35』에서는 "長白山在興王之地. 禮合尊崇議封爵, 建廟宇"라 했고 太宗 12年(1172년)에는 長白山을 '與國靈應王'으로 封하였다.

元나라, 淸나라 시기도 長白山이라는 산명은 변하지 않았다. 그러나 일부 역사 서적에 "白山", 『太末山』 白山泊子, 白山派子, 老白山, 水白山이라 쓰여 있기는 하나 사용되지 않았다. 그러므로 長白山이란 산명은 이미 970여 년 전부터 시작하여 지금에 이르기까지 줄곧 불리었다.

조선시대의 官方문헌에는 長白山에 대한 기재가 있다. 『增補文獻備考』에는 "世宗朝(1419~1452년) 分遣歷宮尹士雄, 崔天衢, 李茂林 測北極高度于江華壽摩尼山, 甲山府白頭山淯州漢拿山 北載觀象監日記 而其所測極高度數則不傳"비라고 기재되었다. 여기에서는 長白

山을 白頭山이라고 불렀다. 『龍飛御天歌』에서도 "長白山一名白頭山. 山凡三層 其頂有大澤 南流爲鴨綠江 北流爲蘇下江 東流爲豆漫江"이라 기재되었고 『新增東國與地勝覽』에는 "白頭山 卽 長白山也…"라고 기재되어 있다. 이런 사실로 보아 조선에서는 白頭山으로 불리었다.

상술한 역사기재에서 볼 수 있는바 長白山에 대한 山名은 여러 차례 변화가 있었지만 지명의 유래가 대부분 기후가 한랭한 것으로 하여 형성된 적설의 색깔에 의하여 명명하였음을 알 수 있다.

그러나 상술한 기재에서 산과 山脈에 대한 명명개념이 분명치 않다. 지금 중국과 북한에서 출판된 지도에서 명명한 지명은 화산체를 백두산이라 하고, 중국지도에서는 백두산 동남과 서북의 산맥을 長白山脈이라 부르며 고원을 長白高原이라 부른다. 북한지도에서는 백두산 동남쪽의 고원을 白茂高原이라 하고 백두산 동남쪽에서 동남－서북방향으로 달리는 산체를 백두산 줄기라 명명하고 있다.

2. 주요 연봉(連峯)들의 지명(地名)

백두산에 분포된 山峰에 대한 지명은 주로 山峰의 形態, 造成物質, 氣候상황 등에 의하여 명명하였고, 일부 지명은 사람들의 염원, 인명 등으로 명명되었다.

백운봉(白雲峰) : 백두산 천지의 서쪽에 분포하고 해발고도는 2,691m로서 중국의 동북지방에서는 가장 높은 산봉이다. 이 산은 둥근 모양을 이룬 높은 산인데 산체가 험준하고 가파르며 맑은 날씨에도 산체에 늘 흰 구름이 끼여 있어 백운봉이라고 명명하였다.

산체를 구성한 조성물질은 여러 차례의 화산활동에 의하여 퇴적되었기 때문에 각 암층의 형태와 색깔, 특징이 뚜렷하여 층차를 이루었다. 그리하여 이 산봉을 층암이라고도 부른다.

지반봉(芝盤峰) : 천지의 서북쪽에서 백운봉과 나란히 서 있는 산을 말한다. 해발고도는 2,603m이고 산체는 둥근 모양을 이루고 산봉우리는 평탄하여 습초원으로 되어 있다. 여기에는 평지가 많기 때문에 "芝"자를 선택하고 모양에 따라 "盤"자를 선택한 후 두 글자를 합쳐 지반봉이라고 명명하였다. 그리고 습초원에는 사슴들의 먹이가 많기에 많은 사슴들이 모이고 사슴소리가 난다 하여 녹명봉(鹿鳴峰)이라고도 명명하였다.

금병봉(錦屛峰) : 지반봉(芝盤峰) 북쪽에 위치하고 해발고도는 2,590m이다. 산봉우리의 암벽이 절벽이고 매우 아름다워 병풍과 같다 하여 금병봉(錦屛峰)이라 이름 지었다.

관일봉(觀日峰) : 금병봉(錦屛峰)과 용문봉(龍門峰) 사이에 있고 해발고도는 2,510m이다. 산봉우리가 높고 뾰족하기 때문에 봉우리에서 해돋이와 해지는 것을 잘 볼 수 있다는 뜻으로 지은 이름이다. 일명 관일대(觀日台)라고도 부른다.

용문봉(龍門峰) : 장백폭포의 서쪽에 있고 해발고도는 2,595m이다. 산봉우리가 두 개 있는데 마치 그 형태가 큰 문과 비슷하다는 것을 형용하여 지은 것이다.

천활봉(天豁峰) : 장백폭포의 동쪽에 위치하고 해발고도는 2,620m이다. 봉우리 두 개가 우뚝 솟고 그 사이는 낮고 틔었다는 뜻에서 지은 이름이다.

철벽봉(鐵壁峰) : 천문봉 서쪽 천곡봉 동쪽에 위치하고 해발고도는 2,560m이다. 산체를 이룬 암석색깔이 적흑색으로 되어 마치 쇠로 만든 벽처럼 보여 지은 이름이다.

천문봉(天文峰) : 천지기상잠의 남남서에 위치하고 해발고도는 2,670m이다. 천지기상소를 세울 때 기상소를 상징하여 지은 이름이다.

화개봉(華盖峰) : 천문봉 동남으로 350m 되는 곳에 있고 해발고도는 2,640m이다. 천문봉과 화개봉 사이에서 구름이 일어 넓은 땅을 덮을 때가 많다. 이 일기현상을 형용하여 지은 이름이다.

무지개봉 : 천지 동쪽에 위치하고 해발 2,118m이다. 이곳에 늘 무지개가 지는 것을 묘사하여 명명하였다. 일명 자하봉(紫霞峰)이라고도 부른다. 저녁이면 흰 구름이 자색산봉을 에워싸는 것이 마치 저녁노을과 같다는 뜻에서 명명한 이름이다.

향도봉 : 해발고도는 2,712m이고 백두봉 동북쪽에 있다. 길을 인도한다는 염원의 뜻으로 명명되었다. 산체가 孤阜와 비슷하다 하여 고부봉(孤阜峰)이라고도 한다.

장군봉(백두봉, 병사봉) : 천지 동남쪽에 있다. 백두산의 주봉으로서 높이는 2,749.2m (북한자료는 2,750m)이다. 봉우리에 늘 흰 눈이 덮여 있어 백두봉이라 이름 지었다.

단결봉 : 천지의 남남동에 있고 해발고도는 2,661m이다. 이 지명은 사람들의 염원을 표시했다.

제비봉 : 천지의 남쪽에 있고 해발고도는 2,549m이다.

상술한 무지개봉, 향도봉, 장군봉, 단결봉, 제비봉은 북한 국경 내에 분포해 있다.

중국과 조선의 경계에 있는 산봉우리들로는

관면봉(冠冕峰) : 천지의 동남에 위치하고 해발고도는 2,525.8m이다. 산이 첩첩하고 바라보면 왕관과 비슷하여 지은 이름이다.

와호봉(臥虎峰) : 관면봉 북쪽에 있고 해발은 2,566m이다. 산체의 형태가 마치 호랑이가 누워 있는 듯하여 지은 이름이다.

제운봉(梯雲峰) : 천지의 서남에 있고 해발고도는 2,543m이다. 산봉은 두 개인데 그 형태가 사다리형이다. 산봉과 산봉 사이에는 늘 흰 구름이 있다 하여 제운봉이라 명명하였다.

3. 늪과 하천지명

백두산 천지 : 백두산 화산체의 중심에 분포한다. 해발고도가 높은 곳에 있는 늪이라 하여 천지라고 명명했다. 또한 "圖們", "他們", "闥們"이라고도 하는데 이것은 滿語에서 온 것으로서 '萬'이란 뜻이다. 그리고 龍潭, 龍王潭, 海眼이라고도 불렀다.

두만강 : 이 강은 중국에서는 圖們江이라 부른다. 역사에 기재된 바에 의하면 土門江, 徒門江이라 불렀는데 모두 여진어 '圖們色禽'에서 나왔다. "圖們"이란 '萬'字로서 많은 하천이 흘러든다는 뜻이고 "色禽"은 '강'이라는 뜻이다.

두만강은 홍토수와 약수가 합류하는 곳에서부터 시작하여 동해에 들어가는 구간을 말하는데 그 길이는 525km이다. 정원은 무두봉 동북쪽에 있다.

본류와 지류를 합한 강길이가 가장 긴 것은 서두수의 원지부터 하구인데 한국하천연구소 이형석 소장이 측정한 자료에 의하면 610.75km이다.

압록강 : 강명의 유래는 『新唐書』에서 "강물색깔이 오리머리색깔과 같다고 하여 鴨綠이라 부르게 되었다"고 기록되어 있다. 역사기재에 의하면 압록강은 "馬訾水", "大總江", "淸河", "아리수" 등으로 불린 때도 있다. 압록강의 하원은 백두봉 동남사면에서 발원한다. 본류의 길이는 795km(북한 자료는 803km)이다.

이도백하 : 백두산에서 내려오는 강은 경사가 급하고 유속이 빨라 강바닥의 돌과 하안에 부딪친 후 물속에 기포가 많이 생겨 흰색을 띠어 '白'자를 썼다. 그리고 백두산에는 여러 갈래의 백하가 흐르는데 서쪽으로부터 동쪽으로 오면서 숫자를 붙였다. 이도백하는 서쪽으로부터 두 번째 강이라는 뜻에서 명명하였다. 이도백하 하원은 천지다. 천지에서 장백폭포구간을 승사하(乘槎河)라 부르고 장백폭포 아래를 이도백하라 한다.

승사하 : 백두산 천지 물이 용문봉(龍門峰)과 천활봉(天豁峰) 사이를 지나 장백폭포에 이르는 강인데 길이가 1,250m이다. 역사기록에 의하면 옛날에 이 강역에서 나무배를 보았다 한다. 乘槎란 '뗏목'이란 말인데 唐나라 리상음(李商隱)의 『해객(海客)』에는 "乘槎를 타고

하늘 강에 갔다"는 말이 있는데 이 말을 빌려 승사하(乘磋河)라고 명명했다. 일명 通天河라고도 한다. 이 강은 경사가 매우 급하기 때문에 멀리서 바라보면 강이 하늘로 올라가는 듯하다. 그리하여 하늘로 통하는 강이란 뜻에서 통천하(通天河)라고 명명했다.

은환호(銀環湖) : 이도백하 서안에 있는바 동호(東湖)와 서호(西湖)가 있다. 원명은 소천지인데 장백호로 불려왔고 또 대환호(對環湖)라고도 부른다. 산정에서 내려다보면 마치 한 쌍의 은환처럼 보이기 때문이다. 동호는 둘레가 260m이고 깊이는 10여m이다. 동호 서쪽으로 물이 흐른다. 물을 따라 약 100m 올라가면 약 30여m의 급경사지가 있고 그 서쪽에 서호가 있다. 서호의 둘레는 220m이고 호수의 동측에만 물이 있고 기타 대부분은 습지로 되어 있다.

천녀욕궁지(天女浴躬池) : 천문봉에서 동쪽 30.4km 되는 곳에 적봉이 있는데 적봉의 서북쪽에 있다. 직경은 180m이고 호수에 들어오는 강은 없다. 전설에 의하면 선녀가 내려와 목욕하던 곳이다. 한번은 세 선녀가 내려와 목욕한 후 셋째 여동생이 붉은 과일을 먹고 임신하여 어린애를 낳았는데 그 풍모가 비상하고 태어나자마자 말할 수 있었다. 이름을 布庫里雍順이라 지었는데 이분이 청나라 황제의 조상이라 한다.

못의 모양이 둥글기 때문에 '원지'라고도 부른다.

삼지연(三池淵) : 장군봉에서 동남쪽으로 35km 떨어진 곳에 있다. 세 개의 호수가 놓여 있다고 하여 삼지연이라고 한다. 호수의 둘레는 2.54km, 면적은 0.46㎢, 깊이는 약 3m가 된다.

장백폭포(長白瀑布) : 천지의 북쪽, 승사하의 말단에 있다. 백두산 내에서 가장 큰 폭포이기 때문에 장백폭포라 하였다. 폭포의 높이는 68m이고 연중 물이 흐른다. 폭포가 떨어지는 곳은 깊이 20여m 되는 늪을 이룬다.

제하폭포(梯河瀑布) : 관면봉(冠冕峰) 남쪽으로 10km 떨어진 제자하(梯子河)에 있기 때문에 제하폭포라 부른다. 2단폭포인데 첫 번째 폭포의 낙차는 50m이고 두 번째 폭포의 낙차는 20m이다.

동천폭포(洞天瀑布) : 백두산 고산 스키장 동쪽의 이도백하에 있다. 이곳 하곡의 특징은 이도백하가 단열을 따라 흐르고 또 하방침식이 형성된 데서 두 강안의 넓이는 매우 좁아 1.5~0.5m 정도 된다. 폭포의 깊이는 약 15m 되고 폭포저부는 동굴이고 원동상을 이루기에 동천폭포라 명명했다. 이곳의 하곡형태는 매우 신비로워 많은 관람객들이 모여든다.

제 19 장

두만강 유역의 자연요소

제19장

두만강 유역의 자연요소

1. 지질

1) 시생대지층

본 구의 시생대지층은 皮滿群 상부의 三道組지층만 나타난다. 주요한 암석으로는 견운모석영편암, 각섬편암, 자철석영암, 편마암이 있다. 분포지역은 해란강 지류인 이도하의 상류 臥龍, 甲山과 三道, 官地 일대이다. 북한 경내에는 무산 일대에 분포되었다.

2) 원생대지층

중성, 산성화산암으로 하단은 안산질응회용암이 위주이고 상단은 녹니편암, 사장각섬편암과 응회암으로 되었다. 분포면적은 넓지 않은바 다만 해란강 상류인 臥龍, 福洞 일대이다.

3) 고생대지층

주로 석탄 페름계 지층으로서 해성층과 침입암 등으로 조성되었다.

4) 석탄계 지층

청룡촌군(青龍村群) : 주로 해란강 상류인 화룡시 장항, 청룡과 훈춘하 동부에 분포되었다. 암석으로는 대리암, 편암, 흑운모 사장편마암, 사장각섬편마암으로 되었다.

툰전영조(屯田營組) : 주로 부르하통하 지류인 천보산하 일대와 해란강 지류인 룩도하 유역에 분포되었다. 주된 암석은 대리암, 홍색세정화강암, 유문암, 각섬사장편마암 등이 되었다.

천보산군(天寶山群) : 부르하통하 상류지대인 안도와 중류지대인 천보산 일대에 분포되었다. 주된 암석은 결정회암, 각력암, 천매상판암, 석영사암 등으로 조성되었는데 안도 단면의 총두께는 2,449m이다.

산수령조(山秀嶺組) : 두만강 유역인 개산툰 일대에서만 나타난다. 하부는 산성응회암이고 상부는 결정회암으로 되고 회암층 내에 수석과 규질층이 띠 모양으로 나타난다.

5) 페름계 지층

묘령조 : 주로 가야하 유역인 왕청묘령과 개산툰, 훈춘 일대에 분포되었다. 주요한 암석은 천해상백색사암, 사력암, 분사암, 판암, 회암으로 되었고 중부에 화산암이 끼어 있다. 묘령 일대의 암상은 천해상으로서 그 두께가 800~1,000m에 달하여 시멘트의 원료로 쓰이고 있다.

가도조(柯島組) : 주로 두만강 중류인 개산툰, 가야하 유역인 묘령 지역과 훈춘하 유역에 분포되었다. 주요한 암상은 응회질판암, 조사암, 사암으로 구성되었는데 총두께는 3,700여 m에 달한다.

개산툰조(開山屯組) : 주로 개산툰, 가야하 중류, 밀강 유역, 훈춘하 상류에 분포되었다. 총두께는 351~2,288m 이상이다. 암성특징을 보면 하부는 해상층협층으로 되어 있고 중하부는 해륙교체상으로 되어 있다. 주된 암석은 황갈색 중조립사암과 회흑색판암으로 되어 있다.

북한경내의 고생계 지층으로는 석탄－페름기에 형성된 두만강층이 발육되었다. 분포지역은 두만강 중류인 온성군, 회령의 두만강 연안이다. 주요한 암석은 해상층으로 사암, 역암, 석회암, 판암 등이 있다.

6) 중생대지층

• 유라계 지층

툰전영조(屯田營組) : 유라계의 상, 중통에 해당된다. 본 조는 주로 가야하 유역에 널리 분포되고 기타 지구에서는 분산적으로 분포되었다. 암상감정에 따르면 두 개의 선회가 있었는데 첫 번째 선회는 주로 중성화산암과 화산쇄설암이 위주이고, 두 번째 선회에서는 중산성화산암을 위주로 한 용암과 쇄설암으로 되었다. 주요한 암석은 회흑색안산암, 안산질

각력용암, 안산질응회용암이다.

서산평조(西山坪組) : 해란강 중상류인 토산자, 서산평, 송화평 지역에 분포되었다. 본 지층은 육상합석탄층으로서 사질니암 석탄, 사암 등으로 이루어졌는데 총두께는 90~450m이다.

장재조(長財組) : 부르하통하 중류, 해란강 중상류, 가야하 중류 지역에 분포되었다. 주요한 암층은 회색사암, 사력암, 회흑색각력암석탄층, 니암, 안산암과 응회암으로 되었고 총두께는 50~500m이다.

천수촌조(泉水村組) : 해란강 상류인 차창자, 송하평, 복동 일대에 분포되었다. 암성은 중성용암과 쇄설암이 위주이고 석탄협탄층과 역암으로 되었다. 총두께는 180~500m이다.

- 백악계

대랍자조 : 부르하통하 중류인 노두구, 해란강 지류, 육도하 중류, 가야하 상류인 춘양 일대에 분포되었다. 주요한 암상은 육상호성층으로서 사암, 니암, 유혈암, 니회암으로 되었는데 총두께는 296~2,627m이다.

용정조(龍井組) : 부르하통하 중류유역, 해란강 중류유역에 분포되었는데 집중적으로 분포된 곳은 연길노도구, 연길용정서성 지역이다. 주요한 암상은 사암, 조사암, 역암, 니암으로 조성되었고 총두께는 290~1,150m이다.

7) 신생대지층

- 제3계 지층

훈춘조 주로 두만강 하류인 양수, 훈춘 지역과 두만강 중상류인 개산툰, 삼합 지역에 분포되었다. 주요한 암석은 역암, 사암, 혈암, 석탄응회질사암으로 되었는데 총두께는 200~960m이다. 북한 측에서 대비되는 지층은 합연층군인데 두만강 하류지역인 새별군, 온성군의 동북부 두만강 연안지역에 분포되었다. 주요한 지층은 역암, 사암, 응회암, 갈탄으로 이루어져 있다.

- 장광재 현무암(마이오통)

주로 해란강 상류에 분포되었다. 상부는 회흑색치밀상 감람현무암이고 중부는 안산현무암, 하부는 회록색치밀상 감람현무암과 자색행인상현무암으로 조성되었는데 대지면을 이루었다. 총두께는 50~482m이다. 북한에서는 백암통현무암이라고 하는데 두만강 상류에 분포되었다.

• 군함산현무암(하플라이스토통)

북한에서는 백두현무암이라고 한다. 현무암은 백두산을 중심으로 열극식 분출에 의하여 형성되었는데 그 면적은 1.4만㎢이다. 분포지역은 두만강 상원인 화룡시 숭선서쪽, 북한의 백두고원 일대이다.

• 광평현무암(상플라이스토통)

두만강 상원에서 하곡을 따라 용암이 퇴적되었는데 용암평원을 이루었다. 북한에서는 무산고원의 하곡에서 나타난다.

• 제4계 지층

충적층 : 두만강과 각 하류의 지류양안에 분포되었는데 사층, 사력층으로 되었다.

부석층 : 백두산 화산활동에 의하여 형성된 부석의 퇴적에 의하여 형성되었는데 두만강 상원, 두만강의 지류인 서두수, 석을수 유역에 분포되었다. 주로 부석과 화산회로 되었는데 두께는 15~0.4m 사이이고 두터운 곳은 30여m 된다. 두만강 상원지구는 0.2~8m이다.

8) 화성암류

두만강 유역에 분포된 화성암 중에서 화강암류가 가장 많다.

중국 측에서는 해란강 상류 부르하통하 중상류와 상류, 가야하 중류, 훈춘하 중류에 분포되었는데 그 분포가 집중적이고 면적이 매우 넓다.

북한에서는 연변수 유역인 연사군, 성천수 유역인 무산군, 풍계천, 보을천 유역에 분포되었다.

2. 지형

본 유역에 발달한 지형을 분구로 나누어 서술한다.

1) 백두산 중산구

본 구는 중조변경, 두만강 하원구에 분포되었다. 백두산 화산추체와 중산이 포함되었는데 암성은 알칼리성 조면암이 위주이고 정부에 회백색부석층이 있다. 이곳은 중국 동북과 한반도에서 해발고도가 가장 높은 곳으로서 대부분 산체가 2,000m 정도이다. 그리하여 두만강, 압록강, 송화강의 발원지로 되었다. 지면에는 방사상수계, 복류(伏流), 시령하가 많고 협곡이 많다. 그리하여 산체는 높고 경사는 급하다.

2) 북한 측 지형구

(1) 용암대지(I)

(북한에서는 백두고원, 중국에서는 장백용암대지라고 부른다.)

중국 측에서는 장백현 동남부, 훈강시 동부, 안도현 서부, 무송현 동부, 백두산자연보호구가 포함된다. 본 구는 신생대 이래 구조운동이 심했고 여러 차례 현무암이 분출되어 유명한 용암대지를 이루었는데 남북길이가 140km, 동서경사도는 완만하여 6도 정도이다. 용암대지는 하천의 침식을 받아 협곡을 이루었는데 골짜기 깊이는 200~300m에 달한다. 용암대지에는 몇 십 개의 화산군이 분포되었는데 일반적으로 구조선을 따라 일정한 방향으로 배열되었고 상대고도는 몇 십~백여m이다. 용암대지의 하곡 중에는 하천단구가 발육되었는데 1급단구의 상대고도는 7~8m, 2급단구의 상대고도는 15m 정도이다. 용암대지 위에도 화산회와 부석층이 덮여 있는데 그 두께는 백두산에 가까울수록 두껍고 멀수록 얇다.

부석층은 공극이 많아 비가 내렸을 때 쉽게 침투되기에 두만강 상원의 주요한 저수지이다.

북한 측에서는 백두고원이라 부르는데 운총강과 서두수사이다. 기반은 하부원생대에 속하는 퇴적변성암과 화강암으로 되었고 상부가 현무암으로 되었는데 두께는 200~600m이다. 평균 높이는 1,370m이다. 백두산 동북쪽, 즉 두만강 상류지대와 지류인 소홍단수 합수구역에 펼쳐진 현무암대지는 화산사와 부석이 두껍게 덮인 제일 높고 평탄한 지형이다. 백두고원은 적게 침식되어 넓고 높은 대지면을 보존하였다. 15도 이하의 경사도를 가진 곳이 67%, 15~20도의 경사지가 11.5%, 20도 이상의 경사지가 21.5%이다. 경사가 완만한 곳은 농장으로 쓰이고 기타 지구는 삼림이다.

(2) 무산고원(II)

제3기의 경동지괴운동을 받아 1,000m로 상승한 후 심하게 침식된 고원이다. 본 고원과 백두고원은 지질구조상에서 차이가 있다. 즉 서두수골짜기가 중조육대와 두만강습곡대의 경계여서 백두고원은 현무암이지만 본 고원은 하부원생대의 마천령계와 중생대 화강암이고 골짜기는 현무암이 하천단구의 형태로 나타난다. 본 구는 융기 준평원의 변두리로서 두만강 본류, 서두수, 연면수, 성천수, 용천수, 보을천의 침식으로 융기 후의 평탄면이 산봉으로 나타난다. 그리하여 해발고도 1,050m의 완만한 산마루와 30~40도 되는 깊은 골짜기로 나타난다. 융기 이전에 있던 서두수, 연면수 하류부분에는 깊은 강이 사형골짜기를 이루고 하안에는 3~4급의 하천단구가 분포되었다. 그리고 백두고원에서 흘러내린 현무암이 골짜기에 퇴적되고 침식되어 현무암절벽 하곡을 이루었다. 무산고원의 낮은 벌과 하안단구는 평탄하여 벼, 강냉이를 재배하고 산마루에서는 감자, 밀, 보리를 심는다. 하곡은 유년기성 골짜기로서 많은 여울과 폭포가 있다.

(3) 함경산맥(III)

무산고원의 남설령에서 북북동방향으로 왕재산에 이르는데 길이는 350km이다. 본 산맥은 중고산으로서 두만강의 분수령이다. 본 산맥은 두만강습곡대의 융기부분으로서 상부고생대에 습곡을 받은 후 계속 융기되어 옛 습곡기반과 화강암이 노출되고 제3기 평탄면 위에 있던 잔구들이 지금은 2,000m 이상의 산봉을 이루었다. 이를테면 관모봉(해발 2,540m), 투구봉(해발 2,333m), 궤상봉(해발 2,332m) 등인데 해발 2,000m를 초과하고 산봉이 여섯 개가 있어 한반도에서는 가장 높은 산맥이다. 함경산맥은 경동지괴의 축에 해당되어 서쪽 비탈은 무산고원과 접하고 물매가 완만하나 동남쪽은 경동지괴의 앞부분이어서 30도 정도의 물매를 가진다.

(4) 동북단 산지(IV)

남쪽과 서쪽은 송진산맥, 수성천, 회령천 골짜기이고 북쪽은 두만강 골짜기이다. 본 산지는 두만강습곡대의 침강습곡대에 속한다. 두만계 지층인 화산분출암과 회암, 쇄설퇴적암이 강한 습곡작용을 받았고 중간층인 혜산통에 속하는 분출퇴적암류와 회암도 심한 변성작용을 받아 녹색암류로 변했고 상층인 송산통에 속하는 분사암, 니암, 점판암이 널리 분포되었다. 중생대 이후 제3기까지도 준평원화되고 3기 말 4기 초에 경동운동을 받을 때 청진-회령구조선(수성천단열대)에 의하여 경동지괴보다 내려앉았다. 본 산지는 제3기의 연한 암석으로 이루어졌고 심한 침식작용을 받아 대부분이 저산 구릉지를 형성하였고 두만강과 지류의 침식작용에 의하여 해발고도는 대부분이 500m 이하이고 500m를 초과하는 산은 10%도 안 된다. 두만강 유역에서는 산마루가 둥글고 산비탈이 완만하며 골짜기도 깊지 않아 구릉-저산형으로 되었다.

본 구에는 면적이 협소한 두만강하곡평원도 있는데 해발고도는 50m 이하이고 지면은 평탄하여 농경지로 이용된다. 두만강 하류에는 두만강하곡에 있던 모래가 운반퇴적되어 사구를 비롯한 사막경관을 이루고 하구 부근에는 하도 변화에 의하여 형성된 하적호가 분포되었다.

• 중국 측 지형구

중국 측의 영액령, 목단령, 할바령은 두만강수계와 송화강수계의 분수령이고 노송령과 반령이 두만강수계와 수분하수계의 분수령으로 되었다. 유역 내에도 몇 줄기의 산맥과 지맥이 있는데 영액령과 그 지맥이 해란강과 부르하통하의 분수령으로 되고 남강산맥이 두만강 본류와 해란강의 동쪽 분수령으로 되었으며 할바령지맥이 부르하통하와 가야하의 분수령으로 되고 노야령과 반령이 가야하와 훈춘하, 밀강의 분수령으로 되었다.

본 유역은 지형특징에 따라 장백용암대지 남강산 중산저산구, 연길화룡구릉분지구, 고령, 반령중산저산구, 훈춘－도문구릉분지구, 가야하저산협장분지구로 나눈다.

① 용암대지(생략)

② 남강산 중산저산구

본 구는 두만강 상류, 화룡시 홍기하 유역, 해란강의 상류, 부르하통하의 중상류가 포함되고 북한의 무산고원과 연결된다. 본 구의 주요한 지형유형은 중산, 저산이고 주요한 산맥은 동서방향에 가까운 남강산맥으로서 도문강, 송화강의 분수령으로 되었다. 중산은 본 구의 주요한 지형유형인데 산체는 화강암, 편마암, 현무암으로 구성되고 해발고도는 800~1,500m이다. 하류에 의한 침식에 의하여 깊은 골짜기를 이루었는바 그 상대고도는 500m에 달한다. 산정은 완만하나 산비탈은 15도 정도 된다. 그중에서 현무암중산은 고원이 침식을 받아 형성된 것으로서 산체가 완정하고 해발고도는 1,000~1,500m 사이이고 산정은 평탄하여 탁상산을 이루었다. 저산도 본 구의 주요 지형이지만 분포면적이 중산보다 적고 화강암으로 구성되었다.

하곡은 좁고 양측의 범람지는 상대고도가 3~5m이고 퇴적물의 두께는 3~5m이다. 1급단구의 상대고도는 8~10m, 2급단구의 상대고도는 20m 정도이고 3급단구의 상대고도는 30~40m이나 이미 침식되어 파도상을 이루었다. 하곡평원은 협장하고 면적이 좁다. 여기에는 소택이 많아 수원함양지로는 좋으나 농경지로 쓰이기는 어렵다.

③ 연길－화룡분지구

본 구에는 부르하통하와 해란강 하곡분지가 포함되는데 두만강 유역 내에서는 가장 큰 분지의 하나이다. 본 구는 중생대 이래 형성된 함락분지로서 분지 내에는 백악계와 제3계 사력암, 혈암, 사암이 분포되었다. 제4기 초에는 상승되어 3~4급의 하천단구를 형성하였고 현무암의 분출도 있었다. 본 구의 지형유형은 하곡평원과 단구가 위주이고 분지의 변연에는 구릉이 있다. 부르하통하와 해란강을 따라 널따란 하곡이 발달하였는데 그중 범람지는 하천면보다 0.5~2m 높고 너비는 1~3km이며 조성물질은 상부가 토양층, 아사토이고 하부가 사, 역석으로 되었다. 1급단구는 하천면보다 약 10m 높고 너비는 0.5~1km이며 조성물질은 범람지와 같다. 강 양안에는 여러 급의 단구가 있는데 상대고도는 수십~수백여m 된다. 그중 2급단구의 상대높이는 20~30m이고 비교적 평탄하여 농경지로 이용된다. 3급 이상의 단구에서는 백악계의 사력암이 나타나고 형태는 파도상을 띠었다.

구릉은 분지의 주변지대에 분포되고 해발고는 300~500m, 구릉정부는 평탄한바 이것은 제3기의 준평원면의 잔적물이다. 구릉의 경사도는 10~15도 사이고 국부지방에는 현무암이 덮여 있는데 침식에 의해 탁상을 이룬 것이 많다. 본 구는 해발고도가 낮고 지형이 평탄하며 수원이 충족하고 토양이 비옥하여 중요한 농업구로 되었다.

④ 고령 반령 중산 저산구

본 구는 왕청현의 동부와 훈춘시의 북부에 분포되었다. 주요한 지형유형으로는 중산, 저산과 좁은 하곡이다. 반령과 대려령은 두만강과 수분하의 분수령이다. 산체의 암성은 화강암과 원생대의 변성암, 고생대의 변성암과 제3기의 현무암으로 되었고 산지의 핵심부분은 중산으로서 해발고도가 80~1,400m이고 상대고도도 크다. 훈춘하의 상원은 해발 700~850m의 용암대지로 되었고 대지 내에도 약간의 기복과 소택지가 있으나 대지의 변연은 벼랑으로 되었다. 본 구에는 구릉이 적고 저산은 하천의 양측에 있는데 상대고도가 200~400m이다. 본 구의 하곡은 대부분이 좁다. 어떤 곳은 몇 십m 되고 하곡은 'V'자형이다.

⑤ 도문－훈춘구릉분지구

본 구에는 훈춘하 하류와 두만강 하류의 하곡분지가 포함된다. 본 구는 신생대의 함락분지로서 제3계의 석탄층과 사암으로 되었는데 단열구조선의 제어를 받아 여러 개의 분지가 있다. 이를테면 비교적 넓은 훈춘분지 외에도 도문, 양수, 밀강, 경신 등 분지들이다. 본 구의 주요한 지형유형은 하곡평원, 한천단구, 구릉이다. 하곡평원을 보면 범람지가 하면보다

1~5m 높은 하천을 따라 양안에 넓게 분포되었다. 1급단구는 하면보다 5~10m 높고 완만하며 너비는 7~8km 된다. 침적물은 대부분이 10m 이하이다. 2급단구는 하면보다 15~30m 높고 단구면은 비교적 평탄하나 침식에 의하여 단구면이 연결되지 않았다. 3급 단구는 하면보다 70~80m 높고 4급단구는 지면보다 100~200m 높다. 형태는 원활하나 침식에 의하여 연속되지 않았다. 조성물질은 대부분이 제3계의 사력암이다. 구릉의 해발고도는 250~300m이고 경사는 완만하고 분지의 변연에 분포되었다. 훈춘분지와 경신분지 사이는 저산으로 되었다. 본 구는 해발고도가 낮고 하곡평원이 넓으며 토질이 비옥하고 수원이 많아 벼재배에 유리하다. 그러나 하곡평원에서는 수재에 주의하고 높은 단구면과 구릉에서는 수토보전사업을 잘 해야 한다.

⑥ 가야하 저산협장분지구

본 구의 서쪽은 할바령이고 동쪽은 고령과 노예령으로서 왕청현 중부와 도문시 서부가 포함된다. 본 구의 지세는 북쪽이 높고 남쪽이 낮으며 가야하의 동쪽과 서쪽은 높고 중간은 낮다. 가야하와 지류는 소형산 간 함락분지에서 흘러나온다. 이를테면 왕청, 배초구, 쌍하, 천교령, 춘양 등 소형분지를 들 수 있다. 본 구의 지형유형은 저산과 하곡평원 위주이다. 가야하와 그 지류는 두부침식이 강하여 하곡은 곧고 'V'자형을 이루나 중하류는 상형곡을 이룬다. 하곡평원의 해발고도는 100~300m이고 퇴적물은 1~4m이다. 소형산간분지는 구조와 암성의 영향으로 비교적 넓고 하곡에는 3~5급 하천단구가 있는데 상대고도는 10~100여m 된다.

저산은 가야하 양측에서 하천을 따라 연장되었는데 상대고도는 300~500m이고 경사도는 15~25도이다. 제3기 말과 제4기 초에 분출한 현무암이 옛 준평원면 위에 덮여 용암대지를 이루었으나 그 후 하천의 침식으로 저산이거나 탁상산을 이루었다. 해발고도는 550~780m이다. 본 구의 대부분은 산지여서 나무를 심어 임업을 발전시켜야 하고 소형분지는 평탄하고 토질도 좋아 농업을 발전시킬 수 있다.

3. 기후

본 유역은 중온대에 위치하며 아시아대륙 동쪽과 태평양의 서쪽에 자리 잡고 있기에 기후는 중온대 습윤, 반습윤 대륙성 계절풍 유형에 속한다. 겨울은 길고 한랭하며 서풍과 편서풍이 많다. 여름철은 짧고 온난하며 비가 많고 남풍과 동남풍이 우세하다. 봄철은 따뜻하고 건조하나 바람이 많고 겨울철은 서늘하고 바람이 적고 맑은 날씨다. 1년 평균기온은 2~4℃이고 극단최고기온은 35~37℃이며 극단최저기온은 -36~-38℃다. 본 유역 내는 지형의 상대고도 차이가 심하고 바다와의 거리가 다르기에 기온과 강수량의 지역적 분포는 차이가 많다. 예를 들면 하천상원구는 지형이 높고 온도가 낮아 한온대에 속하는 추운 기후이지만 지형우가 내려 강수량이 많다. 중류지구는 바다와의 거리가 멀고 함경산맥, 남강산맥이 바다에서 불어오는 습윤한 바람을 막기에 내륙형에 해당되어 기온의 연교차가 크고 강수량이 적다. 그리하여 한반도에서 강수량이 가장 적은 지대로 되어 있다. 하류지구는 바다와의 거리가 가깝고 태풍의 영향을 쉽게 받아 강수량이 많고 기온의 연교차가 적으며 월평균기온은 8월이 가장 높아 기후는 연해형에 속한다.

기온과 강수량의 지역적 분포를 보면 상원지역과 상류지역은 산지성기후여서 기온이 낮고 강수량이 많다. 예를 들면 백암에서의 연평균기온은 0.5℃이고 강수량은 705.1mm이지만 중상류인 무산에서는 연평균기온이 5.1℃이고 강수량이 505.9m이고 중류지구인 종성에서의 강수량은 440~490mm로서 한반도에서는 가장 적다. 하류지역인 은덕에서는 연평균기온이 6.2℃이고 강수량이 650mm이다(표 1 참고). 중국 측의 두만강 본류와 지류인 부르하통하 유역에서도 바다와 가까운 하류지구에서는 강수량이 많고 연평균기온이 높으나 중류지구는 기온이 높고 강수량이 적으며 상류지구는 기온이 낮고 강수량이 많다. 이를테면 바다와의 거리가 가까운 훈춘에서 연평균기온이 5.71℃이지만 강수량은 620mm이고 중류지구인 용정에서는 연평균기온이 5.31℃이지만 강수량은 514mm이다. 상류지역인 명월진(안도)에서는 연평균기온이 3.7℃이지만 강수량은 611mm이다(표 2 참고).

| 표 1 | 두만강 유역 북한 측 기상자료

하 천	지 점	연평균기온(℃)	1월 평균기온(℃)	8월 평균기온(℃)	연평균강수량(㎜)
서두수	백암	0.5			705.1
소홍단수	대홍단	1.6	-17.6	18.2	573.7
구운수	연산		-15.8	3.6	580
성천수	무산	5.1	-13.3	20.8	505.9
보을천	회령	5.5	-12.6	21.1	500
	온성	5.5	-12.5	21	560
오룡천	새별	5.8	-12	21	590
녹야천	은덕	6.2	-11.6	20.8	650
	선봉	6.3	-8.8	20.8	700

| 표 2 | 두만강 유역 월, 연 평균기온(중국 측)

월 지점	1	2	3	4	5	6	7	8	9	10	11	12	연간
연길	-14.2	-10.5	-2.2	6.8	13.8	17.6	21.2	21.3	14.7	6.7	-3.0	-11.5	5.1
용정	-14.0	-10.3	-2.0	7.1	14.2	18.1	21.4	21.2	14.8	7.0	-2.7	-11.1	5.3
화룡	-13.0	-10.6	-2.4	6.7	13.7	17.2	20.5	20.1	13.7	6.4	-2.5	-10.2	4.9
도문	-12.9	-8.7	-0.9	7.1	13.5	16.8	20.4	21.2	15.0	7.7	-1.7	-9.5	5.7
훈춘	-11.8	-8.6	-1.2	6.4	12.5	16.2	20.2	21.2	15.4	7.9	-1.2	-9.0	5.7
왕청	-16.3	-11.9	-3.0	6.1	13.0	16.9	20.4	20.4	13.7	5.9	-3.8	-12.9	4.0
안도	-15.9	-12.4	-3.7	5.8	12.8	16.8	20.3	19.9	12.9	5.1	-4.3	-12.8	3.7

강수량의 계절분배를 보면 6~9월에 가장 많아 전년도 강수량의 71% 이상을 차지하고 가장 적은 달은 12~3월 사이인데 전년도 강수량의 5~6%를 차지한다(표 3 참고). 일 최대강수량은 바다에서 가까운 두만강 하류지역에서 나타난다. 기온의 계절분배를 보면 일반적으로 7~8월에 가장 높고 1월 기온이 가장 낮다(표 2 참고). 두만강 유역은 태풍경로에 있어서 태풍우의 영향하에 폭우가 내린다(표 4, 5 참고).

| 표 3 | 두만강 유역 관측지점의 강수량 연내 분배표

江 名	관측 장소	年降水量月分配値(%)												건기·우기 강수량이 연강수량에서 차지하는 비율(%)		
		1월	2월	3월	4월	5월	6월	7월	8월	9월	10월	11월	12월	4~5월	6~9월	12~3월
두 만 강	南 坪	1.0	1.2	2.4	4.8	10.5	17.5	20.3	22.8	10.6	4.4	3.2	1.2	15.3	71.2	5.8
	開山屯	1.3	1.5	1.9	5.1	9.9	15.8	17.8	25.6	11.3	5.2	3.2	1.4	15.0	70.5	6.1
	河 東	1.1	1.4	2.1	5.9	9.6	14.2	18.8	25.5	11.7	4.9	3.1	1.7	15.5	70.2	6.3
	圈 河	1.3	1.4	2.3	5.0	8.0	12.3	16.5	28.1	13.3	6.5	4.0	1.3	13.0	70.2	6.3
嘎 呀 河	廟 嶺	0.9	1.2	1.9	5.2	11.1	14.6	20.5	23.5	11.4	5.7	2.5	1.4	16.3	70.0	5.4
	三道溝	1.0	1.2	1.9	5.2	8.9	15.1	17.8	26.1	11.8	6.1	3.5	1.4	14.1	70.8	5.5
布爾哈通河	柳樹川	1.1	1.2	2.4	5.4	9.6	10.2	21.0	23.0	10.7	5.0	3.0	1.4	15.0	70.9	6.1
	磨盤山	1.1	1.0	1.8	4.8	9.3	15.9	18.8	25.8	11.2	5.4	3.6	1.3	14.1	71.7	5.2
海 蘭 江	和 龍	1.0	1.0	2.1	4.9	9.5	18.8	21.4	24.0	10.0	3.6	2.5	1.1	14.4	74.2	5.2
	頭 道	1.1	1.2	2.0	4.8	9.2	17.7	21.7	28.8	16.5	4.4	2.5	1.2	14.0	73.7	5.5
	龍 井	1.0	1.2	2.1	5.3	9.8	16.7	18.3	24.7	11.5	5.1	3.1	1.1	15.1	71.3	5.4
琿 春 河	桃源洞	1.1	1.7	2.6	5.2	8.7	11.7	16.1	26.7	13.6	7.5	3.5	1.6	13.9	68.1	7.0
	琿 春	1.1	1.4	2.0	5.9	8.4	14.1	17.1	28.8	11.7	5.0	3.3	1.3	14.3	71.7	5.8

| 표 4 | 두만강 유역 관측지점 연강우량(年降雨量) 특정치(特征值)

江 名	관측 지점	資料 年度	多年平均 降雨量 (㎜)	年最大 降雨量 (㎜)	出現 年度	年最小 降雨量 (㎜)	出現 年度	年最大 /年最小	日最大 降雨量 (㎜)	出 現 年月日	6~9月 降雨量 (㎜)	年降水 量變差 系數
두만강	南 坪	56~82	504.1	679.0	62	342.6	77	2.0	117.4	65.8.6	362.9	0.18
	開山屯	56~82	482.1	637.6	65	278.3	77	2.3	176.6	82.8.27	340.3	0.21
	河 東	57~82	581.9	784.4	59	321.2	77	2.4	148.3	65.8.6	412.3	0.22
	圈 河	56~82	723.1	1,140.9	59	357.2	77	3.2	233.0	65.8.6	520.9	0.31
嘎呀河	廟 嶺	62~82	513.1	709.9	71	307.2	67	2.3	133.7	65.8.6	360.0	0.21
	三道溝	56~82	527.1	770.7	66	343.1	77	1.5	132.2	65.8.6	384.6	0.23
布爾哈通河	柳樹川	56~82	577.1	789.3	71	358.6	67	1.6	109.5	82.8.27	407.2	0.23
	磨盤山	56~82	500.8	637.8	65	292.1	67	2.2	122.2	65.8.6	359.7	0.21
海蘭江	和 龍	55~82	511.3	672.1	59	300.9	80	2.2	117.5	82.8.27	379.8	0.20
	龍 井	56~82	499.9	628.4	61	334.9	67	1.9	125.2	82.8.27	362.5	0.17
琿春河	桃源洞	56~82	678.6	1,001.7	59	414.0	75	2.4	208.7	65.8.6	463.5	0.32
	琿 春	56~82	603.0	842.9	59	348.9	77	2.4	176.1	61.8.3	434.8	0.23

| 표 5 | 연변 각지의 폭우일수와 최대 일강수량

항목 \ 지점		연길	왕청	명월진	도문	훈춘	용정	화룡
폭우일수	7월	*	0.1	0.1	0.2	0.1	*	0.1
	8월	0.3	0.3	0.3	0.8	0.8	0.3	0.3
	9월	*	*	*	*	0.2	0.1	*
최대일 강수량	강수량	105.3	137.8	139.8	89.1	171.1	94.3	87.7
	시 간	65.8.7	65.8.23	65.8.4	65.8.7	60.8.23	60.8.23	71.8.2

4. 식생

본 유역 내에서의 식물의 분포는 지형해발고도 차이가 크기 때문에 산지대성 분포를 이루고 있다.

| 표 6 | 북한 동북산지의 식물수직분포

해발높이(m)	식물군락의 분포
400~900	소나무숲, 어린 신갈나무를 주로 하는 잡관목숲
700~1,000	신갈나무, 피나무, 가래나무를 주로 하는 활엽림
900~1,200	사시나무, 봇나무를 위주로 하는 소엽수림
900~1,400	이깔나무, 분비나무를 주로 하는 침활혼성림
1,200~1,600	이깔나무를 주로 하는 단수림
1,600~2,000	분비-가문비나무를 주로 하는 침엽림
2,000~2,200	누운 잣나무, 누운 측백나무를 주로 하는 고산관목림
2,200 이상	고산초원대

두만강 상원지역은 삼림이 무성한바 모두가 원시림이다. 하원 지역은 고산관목림으로 되고 아래로 내려오면서 분비, 가문비림으로 되었다. 백두산 동쪽 비탈은 고산관목림 아래 해발 1,200m까지 이깔나무 단수림이고 임간에 고산소택, 습초원식물들이 끼어 있다. 함경산맥의 주봉 관모봉도 해발고도가 2,540m로 되어 식물의 수직대가 있다. 이곳에서의 산림한계선은 해발 2,500m인데 여기에는 누운 형태의 떨기나무, 누운 측백나무, 월귤과 담자리참꽃, 좀참꽃 등이 있다. 해발 2,100~2,500m 사이로 사스레나무림이고 해발 1,600~2,100m 사이는 가문비나무, 분비나무, 이깔나무 등 아한대 침엽림이며 해발 1,300~1,600m 사이는 혼성림, 800~1,300m 사이는 참나무, 피나무 등 활엽림이고 해발 600~800m 사이는 참나무, 소나무 혼성림이며 600m 이하는 소나무 단순림으로 되어 있다. 식물피복률은 기본상 100%이다. 동북산지는 소나무가 우세이고 이깔나무도 일부 있다. 중산에는 참나무, 피나무, 황철나무가 많고 저산에는 목본식물 외에도 임간 초원이 있어 제방에 이용된다. 식물의 피복도는 70~80% 사이인데 중류 지역이 높고 하류지역이 낮다.

중국 측을 보면 식물종류는 북한 측과 마찬가지이고 식물피복도는 중산, 저산은 100%이나 해발 600m 아래의 저산과 구릉 지역에 밭이 많아 피복도가 낮고 수토가 유실되는 현상이 있다. 특히는 부르하통하와 해란강 중류가 엄중하다. 그러나 유역 내의 평균식물 피복률은 80% 이상이기에(표 7 참고) 다른 지역에 비하면 수분함량이 좋고 강에서의 현부물질의 수량도 적다. 두만강 유역의 삼림피복률과 식물피복률은 표와 같다.

| 표 7 | 두만강 유역 삼림면적 피복률

강	삼공국	삼림면적(만ha)	삼림피복률(%)		
			1975년	1987년	1988년
해란강 유역	팔가자삼공국	1.36	89	87.16	87.16
두만강 상류	화룡삼공국 백하삼공국	14.3 16.3	86.7 87	82.10 85.05	84.26 85.05
부르하통하	연변주 삼공국	148.7	–	82.90	81.20
가야하	왕청삼공국	27.4	93	90.11	90.11
가야하	대흥구삼공국	7.7	74.5	62.97	68.18
가야하	천교령삼공국	16.6	84.6	86.20	87.37
훈춘하	훈춘삼공국	29.2	–	–	72.49

제20장

두만강 하도 및 수문특징

제20장

두만강 하도 및 수문특징

1. 하도특점

1) 하도는 구조선에 의하여 제어받았다

두만강 본류와 지류의 일부 하단은 지질구조선에 의하여 형성되었다. 이를테면 훈춘하는 훈춘하단열대, 두만강 하류와 가야하 지류 대왕청하는 두만강 가야하단열대, 두만강 중류는 두만강 육도하자단열대, 부르하통하지류, 조양하는 조양천 채수령단열대의 제어를 받아 형성되었다.

북한 측에서도 서두수는 중조육대와 두만강 습곡대의 구조선에 의해 발육되었고 회령천도 청진－회령구조선에 의해 발육되었다(그림 1 참고).

하도가 구조선의 제어를 받았기에 대부분 하도는 곧다. 예를 들면 훈춘하, 조양하, 두만강에서 삼합－도문, 도문에서 하구 등이다. 그러나 구조선이 교차되는 곳에서는 하도가 일정한 각도로 구부러져 방향이 바뀐다. 예를 들면 도문, 온성에서 두만강이 동북방향으로 오다가 구조선을 따라 동남방향으로 바뀌는 것이다.

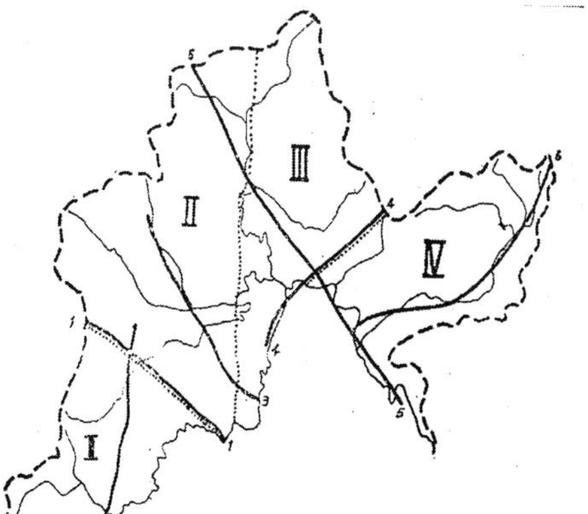

I. 조양천 채수령 단열대 II. 두만강 육도하자 단열대
III. 두만강 가야하 단열대 IV. 훈춘하 단열대

그림 1. 두만강 유역 주요 구조대 연시도

2) 하곡의 횡단면은 신구조운동에 의하여 형성되었다

본 유역에서의 신기조산운동의 특점은 간헐성적 상승작용 위주라는 것이다. 때문에 하곡의 횡단면에는 4~5급의 하천단구가 형성되고 그 외연에는 계단상의 현무암 대지가 있다. 전형적인 곳은 두만강 상류이고 각 지류에서도 뚜렷하다(그림 2 참고).

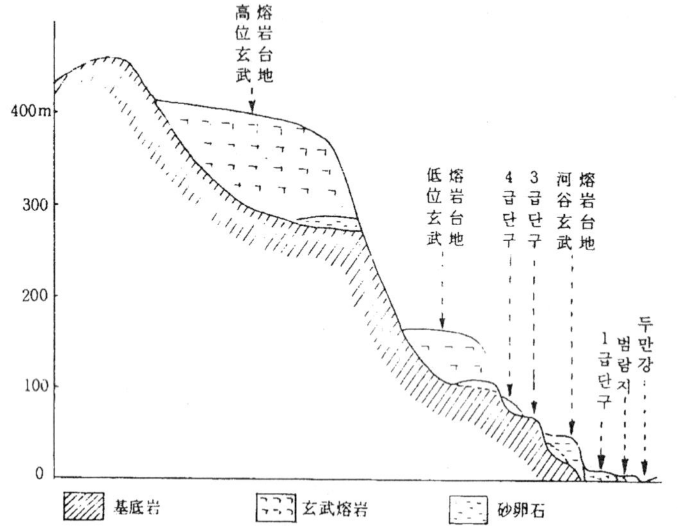

그림 2. 두만강 하곡 단면도

2. 수문특징

1) 두만강 본류와 지류의 상류는 비강이 커서 유속이 빠르고 하류는 비강이 적어 유속이 늦다(표 1 참고).

| 표 1 | 비강과 유속

강이름	대표점	하천길이(km)	비강(%)	최대단면유속(m/s)
두만강	남평	115.4	7.2	2.11
	개산툰	287.4	3.1	2.00
	하동	356.4	2.2	2.56*
	권하	465.4	1.3	1.46

2) 연평균 강수량과 연경유심등치선은 비슷하다

두만강 유역에서 강수량은 바다와의 거리가 가까운 동쪽과 동남쪽, 그리고 지형이 높은 서쪽이 가장 많고 함경산맥, 남강산맥이 바다에서 들어오는 습윤한 바람을 막아주기에 중부 지역이 가장 적다(그림 2 참고). 연경유심은 강수량의 영향을 받아 동과 동남쪽에서 350~400mm로 되어 훈춘하와 두만강 하류의 수량이 증가되고 서쪽은 250~300mm이다(그림 3 참고). 두만강 본류의 상류와 해란강, 부르하통하 상류의 유량이 많고 부르하통하와 해란강 중하류의 지류유량은 적다.

3) 강물량이 조절되고 함사량이 적다

두만강 유역의 식물피복률은 70% 이상이다. 본류와 지류의 상원과 상류의 식물피복률은 100%에 달하고 중류도 70~80%에 달하여 지면 수분증발량을 감소시키고 수분의 삼투량을 증가시키며 수분의 보존율이 높아 하천의 유량조절이 잘 된다. 그리고 백두산 용암대지의 암석 위에 부석층이 퇴적되었는데 공극이 많고 흡수성이 강하여 비가 올 때는 빗물을 흡수 보존하고 가물 때는 보존한 물을 강물에 공급하기에 강물의 유량을 평형시켜 준다. 이런 사실은 강수량의 월분배와 경유량의 월분배에서 나타나는데 일반적으로 전달강수의 일부는 지하에 삼투되었다가 다음 달 경유량에서 나타난다. 예를 들면 가야하 삼도구에서 7월분 강수량이 전년도 강수량의 19.3%였지만 빗물이 지하에 삼투되어 유량은 전년도 유량의 15.9%밖에 안되었고 8월에는 강수량이 전년도 강수량의 23.3%였으나 7월분에 지하에 삼투되었던 물이 나와 유량은 24.1%로 증가되었으며 9월분에는 강수량이 전년 강수량의 11.6%이나 유량은 14.9%를 차지하였다. 두만강 권하잠에서도 8, 9, 10월에 이런 현상이 나타나고 기타 하천에서도 나타나는데 이것은 식물피복도가 좋고 유역 내에 분포된 제4기층과 현무암에 공극이 많기 때문이다.

4) 식물피복률이 높아 하천의 함사량이 적다

예를 들면 식물피복률이 80%에 달하는 훈춘하도원에서는 함사량이 0.293g/m^{3}이나 식물피복률이 20% 되는 백성에 있는 눈강의 지류 조얼하찰삼은 함사량이 56.6g/m^{3}여서 훈춘하의 20배나 된다(표 2 참고).

| 표 2 | 식물피복과 함사량

지구	강	측정잠	식물피복률	연평균함사량(g/m^3)
연 변	훈춘하	도 원	상류 90%, 중류 70%	0.293
연 변	가야하	석 현	상류 90%, 중류 60%	0.539
연 변	부르하통하	유수천	상류 90%, 중류 55%	0.661
연 변	해란강	용 정	상류 90%, 중·하류 50%	0.31
백 성	조얼하	조 남	30%	30.4
백 성	조얼하	찰 삼	20%	56.6
백 성	눈 강	대 색	20%	61.8
사 평	서요하	정가툰	50%	12.7

5) 산지성 하천의 특성을 갖고 있다

두만강 유역의 지형유형층에서 산지가 70% 이상을 차지하고 상류지역에서는 90% 이상이 산지이고 나머지가 약간의 범람지로 되었다. 산지의 경사도는 15도 이상이고 부분적으로 산록부분이 10도가량 된다. 폭우가 내리면 빗물은 지면경사를 따라 급속히 흘러 내려와 홍수를 일으킨다. 평지성 하천의 1일 평균유량과 1일 최대홍수량을 대비해 보면 표 3과 같다.

| 표 3 | 산지성 하류와 평지성 하류의 홍수량대비

강	측정잠	일평균유량 (억㎥)	1일최대홍수량 (억㎥)	1일최대홍수량/ 일평균유량	주
두만강 상류	남 평	0.056	0.4567	8.14	산지
두만강 하류	권 하	0.70	3.0036	4.337	평지, 산지
가야하	묘 령	0.014	0.21	15	산지
부르하통하	유수천	0.0079	0.1465	18.5	산지
목단강	대 산	0.060	0.639	10.65	산지, 대지
송화강	부 여	0.452	2.338	6.6	평지
눈 강	대 색	0.71	3.23	5.24	평지

표에서 볼 수 있는바 산지성 하천에서 1일 평균유량과 1일 최대홍수량의 비율은 남평에서 8.14배, 묘령에서 15배, 유수천에서 18.5배이고, 평지성 하천인 송화강에서는 2,338배밖에 안된다. 두만강의 많은 지류가 산지성 하천이므로 홍수재해도 적지 않다.

6) 유량의 고봉은 기온과 태풍 위에 의하여 나타난다

본 유역의 기온은 겨울이면 강물이 얼고 봄이 되면 해빙된다. 빙동기간은 표 4와 같다.

| 표 4 | 두만강 수계 빙동기

강이름	초빙기	종빙기	빙동일수
두만강	11월 상순	4월 상순	118
가야하	10월 하순	4월 상순	140
부르하통하	10월 하순	4월 상순	127
해란강	11월 상순	3월 하순	106
훈춘하	11월 상순	3월 하순	118

봄에 강물이 녹으면서 원유량에 강 얼음이 녹은 물이 합쳐져 유량이 첫 번째 고봉을 나타내는데 이때는 유량도 많고 함사량도 많다. 현무성 고체가 많아 강물을 혼탁하게 한다. 유량의 고봉은 약 일주일간이다. 두 번째 고봉은 7, 8월에 부는 계절풍과 태풍에 의해 이루어지는데 일반적으로 태풍이 불어올 때 폭우가 쏟아진다. 태풍일수는 8월에 나타나는데 보통 1차 전후이고 강수량이 많다. 이를테면 훈춘에서 1961년 8월 4일과 5일의 훈춘 강수량은 229㎜로서 전년 강수량의 37%를 차지하였고 태풍우가 내렸을 때 권하의 홍수량은 9.418억m^3로서 평시의 16배가 되어 수재를 이룬다.

제21장

두만강 물자원

제21장

두만강 물자원

1. 수계

두만강은 백두산 동남쪽에 있는 무두봉(해발 1,930m) 동북쪽에서 발원하여 중국·북한 국경선을 따라 북동방향으로 흐르다가 온성 부근에서 유로를 남동방향으로 바꾸고 두만강에서 북한과 러시아 국경선을 이루며 동해로 흘러든다. 두만강의 길이는 525km인데 그 가운데서 중국·북한 두 나라 국경선 하단이 510km이고 북한·러시아 하단이 15km 된다. 유역면적은 3만 3,168㎢(북한자료는 3만 2,920㎢)이다. 그중 중국 측의 유역면적이 2만 2,632㎢(북한자료에는 2만 2,355㎢)이고 북한 측의 유역면적이 1만 565㎢이다. 두만강의 평균물매는 3.1%이고 상원물매는 14.8%, 상류물매 9.5%, 중류물매는 2.1%, 하류물매는 1.1%이다.

두만강 수계 중에서 유역면적이 20㎢ 이상 되는 하천이 254갈래인데 그중에서 유역면적이 20~100㎢ 되는 하천이 51갈래, 유역면적이 500~1,000㎢ 되는 하천이 8갈래, 1,000㎢ 이상 되는 하천이 7갈래이다.

두만강은 수문지리조건에 따라 하원구, 상류구, 중류구, 하류구로 나눈다.

하원구 : 본 구에는 여러 갈래의 하천들로 구성되었다. 그중에서 주요한 하천은 북한 측에 있는 홍토수, 소홍단수와 중국 측의 모수림하, 약류하이다. 이런 하천들의 공통적인 특점은 발원지가 백두산 화산추체에 있어 해발고도가 높고 상단은 시령하가 많고 암석열극과 부석층에 의하여 암류로 흘러 지면에서는 유량의 흔적을 볼 수 없다. 중단과 하단에서는 식

물상이 좋고 물이 맑고 유량변화가 적다. 하도는 비교적 곧고 좁다.

상류구 : 홍단수와 두만강이 합류되는 곳으로부터 화룡시 남평사이다. 유역은 현무암대지이고 하곡은 깊고 좁은 'V'자형이거나 구유모양을 이루었고 강폭은 10~100m이다. 유역의 식물피복률은 90% 이상이나 숭선 지역에 와서 농경지가 많다.

중류구 : 남평으로부터 훈춘 甩湾子 사이로 하단의 길이는 241km이다. 하도는 산지 사이를 심하게 곡류하면서 흐르지만 삼합, 개산툰, 도문구간에서는 산간분지를 이루었다. 강폭은 100~240km이고 수심은 3m 정도이다. 유역의 산지는 삼림피복률이 높으나 산비탈과 범람원은 농경지로 되어 수토유실이 심하다.

하류구 : 甩湾子로부터 하구 사이인데 총길이가 146.5km이다. 하안의 지형은 평탄하고 물매가 완만하여 하중도와 사주가 형성되고 강줄기는 여러 갈래로 갈라진다. 하폭은 평시에는 240~500m이나 홍수기에는 400~2,000m에 달한다.

1) 두만강 좌안(중국 측) 지류

주요한 지류는 7개이다.

(1) 홍기하(紅旗河)

본 하천은 두만강 상류 좌안에서 첫 번째로 큰 지류이다. 화룡시 영액령의 주봉남강산맥 남록에서 발원하여 동남으로 흐르면서 大, 小馬鹿溝河와 합류하여 숭선진 고성리 부근에서 두만강에 흘러든다. 강길이는 65.8km이고 유역면적은 1,199㎢이며 하도의 평균물매는 5%이다. 하도는 현무암지대를 지나고 하안은 고산 협곡으로 되어 있다. 하곡은 'V'형이고 하상은 암석덩어리와 난석으로 되어 있다. 홍기하 양안에는 인구와 농경지가 적기에 물은 맑고 깨끗하다.

(2) 가야하

본 하천은 두만강 지류 중에서 가장 큰 지류다. 본류의 길이는 205.9km이고 유역면적은 13,565㎢이며 평균 물매는 1.6%이다. 가야하의 하원은 동, 서 두 곳에 있는데 동쪽 하원은 왕청현 노송령이고 서쪽 하원은 노야령 동쪽 산기슭이다. 두 하천은 천교령 부근에서 회합하여 남쪽으로 흐르다가 도문시 향양촌 부근에서 두만강에 흘러든다. 가야하는 연도에서 대왕청하, 부르하통하와 합류한다. 유역특징을 보면 하원지구의 하안은 고산협곡을 이루나 천교령에 이르러서는 하곡이 500~1,000m이고 서위자 이하에서는 지세가 낮고 평탄하여 벼

산지성 하천으로 되었다. 가야하는 수력자원이 비교적 풍부하여 7곳의 소형수력발전소를 세웠는데 연간 발전량은 860만kWh에 달한다.

(3) 부르하통하

본 하천은 할바령 동남쪽 소택지에서 발원하여 연변의 중부 평원분지를 지나 도문시 하가촌 부근에서 가야하에 흘러든다. 본류의 길이는 172km이고 유역면적은 7,065㎢이며 평균물매는 1.9%이다. 연도에서 장흥하, 도목구하, 세린하, 조양하, 연집하, 해란강 등 지류를 받아들인다. 하천이 안도에 이른 다음 하곡은 넓어져 범람지에서는 벼를 재배하고 산비탈에서는 밭곡식을 재배한다. 차조구와 노두구 사이는 양안이 좁고 급하지만 노도구를 지난 다음에는 하곡이 넓어져 널따란 하곡평원을 이루었는데 이곳은 연변에서의 벼 재배 중심지의 하나이다. 하천의 연안에는 석문, 염명, 조양, 태양, 장백관개구가 있다. 지류인 도목구하에는 중형저수지인 안도저수지가 있는데 저수지 총용적은 4,746만㎥이다. 그리고 소형저수지 4개가 있는데 총용적은 914㎥이다.

(4) 해란강

본 강은 두만강의 3급지류이다. 영액령의 주봉 남강산맥의 동쪽 기슭에서 발원하여 동북방향으로 흐르면서 화룡, 용정시를 지나 연길시 하룡촌 부근에서 부르하통하와 합류한다. 본 강은 연도에서 봉밀하, 장인하, 복동하, 육도하를 받아들인다. 해란강의 길이는 145km이고 유역면적은 2,934㎢이며 하도의 평균 물매는 3%이다. 본 강은 부흥 이상에서는 유역의 산세가 높고 식물피복이 좋다. 부흥 이하에서는 지세가 점차 완만해지고 화룡, 토산하곡분지를 형성한다. 팔가자에 이른 다음에는 하곡이 더욱 넓어져 4~5km의 하곡평원구를 이룬다. 이곳은 토질이 비옥하고 수원이 풍부하며 기온이 좋아 연변의 유명한 벼 생산구가 되었다. 해란강 지류에는 아동, 대신, 석국 등 세 개의 중형저수지가 있는데 총용적은 7,385만㎥이다.

(5) 왕청하

본 하천은 가야하의 지류로서 왕청현 반령 북쪽 비탈에서 발원하여 서남쪽으로 흐르면서 왕청진을 지나 대선촌에서 가야하에 흘러든다. 하천의 길이는 82.3km이고 유역면적은 1,253㎢이며 평균물매는 3.7%이다. 하천양안에는 높은 산이 많고 하상은 좁고 깊다.

(6) 밀강하

본 하천은 반령남쪽 산록에서 발원하여 동남쪽으로 흐르면서 대황구를 지나 밀강진에서 두만강에 흘러든다. 하천의 길이는 54.2km이고 유역면적은 669.4㎢이며 평균물매는 6.9%이다. 하천의 양안에는 높은 산과 절벽이 있고 하곡은 좁고 기암이 노출되었으며 유속이 빠르다.

(7) 훈춘하

본 강의 길이는 198km, 유역면적은 3,963㎢이다. 발원지는 두 곳에 있다. 정원은 서쪽의 서토문자강인데 이 강은 해발 1,400m 되는 노흑산 서남쪽에서 발원하여 동남쪽으로 흐르다가 춘화 서토문자 부근에서 동쪽에서 흘러오는 난가당자하와 합류한다. 다른 하원은 난가당자하인데 대려령에서 발원하여 춘화 부근에서 서토문자하와 합류하는데 여기부터 훈춘하라고 부른다. 1972년부터 지금에 이르기까지 마적달과 이도구 사이에 채금배를 안장하여 채금하면서 하도의 모래와 자갈을 양안에 퇴적하여 원 하도가 파괴되고 새로운 하도가 양안에 재형성되는 데서 수많은 농경지가 물에 잠기고 유실되어 생태가 파괴되고 있다. 합달문 하류의 양안에는 널따란 훈춘하곡평원이 있는데 토질이 비옥하고 지형이 평탄하며 수량이 많아 수도재배에 유리하다. 그리하여 연변에서 가장 큰 관개구(훈춘관개구)를 건설했는데 관개면적은 10.74ha이고 인수량은 21.6㎥/s다. 훈춘하는 연도에서 두도하, 이도구하, 삼도구하, 사도구하, 소홍기하를 받아들이고 삼가자향 서위자촌 부근에서 두만강에 흘러든다.

2) 두만강 우안(북한 측)의 지류

두만강 우안은 상원과 상류지역에 지류가 많고 그 규모도 크나 중류와 하류지역에 이르러서는 함경산맥의 제어를 받아 지류의 수량 및 크기가 작다.

(1) 소홍단수

소북포태산(해발 2,289m) 동쪽과 삼지연에서 발원하여 동북방향으로 흐르다가 대홍단 동북쪽에서 두만강에 흘러든다. 강의 길이는 76.5km이고 유역면적은 535㎢이다. 상류는 시령하로 되고 부석층에 의하여 강이 흐르다가 복류(음류)하기에 지면에서 잠시 볼 수 없으나 한 단락 지나면 강물이 다시 나타난다. 유역의 해발고도는 높으나 지역이 평탄하고 연평균기온이 1.6℃, 7월평균기온이 18.2℃이기에 곳곳에 농장을 세워 감자, 보리를 심거나 목장으로 이용한다.

(2) 서두수

본 하천은 함경산맥의 서북쪽과 백두산맥의 동북에서 발원하여 백암 지역에서 합류한 후 북쪽 방향으로 흐르다가 대홍단군 삼상리에서 두만강에 흘러든다. 강 길이는 179.3km이고 유역면적은 340.8㎢이다. 주요한 지류로는 덕립동물, 황토암수, 대박천수, 통계수, 소동수 등이 있다. 본 하천은 백두고원에 있어 유역이 높고 평탄하며 현무암 열극과 화산사, 부석층으로 하여 강수시 지하에 삼투량이 많고 지면에서 흐르는 물이 적다. 1960년대 북한 정부에서는 중류지구에 원봉저수지를 건설하여 서두수의 물을 함경산맥의 동쪽으로 끌어 넘겨버렸다.

(3) 구운수

연사군 기산봉(해발 2,277m) 서북쪽에서 발원하여 서북방향으로 흐르다가 신양저수지(면적 1.54㎢)를 지나 연면수에 흘러들어간다. 하천의 길이는 56.1km이고 유역면적은 57.5㎢이다. 주요한 지류는 천상천, 박하천이다. 박하천 상류에는 여하저수지가 있다.

(4) 성천수

본 하천은 무산군 남쪽에 있는 대련곡산(해발 1,550m) 서쪽 비탈에서 발원하여 동북방향으로 흐르다가 면적 3.35㎢인 마양저수지에 들어간 후 방향을 서북으로 바꾸어 흐르다가 무산에서 두만강에 흘러든다. 성천수의 길이는 76.3km이다. 무산철광에서는 성천수를 이용하여 광사를 선광하고 그 찌꺼기를 두만강에 배출하여 엄중한 현무성 고체 오염을 이룬다.

(5) 회령천

본 하천의 상원은 두 갈래다. 동쪽 상원은 회령군 동남쪽에 있는 비봉(琵峰, 해발 1,049m) 북쪽 비탈에서 발원하여 동북쪽으로 흐르다가 서북으로 방향을 바꾸고 서쪽 지류와 합류한다. 서쪽 상원은 부령군 동북에서 발원하여 북쪽으로 흐르다가 동쪽 지류를 받아들인 후 덕홍리 부근에서 두만강에 흘러든다. 회령천의 길이는 46km이고 유역면적은 459.5㎢이다. 하류지역은 지세가 낮고 평탄하며 범람지가 발달하여 농경지로 사용된다. 회령천은 공업과 농업용수에 사용된다.

(6) 오룡천

본 하천은 함경산맥의 서북비탈 오막동령에서 발원하여 서북방향으로 흐르다가 새별군 신화리 부근에서 두만강에 흘러든다. 하천의 길이는 64km이고 유역면적은 1,271㎢이다. 본 하천에는 작은 지류들이 많은데 길이가 5km 이상 되는 것만 해도 40개 된다. 중, 상류는 산지로서 하곡도 좁지만 하류는 지세도 낮고 평탄하며 범람원이 발달하여 농경지로 쓰인다. 오룡천은 전력생산에도 이용된다.

(7) 녹야천

배덕이산(해발 898m)에서 발원하여 녹야리에서 오룡천에 흘러든다. 유역 내에는 울창한 삼림이 있어 유량이 고르다.

(8) 방산천

선봉군 보로지령(해발 816m)에서 발원하여 은덕군 금송리에서 오룡천에 흘러든다. 길이는 52.1km이고 유역면적은 238.5㎢이다. 주로 관개용수로 쓰인다.

2. 물자원

물자원의 중점은 지표수자원과 지하수자원이다.

1) 지표수자원

지표수자원의 원천은 본 지역 내의 강수 총량에서 증발량과 지하에 삼투하는 지하수의 물량을 감한 수치이다.

두만강 유역의 우안(북한 측)의 대표지점 강수량은 표 1과 같고 좌안(중국 측)의 대표지점 강수량은 표 2와 같다.

대표지점의 강수량과 기타 수문잠의 강수자료 및 지형고도와 해륙거리의 원근에 따라 등강수량선을 제작하였다. 등강수량도에서 보면 바다와 가까운 은덕, 새별, 훈춘 지역과 해발고도가 높고 바람맞이면으로 된 두만강 하원구의 강수량이 많고 함경산맥의 서북면인 회령, 무산과 남강산맥의 서북면인 해란강 중류 지역은 배풍면에 있어 강수량이 적다.

| 표 1 | 두만강 우안 대표지점 역년평균 강수량

(단위 : ㎜)

하 천	지 점	연평균 강수량	주
서두수	백 암	705.1	
소홍단수	대홍단	573.7	
구운수	연 사	580	연면수
성천수	무 산	505.9	
보을천	회 령	500	
오룡천	새 별	590	
녹야천	은 덕	650	아오지천

| 표 2 | 두만강 유역 좌안 대표점 역년평균 강수량

(단위 : ㎜)

하 천	월	1	2	3	4	5	6	7	8	9	10	11	12	Σ
두만강 본류	권 하	7.6	10.5	16.7	43.0	55.8	113.5	138.7	189.7	103.4	51.2	26.0	9.6	765.7
	하 동	5.7	7.9	13.0	37.5	54.4	94.6	118.7	139.2	72.3	33.9	17.1	9.1	603.4
	도 문	4.2	6.8	10.8	32.2	50.1	84.5	114.2	124.4	63.1	26.6	13.2	8.2	538.3
	개산툰	5.3	7.3	9.5	26.9	47.8	80.7	96.9*	116.5	60.9	25.4	15.2	6.5	498.9
	남 평	4.8	6.6	11.6	26.5	54.3	88.5	112.3	114.2	59.8	22.1	14.9	6.7	522.7
해 란 강	화 룡	4.5	6.0	10.3	25.5	52.7	100.1	120.9	124.6	58.5	18.2	13.3	5.9	540.5
	용 정	4.4	6.4	10.4	28.2	49.9	86.7	106.7	119.2	62.2	24.1	15.2	6.4	519.8
부르하통하	연 길	4.2	4.9	8.2	26.5	48.9	90.3	104.7	129.0	60.8	25.1	14.7	6.3	523.6
	마반산	4.7	5.8	10.0	26.6	45.8	84.4	107.9	123.7	63.1	26.0	17.3	7.2	522.5
가 야 하	왕 청	5.2	6.6	9.9	30.9	49.4	88.4	109.0	131.8	66.5	30.2	16.3	8.2	552.4
훈 춘 하	훈 춘	5.9	8.3	12.4	37.1	51.4	97.2	114.6	157.2	80.1	34.2	18.7	9.0	626.1

두만강 유역의 연평균 증발량은 1,100~1,300㎜인데 하곡평원 지역이 많고 하천의 상류 지역은 태양복사량이 적고 식물피복률이 높아 증발량이 낮다(표 3 참고).

| 표 3 | 두만강(좌안) 역년평균 증발량

(단위 : ㎜)

구분	1	2	3	4	5	6	7	8	9	10	11	12	Σ
남 평	29.5	37.3	75.0	140.0	183.6	156.1	152.7	134.3	104.3	85.3	45.4	23.6	1,162.2
화 룡	27.4	39.1	84.4	159.2	221.6	169.3	157.3	140.9	119.1	104.1	52.9	29.6	1,304.9
용 정	23.7	33.6	79.5	150.2	199.7	157.7	148.6	134.0	111.3	91.5	45.7	25.5	1,201.0
연 길	25.6	38.6	89.0	169.5	223.6	173.5	160.0	150.1	119.5	94.7	49.4	26.9	1,320.4
명 월	22.1	32.5	78.1	152.9	220.6	172.3	161.5	147.6	122.3	102.5	48.2	23.8	1,284.4
도 문	29.5	43.2	80.8	154.6	204.0	150.6	142.8	135.5	117.3	106.8	56.6	32.1	1,259.8
훈 춘	43.5	55.9	104.7	157.5	197.4	144.1	135.3	135.0	124.6	110.6	66.1	44.9	1,319.6
하 동	26.4	40.7	86.9	150.7	189.7	140.8	130.6	124.5	104.6	94.2	50.7	27.7	1,167.5
왕 청	18.2	30.7	75.7	150.8	214.0	169.4	159.3	147.6	117.9	93.7	43.7	20.0	1,241.0
천교령	9.6	20.6	48.7	102.3	149.9	122.2	105.9	98.5	82.3	61.9	25.3	10.0	837.2

두만강 유역에 있는 여러 지류들의 경유량을 측정하기 위하여 두만강 본류의 하류에 권하수문잠, 해란강 하류에 용정수문잠, 부르하통하 하류에 마반산 수문잠, 가야하 하류에 삼도구 수문잠, 훈춘하 하류에 훈춘수문잠을 설립하고 경유량을 측정하였는데 매달 평균유량과 연간 경유량은 표 4와 같다.

| 표 4 | 두만강 유역 대표잠 역년평균 유량 통계표

강 명	지 명	1	2	3	4	5	6	7	8	9	10	11	12	연평균유량(㎥/s)	연경유량(㎥)	연경유심(㎜)
두만강 본 류	남 평	8.45	7.78	11.2	33.6	51.5	81.9	92.0	116	65.4	31.5	20.4	12.4	44.6	14.24	208.4
	권 하	23.6	19.6	49.4	152	210	356	397	595	418	187	102	41.1	217	68.58	215.5
해란강	용 정	0.76	0.55	3.07	9.35	13.9	25.1	29.5	42.9	25.0	9.82	5.31	1.83	12.5	4.517	180.6
부르하 통 하	유수촌	0.67	0.56	1.69	6.87	10.9	17.2	21.4	26.6	13.8	5.36	3.53	1.15	9.17	2.840	199.3
	마반산	2.06	1.74	8.18	25.2	31.4	63.5	80.1	108	66.3	25.9	14.4	5.74	35.6	11.51	180.5
가야하	왕 청	0.29	0.18	0.78	7.56	13.3	15.2	13.0	18.9	14.4	7.47	3.62	0.95	8.06	2.549	221.7
	삼도구	1.15	0.69	3.08	29.5	48.9	65.1	70.4	107	65.9	29.5	17.2	4.7	38.3	11.40	190
훈춘하	훈 춘	3.99	3.21	14.6	31.1	44.2	70.8	65.5	102	74.1	43.8	23.5	8.50	39.0	12.25	341.4

두만강 유역 내에서 강수량의 연제변화와 연내변화가 크고 폭우의 수량도 같지 않아 하천의 물량에 직접 영향을 주는데 역년최대유량과 역년최소유량의 차이는 권하에서 약 2.2만 배에 도달한다(표 5 참고).

| 표 5 | 두만강 유역 주요 하천의 최대, 최소유량 통계표

하 천	대표잠	역년 최대유량		역년 최소유량	
		유량(㎥/s)	출현연도(연월일)	유량(㎥/s)	출현연도(연월일)
두만강 본류	남 평	2,290	1965.8.7	0.75	1959.1.31
	개산툰	2,830	1986.8.30	0.71	1968.3.27
	하 동	9,280	1965.8.8	0.85	1969.12.25
	권 하	11,300	1965.8.8	0.48	1963.1.12
해란강	용 정	1,430	1965.8.7	0.036	1977.2.17
부르하 통하	유수천	551	1960.8.24	0.003	1971.2.28
	마반산	2,630	1965.8.7	0.11	1980.2.5
가야하	삼도구	5,670	1960.8.24	0.042	1986.2.4
왕청하	왕 청	729	1972.8.10	0	1992.1.18
훈춘하	훈 춘	3,610	1957.8.22	0.55	1977.1.31

2) 역년평균 연경유량

역년평균 연경유량은 본 유역에서의 중요한 물자원이고 쉽게 이용할 수 있는 자원이다. 역년평균 연경유량을 구하는 방법은 1956년부터 1995년 사이에 측정한 각 대표 수문잠의 역년평균 경유량을 면적비와 종합비의 방법으로 매개지역의 지표경유깊이를 구하고, 그것으로부터 매개유역 내의 역년평균 연경유량을 얻었다. 계산에 의하면 두만강 유역의 역년평균 연경유량은 75.27억㎥이고 경유심은 226㎜이다. 그중 두만강 우안인 북한 측의 역년평균 연경유량은 22.71억㎥이고 경유심은 215㎜이다. 북한 측의 역년평균 연경유량은 두만강 총경유량의 30.17%를 차지한다. 두만강 좌안인 중국 측의 역년평균 연경유량은 52.56억㎥이고 경유심은 232㎜이다. 중국 측의 경유량은 두만강 총경유량의 69.83%를 차지한다.

중국 측에 있는 두만강 본류와 지류유역에서 연평균 경유량을 보면 총경유량 52.56억㎥ 중에서 두만강 본류유역에서 산생되는 경유량은 11.70억㎥로서 두만강 유역 연경유량의 15.54%, 중국 측 두만강 유역 연평균 경유량의 22.3%를 차지하고 해란강 유역에서 산생되는 연경유 총량은 5.83억㎥로 두만강 유역에서 해마다 산생하는 총경유량의 7.76%를 차지하고 중국 측 두만강 유역에서 해마다 산생되는 평균 경유량의 11.1%를 차지한다. 부르하통하 유역에서 해마다 산생되는 평균 경유량은 7.62억㎥로서 두만강 유역에서 산생되는 평균 경유량의 10.12%를 차지하며 중국 측 두만강 유역에서 산생되는 평균 경유량의 14.5%를 차지한다. 가야하 유역에서 해마다 산생되는 연평균 경유량은 13.13억㎥로서 두만강 유역에서 산생되는 평균 경유량의 17.44%를 차지하고 중국 측 두만강 유역에서 산생되는 역년평균 경유량의 25.0%를 차지한다. 훈춘하 유역에서 해마다 산생되는 경유량은 14.28억㎥로서 두만강 유역에서 산생되는 평균 경유량의 18.97%이고 중국 측 두만강 유역에서 산생되는 연평균 유량의 27.2%를 차지한다(표 6 참고).

| 표 6 | 두만강 유역 중국 측 역년평균 연경유량

유 역		면적 (㎢)	경유심 (㎜)	평균유량 (억㎥)	두만강 총경유량에서 차지하는 비율(%)	중국 측 유량에서 차지하는 비율(%)
두 만 강		33,168	226	75.27	100	
두만강(중국 측)		22,632	232	52.56	69.8	100
그 중	두만강 본류	5,104	229	11.7	15.54	22.3
	해 란 강	2,934	199	5.83	7.76	11.1
	부르하통하	4,131	184	7.62	10.12	14.5
	가 야 하	6,500	202	13.13	17.44	25.0
	훈 춘 하	3,963	360	14.28	18.97	27.2

두만강 본류 중에 포함된 주요한 하천은 홍기하, 밀강이고, 그 외 훈춘시 지역에서 자그마한 하천들이 직접 두만강에 흘러든다. 홍기하를 보면 유역면적이 1,199㎢이고 경유심은 305㎜이며 연평균경유량은 3.84억㎥로서 두만강 본류 경유량의 32.8%를 차지하고 밀강의 유역면적은 771㎢이고 경유심은 320㎜로서 연경유량은 2.45억㎥이고 두만강 본류 연경유량의 20.9%를 차지한다.

중국 측에 있는 두만강 유역에 속하는 하천의 경유량은 강수의 월분배가 다름에 따라 그 수량도 달라지고 지질, 지형, 식물피복이 달라짐에 따라 경유량의 연내변화도 달라진다. 특히 그중에서도 강수량의 연분배가 주요한 작용을 한다(표 7 참고).

표에서 보면 지표경유가 6~8월에 집중되어 전년 총경유량의 48~61.1%를 차지한다. 그러나 두만강, 권하와 훈춘강에서만은 6월 경유량보다 9월 경유량이 더 많아 권하에서 6~9월 사이의 경유량은 전년 경유량의 70.5%, 훈춘하에서는 64.3%를 차지한다. 가을철인 9~11월 사이는 24.58~30.53%이고, 겨울철인 12~2월 사이는 1.48~3.32%이며, 봄철인 3~5월 사이의 경유량은 14.76~15.36%이다(표 7 참고). 겨울철에 경유량이 적은 원인은 강수량도 적지만 강면이 얼어 강설량이 경유량으로 전화될 수 없기 때문이다.

북한 측 두만강 유역의 연경유량은 22.71억㎥이고 주요한 하천의 연평균유량은 10.75억㎥이다(표 8 참고).

기타 하천 중에서 중요한 하천으로는 연면수, 성천수와 작은 하천들이 포함된다.

북한 경내 두만강 지류의 연변화는 두만강 본류에 있는 남평수문잠, 개산툰수문잠, 권하수문잠의 유량변화에 의하여 계산한다면 중국 경내에 있는 두만강 지류의 연변화와 상사하다.

| 표 7 | 두만강 유역 경유량의 계절분배

강	3~5월(%)	6~8월(%)	9~11월(%)	12~2월(%)
두만강 본류	16.12	53.7	28.15	3.24
해 란 강	15.64	58.7	24.58	1.88
부르하통하	14.76	61.1	24.97	1.9
가 야 하	18.36	55.9	25.44	1.48
훈 춘 하	16.82	48	30.53	3.32

| 표 8 | 두만강 유역 북한 측 하천의 연평균 경유량 (단위 : 억㎥)

군 명	강 명	유역면적(㎢)	강길이(km)	연경유량(억㎥)	경유심(㎜)
	두 만 강	33,168	525	75.27	226
북한 측	두만강 유역	10,536		22.71	215
	그중				
백 암	서 두 수	340.8	179.3	1.125	330
대홍단	소홍단수	535	76.5	1.605	300
연사군	구 운 수	575	56.1	1.725	300
무산군	성 천 수		76.3		220
회령군	회 령 천	495.5	46	0.91	184
	보 을 천	265.5	31.8	0.49	184
새별군	오 룡 천	1,271	64	3.81	300
은 덕	녹 야 천	52.9	15.1	0.2	370
	방 산 천	238.5	52.1	0.88	370
	합 계	3,468		10.75	
	기타 하천	5,099*		11.96	234

*서두수 상류 1,969㎢ 면적의 경유량은 함경산맥 동쪽으로 넘겼기에 두만강 유역 면적에서 감했다.

3) 지하수자원(地下水資源)

지하수는 지하수자원의 중요한 구성부분이다. 목전 지하수자원의 주요한 연구대상은 천층지하수 즉 잠수이다.

두만강 유역 천층지하수의 천연보급원천은 대기강수가 위주이며 그 보급량은 강수량, 차강우강도, 전기우량, 강우계절 및 지질, 수문지질 등의 인자와 연관된다. 강수량과 그 강도의 불균형으로 인하여 지하수의 보급이 시간·공간적 분포상에서 비교적 큰 차이가 있다.

두만강 유역은 산지와 구릉지구이므로 그 수문지질조건이 비교적 복잡하다. 그러므로 지하수의 보급량을 직접 계산하기는 어렵다. 다연평균총보급량(多年平均悤補給量)은 총배설량과 같다는 원리에 근거하여 보통 산지, 구릉지에서 지하수의 배설량으로 그 보급량을 대체한다.

수문도성인분할법(水文圖成因分割法)으로 두만강 유역 천층지하수 다연평균천연보급량(多年平均天然補給量)을 예산하면 12.36억㎥이다. 그중에서 두만강 본류는 3.56억㎥로서 총보급량의 28.8%를 점한다. 부르하통하 유역은 1.70억㎥로서 13.8%, 해란강 유역이 1.78억㎥로서 총보급량의 14.4%, 가야하 유역은 2.33억㎥로서 총보급량의 18.9%를 점하며, 훈춘하 유역 다연평균보급량은 2.99억㎥로서 총보급량의 24.2%를 차지한다(표 9 참고).

| 표 9 | 다년 평균 지하수보급자원량 통계표

유 역		면적(㎢)	보급계수(만㎡/연.㎢)	보충량(억㎥)
두만강		22,632	5.46	12.36
그 중	두만강 본류	5,104	6.97	3.56
	부르하통하	4,131	4.12	1.70
	해란강	2,934	6.07	1.78
	가야하	6,500	3.58	2.33
	훈춘하	3,963	7.54	2.99

4) 물자원 총량

(1) 물자원 총량 계산

지표수와 지하수는 서로 연계되어 있으면서 서로 전화된다. 그러므로 하천경유량층에 일부 지하수의 배설량이 포괄되어 있고, 지하수 보급량 중에 일부분 지표수의 삼입량도 포괄된다. 때문에 총 물자원량은 지표수자원과 지하수자원의 간단한 합이 아니다. 그 합한 것에서 양자 간의 전화 중에서의 중복물량을 덜어내야 한다. 즉

$W_{총} = W + Q - D$

식 중의 $W_{총}$ − 총 물자원량

W − 地表水資源量(즉 하천경유량)

Q − 地下水資源量

D − 地表水와 地下水의 상호전화 중 중복물량

두만강 유역은 기본상 산지와 구릉지에 속한다. 비록 세전벌, 평강벌, 백초구벌, 훈춘벌, 구소하벌 등 벌들이 있으나 총 유역면적의 2.4%밖에 안된다. 그러므로 산지, 구릉지구의 중복수량은 하천 지하경유량에 불과하다.

$W_{총} = W + Q - Wg$

식 중의 $W_{총}$ − 물자원 총량

W − 地表水資源量(즉 하천경유량)

Q − 地下水資源量

Wg − 지하경유량

위의 공식으로 계산한 결과 두만강 유역 다년 평균 총수자원량은 52.56억㎥이다. 그중

에서 두만강 본류는 11.70억㎥로서 총수자원량의 22.3%를 차지하고 해란강 유역은 5.83억㎥로서 총수자원량의 11.11%, 부르하통하 유역이 7.62억㎥로서 총수자원량의 14.5%를 점하며 가야하 유역은 13.13억㎥로서 총수자원량의 25.0%를 점하고, 훈춘하 유역은 14.28억㎥로서 총수자원량의 23.2%를 점한다(표 10 참고).

| 표 10 | 두만강 유역 다년 평균 수자원 통계표

유 역		면적 (㎢)	강수		지표수자원		지하수자원 (억㎥)	총수자원량 (억㎥)
			억㎥	㎜	억㎥	㎜		
두만강		22,632	130.39	576.1	52.56	232	12.36	52.56
그 중	두만강 본류	5,104	29.24	572.9	11.70	229	3.56	11.70
	해 란 강	2,934	16.07	547.7	5.83	199	1.70	5.83
	부르하통하	4,131	24.50	593.0	7.62	184	1.78	7.62
	가 야 하	6,500	35.67	548.8	13.13	202	2.33	13.13
	훈 춘 하	3,963	24.91	628.6	14.28	360	2.99	14.28

*하천 경유량 중 지하수자원을 포괄하였다.

(2) 물량평형분석(水量平衡分析)

물량평형분석은 몇 개 지역이거나 유역에 대하여 하는 말이다. 그 목적은 부동한 지역 혹은 유역별로 수자원요소의 물량 및 그 대비관계를 연구하고 수문, 기상 및 기타 자연인소의 지대성 법칙을 잘 이용하여 물자원 계산성과의 합리성을 검토하려는 데 있다.

특정된 유역 내에서 만약 지하로부터 배출되는 잠류량을 홀시한다면 다연평균을 구하는 조건하에서 아래의 물량평형방정식(水量平衡方程式)을 세울 수 있다.

$$P = W + E$$

$$W = W_s + W_g$$

$$E = E_s + E_g$$

$$W_{총} = W + E_g$$

식 중 P－대기강수량, (알고 있다)

W－하천경유량, (알고 있다)

E－총증산발량, 강수량으로 하천경유량을 제해서 얻은 수

Ws－지표경유량은 하천경유량으로 지하경유량을 제하여 얻은 수

Wg－지하경유량은 水文圖成因分割法으로 얻음

$W_{總}$－摠水資源量, 기지의 양

Es－지표층산발량은 총증산발량에서 잠수증발량을 감하여 구했음

Eg－잠수증발량은 총수자원량에서 하천경유량을 감하여 얻은 수

상술한 물량평형방정식에 근거하여 두만강 유역을 다시 5개의 차1급 유역으로 나누어 수자원요소의 분석계산을 해서 W/P, $W_{總}$/P, Wg/W, (Wg+Eg)/$W_{總}$ 등 比值를 얻어 유역과 유역을 비교했다. 그 계산결과는 표 11과 같다.

| 표 11 | 두만강 유역 물량평형 대조표 (물량단위 : ㎜)

강이름	P	W	Ws	Wg	E	Es	Eg	$W_{總}$	W/P	$W_{總}$/P	Wg/W	(Wg+Eg)/$W_{總}$
두만강 본류	572.9	229	159.3	69.7	343.9	343.9	0	229	0.40	0.40	0.30	0.30
해 란 강	547.7	199	138.3	60.7	348.7	348.7	0	199	0.36	0.36	0.31	0.31
부르하통하	593.0	184	142.8	41.2	409.0	409.0	0	184	0.31	0.31	0.22	0.22
가 야 하	548.8	202	166.2	35.8	346.8	346.8	0	202	0.37	0.37	0.18	0.18
훈 춘 하	628.8	360	284.6	75.4	268.8	268.8	0	360	0.57	0.57	0.21	0.21
두만강 유역	571.6	232	177.4	54.6	344.1	344.1	0	232	0.40	0.40	0.24	0.24
흑룡강 유역	496.0	129	102.0	27.0	367.0	348.0	19	148	0.26	0.30	0.21	0.31
요하 유역	551.0	141	115.0	26.0	410.0	384.0	26	167	0.26	0.30	0.18	0.31

표의 수치가 보여주는바 두만강 유역 다년 평균 강수심도는 571.6㎜이다. 그중 40.6%가 하천경유량을 이루고 나머지 59,4%는 지표수체, 식피, 토양증발과 수면증발로 소모된다. 본 유역 다년 평균 하천년경유심도는 232㎜로서 그중 23.5%가 지하수에서 보충을 받는다. 본 유역 다년 평균 총증산발량은 344.1㎜이다. 다년 평균 총수자원량은 52.56억㎥인데 수심은 232m로서 유역 강수량의 40.6%를 점한다. 그중에서 비교적 쉽게 개발 이용할 수 있는 것은 지하경유량인데 그 수는 총수자원량의 23.5%를 점하여 약 12.36억㎥이다. 나머지 75.6%가 지표경유량이다. 그 연제(年際), 연내변화도 비교적 크다. 그러므로 대형저수공사를 수건하여 물량을 조절, 이용함으로써 그 경제적 효율을 충분히 발휘할 수 있다.

W/P, $W_{總}$/P, Wg/W, (Wg+Eg)/ $W_{總}$의 수치로 동북의 기타 강들과 비교해 보면 Wg/W치가 흑룡강 유역과 요하 유역보다 좀 작은 것 외에 다른 지표들은 두만강 유역수치가 좀 큰 편이다. 이것은 두만강 유역은 바다와 가까워 해양성기후의 영향을 흑룡강, 요하보다 더 받기 때문이다. 그러므로 하천경유량과 지하경유량이 흑룡강, 요하 유역보다 좀 크다. 그리고 두만강 유역은 산지와 구릉지에 있기에 비가 많고 식물피복이 좋아서 흑룡강이나 요하 유역에 비해 증, 산발량이 적다. 이것은 자연조건과 부합되는 계산결과임을 설명한다.

두만강 유역 차1급 유역의 수자원요소치 및 그 대비관계에 일정한 차이점이 있다. 즉 훈춘하 유역 다년 평균 강수심도(628.8㎜)와 다년 평균수심(360㎜)은 최고여서 두만강 유역 다년 평균상황보다 각각 10.0%, 55.2% 초과했다는 점이며, 두만강 본류의 P, $W_{\text{총}}$ 수치는 위의 두 차례의 지표와 두만강 유역 다년 평균상황은 서로 접근되나 부르하통하와 가야하 유역 $W_{\text{총}}$, Wg, W/P, Wg/W, (Wg+Eg)/$W_{\text{총}}$ 등 지표는 두만강 유역의 상응한 다년 평균지표보다 낮다는 점이다.

제22장

두만강 중하류지역 토양생태계통의 악성순환 및 이를 다스리는 도경

제22장

두만강 중하류지역 토양생태계통의 악성순환 및 이를 다스리는 도경

두만강은 중국과 북한의 변경을 흐르는 강으로서 그의 유역면적은 33,163㎢이다. 그중 중국 측의 중하류지역 면적은 7,330.7㎢이다. 두만강 중하류지역은 연변조선족자치주의 생산활동과 사회경제활동의 중심지역이 되고 있다. 본 지역은 경사지가 많고 평지가 적으며, 여름철에는 강우량이 집중되어 수토유실이 엄중하다. 이런 데서 경작층이 비교적 메마르고 토양비옥도가 해마다 낮아지고 황무지가 늘어나 경작지 면적이 줄어들고 토양생태계통이 악성순환을 하는 데서 농업생산 발전에 큰 지장을 주고 있다.

본 장에서는 이 지역의 토양생태계통의 악성순환현황 및 그를 다스리는 도경에 대하여 분석하려 한다.

1. 토양생태가 악화되는 원인

1) 자연인소

강우는 자연생태를 파괴하는 주요한 인소의 하나이다. 본 지역 강수량은 500~700mm로서 6~8월에 집중되어 있는데 어떤 때에는 폭우가 내려 그 강수량이 50mm를 초과한다. 심지어 160mm까지도 된다. 이와 같은 폭우는 토양유실을 더욱 가심화시킨다. 지형경사도도 중요한 인소이다. 본 지역에서 경사도가 5~10° 되는 경사지는 대략 44%를 점하고, 10~15도 되는 경사지는 대략 26.5%가량을 점하며, 15~20도 되는 경사지는 23.1%, 20° 이상 되는 경사지는 6.3% 정도 된다. 조사에 따르면 경사도가 5°일 때 토양유실량은 12.6t/ha이고 10°일 때에는 30.1t/ha, 15°일 때에는 47.6t/ha라고 한다. 식물피복은 수토를 보전하는 중요한 인소로서 수토유실방지에서 중요한 지위를 차지하고 있다. 일반적 상황에서 삼림식피지에 10mm의 강수도 지표유실을 형성할 수 있다. 만일 삼림을 채벌해 삼림지를 경작지로 개간한다면 그 경작지의 수토유실은 더욱 심해질 것이다. 이외에 토양침식의 강약과 토양성질은 수토유실과 밀접한 관계가 있다. 만일 백장토라면 표토항식성이 약하므로 점적층투수성이 불량하여 표토유실이 쉽게 생기게 된다.

2) 인위적 인소

백여 년 전에 본 지역은 원시삼림지대로서 경작지는 거의 없었다. 1861년에 이르러 조선의 일부 농민들이 두만강을 건너와서 이곳을 개간하기 시작했다. 1883년에 월간국(越墾局)이 설립된 이후 많은 개척민들이 이사하여 들어와 벌목, 벌초하고 밭을 개간하기 시작했다. 그러나 당시의 생태환경은 아주 좋았다. 1931~1945년 일제통치시기에 대량의 삼림이 파괴되고 삼림피복률이 90% 이상으로부터 80% 정도로 내려갔다. 건국 이후 본 지역의 인구가 급격하게 증장되고 토지개간면적이 부단히 확대되어 삼림피복률이 해마다 내려가 76% 정도로 되었다. 경사도, 토양조건 등을 고려하지 않고 마구 개간했고 그 어떤 수토유실방지의 필요한 조치도 하지 않아 삼림생태와 경사지생태가 악화되기 시작했고 그 위해성은 상당히 엄중하였다.

2. 토양생태계통의 악화현황

본 지역의 토지 총면적은 733,072헥타르인데 그 가운데서 산간지대와 구릉지대가 많아 총면적의 79.8%를 점한다. 수토유실면적은 1,182,012헥타르로서 그 비율이 20.7%나 된다. 수토유실면적 가운데서 경작지면적이 44,940헥타르로서 수토유실면적의 38.1%를 점한다. 민둥산, 황무지면적은 62,874헥타르로서 토양유실면적의 53.2%를 점한다. 침식골짜기는 17,718개나 되며 그 면적은 7,395.2헥타르인데 이 면적은 유실면적의 8.6%를 점한다.

1) 토양유실량이 많고 경작층이 척박해진다

본 지역의 매년 토양유실총량은 466만 톤이고 평균침식계수는 378t/㎢이다. 그중 정상침식지역의 토양유실량은 매년 63만 톤으로서 침식지역의 토양유실량을 가속화하여 매년 403만 톤에 이르게 하였다. 토양유실총량 가운데서 경사지의 유실량은 매년 150만 톤으로 가속유실량의 37.2%를 점하며 민둥산, 황무지의 유실량은 100.3만 톤으로서 가속유실량의 24.9%를 점한다. 토양표층의 유실량이 많고 토양의 흑토층은 해마다 척박해져 농업생산량이 낮아지고 심지어 폐경까지 하게 된다. 연길시 교외 20개 곳의 토양질을 여러 해 관측한데 따르면 경사지의 표토 연침식도는 2.6~5.3mm이고 침식계수는 1,350~700t/ha이다. 토양흑토층의 두께가 20cm도 되지 않는 면적이 총경작지 면적의 37%를 점하고, 흑토층이 유실되어 황백장토로 노출되는데 그 면적이 3,396.7헥타르에 이르며 이미 폐경해 민둥산이 되어버렸다. 그러므로 양식생산량을 보증하고 높이자면 반드시 생태보호사업을 잘해야 할 것이다.

2) 토양양분의 대량적인 유실과 농업산량의 부단한 하강

토양의 양분은 토양의 기본특성으로서 이는 토지생산력을 결정하는 주요인소의 하나이다. 산비탈이 연접된 곳에 분포되어 있으며 토양유실이 비교적 적다. 그러므로 등고경작, 심경이랑경작, 대형간작, 혼합파종, 합리밀식, 합리윤작, 시비량증가 등 종합농업기술조치를 채납해야 한다. 필요한 지방에서는 두둑을 쌓는 등의 조치를 적당히 채취하여 토양침식의 심화를 방지해야 한다. 10~15도의 경사지는 일반적으로 구릉지 변두리, 구릉, 낮은 산 중턱에 분포되어 있으며 그 수토유실은 비교적 중하여 중류유실상태를 나타내고 있다. 그러므로 반드시 종합농업기술조치와 침식방지공정조치를 서로 결부하되 공정조치를 위주로 하여 두둑과 제전을 만들어 소지형과 경사도를 개변하고 당지에서 지표의 유실량을 감소하는 것으로써 수토유실을 방지해야 한다. 15~20°의 경사지는 일반적으로 부분적 구릉지의 모서리, 구릉, 낮은 산의 중턱, 위턱과 꼭대기에 분포되어 있으며 토양유실이 엄중해 강한 유실상태에 있고 대다수는 토층이 메마르며 심지어 점적층이 지표에 노출되기까지 하였다. 이런 곳은 반드시 공정조치를 채납하고 제전건설을 잘 하며 먼저 다스리고 후에 사용하고 사용과 보양을 결부하여 수토유실을 철저히 통제하는 전제하에서 합리적으로 경작해야 한다. 사람이 적고 땅이 많고 유실이 엄중한 경작지는 경작을 그만두고 산림과 목축지로 만들고 식물피복률을 하루속히 높여 토양유실을 방지하고 토양비옥도를 높여야 한다. 20도 이상의 가파른 경사지는 부분적인 구릉과 낮은 산의 중간이거나 꼭대기 비탈에 분포되어 있으며 토양유실이 극히 심하여 극도의 유실상태를 나타낸다. 그 대부분은 흙층 두께가 5~10cm거나 점적층이 노출되고 있다. 이런 곳에 대해서는 견결히 폐경하고 나무와 풀을 심어 토양유실을 엄격히 방지해야 한다.

3) 나무와 풀을 심어 민둥산과 황무지의 비력을 회복한다

민둥산과 황무지는 산림을 파괴하여 개간한 후 장기간 합리적으로 경작하지 않아 토양유실이 가중되어 땅이 메마르고 계곡이 많이 생겨 폐경한 땅이다. 또 일부는 향 소재지와 멀리 떨어진 지역으로 땅은 많고 사람이 적어 폐경지구가 되었다. 이러한 민둥산, 황무지의 면적은 157,948헥타르로서 그중 이미 다스린 면적은 95,074헥타르인데 총면적의 60%를 차지하며 아직 다스려야 할 면적은 62,874헥타르로서 총면적의 40%를 차지한다.

민둥산, 황무지를 다스려 토양비옥도를 회복하는 데는 마땅히 아래와 같은 원칙실시에 주의해야 한다. 첫째, 투자를 집중해 소 유역지형을 단위로 집중해 다스리고 연속 다스리며 계곡과 경사를 동시에 다스려야 한다. 둘째, 나무와 풀을 잘 심어 수토보호, 경제가치, 생태균형 등 세 가지 효과성을 동시에 높여야 한다. 셋째, 조건이 있으면 개간하여 공예물과 과수를 심어 경제효과성을 높이고 환경을 미화하고 생태균형을 보존해야 한다.

4) 생물조치와 공정조치를 결합하고 계곡을 다스려 경작지를 보호한다

계곡은 주요하게 방지파, 대지파, 구릉파의 침식골짜기와 강한 침식골짜기에 분포되어 있다. 본 지역의 침식골짜기는 도합 17,718개이며 그 면적은 10,466헥타르인데 그중 이미 다스린 침식골짜기 면적은 3,071헥타르로서 총면적의 29.4%를 점하며 아직 다스려야 할 면적은 7,395헥타르로서 총면적의 70.6%를 차지한다. 각지의 개간역사, 토지이용방식, 지형 경사도, 비탈의 길이, 지층 등이 같지 않고 새로 생긴 침식골짜기의 밀도, 규모도 같지 않다. 즉 백악기의 석회암, 회암, 제3기의 사암, 제4기의 황토, 홍적물지층상의 침식골짜기 밀도와 침식속도도 빠른 것이다. 예를 들면 화룡시의 침식골짜기는 도합 8,778개로서 유실면적의 9.5%를 점하는데 이는 화강암, 판암 등 지층에서 생긴 침식골짜기의 밀도와 일반 골짜기보다는 적다. 도문시 경사지층은 변성암, 화강암 등이 비교적 많은데 도합 154개로서 그 면적은 수토유실면적의 2.5%밖에 되지 않는다. 그러므로 토양을 다스릴 때에는 우선 도랑침식속도가 비교적 빠른 사암, 혈암, 황토, 홍적물 등에서 생긴 골짜기를 먼저 다스리고 화성암, 변성암 지구의 골짜기를 후에 다스린다. 골짜기를 다스리는 데 있어 우선 고려해야 할 것은 도랑머리의 유실인데 도랑에 다시 흘러들어 더 크게 침식되지 못하게 해야 하며,

다음으로 침식량이 크고 위해성이 엄중한 것은 공정조치를 위주로 하는 외에 식수하거나 풀을 심어야 한다. 생물조치를 할 때에는 골짜기 방치도 고려하는 한편 경제효과성을 고려해야 한다. 예를 들면 용정시 장남촌의 농민들은 침식골짜기를 다스리면서 싸리나무를 심어 해마다 선가을이 끝나면 광주리를 틀어서 과수원에 팔아 경제수입을 올렸다. 이리하여 그들은 10여 년의 노력 끝에 골짜기도 잘 다스리고 동시에 경제수입도 올렸다.

5) 경사지의 농업구조를 조절하여 토양유실을 방지해야 한다

경사지, 민둥산, 황무지 침식골짜기의 토양유실을 방지하자면 경사지의 농업구조를 조절해야 하는데 당면 경사지의 농업구조유형은 다음과 같다. ① 수전－한전－과수원－인공림－임지, ② 채소지－한전－화목림, ③ 수전－한전－소림, ④ 한전－과수원－한전, ⑤ 한전, ⑥ 소림 등 6개 유형이 있다. 그중 토양유실이 가장 엄중한 유형은 제5유형이다. 토양유실을 방지, 경감하고 경제효과성을 높이는 유형은 제3유형이다. 예를 들면 용정시 해란강과 모아산경사지 지역의 농업구조는 수전－한전－과수원－인공림－차생림이다. 벼는 다수확작물로서 경제적 효과성이 높고 토양과 양분의 유실을 방지할 수 있다. 과수원은 경제적 효과가 매우 높으며 점차 제전으로 개변해 토양표층유실과 침식골짜기의 형성을 방지할 수 있다. 인공림과 차생림은 방풍, 지면유실의 방지, 토지보양 등의 역할을 하게 된다.

따라서 농업구조를 조절하고 주체농업을 발전시키는 것은 토지보호와 치부의 주요한 조치이며 생태효과성을 높이는 주요한 수단인 것이다.

3. 결론

토양은 농업생산에 있어 가장 토대적인 생산자료로서 인류의 영원한 생존조건이자 생식조건이며 인류의 영구적인 공동재부이다.

토양관리는 농업생산의 3대 환절 중 하나이다. 농작물로 하여금 높고도 온정한 생산량을 확보하려면 반드시 토양을 보호하고 땅을 잘 다루고 토양을 개량하여 양호한 토양생태계통을 보존해야 한다. 토양생태계통의 악성순환을 개변하려면 반드시 토지보호조치, 생태조치, 치부조치를 돌출하여 경제효과성, 사회효과성, 생태효과성을 높여야 한다.

제23장

압록강 유역의 자연요소와 수계수문의 특징

제23장

압록강 유역의 자연요소와 수계수문의 특징

압록강은 중국과 북한의 국계가 되는 국제하이다. 압록강은 백두산 남록에서 발원하여 길림성 장백조선족자치현, 임강구, 훈강시, 집안현, 요녕성 관전현, 단동시를 지나 동구현 동쪽, 북한 용암포 부근에서 서해로 들어간다.

간류의 길이는 795km이고 유역면적은 61,889㎢(61,700㎢라고 한 자료도 있다)인데 그 중 중국 측의 유역면적이 32,466㎢로 북한 측 유역면적보다 약간 더 넓다. 본 지구의 평균 강수량은 933mm이고 다연평균 경유심도는 493mm이며, 다연평균 경유계수는 0.53이다. 압록강에서 해마다 서해로 흘러들어가는 수량은 309.2km^3이다.

압록강 유역의 대부분은 산지와 구릉으로 되어 있기에 삼림이 차지하는 면적이 넓고 경작지는 적다. 비교적 편벽한 곳이고 공업도 발달하지 못하여 인구도 적다. 자료에 의하면 장백현의 인구밀도가 31명/㎢, 임강구가 59명/㎢, 팔도강구가 177명/㎢이다. 이처럼 삼림이 많고 공업이 적기에 압록강의 수질이 맑고 오염도 매우 적다.

1. 압록강 유역의 지모특징

본 지구는 북부동구조체계를 가진 신화하식 제2융기대에 속한다. 그러므로 산지가 위주이다. 하곡평원은 주로 하류에 약간 분포되고 중류에는 기본상 없다. 지모유형은 구역성 차이에 의하여 몇 개 구로 나눌 수 있다.

1) 장백화산중산구(長白火山中山區)

본 구는 압록강 상류의 서쪽인 망천아봉(望天鵝峰) 일대와 북부인 백두산 화산추체 일대이다. 백두산은 알칼리성 조면암과 부암으로 조성되었고 최고봉인 장군봉(백두봉)의 해발고도는 2,749.2m(북한자료에 의하면 2,750m)다. 이곳은 두만강과 압록강의 발원지다. 지세가 높기 때문에 지면에는 사상수계가 발육되었다. 망천아봉은 현무암으로 조성된 궁형고지(穹形高地)로서 해발고도는 1,400~2,300m이고 지면 경사도는 5~10도이다. 해발 2,000m 이상은 기온이 낮아 적설기가 9개월 이상 되고 여름철에는 나무가 없어지면 유량이 많다.

2) 장백용암대지(長白熔岩台地)

본 구는 압록강 상류 서부 장백현 동남부에 분포되었다. 현무암으로 조성되고 해발고도는 600~1,000m 사이이다. 지면이 평탄하여 고원을 이루었다.

용암대지의 하곡에는 하천단구가 발달되었다. 1급단구의 상대고도는 7~8m이고 2급 단구의 상대고도는 15m 정도이다. 그 외 3급, 4급 단구도 있다. 압록강 연안의 단구면은 매우 좁기에 협착한 곡지를 이루었고, 이곳에 마을과 경작지가 분포되어 있다.

3) 집안-훈강저산구(集安-渾江低山區)

본 구는 집안현(集安縣) 동남부와 훈강시(渾江市) 동부에 분포되었는데 노령산맥(老嶺山脈)의 이동과 압록강 하곡이 포함된다. 본 구에서 가장 널리 분포된 것은 저산이다. 산체는 주로 화강암, 편마암, 사암, 혈암으로 되고 높이는 약 500~800m이다. 산비탈은 비교적 급하여 20도 이상으로 되었다. 압록강 연안에는 하곡평원이 발육되었다. 범람지와 1급단구는 집안 이남에 널리 분포되었는데 상대높이는 10m 정도이다.

4) 노령중산구(老嶺中山區)

훈강 곡지와 압록강 곡지 사이인데 집안현의 대부분과 정우현(靖宇縣)의 동부가 속한다.

본 구는 노령산맥이 주체로 되어 있고 산체는 동북주향으로 뻗었다. 주로 결정편암, 화강암, 편암과 중생대 화산암으로 구성되고 해발고도는 1,000m 이상이다. 최고봉은 1,589m이고 상대고도는 500m 이상이다. 산비탈은 15~25도이고 식물상은 천연 차생림으로 되었다.

5) 관전저산구릉구(寬甸低山丘陵區)

훈강으로부터 애하 사이를 말하는데 길이는 약 80km이고 너비는 20~25km의 협장한 지대에 분포되었다. 산체는 각종 변성암과 화강암으로 구성되었고 산체정부는 해발 600~700m, 하곡은 약 200m로 되어 있어 경사가 급하다. 때문에 경작지가 매우 적고 대부분 지구는 차생림(次生林)을 이루었다.

6) 단동구릉평원구(丹東丘陵平原區)

애하로부터 압록강 하구에 이르는 협장한 구간이다. 해발고도는 약 170~0m 사이인데 지세는 남·동남 방향으로 경사졌다. 구성물질은 화강암이 위주이고 범람지에 제4기 퇴적물이 분포되었다. 구릉지구에는 하천망이 밀집되었다. 장시기의 하천침식으로 개석되어 평지로 변했고 일부는 아직도 70~150m의 고산으로 남아 있다. 이 구간에는 압록강의 많은 지류들이 있는데 지류연안과 압록강 하류에는 넓은 범람지가 형성되었다. 범람지의 해발고도는 매우 낮고 평탄하여 하천망과 인공관개망이 밀집되었다. 이곳의 토양은 비옥하여 이미 경작지로 변했고 해안선 일대만은 습지가 많아 갈대가 자라고 있다(그림 1 참고).

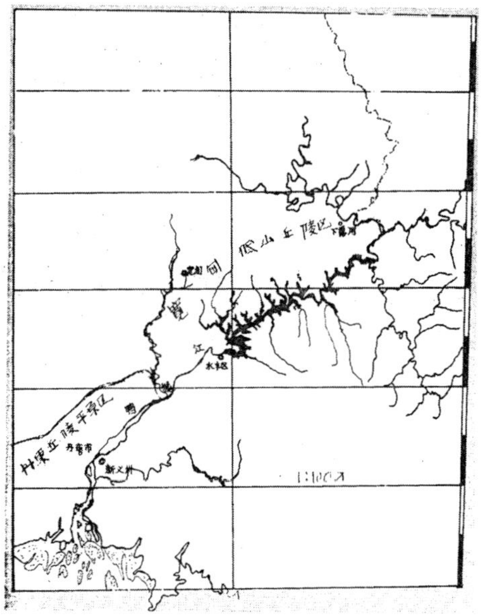

그림 1. 압록강 유역 지형도

2. 기후특점

압록강 유역의 대부분은 중온대 습윤계절풍 기후에 해당되나 북부는 해발고도가 높아 한온대, 한대의 특점을 띠고 하류의 국부적인 지구 즉 북위 40도가량만은 난온대습윤계절풍 기후구로 되었다.

기온은 압록강 하류로부터 상류에 이르면서 점차 낮아진다. 이를테면 단동시는 연평균기온이 8.5℃, 임강은 4.7℃, 장백은 2.2℃, 천지는 -7.3℃이다.

강수량은 압록강 하류가 많고 중류가 적으며 상류가 많다. 자료에 의하면 단동시 연강수량은 933.2mm, 집안은 900mm, 임강은 856.5mm, 장백은 695.3mm이고 상류상단은 900∼1,300mm, 천지는 1,332.6mm다. 두만강 유역의 강수량에 비기면 퍽 많다. 예를 들면 두만강 하류는 약 600mm, 중류는 500여mm이고 상류는 음영자구이기에 700~1,000mm이다. 이런 정황은 압록강수원이 두만강에 비해 더 많은 원인 중의 하나이다.

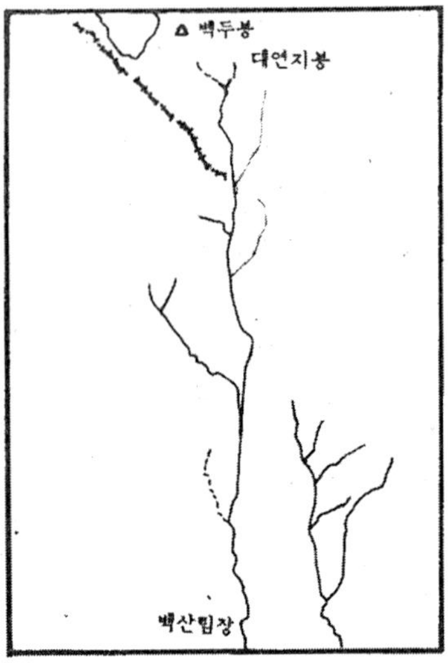

그림 2 압록강 하원 구성단

3. 수계와 유역특점

압록강은 백두산 원지로부터 서해에 들어가는 입구까지 네 개 단락으로 나눈다. 즉 하원으로부터 압록강과 허천강 합류지까지를 하원구로 하고 이곳에서 임강까지를 상류라 하며, 임강부터 수풍저수지까지를 중류, 수풍저수지로부터 서해로 주입하는 하구까지를 하류라고 한다.

1) 하원구

압록강의 하원은 두 갈래의 강으로 되어 있다. 하나는 백두봉 남쪽 비탈에서 발원하고 다른 한 줄기는 대연지봉(大烟脂峰) 서쪽에서 발원한다. 이 두 줄기 강 중에서 백두산 남록에서 발원하는 것이 정원이다. 이 두 줄기의 강이 합쳐 남쪽으로 흐르는데 하곡 특점으로 보아 네 개 구간으로 나눌 수 있다.

① 하원지로부터 1호정계비 사이인데 길이는 약 6km다. 상단은 강수량이 많고 또 투수성이 크고 송산한 부석으로 되어 있다. 비가 내릴 때는 하곡에 물이 있으나 비가 없

을 때는 마른 하상으로 된다. 하단은 정상 하류인데 하상의 깊이는 약 1~2m이고 너비는 3~10m인데 그 형태가 마치 구유모양으로 되었다. 겨울에는 눈에 덮여 하곡침식은 안되나 봄이면 강물이 눈 밑에서 흐르면서 침식을 진행하는데 주빙하지형의 특점을 이룬다.

② 1호정계비로부터 백산림장 사이인데 거리는 약 18km이다. 해발고도는 1,800m로부터 1,400m 사이이고 강골은 비교적 곧고 경사도는 22%이다. 하곡조성물질은 화산재이고 경사가 급하기에 하상에서의 하각침식작용이 성행된다. 하곡의 깊이는 50~70m이고 하곡벽은 직각에 상사하고 형태는 V형이다.

③ 백산림장에서 23도구에 이르는 사이인데 길이는 약 50km를 넘고 압록강의 유향은 동남방향이다. 하곡조성물질은 현무암이고 지면경사도는 10도이다. 폭도가 큰 지면상승작용과 하류의 하각침식에 의해 하곡의 심도는 80~140m가 된다. 하곡의 너비는 아주 좁고 하곡벽은 급경사를 이루었으며 하곡저부에는 군데군데 이퇴산(離堆山)이 있다.

④ 23도구로부터 압록강에 허천강이 주입하는 합류지점까지다. 길이는 약 29km다. 이 구간의 주요한 특점은 하도는 북동향 단층의 공제를 받아 비교적 곧고 하상 두측에 하천 단구가 형성된 것이다. 본 구간의 하곡 너비는 약 1~2km이고 하곡의 저부 너비는 0.4~0.6km이며 하상의 너비는 위치마다 다르지만 대체상 120~150m다. 하곡의 심도는 위에서 아래로 내려가면서 더 깊어지는데 일반적으로 200~350m다. 하곡의 하각침식과 더불어 측방침식도 진행되어 하곡이 넓어져 장백진 일대에 와서는

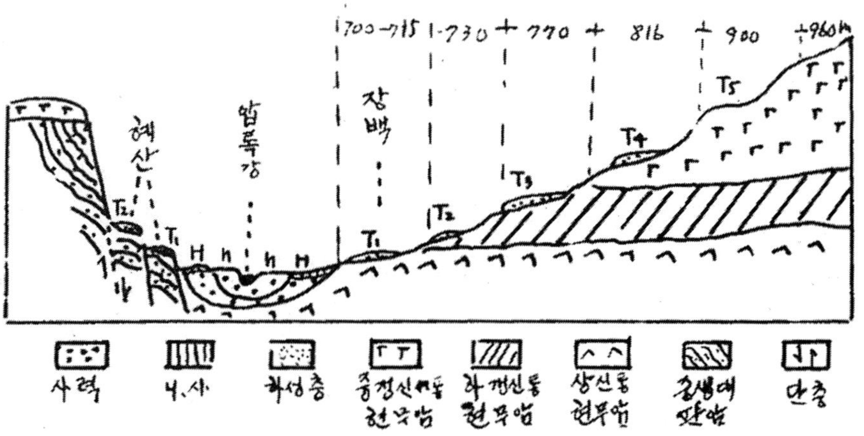

그림 3. 압록강 장백－혜산 하곡 지모

2.2km가 되고 강심주도 형성되었다. 하상 두측에는 고 · 저범람지가 형성되고 그 외측에는 1~5급 단구도 있다.

이런 사실은 본 지구가 상승융기작용 위주임을 알려준다. 하원구의 수계형태는 비교적 전형적인 수지상 수계이다. 간류의 왼쪽, 즉 북한 측에 있는 지류는 이명수(鯉明水), 동가수(東哥水), 포태수(胞胎水), 오시천(五是川), 허천강(虛川江) 등이고 간류의 오른쪽, 즉 중국 측에 있는 지류는 23도구하, 22도구하, 21도구하, 20도구하, 19도구하다. 상술한 지류 중에서 가장 큰 지류는 허천강이다.

2) 상류구

본 구는 압록강과 허천강이 합치는 곳으로부터 임강구까지인데 총 길이는 약 190km다. 본 구의 하도는 남첨대 부근에서 서북방향으로 흐르고 15도구 이하에서는 대체상 동에서 서쪽으로 흐르며, 팔도구진부터 임강구까지는 류향이 변화되어 동남에서 서북방향으로 흐른다. 하도가 이처럼 크게 변하게 된 것은 단층의 공제를 받았기 때문이다. 본 구간의 주요한 특점은 하상이 하각침식에 의해 깊게 패고 소단층과 하천의 측방침식에 의하여 사행하는 것이다. 산령과 하곡바닥의 상대고도는 500m에 달하고 하곡연안은 절벽을 이루어 동북에서도 가장 저명한 협곡지형이 되었다. 이렇게 된 원인은 양안에 있는 개마고원과 백두산의 상승융기작용이 강렬하고 또 수십 갈래의 지류가 집중되어 물량이 많기 때문이다. 하상은 약 100~150m 되고 강심주들은 발육되지 않았고 강바닥은 돌과 자갈로 구성되었다. 하곡 단면은 비대칭형으로서 퇴적구에는 면적이 작은 범람지를 이루었고 그 상부에는 5~7급단구가 발육되었는데 매개 단구면은 매우 좁다. 공격구간은 하천의 침식으로 인하여 절벽을 이루었고 곳곳에서 滑坡가 일어난다. 그러나 육도구를 지난 다음에는 대부분 하곡이 좁아져 급격한 협곡을 이루면서 대칭형하곡으로 나타난다.

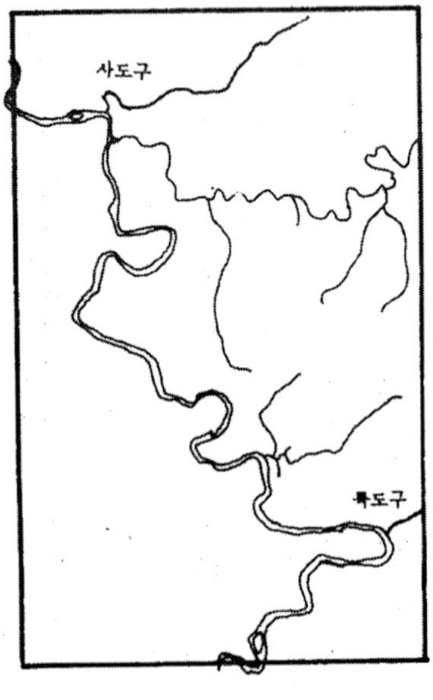

그림 4. 압록강 상류 하곡

그러나 서화피전자 일대만은 비대칭 하곡으로서 강 북에 널따란 범람지가 발육되고 지면은 완만한 경사를 이루어 촌락들이 분포되었다.

찰피구령으로부터 임강구까지의 하곡 특점은 실제상에서 중류의 하곡특점을 소유한다. 이 구간은 경사가 완만하여 하류의 니사와 석력들의 퇴적이 진행된다. 하여 강심에는 사주가 형성되었는데 상장도(上長島, 북한)와 목추도(木秋島, 북한)를 예로 들 수 있다. 뿐만 아니라 하상도 넓어지고 범람지 규모도 큰데 약 1.2km 정도 된다.

본 구간의 지류를 보면 중국 측에 있는 18도구하, 17도구하, 16도구하, 15도구하, 14도구하, 13도구하는 망천아의 궁암상대지(穹庵狀台地)에서 내려오는 방사상수계들인데 강 길이가 30km가량이고 압록강에 주입할 때는 대체상 수직된다. 8도구하는 압록강과 평행되어 흐르면서 북쪽에서 내려오는 방사상수계들을 모두 접수한다. 때문에 13도구하로부터 8도구진에 이르는 압록강 간류(길이 약 45km)에 주입되는 지류는 길이도 짧고 물량도 적은 작은 하천들이다. 8도구하를 지난 다음 또 7도구하, 6도구하, 5도구하, 4도구하, 3도구하 등 지류들이 압록강에 주입되는데 3도구하 외의 지류는 모두 짧다.

북한 측에서 흘러드는 지류 가운데 강진강을 제외한 지류는 분수령과의 거리가 짧기에 하천의 규모는 작다.

3) 중류구

중류구는 임강으로부터 수풍까지를 말하는데 총길이는 약 23km로서 각 구간 중에서 가장 길다.

하곡의 주요한 특점은 중류상단을 제외한 대부분의 하곡이 비교적 곧은 형태를 이룬다는 점이다. 이렇게 된 원인은 이곳의 지질시대에 구조운동의 작용을 받아 깊은 단층이 형성되고 단층곡을 따라 하천이 흐르기 때문이다. 또 하나의 특점은 인위적 영향으로 하여 원하상이 물에 매몰되어 그 형태가 변한 점이다. 임강구의 해발고도는 대략 600m이고 수풍구는 약 160m가량 되어 낙차가 440m가량 된다. 이처럼 낙차가 큰데다가 물량이 많고 하곡이 좁아 인가와 부침땅이 적어 수력발전소를 건립하였기에 원 하곡의 면모가 상실되고 인공적인 하곡경관이 형성되었다. 하곡의 특점으로 보아 네 개의 구간으로 나눌 수 있다.

첫 번째 구간은 임강으로부터 집안현 동북쪽 상해방(上解放)까지다. 이 구간은 단층곡의 영향을 받지 않았기 때문에 사행곡이거나 미만형곡을 이루었다. 때문에 측방침식면의 하곡면은 급하고 상대고도 차도 크지만 최적구에는 널따란 하안사제가 형성되어 부락도 건립되고 부침땅도 많다.

그러나 운봉발전소의 저수지 부분만은 하천이 비교적 곧고 범람지가 작으며 하상 양측

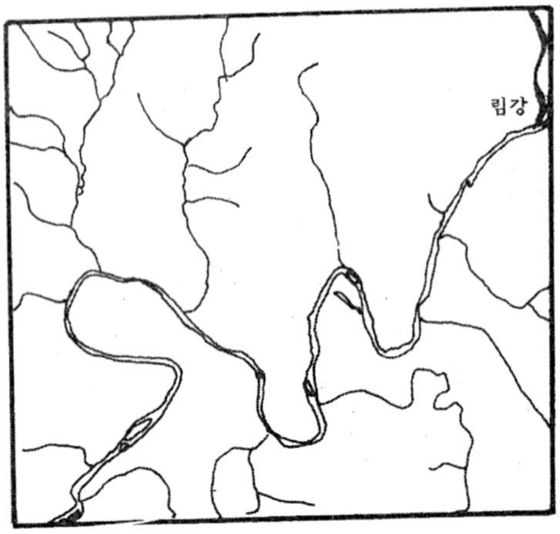

그림 5. 압록강 중류 하곡

이 기본상 대칭형으로 되었다.

두 번째 구간은 상해방으로부터 집안 서남쪽에 있는 용개이다. 이곳은 단층곡지로서 협장한 집안 하곡분지이다. 길이도 약 15km이고 너비는 약 3.7km이다. 비대칭 하곡으로서 중국 측에 대부분의 범람지와 하천단구가 있어 옛날부터 부락이 있었다.

세 번째 구간은 용개로부터 양수향 서보부(西甫部)의 통천구까지이다. 이곳의 하도는 만곡형사행으로 되어 공격면과 퇴적면이 뚜렷하다. 그리하여 공격면 하안은 급하고 퇴적면 하안에는 하안사주와 범람지가 있어 지면경사가 완만하고 촌락도 비교적 밀집하였다. 그러나 위원발전소가 건립됨에 따라 촌민은 이사하고 대부분은 저수지로 변했다.

네 번째 구간은 통천구로부터 수풍구까지이다. 상술한 세 번째 구간까지의 하도는 북북동으로부터 남남서로 흘렀지만 본 구간부터 하구에 이르기까지는 북동에서 서남으로 흐른다. 하도는 단층곡을 따라 흐르기에 비교적 곧은 미만형 하도를 이루었다. 이곳은 수풍발전소의 건립으로 하여 현재는 저수지로 변했다.

지류상황을 보면 중국 측에서는 분수령인 노령과의 거리가 짧기 때문에 대부분은 짧고 작은 지류들이 압록강에 주입된다. 이를테면 두도강 통구하, 유수림하(楡樹林河), 양수천하(涼水泉河)이다. 훈강 이남의 지류는 半拉江이 압록강과 평행으로 흐르기에 서북쪽에서 들어오는 지류는 모두 작다. 이를테면 대부채지강(大付菜地江), 만석하(滿石河) 등을 들 수 있다. 가장 큰 지류는 훈강인데 그 수량이 대단히 많다.

북한 측에서 주입하는 지류도 강 길이가 짧고 물량이 적다. 주요한 지류는 호내강(湖內江), 유자성강(柳慈城江) 등이다. 그러나 집안 하류로부터는 강 길이도 길고 물량도 많은 큰 지류들이 압록강에 주입한다. 이를테면 도로강(禿魯江), 위원강(渭原江), 동천(東川), 수주천(水州川) 등을 들 수 있다. 단층을 따라 흐르기에 하도는 비교적 곧은 미만형을 이루었다. 이곳은 수풍발전소의 건립으로 하여 저수지로 변했다.

4) 하류구

수풍구로부터 하구까지인데 하도의 길이는 약 194km 된다. 하도는 상단과 중단에서 북동－서남방향으로 뻗었고 하구 부근에 이르러서는 급격히 전환되어 북－남방향으로 되었다. 하상구조를 보면 분차형(分叉型)으로 되어 수많은 강심주와 강심도가 형성되었다. 특히 하단은 비교적 큰 여러 갈래의 강들이 압록강에 주입되기에 수로망이 밀집하고 토지가 비옥한 범람평원을 형성하였다.

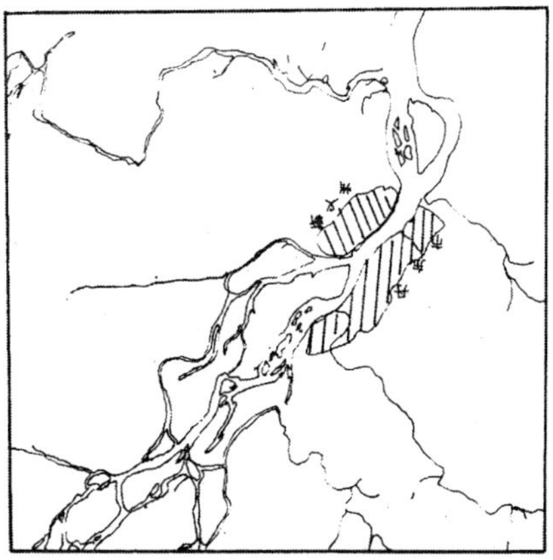

그림 6. 압록강 하류 하곡

하구 부근에는 많은 니사가 퇴적되어 수많은 삼각주를 형성하였고 강심도도 규모가 크다. 하구의 형태는 니사가 연속 퇴적되는 나팔형 유형이다. 강 너비는 약 2.5km이다.

주요한 지류로는 중국 측의 애하, 모도하(模道河), 합막하이고 북한 측에는 삼수천, 모금천(模琴泉)이 압록강에 주입된다.

4. 수문의 특징

압록강 유역은 면적이 넓고 삼림이 많으며 강수가 풍부하다. 다년 평균 경유량은 309.2억m^3에 달하고 물이 맑고 함사량이 적으며 수질이 좋다.

1) 하원구

하원구는 강수량이 풍부하고 식물피복률이 높기 때문에 중국 중부지방의 어느 강에 비해서도 수량이 풍부하고 최대, 최소 수량의 차이가 작다. 장백수문잠의 자료에 의하면 연평균유량은 31.6m^3/s이고 최대유량은 42.1m^3/s, 최소유량은 21.5m^3/s이지만 유역면적이 비슷한 목단강의 돈화잠에서는 연평균유량이 장백잠의 53.5%밖에 안된다. 최대 최소량의 비치는 장백잠에서는 1 : 2이지만 돈화잠에서는 1 : 10.3으로 되어 그 차이가 현저하다. 유량이 많은 원인은 주로 압록강 상류의 강수량이 많고 강수빈율이 적으며 기온이 낮아 증발량이 적으며, 또 이런 자연적 원인 외에 수전관개 면적이 적은 인위적 인자와도 관계된다. 상류의 말단인 임강의 연평균 유량은 191m³/s이고 최대, 최소유량은 각기 388m³/s, 118m³/s인데 이것 역시 하원구 유량 특점과 상사하다. 유량이 많음에 따라 연경유량도 유역면적이 비슷한 동북지구 어느 하천에 비해서도 많다. 이를테면 장백잠에서는 연평균 유량이 9.97억m³, 임강잠에서는 60.4억m³로 장백잠은 목단강의 돈화잠에 비해 1.9배 더 많고 임강잠은 유역면적이 약 5분의 1이 더 큰 두만강 하동잠에 비해서도 32% 더 많다.

유량이 많음에 따라 강폭도 넓다. 장백잠과 돈화잠의 강 깊이는 모두 3~3.5m 정도로 비슷하지만 강폭은 장백잠이 56.5~112m로서 돈화잠에 비해 약 1배가량 더 넓고 집안에서는 126~297m이다.

2) 중류구

중류구의 유량 특징도 상류구의 유량 특징과 비슷하다. 예를 들면 집안잠의 유역면적은 24,979㎢인데 연평균 유량은 258m³/s이지만 유역면적이 비슷한 두만강 하동잠의 연평균 유량은 145m³/s로서 집안잠의 56.2%밖에 안된다.

최대 최소유량의 비치도 역시 상류와 비슷하다. 집안잠에서는 약 1 : 2.5이지만 두만강 하동에서는 약 1 : 9가 된다.

중류구의 유역면적은 52,912㎢이고 연평균 유량은 811m³/s이고 하류구의 황구수문잠에서의 유량은 846m³/s이다. 최대유량과 최소유량의 비치는 중류와 지류에 저수지들이 있고 그것들이 유량을 조절하기 때문에 인위적인 영향을 받는다.

압록강의 다른 하나의 수문특점은 함사량이 적고 수사량이 적은 점이다. 상류의 최상단인 남첨두잠의 자료에 의하면 연평균 함사량은 0.215kg/m³이고 중류구의 상단 임강잠은 232kg/m³이다. 그러나 집안에 이른 다음 하도의 경사가 완만하고 하곡이 넓어 상류에서 운반된 니사들이 하상과 하안에 퇴적된다. 이 결과 연평균 함사량은 적어져 0.166kg/m³가 되고 연평균 수사량도 임강잠의 95%밖에 안된다.

중류구는 저수지들이 여러 곳에 있어 함사량과 수사량이 극히 적다. 그러나 하류구에 이르러서는 유역의 농토개발로 하여 함사량이 높아진다. 특히 많은 지류들이 압록강에 주입하는데 이런 지류들은 농업지대를 지나기에 수토유실에 의한 니사들을 많이 함유하여 압록강에 들어온 다음 강심에 퇴적시켜 약 200개의 강심도를 형성했다. 하구는 신구조운동의 영향도 있지만 수사량이 많아 나팔형 삼각주를 형성했다.

압록강의 또 다른 하나의 특점은 경유량이 많은데다 총낙차가 2,400m 되어 물 에너지가 많다. 간류만 해도 수력자원이 약 230만㎾나 된다. 이미 북한과 중국이 합작하여 운봉, 수풍, 위원태풍만에 저수지를 만들고 수력발전소를 건설했다. 이런 저수지는 발전을 위주로 하지만 물량도 조절하여 홍수방지에도 유리하고 수위가 높아짐에 따라 관개에도 편리하며, 수심이 깊어져 내하운수에도 편리한 종합적인 경제적 효과를 나타내고 있다.

정리하여 말하면 압록강은 다음과 같은 몇 개 특점을 갖고 있다.

① 하원구와 상류는 신구조운동에 의하여 상승작용의 폭도가 크지만 하류는 매우 작기에 낙차가 더욱 커져 물 에너지 자원이 많다.

② 하도는 단층의 영향으로 하여 많은 곳이 곧고 중류와 하류에서 미만곡으로부터 만곡형으로 변하여 하도가 암성과 단층선의 공제를 받아 자유사행하지 못한다.

③ 압록강 유역은 바람맞이면에 위치하고 바다에서 멀수록 지형이 높아져 전선우 외에 지형우도 많아서 강수량이 풍부하기에 경유량이 많고 수면이 넓다.

④ 발원지와 하원구의 지형고도가 높아 적설량이 많고 식물피복이 좋아 봄철에도 서서히 녹기 때문에 다른 하천에 비해 월진폭이 작다.

⑤ 유역 내에 식물피복이 좋고 농경지가 적기 때문에 함사량이 적고 여러 개의 저수지를 경과하기에 물이 맑고 오염이 적어 수질이 좋다.

⑥ 발전을 위주로 하고 종합적인 경제 효과성을 높이기 위해 간류에 네 개의 큰 저수지가 건설되어 중류지구의 하곡과 하상 등 자연적 경관을 인공적인 경관으로 대체하였으며, 인위적 수량조절 능력을 제고하였고 하천의 경제적 효율을 높였다.

제24장

백두산 야외실습기

제24장

백두산 야외실습기

1954년 초 연변대학 지리학부에서는 학기 말 실습지점을 백두산으로 정하였다. 송영환 강좌장이 실습지도를 책임지고 나는 준비사업을 책임졌다. 나는 계획에 따라 야외에서 잘 수 있는 천막 6개와 비옷, 실습복, 가방, 배낭 등을 각각 40벌을 합동 구입하였다. 그리고 야외에서 먹을 쌀, 반찬 그리고 만일의 경우를 고려하여 사탕과 과자도 준비하였다.

• 1954년 8월 4일(구름 많다가 비 내림)

오전 8시에 학생들을 집합시키고 송영환 강좌장의 실습동원 보고 끝에 변방부대에서 파견한 3명의 보위병을 소개하였다. 나는 준비된 모든 물품을 학생들에게 나누어주었는데 학생들은 이구동성으로 '지리전업이 최고'라고 엄지손가락을 휘두르면서 소리쳤다.

30여 명을 태운 화물차는 학교교문을 떠나 백두산으로 향했다. 학생들은 흥분되어 '자동차운전수의 노래', '봄노래', '김일성장군의 노래'를 목청껏 불렀다. 명월구를 지나 송강방향으로 가는데 비가 억수로 내리기 시작하였으나 학생들의 노랫소리는 끊일 줄 몰랐다. 황구령기슭에 도착하였는데 비는 계속 내려서 자동차바퀴는 진흙길에 빠져 돌기는 하나 나갈 수 없었다. 모든 대원들이 근심에 잠겼지만 경험 많은 한종기 운전수는 미리 준비한 밧줄을 견인고리에 매고 건장한 학생들더러 밧줄을 당기라고 명령하였다. 자동차는 저속으로 천천히 진흙탕에서 빠져나왔다. 허나 경사 급한 곳에서 또 빠져 바퀴만 제자리에서 돌아가는 것이었다. 기사가 삽을 들고 주위에 있는 모래를 차바퀴 앞에 펴니 학생들도 따라 삽을 들고 모래와 풀을 차바퀴 앞에 폈다. 그리고 나서 앞에서 차를 당기면서 저속으로 겨우 앞을 향하여 나갔다. 대오는 기진맥진하여 휴식을 선포하였다. 이 기회에 운전기사는 사람이 곰을 만난 실화를 나에게 들려주었다. 그 하나는 송강합작사의 기사가 차를 몰고 황구령에 도착하였는데 목탄이 잘 타지 않아서 자동차속도가 대단히 늦었다. 차가 굽인돌이를 도는데 길옆의 자작나무수풀에서 100여 근 되는 곰이 나와 자동차 앞을 막고 차를 아래로 밀었다. 차는 힘이 없어 후퇴했다가 다시 전진했는데 곰도 약간 후퇴하다가 다시 힘을 주어 차를 아래로 밀어 차가 전진할 수 없었다. 차는 할 수 없어 또 뒷걸음쳤다 한다. 때마침 긴장했던 기사가 정신을 차리고 저속으로 마력을 다하여 전진하다가 불시에 후퇴하여 곰을 엎어뜨리고 그 기회를 이용하여 큰 마력으로 전진하면서 곰을 깔아 눕혔다 한다. 다른 하나는 이도백하 운전수가 명월구에 와서 콩기름을 짜가지고 두 병과 기름을 싣고 귀가하는 길이었다 한다. 황구령 기슭에 닫자 비가 내리기 시작하더니 산 중턱에 이르니 도로가 미끄러워 차속도는 매우 늦었다. 한참 올라가는데 길 옆의 가둑나무 숲속에서 큰 돼지만한 곰이 나와 차에 올라탔다. 기사는 너무도 긴장하여 고속으로 차를 몰고 이도백하 파출소 앞에 도착하자마자 재빨리 무장경찰에게 달려가 곰이 차 위에 있으니 처리하여 달라고 청하였다. 무장경찰이 장탄한 총을 들고 뛰쳐나가 보니 곰은 차 위에 앉아서 꾸벅꾸벅 졸고 몸은 차멀미를 하여서인지 좌우로 비틀거리고 있었다. 무장경찰의 총 한 방에 곰이 쓰러졌다 한다. 아슬아슬한 이야기를 들으면서 학생들은 피로를 풀었다.

• 1954년 8월 4일 저녁

고생 끝에 송강에 도착하니 초대소가 하나밖에 없어 교원들이 초대소에 들고 학생들은 민가에 분배받아 들었다. 자동차기사는 이도백하로 가는 길을 조사하고 저녁 늦게야 돌아왔다. 길이 나빠 차는 갈 수 없으니 도보로 갈 수밖에 없다고 하였다. 우리는 촌장을 찾아서 천막 등을 운반할 사람 4명을 요청하였다. 우리는 피곤도 풀고 걸어갈 준비를 하기 위하여 하루 동안 휴식하기로 하였다. 그리고 반찬문제를 토론하는데 촌장이 말하기를 이곳은 교통이 불편하여 돼지고기가 매우 싸다고 하였다. 값을 물어보니 2일 동안의 화식비면 살 수 있었다. 떠나기 전 생활개선을 톡톡히 했다.

• 1954년 8월 5일(구름 많다가 가는 비 내림)

아침식사를 마치고 생소한 송강의 자연정황을 요해하기 위하여 5명의 남학생과 2명의 여학생을 데리고 야외로 나갔다. 송강진의 남쪽에는 강이 흐르고 강남에는 전형적인 1급과 2급단구가 있었으며 지층은 백악기의 호성층인 혈암인데 그 속에 에스테리아라는 화석이 있었다. 함께 오지 못한 학생들을 위하여 표본을 촬영했고 기념사진도 몇 장 찍고 돌아왔다. 저녁식사 후 학생들에게 야외조사 상황을 이야기하였다. 강의가 끝난 후 나는 촌장으로부터 백두산 반간첩투쟁정황을 들었다. 어느 날 송강이발관에 낯선 손님이 와서 이발하였다. 이발이 끝난 후 그 손님이 진정부에 데려다 달라 해서 진정부로 안내했는데 알고 보니 간첩이었다. 그 간첩은 자기의 생명만 보호해 준다면 모든 것을 탄백하겠다고 말하여 진정부는 꼭 담보한다고 하였다. 간첩은 자기들의 지휘부는 백두산동굴이고 3~4명은 농촌과 시내에 나와 민심을 조사한다고 하였다. 간첩의 말이 끝나자 진정부에서는 현 정부에 연계하여 간첩을 현에 압송하였다. 그 후 송강진에서는 3명의 반간첩영웅이 나왔다.

그중 한 사람은 산에 있는 보초막에서 보초를 서고 있는데 별다른 옷을 입은 사람이 지나가는데 의심스러웠다. 그래서 보초막 안에 있는 허술한 수류탄을 들고 나가 "너는 뒤를 보지말고 나의 지시대로 걸으라"고 하였는데 순순히 말을 들어 쉽게 진정부에 도착하였다. 조사하니 국민당에서 파견한 간첩이었다.

두 번째 사건은 두 형제가 마차를 가지고 밭에 있는 콩을 운반하러 갔는데 색다른 옷을 입은 사람이 돈을 후하게 줄 테니 콩을 팔라고 하였다 한다. 동생은 형을 보고 마차에서 내려 콩값을 받으라고 하였다. 그 사람이 호주머니에서 돈을 꺼내려 할 때 동생이 뒤에서 덮쳐 그 사람의 손과 몸을 함께 틀어쥐고 형이 그 사람의 손을 묶었다. 진정부에 호송하여 조사하니 간첩이었다. 두 형제는 변방부대의 반간첩대회에서 영웅칭호를 받고 후한 상금도 받았다 한다.

• 1954년 8월 6일(구름 많다가 비 내림)

아침 일찍 식사를 마치고 8시경에 이도백하를 향하여 떠났다. 송강을 지나 2급 하안단구에 이르니 비가 내리기 시작하였다. 도로 좌우에는 활엽수와 관목이 우거지고 길은 흔적만 있을 뿐 잡초가 무성하여 엉망진창이었다. 길 옆에 딸기가 드문드문 있어 뜯어 먹으면서 행군하니 피곤도 잊었다. 그러나 가는 길에 종종 뱀을 만나서 머리털이 곤두섰다. 뱀은 길이 0.5~1m 정도로 거의 50m에 하나씩은 나타났다. 쉬어가기 위하여 다리 밑에 들어갔더니 그곳은 뱀의 천지였다. 길이가 50㎝ 정도 되는 뱀들이 대가리를 추켜든 것이 100마리는 넘는 것 같았다. 우리는 처음 보는 광경이라 놀라 인차 그 자리를 떠나 또다시 풀 속을 헤치며 걸음을 재촉하였다. 송강을 지나 약 20리를 지났는데 관목 속에서 난데없는 몇 마리의 노루가 불시에 귀를 기웃거리며 우리를 보다가 도망가 버리고 풀 속에서는 토끼가 뛰어나와 귀를 세우고 우리를 보다가 달아났다. 가는 길에 우리는 이런 상황을 여러 차례 목격하였다. 수림 속에서 검은 곰이 우리를 향해 보다가 슬그머니 머리를 돌리면서 수림 속으로 들어가기도 하고 어떤 곰은 태연하게 우리를 보면서 길을 건너 수림 속으로 들어가기도 하였다. 우리는 보행하면서 여러 차례 야생동물을 보아서 마치 자연동물원을 지나는 것 같았다. 길잡이한테 이곳에 호랑이가 있느냐고 물어보았더니 있다고 하면서 아래와 같은 이야기를 들려주었다. 몇 년 전 이도백하 소학교 교장이 보호견을 데리고 송강에 회의하러 갔다가 밤중에 돌아오는 경우가 많았는데 하루는 송강에서 나와 남쪽에 있는 언덕에 올라섰는데 뒤에서 쌍불을 켠 호랑이 따라왔다. 교장이 쉬면 범도 쉬고, 교장이 걸으면 범도 따라왔다. 이렇게 10여 리를 따라오던 범이 불시에 교장에게 덮치려는 짜릿한 순간 개가 달려가 범의 목을 물었다. 범은 바빠서 선 자리에서 몇 번 돌다가 쓰러졌다. 교장선생은 너무 무서워 그 곁으로 가보지도 못하고 집으로 왔다 한다. 아침 일찍 일어나 마을 사람들과 같이 그곳에 가보니 범은 죽었고 개도 범의 목을 문 채로 죽었다고 했다.

또 한 번은 백두산 변방부대지휘부에서 변방정황을 알기 위하여 병사를 변방초소에 보냈는데 돌아오지 않고 먼 데서 총소리가 났다 한다. 지휘부에서 몇 명의 병사를 거느리고 총소리가 난 쪽을 향하여 가는 도중 길 복판에 호랑이 쓰러진 것을 발견하고 그 앞을 보니 전사도 쓰러져 있었다. 전사가 개복한 다음 물어보니 호랑이 계속 뒤를 따르다가 불시에 앞에 나서니 총을 쏜 것만 기억난다고 하였다.

이곳에는 승냥이도 많다고 하였다. 밤에는 마을에 내려와 돼지를 훔쳐가고 노랑포 일대에서는 밤이면 승냥이들이 모여 운다 하여 노랑포라 하였다고 한다. 이것은 사실이었다. 우리가 이도백하에서 백두산을 가는 중간에서 휴식하는데 밤중에 남쪽에서 승냥이의 울음소리가 나는데 마치 어린애의 울음소리와도 같았다. 듣고 보니 이곳의 식물련(食物連)은 아주 전형적이었다. 풀과 관목이 있으니 토끼와 노루, 사슴이 자라고 토끼와 사슴이 있으니 승냥이가 있고 사슴, 노루, 승냥이가 있으니 그것들을 잡아먹는 호랑이, 곰이 있어서 자연생태가 전형적이었다. 지금은 그 많던 토끼, 노루가 어디로 갔는지? 왜 적어졌는지 알 수가 없다.

우리 일행은 온종일 장대비를 맞았다. 다행히 비옷을 입고 있어서 웃옷은 젖지 않았으나 바지는 몽땅 젖었다. 이도백하에 도착하니 초대소가 없어 민가에 나누어 들고 젖은 옷을 화롯불에 엇갈려 말렸다.

• 1954년 8월 7일(비 내림)

백두산을 향하여 떠났다. 백두산으로 가는 데는 길이 없어 초빙한 길잡이를 앞에 세우고 원시림에 들어섰다. 온종일 원시림을 가다가 작은 강물을 만났다. 그곳에 천막을 치고 하루 저녁 보내기로 하였다. 실습대원들은 각기 자기의 배낭에서 쌀을 꺼내어 강물에 쌀을 씻은 다음 항고(고리 있는 도시락)에 담았다. 막대기에 항고를 꿰어 모닥불 위에서 밥을 지었다. 식사가 끝난 후 원시림에 대하여 설명하였다. ① 원시림에는 왜 소나무뿐인가? ② 활엽림대에는 뱀이 많았는데 침엽립대에도 뱀이 있는가? 활엽림대에는 뱀의 먹이가 될 수 있는 각종 동물과 곤충들이 많다. 하여 뱀은 많았지만 침엽림대는 기온이 낮고 뱀의 먹이가 될 수 있는 각종 동물과 곤충이 없어 뱀이 없다고 하였다. ③ 원시림에는 나무가 넘어진 것이 많은데 그 원인은 본 지방의 토양층이 얇아 뿌리가 땅 깊숙이 내려가지 못하기 때문이다. 토양층 아래는 현무암이어서 뿌리를 깊게 뻗으려야 뻗을 수 없기에 쉽게 도목한다고 설명하였다.

• 1954년 8월 8일(맑음)

모든 대원들은 아침 일찍 일어나 천막을 거두고 아침식사준비를 하였다. 식사가 끝난 후 길잡이를 따라 산림을 헤쳐가며 백두산 방향으로 걸어갔다. 약 3시간쯤 걸으니 침엽림은 없어지고 화산추체의 산록임을 알리는 벗나무숲에 도착하였다. 목적지에 가까워졌다는 것을 알게 되었다. 우리는 길잡이를 따라 서쪽을 향하여 걸어가다가 방향을 바꾸어 남쪽으로 가니 곧바로 우리의 목적지였다. 주위는 선태류가 자라고 그 위에는 봇나무가 자랐는데 백두산의 거센 바람을 이기지 못하여 동쪽으로 기울어졌다. 땅은 녹색 천지여서 흙을 볼 수 없었다. 남쪽에서는 폭포소리가 울리고 서쪽에서는 맑고 맑은 하천이 흐르고 북쪽 널따란 'U'형곡 주위에는 웅장한 산들이 옹기종기 들어앉아 있고 계곡에는 아직도 적설이 쌓여 있었다. 조사대원들의 아주 훌륭한 숙영지라고 느꼈다. 우리가 저녁준비를 하고 있는데 낯선 사람 세 명이 나타났다. 서로 인사를 나누고 무엇을 하느냐고 물었더니 그분들은 포수인데 주로 백두산을 감시하는 일을 한다고 하였다. 우리가 연변대학에서 온 것을 알고 포장된 반지하문을 열면서 자기네는 딴 곳에 갈 테니 선생님들이 쓰라고 하였다. 포수막에 들어가 보니 벽에는 몇 십 틀 되는 녹용이 걸려 있고 출입구 한쪽에는 몇 십 근 되는 녹태가 쌓여 있었다.

저녁때가 되었다. 송 선생님과 여학생들은 포수막에서 자고 우리는 천막에서 의미 있는 하룻밤을 지냈다.

• 1954년 8월 9일(맑음)

식사를 끝마치고 깊이 4m, 너비 0.4m 되는 이도백하의 돌담을 딛고 건너 남·여학생들이 하나 건너씩 서서 500m 되는 절벽을 톺아 올라야 했다. 앞사람의 발꿈치를 이어 뒷사람이 손톱을 박으며 톺아 올랐다. 숨이 막히고 다리가 후들후들 떨렸으며 허리에 맨 실습필기장마저도 무거웠다고 학생들은 말하였다. 송영환 선생님은 학생들이 준 밧줄을 잡으면서 금벽등성이에 도착하였다. 나는 하곡지형을 관찰하다가 금벽에서 사당 두 개를 발견하였다. 그중 하나는 너비 2m, 길이 4m 정도이고 집안에 높이 70㎝ 되는 돌로 쌓은 대가 있었다. 다른 하나는 사당 북쪽에 있었는데 너비 2m, 길이 3m가량이었다. 사당은 창문이 없고 남쪽에 문자국만 남아 있었다. 보아하니 이곳은 도교의 사당인데 해방 후에 자리를 감춘 것 같았다. 금벽에 올라서니 넓고 경사진 이끼선태류가 빼곡하게 자란 용문봉 북쪽경사지였다. 우리는 남북방향으로 된 비탈을 따라 용문봉과 녹제봉 사이에 도착하고 보니 이끼선태류 위에 여러 가지 양철깡통들이 있었다. 너무도 이상하여 길잡이에게 물어보니 이런 이야기를 들려주었다.

50년대 초에 백두산 간첩숙청이 있었다. 한번은 무전수 간첩을 포로하고 설복하여 그더러 비행기를 이곳에 오게 한 다음 구호선을 내려보내 달라고 하면 살려줄 뿐만 아니라 후한 상금도 주겠다고 하였다 한다. 간첩은 고민 끝에 동의하고 군인들의 공제하에서 무전을 쳤다. 전사들은 이곳 상공을 공격점으로 하고 비행기를 기다렸다. 2~3시간 지나니 연계한 비행기가 도착하여 상공을 회전하였다. 포로한 무전사 간첩을 시켜 구호선을 내려보내 달라고 하였다. 비행기는 무전사의 지시대로 상공을 회전하다가 비행고도를 낮추고 구호선을 내려보내려 하였다. 순간 지휘부의 총소리와 함께 주위에서도 비행기를 묘준하여 사격하였다. 총에 명중된 비행기는 당장에서 추락되고 여러 가지 통조림통들이 떨어졌다고 하였다.

그리고 서쪽의 용암동굴에 간첩지휘소가 있었다고 알려주었다. 이곳에서 잠깐 휴식하고 길잡이를 따라 석하(돌로된 경사지)를 따라 보천석에 도착하고 통천하를 건너 응회암대지에 오르니 절당이 보였다. 절당에 도착하니 사람은 없고 천장널 2~3장이 떨어졌을 뿐 건물은 완벽하였다. 이 사당이 바로 종덕사이다. 팔각으로 되었다 하여 팔괘묘라고도 한다. 사당안에 쓴 글들도 깨끗하게 보존되었다. 사당 앞과 옆에 있는 응회암대지에는 전날에 등산한 김일성종합대학 학생들이 답사기념으로 사당 주위의 응회암에 자기 이름을 조각한 것들이 보였다. 우리 학생들도 사당기둥에 자기이름을 써서 기념으로 남겼다. 사당은 목조건물이지만 세공들이 건조하였고 질 좋은 홍송을 썼기에 정부에서 적당한 보호조치만 취했다면 지금도 남아있어 백두산의 관광경물은 더한층 풍부해졌을 것이다.

우리는 종덕사를 떠나 천지호변에 도착하였다. 천지는 거울처럼 맑고 깨끗하였다. 세계에서 가장 높고 큰 화구호이고 물의 내원은 대부분이 지하수이다. 천지물은 남색인데 수시로 밀려오는 구름으로 하여 색깔의 변화가 많았다. 천지물에는 물고기도 없고 부유동물도 없었다. 천지 주변은 깨끗한 모래로 둘러싸여 있고 지표표면에는 하나의 찌꺼기도 없었다. 일부 학생들은 천지물에 들어서기 시작하였다. 나는 그들을 세워놓고 천지는 함락호이기 때문에 갑자기 깊어질 수 있으니 천지 안쪽으로 들어가지 말라고 하였다. 잠시 후 실습강의를 시작하였다. 북쪽에 있는 산은 용문봉이고 서쪽에 있는 봉은 백운봉, 동쪽의 높은 산은 백두봉, 북쪽의 봉은 천문봉이다. 화산분출은 중심석이요, 천지는 함락으로 된 칼데라호이다. 화산은 여러 차례 폭발하고 용암이 분출하여 여러 가지 암석을 형성하였는데 이를테면 현무암, 알칼리성 조면암, 흑요암, 응회암 등이다. 화산이 폭발될 때 때로는 용암이 나오고 때로는 화산회와 부석이 나오는데 그 수량이 대단히 많다. 그리고 화산폭발이 여러 차례이고 지금도 화산의 후기현상인 온천, 분출기공이 있다는 것을 알려주면서 귀로에 들어섰다. 길잡이의 인도에 따라 천문봉과 화개봉 사이에 들어섰는데 기본상 절벽에 가까웠다. 인신안전이 중요했다. 나는 학생들을 3명씩 한 조로 10여 개의 조로 편성하였다. 한 번에 한 조씩 올라가는데 앞에 선 사람이 낙석을 떨구면 뒷사람이 상할 수 있으니 특히 주의하라 당부하고 등산을 시작하였다. 1조가 산마루에 올라서면 2조가 등산하고 2조가 산마루에 올라서면 3조가 등산하는 방식으로 등산이 계속되었다. 드디어 안전하게 마지막조까지 산등성이에 올라가자 전체 대원들은 너무 기뻐서 한결같이 일어나 만세를 불렀다.

한참을 걸어 내려가는데 갑자기 안개가 끼더니 앞에 있는 사람조차 잘 보이지 않았다. 잘못하면 대원을 잃을 수 있어 매개 학생들에게 주의를 주면서 앞사람이 뒷사람을 책임지도록 하면서 어두운 밤을 한 발 두 발 걸어 내려오는데 사방에 불빛이 나타났다. 모두가 당황해 하는데 길잡이가 산림 속에 들어가 불빛이 나는 것을 손에 들고 나와 이것은 나무가 썩은 것이니 안심하라고 하였다. 또 한참 걸어가다가 밤길에 배가 고프겠으니 준비한 사탕과 과자를 먹으라고 하였다. 말이 끝나자마자 여학생들은 준비한 과자와 사탕을 먹는데 대부분 남학생들은 아무런 동향이 없었다. 하여 어째서 먹지 않는가고 물었더니 오는 길에 다 먹고 없다고 하였다. 나는 선생님들이 준비한 과자와 사탕 그리고 여학생들에게서 지원받은 사탕, 과자를 남학생들에게 조금씩 나눠주었다.

저녁 늦게야 숙소에 돌아온 우리는 부랴부랴 저녁밥과 반찬 준비를 하려고 서둘렀다. 그런데 포수가 나오더니 곰고기를 이미 삶았으니 반찬은 하지 않아도 된다고 하였다. 나는 처음으로 곰고기를 먹었는데 소고기와 비슷하였다.

• 1954년 8월 10일(개었다가 흐림)

우리는 온천을 지나 폭포를 보러 갔다. 폭포 근처는 폭포물이 튕기면서 물보라를 이루어 멀찌감치에서 보았다. 폭포는 크고 물량도 많으며 아주 웅장하였다. 폭포는 천지물이 통천하를 따라 내려오다가 동서주향의 단층에 의하여 형성되었는데 낙차를 모두 합하면 86m나 된다. 장백폭포는 세계에서 가장 크고 춘하추동 쉼없이 쏟아지는 세상에 둘도 없는 폭포라고 하였다. 그리고 폭포의 상류는 통천하이고 하류는 이도백하임을 알려주었다. 도중에 온천에 도착하여 수온을 측정하니 최고 82℃였고 분수공을 찾아보니 10곳도 넘었다. 유황온천이기에 피부병치료에 매우 좋다고 이야기하고 온천욕을 하면 며칠간의 피로도 회복되니 온천욕을 하라고 권고하였다. 숙사에 돌아온 후 간단하게 실습총화를 했다. 백두산은 화산활동에 의하여 형성된 화산추체이고 천지는 화산이 분출되고 함락된 칼데라호이며 수원은 지하수가 위주이고 물에는 유생물이 없어 물고기는 없고 기후수직대는 태원대로서 동북에서는 가장 추운 곳이라고 총화하였다.

• 1954년 8월 11~12일(구름이 많음)

아침식사를 끝마치고 귀로에 올랐다. 도보로 원시림과 이도백하를 지나 송강에 도착하였다.

• 1954년 8월 13일

송강을 떠나 저녁에 학교에 도착하였다.

• 1954년 8월 14일

아침에 학교에 나와 림교장에게 실습회보하러 갔더니 교장선생님께서 모두들 수고했다면서 실습정황을 잘 알고 있다고 하시었다. 어떻게 아셨을까 궁금했는데 우리와 같이 다닌 포수분이 어제 학교에 오셔서 실습정황을 다 이야기하셨다는 것이다. 그분이 바로 변방부대의 책임자라고 하셨다.

이번 실습은 아주 간고하였다. 실습준비도 힘겨웠지만 그보다 더 힘든 것은 송강에서 실습지도를 책임진 송 선생님이 "나는 실습지도를 할 수 없으니 유 선생이 하오"라고 한 한마디 말이었다. 나는 학교를 졸업한 지 1년이 채 안되고 실습지도 경험도 전혀 없었다. 더구나 백두산은 처음이고 자료도 많이 보지 못하였다. 그래서 못하겠다고 했지만 명령이라고 하시면서 재삼 부탁하여 할 수 없이 실습지도를 하였는데 지금 와서 회상해 보면 부족한 점들이 많았다. 실습생들이 많이 양해하여 주기 바란다.

실습대오의 구성 : 명예대장 송영환 강좌장
실습지도교원 유충걸
실습에 참가한 교원 홍춘식
보위인원 3명(현역군인)
길안내 및 운반공 3명
변방부대의 고급군관 1명

학교의 경제상황이 어려운 상황하에서 거액의 경비를 마련해 주신 고 림민호 교장선생님께 깊은 감사를 드립니다.

1954년 8월
유충걸

2012년 8월 수정

제25장

백두산 관광지에 이정비와 설명판을 세울 데 관한 건의

제25장

백두산 관광지에 이정비와 설명판을 세울 데 관한 건의

1. 이정비와 관광설명판을 세우는 목적

① 관광객들의 적극성을 발휘하고 관광질을 높이는 데 도움을 준다.

② 관광객들의 주동성을 인지시켜 관광지 명소에 관한 지식을 전수하는 데 도움을 주고 피로를 회복하는 데 도움을 준다.

3) 관광과 건설을 결합하여 지속적으로 발전해야 한다.

2. 이정비의 규격

이정비는 구형으로 할 수도 있고 삼각주로서도 할 수 있다. 구형으로 하는 경우에는 한 면에 이미 걸어온 거리, 다른 면에 아직 가야 할 거리를 적고 삼각주로 하는 경우는 한 면에 이미 걸어온 거리, 다른 면에 이제 가야 할 거리, 또 다른 한 면에는 해발고도를 적으면 좋겠다.

설명판은 곳에 따라 소재와 규격을 달리하는 것이 좋겠다. 예를 들면 용암대지에는 나무판으로 하고 화산추와 풍속이 강한 곳에는 시멘트나 벽돌판을 만드는 것이 좋겠다.

설명판 1. 세우는 곳 : 연길동북아버스터미널

내용 : 백두산으로 가는 노선도와 거리

1) 연길 – 안도 – 백두산노선의 총거리

2) 연길 – 서성 – 백두산노선의 총거리

3) 식물의 수직대

① 활엽림대 – 600m

② 침활혼성림대 – 600~1,200m

③ 침엽림대 – 1,000~2,500m

④ 태원대 – 2,500m 이상

설명판 2. 세워야 할 지점 : 활엽림대

내용 : 수종과 특산, 동물, 토양

설명판 3. 세울 지점 : 송강진

내용 : 항일투쟁사

설명판 4. 세울 지점 : 대사하

내용 : 소사하유적

설명판 5. 세울 지점 : 침할혼성림

내용 : 수종, 동물, 특산, 토양, 지형

설명판 6. 세울 지점 : 침엽림구

내용 : 수종, 동물, 특산, 토양, 지형

설명판 7. 세울 지점 : 내두산 길옆

내용 : 내두산 혁명근거지

설명판 8. 세울 지점 : 화평영자

내용 : 백두산 화산활동, 용암동의 규모와 형성

설명판 9. 세울 지점 : 임하소택

내용 : 지형, 토양, 식피, 특산, 동물

설명판 10. 세울 지점 : 경사용암대지의 시작

내용 : 수종, 동물, 특산, 토양, 지형

설명판 11. 세울 지점 : 지하산림으로 들어가는 길 옆

내용 : 원시림, 수종, 동물, 특산, 지형, 토양

설명판 12. 세울 지점 : 지하산림

내용 : 협곡, 맹곡, 지하폭포, 지하산림

설명판 13. 세울 지점 : 화산추체의 산록

내용 : 온천, 폭포, 천지까지의 거리

설명판 14. 세울 지점 : 온천주차장

내용 : 온천의 분수구, 온도, 용수량, 화학성분, 치료효과 등

설명판 15. 세울 지점 : 폭포로 가는 길 옆

내용 : 1) 폭포의 형성

2) 폭포의 낙차(지상, 지하의 낙차)

3) 유량

설명판 16. 세울 지점 : 소천지

내용 : 소천지의 형성, 소천지의 둘레, 깊이

설명판 17. 세울 지점 : 천지서북

내용 : 천지의 형성, 천지물의 체적, 천지의 용수량, 천지면적과 깊이, 화학성분

설명판 18. 세울 지점 : 악화림이 시작되는 곳

내용 : 악화림의 조성, 지형, 토양

설명판 19. 세울 지점 : 태원대가 시작되는 곳

내용 : 지형, 토양, 식피

설명판 20. 세울 지점 : 원시림

내용 : 원시림의 수종, 원시림의 특점

설명판 21. 세울 지점 : 지하산림 입구

내용 : 협곡, 맹곡, 수화석, 지하폭포, 지하산림의 형성

길림성문물지 편집위원회, 『도문시문물지』, 1985.
길림성문물지 편집위원회, 『돈화시문물지』, 1985.
길림성문물지 편집위원회, 『안도현문물지』, 1985.
길림성문물지 편집위원회, 『연길시문물지』, 1985.
길림성문물지 편집위원회, 『연길현문물지』, 1985.
길림성문물지 편집위원회, 『왕청현문물지』, 1985.
길림성문물지 편집위원회, 『화룡현문물지』, 1984.
길림성문물지 편집위원회, 『훈춘현문물지』, 1985.
吉林省水文站, 『吉林省水文特征值』, 1973.
吉林省革命委員會氣象局, 『延邊氣候資料總結』, 1972.
吉林土肥站 編, 『吉林土壤』, 中國農業出版社 1998.
金伯象 著, 『長白山火山地質研究』, 東北朝鮮民族教育出版社, 1995.
김백록 주편, 『장백산지질연구』, 동북조선민족교육출판사, 1995.
김병문, 『관광자원학』, 한국: 백산출판사, 1990.
김정락 등, 『백두산 탐험자료집』, 1998.12.
김홍운, 『한국관광지리』, 형설출판사, 1997.
김희정·유충걸 등, 「두만강하류지구개발전략」, 『연변대학자연과학학보』(1), 2002.
劉嘉麒, 『長白山地區新生代火山活動의 研究』, 中國科學院地質所 碩士論文集, 1981.
劉嘉麒·王松山, 「長白山과 天池形成時代」, 『科學通報』(2), 1982.
劉寶成, 『吉林省和龍縣赤峰浮石鑛床勘探地質報告』, 吉林省地質局出版, 1982.
劉祥 등, 「長白山地區新生代火山活動分期」, 『吉林地質』(1), 1989.
박수헌 등, 『백두산지도첩』, 조선과학출판사, 1994.
박수현 등, 『백두산과학백과사전』, 전종합출판사, 1989.

박창욱, 『화련리력사유적』, 내부자료, 2001.
백두산탐험대, 『백두산총서』, 지질과학기술출판사, 1993.
백민성, 『유서깊은 두만강』, 연변인민출판사, 2001.
백민성, 『유서깊은 명동촌』, 연변인민출판사, 2001.
송해원 등, 『백두산화산연구』, 연변대학출판사, 1990.
송해원 주편, 『장백산화산연구』, 연변대학출판사, 1990.
宋海遠, 『長白山火山硏究』.
연변50년편집위원회, 『연변50년』, 연변인민출판사, 1999.
연변기상국, 『연변기상자료기본총결』, 1972.
연변대학관광개발연구소, 『연변현시관광전망규획』.
연변조선족자치주지방지편찬위원회, 『연변조선족자치주지』(상하권), 중화서국, 1994.
王季平 主編, 『長白山誌』, 吉林文史出版社, 1980.
王季平 主編, 『長白山誌』, 吉林文史出版社, 1989.6.
우려방 외, 『연변관광』, 연변대학출판사, 1997.
유충걸 주편, 『연변토양지』, 연변대학출판사, 1990.
유충걸 등, 『두만강하류 자연자원과 이용』, 한국: 백산출판사, 1996.
유충걸 등, 『북한의 자연경관과 그 특징』, 한국: 북한학보, 1997.
유충걸 등, 『장백산지리논문집』, 연변대학출판사, 1996.
유충걸 등, 『중국여행가이드－북경, 연변 지역』, 한국: 백산출판사, 1993.
유충걸 등, 『중국지리－자원과 산업분포』, 한국: 백산출판사, 1996.
유충걸 외, 『백두산과 연변조선족자치주』, 한국: 백산출판사, 1993.
유충걸 주편, 『장백산지리논문집』, 연변대학출판사, 1991.
유충걸, 『백두산 지리논문집』, 연변대학출판사, 1990.
유충걸, 『연변관광경제와 관광명소』, 한국학술정보, 2008.
유충걸・김희정, 『연변관광자원과 리용』, 연변대학출판사, 2000.
유충걸・심혜숙, 『백두산과 연변자치주』, 한국: 백산출판사, 2007.
유충걸・日本大阪經濟法科大學・延邊大學 共著, 『東北アジァにおける經濟開發と環境保全』, (일본어)日本: 大阪經濟法科大學出版部, 2000.
윤대순, 『관광경영학원론』, 한국: 백산출판사, 1997.
이수전 주편, 『長白山江崗志路－長白山匯微路』, 吉林文史出版社, 1987.

임희준 편, 『중국조선민족항일투쟁유적지』, 연변대학출판사.

田豊・湯德平, 「吉林省長白山地區新生代火山巖의 特點과 形成原因」, 『巖石學報』(2), 1989.

정경숙, 『한국의 관광자원』, 하나의학사, 1994.

조선과학원 인문과학원, 『백두산자료집』(일본어), 동경, 1993.

조선과학원, 『백두산지도집』, 평양과학기술출판사, 1994.

조선지리연구소 편, 『백두산 총서(지질)』, 조선과학기술출판사, 1993.

홍순익 저, 『조선자연지리(지리학부용)』, 김일성종합대학출판사, 1989.

『白頭山幅1 : 20萬 區域調査報告』, 1972.

『白頭山火山活動 및 新構造運動의 初步認識』, 延邊州地震臺辦公室.

『안중근의사와 단지동맹』, 연변문물지.

『연변조선족자치주개황』, 연변인민출판사, 1983.

『연변조선족자치주개황』, 집필소조.

『이조실록』 제29책, 학습원동양문화연구소 간행, 소화 36년 7.25, p. 165.

『이조실록』 제37책, p. 377.

『이조실록』 제40책, p. 452.

『이조실록』(2.16)특가호, 조선평양종합인쇄공장 출판, 1992.2.5.

지은이 유 충 걸

1953년 7월 중국 연변대학교 지리학부 졸업
1953년 8월~1961년 중국 연변대학교 지리학부 조교, 강사, 교연실주임
1962년~1978년 연변농학원 강사, 교연실주임
1978년~2012년 중국 연변대학교 지리학부 교수, 교연실주임, 학부장
동북아 지리연구소 소장
중국 토양지리학회 상무이사
중국장백산연구회 이사
길림성토양조사 고문, 자연자원조사 고문
길림성 인민대표
연변조선족자치주인민대표 상무위원

_주요 논저

연변토양지(길림성 우수상 수상)
용정시토양(중국농업부 과학기술상 수상)
백두산화산연구
장백산지리논문집 주편
지리학(연변대학 통신학부 교재)
백두산과 연변조선족(지리학의 연구), 한국: 백산출판사
동북아시아에서의 경제개발과 환경보전, 공저, 일본: 大阪经济法科大学出版部
중국지리(자원과 산업분포), 공저, 한국: 백산출판사
길림성토양지
두만강 유역토지자원 종합평가(한, 중 공동연구과제)
도문강하류 자연자원 및 이용
图们江下游地区资源保护与可持续发展(두만강하류지역 자원보호와 지속적인 발전)
장백산화산연구
흑룡강성 조선족 인구와 경제
중국자연자원과 생산분포
연변의 관광자원과 이용
중국 여행가이드(북경 연변지역), 한국: 백산출판사

백두산 두만강 압록강

-지형 · 지층 및 토양에 관한 연구-

2015년 7월 30일 초판 1쇄 발행
2016년 8월 10일 초판 2쇄 발행

지은이 유충걸
펴낸이 진욱상
펴낸곳 백산출판사
교　정 유영란
본문디자인 오양현
표지디자인 오정은
부분사진촬영 리종걸

저자와의 합의하에 인지첩부 생략

등　록 1974년 1월 9일 제1-72호
주　소 경기도 파주시 회동길 370(백산빌딩 3층)
전　화 02-914-1621(代)
팩　스 031-955-9911
이메일 edit@ibaeksan.kr
홈페이지 www.ibaeksan.kr

ISBN 979-11-5763-071-4
값 30,000원